멀티미디어 회로

이현창 · 이종언 공저

도서출판 상 학 당

이 책의

머리말

Preface

현대는 멀티미디어로 둘러싸인 시대가 되었다. 작은 크기의 휴대폰이나 PMP에서 음악은 물론 사진과 동영상을 보기도 하고, DMB 텔레비전을 시청하기도 하며, 인터넷도 가능하다. 이러한 멀티미디어 기술은 놀랍도록 빠른 속도로 발전해 스마트-폰에 이르렀다. 이러한 멀티미디어를 구현하려면 각종 하드웨어 기술과 소프트웨어 기술이 모두 결합하여야 하며, 이에 따라 인터넷이나 멀티미디어 등은 "모든 기술을 총 망라한 종합예술"이라 할 수 있다.

그러나 멀티미디어에 사용되는 기술은 하루아침에 갑자기 탄생한 것이 아니라 아주 오랜 세월에 걸쳐 축적된 각종 기술이 결합한 것이기 때문에 과거의 것이라 해서 무조건 무시하고 버릴 수는 없는 것들이다. 그 중에서 특히 가장 고전적인 것으로는 음향기술이 있는데, 이는 과거의 이른바 '전축, 축음기'의 원리가 바탕이 되어 지금까지 이른 것이다.

이와 같이 과거를 비롯해 최근의 첨단기술까지 결합하여 탄생한 멀티미디어를 다루는 여러 서적을 살펴보면 애석하게도 거의 소프트웨어에 관한 것, 즉 멀티미디어 저작기술에 관한 것이나 멀티미디어의 개념만을 다룬 개론 관련 서적은 많지만, 멀티미디어를 구현하기 위한 바탕이 되는 하드웨어에 관한 서적은 그다지 찾아볼 수 없다. 그렇다 보니 멀티미디어 사용자들도 정작 이퀄라이저가 무엇인지, 프리앰프가 무엇인지도 알지 못하고 사용한다. CRT, LCD, PDP 등도 그 원리나 특성에 관해서는 잘 알지 못한다. 그저 극소수 마니아들만이 알고 있을 뿐이다.

이 책은 이전에 여기저기 산재해 있는 멀티미디어 관련 하드웨어 기술들을 모아 체계화시키려는 의도로 집필한 《멀티미디어 기반회로》를 더 체계화해 집필한 것으로서, 예제 회로는 가급적 실제로 사용되고 있는 각종 기기를 대상으로 하여 이를 공부하는 학생들에게 구체적이고 실용적인 지식을 전달할 수 있도록 노력하였다. 또한 실전 기술에 도움이 되고자 가급적 수학적 해석은 최소화하고 원리 해설에 중심을 두었다.

이 책을 읽을 독자들은 기본적으로 전자회로와 논리회로에 대해서는 이미 알고 있다고 가정하여 집필한 것이므로 이들 과목에 관한 기본 지식이 있어야 한다. 현재 저자가 재직하고 있는 학과에서는 주당 3시간씩 1학기 동안 다루고 있으며, 전문대학 과정에서는 2학년 마지막에, 4년제 대학에서는 '전자응용'의 과목으로서 4학년에서 다루면 적당하리라 본다.

이 책이 완성되고 보니 미진한 점 여기저기 눈에 띄지만 이러한 것은 점차 보완해 나갈 예정이다. 독자들의 멀티미디어 기술의 발전에 조금이나마 도움이 된다면 다행으로 생각한다.

이 책을 출간하기까지 많은 도움을 주신 남승우 사장님과 송일복 전무님을 비롯한 도서출판 상학당 직원 여러분께 감사의 말씀을 드리며, 이 책이 완성되기까지 물심양면으로 지원을 아끼지 않으신 저의 하나님 아버지께 감사의 말씀을 올린다.

공저자 씀

이 책의 차 례

Contents

제1장 서 론

제2장 음향기기 기술

제 3 장 영상기기 기술

제1장
서 론

이 장에서는 멀티미디어의 정의와 이에 필요한 각종 기술, 그리고 이 책에서 다룰 목표에 대한 개괄적인 지식을 다룬다.

01 멀티미디어

1 멀티미디어의 정의

멀티미디어(Multi-media)라는 용어는 직역하면 '다중 매체'라 번역되는데, 이는 두 가지 이상의 방법을 통해 정보를 전달하는 것으로 정의되며 과거에는 다음에 설명하는 감각적 분류로 정의하였으나 현재에 와서는 기능적 분류로 정의하고 있다.

(1) 감각적 분류

인간은 시각(視覺), 청각(聽覺), 후각(嗅覺), 미각(味覺), 촉각(觸覺)의 다섯 가지 감각(오감 : 五感)으로 정보를 얻을 수 있는데, 과거에는 이들 중 2가지 이상의 방법을 이용해 정보를 전달하면 멀티미디어라 하였다. 다섯 가지 감각을 이용해 정보를 전달하는 예를 다음에 나타내었다.

① 시각 : 책, 무성영화, 슬라이드, 프로젝터, 컴퓨터 모니터
② 청각 : 전화, 라디오, 카세트 테이프 — TV, VTR
③ 후각 : 후각 영화
④ 미각
⑤ 촉각 : 휴대폰 진동, 조이패드 진동, 의자가 흔들리는 영화

예에 나타낸 바와 같이 시각을 이용한 정보전달의 예로는 책과 컴퓨터 모니터, 프로젝터 등을 들 수 있다. 독자가 읽고 있는 이 책도 여러분의 시각을 통해 정보를 전달하고 있다. 청각을 이용한 정보전달의 예로는 전화나 라디오를 들 수 있는데, 이들은 오직 청각에만 의존하기 때문에 현재 대화를 나누고 있는 상대방의 표정이나 몸짓을 알 수는 없다. 이러한 시각과 청각을 모두 이용해 정보를 전달하면 그 효과가 크

게 증가하는데, 예를 들어 텔레비전의 경우 시각과 청각을 이용해 정보를 전달한다. 또한 컴퓨터 게임을 할 때에도 단순히 화면만을 보는 것이 아니라 스피커를 통해 소리까지 함께 전달하면 더 효과적임을 알 수 있다. 이와 같이 시각과 청각의 두 가지 수단을 동시에 사용하는 것을 시청각(視聽覺)이라 하며, 이것이 멀티미디어 개념의 시작이다.

인간의 다른 감각을 이용한 정보전달 중 하나는 촉각에 의한 것인데, 예를 들어 휴대폰을 진동상태로 놓으면 우리의 감촉에 의해 전화가 왔음을 알릴 수 있다. 이러한 촉각은 앞서 살펴본 시각, 청각과 함께 사용하면 정보전달의 효과는 더욱 증대되는데, 예를 들어 오락실에 설치된 오토바이나 비행기 운전 게임의 경우 화면을 통해 시각정보를 제공하고, 효과음을 통해 청각정보를 제공하며, 여기에 오토바이나 비행기가 기울어지거나 흔들리는 촉각정보를 함께 제공하면 게임의 재미가 크게 증가된다. 이와 같이 시각, 청각, 촉각의 3가지 방법을 이용한 정보전달 또한 멀티미디어이다.

다른 감각을 이용한 특이한 것은 후각효과인데, 이는 향기로 정보를 전달하는 것으로서 과거 무성영화 시절에 후각영화라는 것이 시도된 바 있었다. 이의 기본 원리는 빛의 3원색이나 색의 3원색을 이용하면 모든 색상을 표현할 수 있듯이 향기도 기본요소를 적절히 배합해 원하는 향기를 합성하자는 것으로서, 예를 들어 영화의 장면에 장미꽃이 가득한 화단이 나타나면 영화관 통풍구에서 장미향이 배합되어 발생하고, 커피가 등장하면 커피향을 배합해 발생하는 것이다.

그러나 이러한 배합은 생각처럼 잘 이루어지지 않아 장미꽃 화단에 향수를 뿌린 여성이 커피를 마시는 장면과 같이 여러 향기가 섞일 경우 그 조합이 전혀 엉뚱한 향을 발생시키는(예를 들어 구린내 등) 경우가 많아 이 아이디어는 실용성이 없어 실패하고 사라졌다.

시대의 변화에 따라 최근의 전자기기들은 최소한 2가지 이상의 감각을 이용하는 것이 많아져 이와 같은 감각적 분류 기준으로는 대부분의 기기가 멀티미디어에 해당되므로 현재 사용되고 있는 멀티미디어라는 용어는 이러한 감각적 분류보다는 다음과 같은 기능적인 분류로서의 의미로 더 많이 사용된다.

(2) 기능적 분류

우리는 현재 여러 가지 기능 매체를 이용해 정보를 전달하고 있다.

예를 들어 원거리의 사람들이 간단한 이야기를 나눌 때는 '전화'라는 매체를 이용한다. 자동차에서 뉴스를 전달받기 위해서는 '라디오'라는 매체를 이용하고, 서류를 원거리에서 전달받기 위해서는 '팩시밀리' 매체를 이용하거나 '우체국'이라는 매체를 이용한다. 이와 같이 우리 주변에는 다양한 매체가 사용되고 있으며, 각 매체들은 자신만의 독특한 방법을 취하고 있다.

그러나 컴퓨터의 발달과 통신 기술의 발전에 힘입어 이제는 컴퓨터 통신을 이용해 각종 매체들의 기능을 쉽게 사용할 수 있게 되었으며, 앞으로도 이러한 추세는 더욱 가속화될 것이다. 컴퓨터에서 멀티미디어가 구현되는 예는 다음과 같다.

> 인터넷 E-mail로 카드가 왔다. 이 카드에서는 다음과 같은 멀티미디어가 사용된다.
>
> ① E-mail로 카드가 도착했다(컴퓨터 통신).
> ② 화면에 그림엽서가 나타난다(그래픽 매체).
> ③ 엽서 아래에는 축하 메시지가 적혀 있다(문자 매체).
> ④ 엽서 한쪽에는 보낸 사람의 동영상이 담겨있다(동영상).
> ⑤ 엽서가 나타나면서 배경음악이 흘러나온다(음향 매체).
> ⑥ 배경음악이 흐르면서 보낸 이의 목소리가 나온다(음성 매체).
> ⑦ 엽서에는 Hyper-text가 있어 이것을 클릭하면 보낸 이의 홈페이지로 간다(Hyper-text).

이와 같이 컴퓨터를 이용해 다양한 매체의 기능을 대신하는 예는 다음과 같다.

① 컴퓨터 고유의 기능으로 사용	☞ 컴퓨터 기능
② 팩시밀리를 보내고 받는다.	☞ 팩시밀리 기능
③ CD 음악을 듣는다.	☞ CD 플레이어 기능
④ TV 시청	☞ TV 기능
⑤ 화상을 기록하고 재생	☞ VTR 기능
⑥ 화상 앨범을 제작	☞ 사진 앨범
⑦ E-mail을 교환	☞ 우체국, 편지함

⑧ 화상 통신을 한다. ☎ 화상 전화
⑨ 인터넷을 이용하여 전화를 한다. ☎ 국제전화
⑩ 컴퓨터가 자동으로 전화를 받고 메시지를 녹음한다. ☎ 자동응답 전화
… 기타 등등

이와 같은 예에서 살펴본 몇 가지만으로도 컴퓨터를 이용하면 각종 다른 기기들의 기능을 해 낼 수 있음을 알 수 있다. 즉, 컴퓨터라는 하나의 기계를 통하여 각종 매체들을 모두 사용할 수 있으며, 더불어 동시에 사용이 가능하다. 현대에 와서 이와 같이 다중 매체를 이용하는 기술을 멀티미디어라 한다.

(3) 멀티미디어 기기의 예

1) 멀티미디어 PC

그림 1-1에 멀티미디어를 구현할 수 있는 컴퓨터 장치의 예를 나타내었다.

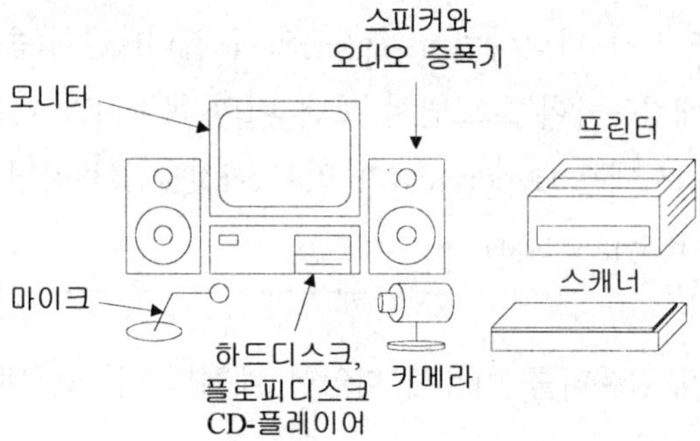

그림 1-1 • 멀티미디어 구현 컴퓨터 장치의 예

마이크와 카메라는 음향과 영상신호를 입력받는 것이며, 이 기기들을 통해서 음성 메시지나 동영상을 제작한다. 스캐너는 그림이나 사진 등을 디지털화하는 역할을 하며, 이를 통해서 디지털 앨범 등을 제작한다. 오디오 앰프와 스피커는 컴퓨터에 저장된 디지털 데이터를 음향신호로서 출력시키는 역할을 하며, 모니터는 화상을 전달한다. 그리고 하드디스크, 플로피디스크, CD 등의 저장매체를 이용하여 이러한 디지털 데이터를 저장할 수 있다.

또한 겉으로는 보이지 않으나 내부적으로는 마이크와 카메라, 그리고 스캐너의 아날로그 신호를 디지털로 변환하는 A/D 변환기가 사용되며, 또한 디지털 데이터를 음향이나 화상신호로 복원하는 D/A 변환기가 사용되고 있다.

이와 같이 멀티미디어를 구현하기 위한 환경을 갖춘 PC를 '멀티미디어 PC'라 하며, 예를 들어 은행창구에서 직원이 사용하는 컴퓨터나 마트의 계산대에 놓여있는 컴퓨터 등은 멀티미디어를 구현할 수 없으므로 이에 해당되지 않는다.

2) 다기능 휴대폰

근래에 사용되는 휴대폰은 하나의 기기 내에 여러 기능을 가지고 있어 **표 1-1**과 같은 멀티미디어가 가능하다.

표 1-1 • 다기능 휴대폰의 기능 예

기 능	설 명
전화	휴대폰 고유의 기능
DMB	텔레비전 시청이 가능
MP3	소형 오디오의 역할
전화번호 기억	전화번호부 기능
문자전송	간단한 메시지 전달기능
카메라	디지털 카메라 기능
캠코더	동영상 촬영 기능
계산기	
전자사전	
알람	알람시계의 기능
게임	소형 게임기의 기능
달력	스케줄을 관리할 수 있는 달력
메모장	메모 수첩 기능
:	:

2 멀티미디어 요소기술

멀티미디어란 여러 매체들을 함께 이용할 수 있는 기술을 의미하므로 이에 필요한 기술 또한 여러 분야의 기술들이 종합되어 있다. 이러한 멀티미디어를 구현하기 위한 기술은 크게 2가지로 구성된다.

- 멀티미디어 요소기술 : 멀티미디어를 구현하기 위한 하드웨어 기술들
- 멀티미디어 저작기술 : 멀티미디어를 구성하기 위한 소프트웨어 기술들

(1) 멀티미디어 요소기술의 구성

멀티미디어를 구성하는 요소기술 또한 여러 기술이 종합되어 있으며, 크게 다음과 같이 나뉜다.

① 음향을 다루기 위한 음향기기 기술
② 영상을 다루기 위한 영상기기 기술
③ 각종 데이터들을 기록, 저장하기 위한 기록매체 기술
④ 멀티미디어 데이터를 처리하기 위한 컴퓨터 기술
⑤ 방대한 양의 데이터를 오류 없이 고속으로 전송할 수 있는 통신기술
⑥ 아날로그 신호를 디지털로 변환하는 A/D 변환기술과 이를 역으로 행하는 D/A 변환기술
⑦ 디지털 변환된 음향과 영상신호를 압축하고 해독하기 위한 CODEC 기술
기타 …

이상과 같은 다양한 기술들이 종합적으로 조화가 이루어져야 비로소 멀티미디어가 실현된다.

(2) 이 책에서 다룰 목표

이 책에서는 여러 멀티미디어 요소기술 중 음향기기 기술과 영상기기 기술에 관해 중점적으로 살펴본다.

컴퓨터 기술이나 통신기술에 대한 것은 그 분야가 매우 광범위하기 때문에 이 책에서는 다루지 않으므로 다른 전문서적을 참고하기 바란다.

02 멀티미디어 기기의 구성 예

이 절에서는 멀티미디어 기기에 어떠한 요소기술들이 적용되고 있는지를 몇 가지 예를 통해 살펴본다.

1 멀티미디어 PC

멀티미디어를 구현할 수 있는 PC의 구성 예를 **그림 1-2**에 나타내었다.

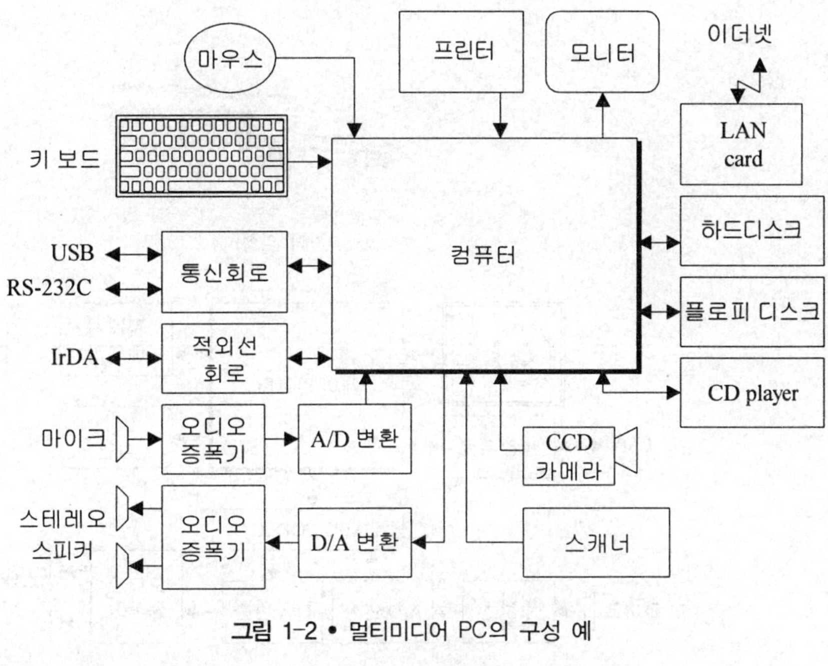

그림 1-2 • 멀티미디어 PC의 구성 예

이 장치에 적용되는 기술 분야는 **표 1-2**와 같다.

표 1-2 • 멀티미디어 PC에 사용된 기술 분야

기 기	기술 분야
컴퓨터, 키보드, 마우스, 프린터	컴퓨터 기술
마이크, 스피커, 오디오 증폭기	음향기술
스캐너, CCD 카메라, 모니터	영상기술
하드디스크, 플로피디스크, CD player	기록매체 기술
USB, RS-232C, IrDA, 이더넷	통신기술
A/D 변환, D/A 변환	변환기술

2 MP3 플레이어

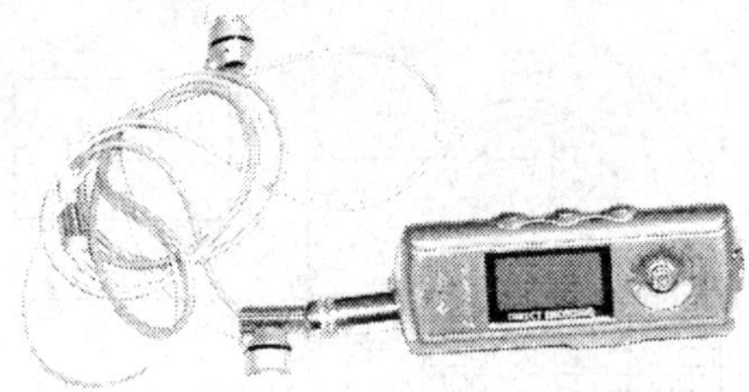

(a) 기기의 외형

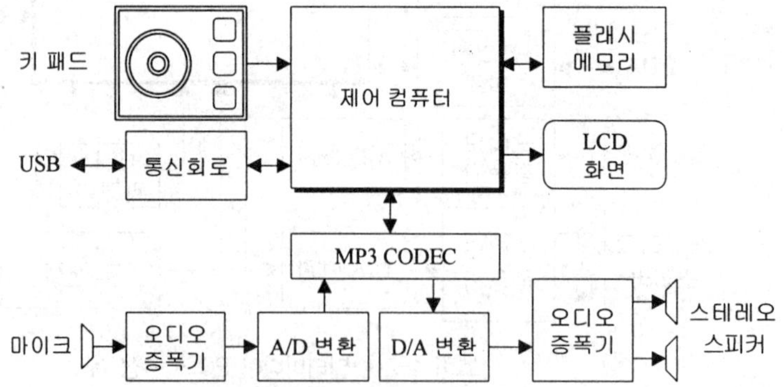

(b) 구성도

그림 1-3 • MP3 플레이어의 구성도

표 1-3 • MP3 플레이어에 사용된 기술 분야

기 기	기술 분야
컴퓨터, 키패드, 플래시 메모리	컴퓨터 기술
마이크, 스피커, 오디오 증폭기	음향기술
LCD 화면	영상기술
USB	통신기술
A/D 변환, D/A 변환, CODEC	변환기술

3 다기능 휴대폰

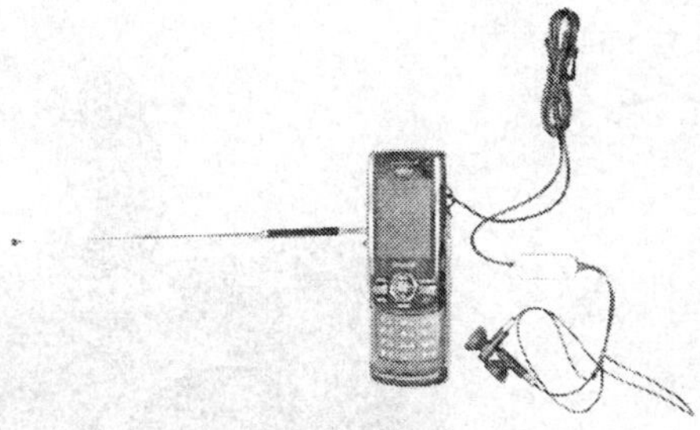

(a) 기기의 외형

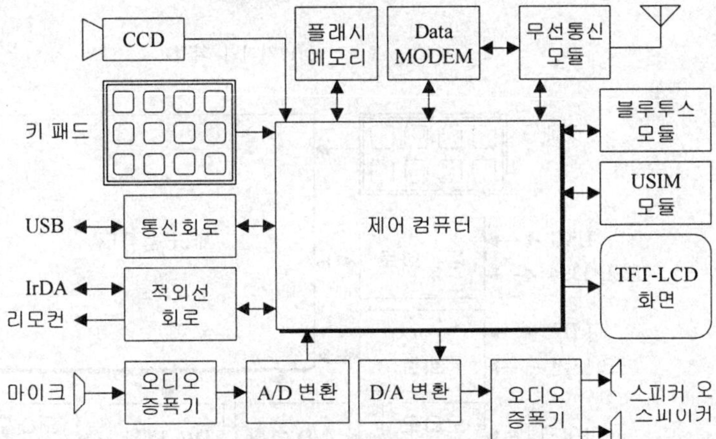

(b) 구성도

그림 1-4 • 다기능 휴대폰의 구성도

표 1-4 • 다기능 휴대폰에 사용된 기술 분야

기 기	기술 분야
컴퓨터, 키패드, 플래시 메모리	컴퓨터 기술
마이크, 스피커, 오디오 증폭기	음향기술
CCD, TFT-LCD 화면	영상기술
USB, 리모컨, IrDA, 데이터 모뎀, 블루투스, USIM	통신기술
A/D 변환, D/A 변환, MP3 CODEC	변환기술

4 디지털 카메라

(a) 기기의 외형

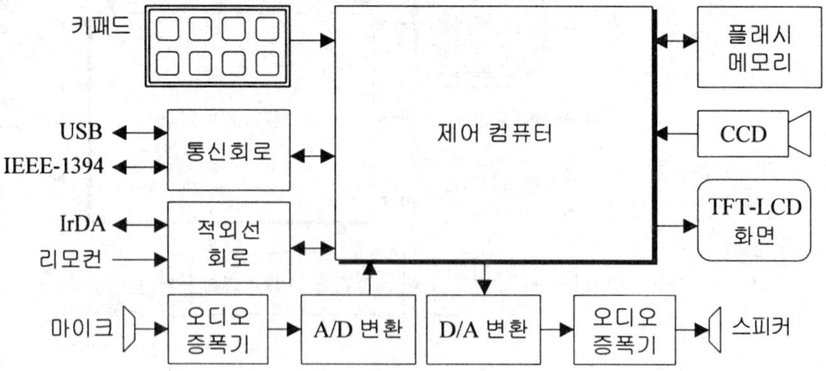

(b) 구성도

그림 1-5 • 디지털 카메라의 구성도

표 1-5 • 디지털 카메라에 사용된 기술 분야

기 기	기술 분야
컴퓨터, 키패드, 플래시 메모리	컴퓨터 기술
마이크, 스피커, 오디오 증폭기	음향기술
CCD 카메라, TFT-LCD 화면	영상기술
USB, IEEE-1394, IrDA, 리모컨	통신기술
A/D 변환, D/A 변환	변환기술

5 디지털 캠코더

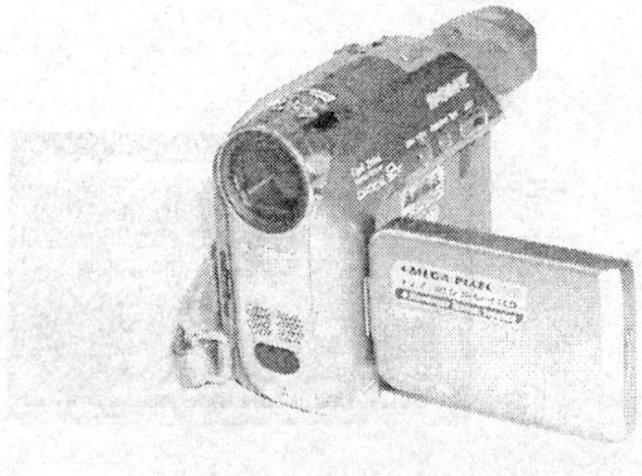

(a) 기기의 외형

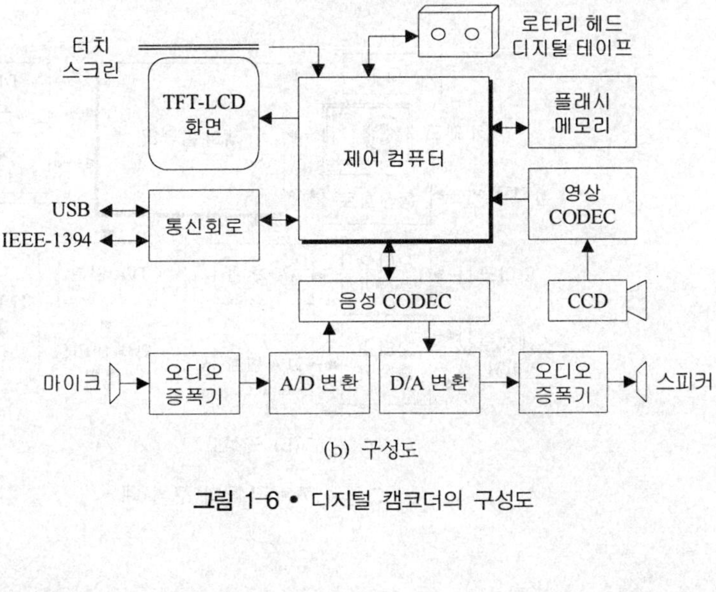

(b) 구성도

그림 1-6 • 디지털 캠코더의 구성도

표 1-6 • 디지털 캠코더에 사용된 기술 분야

기 기	기술 분야
컴퓨터, 터치스크린, 플래시 메모리	컴퓨터 기술
마이크, 스피커, 오디오 증폭기	음향기술
CCD 카메라, TFT-LCD 화면	영상기술
로터리 헤드 디지털 테이프	기록매체 기술
USB, IEEE-1394, 리모컨	통신기술
A/D 변환, D/A 변환, CODEC	변환기술

6 PMP(Portable Multimedia Player)

(a) 기기의 외형

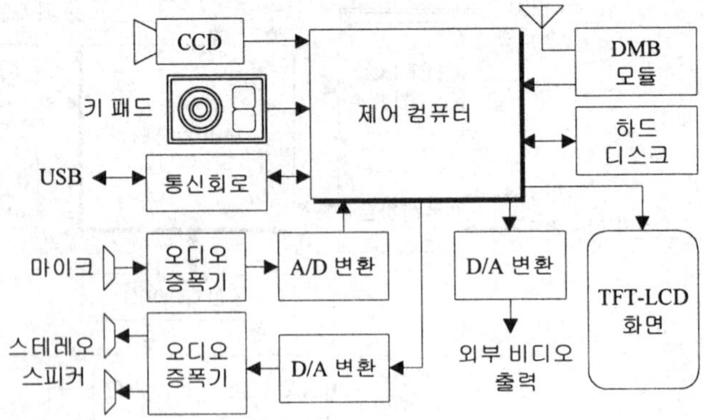

(b) 구성도

그림 1-7 • PMP의 구성 예

표 1-7 • PMP에 사용된 기술 분야

기 기	기술 분야
컴퓨터, 키패드	컴퓨터 기술
마이크, 스피커, 오디오 증폭기	음향기술
CCD 카메라, TFT-LCD 화면	영상기술
하드디스크	기록매체 기술
USB, DMB	통신기술
A/D 변환, D/A 변환	변환기술

제2장

음향기기 기술

이 장에서는 멀티미디어 요소기술의 하나인 음향기기에 관한 기술을 다루며, 특히 전문 음향기기를 중심으로 음향기술에 관한 구체적인 지식을 습득하여 멀티미디어에 대한 이해를 넓힌다.

01 오디오 시스템의 구성
02 오디오 입력기기
03 오디오 출력기기
04 오디오 처리기기
05 오디오 액세서리

01 오디오 시스템의 구성

오디오 시스템(audio system)이란 라디오(radio), 카세트 테이프(cassette tape), 레코드판(LP record), CD, MP3 등 각종 오디오 매체들을 모두 다룰 수 있는 기기로서, 이 절에서는 이에 관련된 기술들에 관해 살펴본다.

그림 2-1은 가정에서 사용하는 보편적인 오디오 시스템의 전체 구성도를 나타낸 것으로서 각종 기능을 담당하는 유닛들이 모여 구성된다.

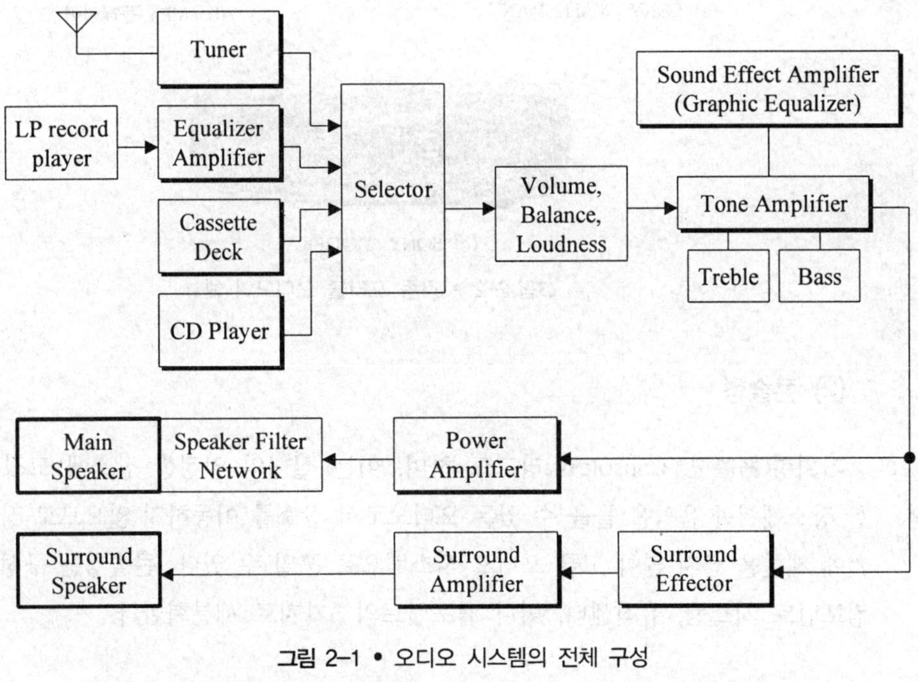

그림 2-1 • 오디오 시스템의 전체 구성

1 오디오 시스템의 외형별 분류

오디오 시스템을 외형 관점에서 분류하면 포터블형과 콘솔형으로 구분한다.

(1) 포터블형

휴대형(携帶型, portable)이라고도 하며, 이는 들고 다니면서 음악을 들을 수 있는 형태로 제작된 오디오로서 전지에 의해 작동할 수 있다.

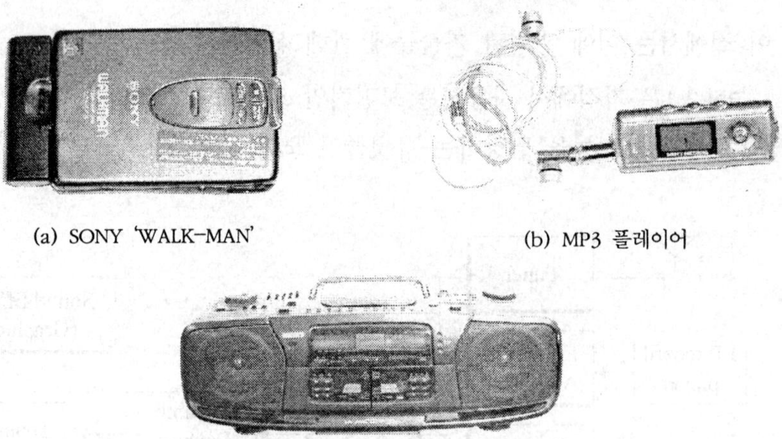

(a) SONY 'WALK-MAN'

(b) MP3 플레이어

(c) SONY 'DODEKA'

그림 2-2 • 각종 포터블 오디오의 예

(2) 콘솔형

거치형(据置型, Console)이라고도 하며, 이는 실내의 일정한 장소에 고정 설치해 한 장소에서만 음악을 들을 수 있는 오디오로서 장소를 이동하지 않으므로 장치의 크기에 제한을 받지 않아 고급 오디오 시스템으로 꾸밀 수 있다. 콘솔형은 구성에 따라 컴포넌트 시스템, 뮤직센터, 미니 컴포넌트의 3가지로 세분화한다.

1) 컴포넌트 시스템

컴포넌트(component) 시스템이란 오디오 시스템을 구성하는 각종 요소, 즉 라디오 부분, 카세트 테이프 부분, 앰프 부분, CD-player 부분 등이 각각 별도의 유닛으로 구

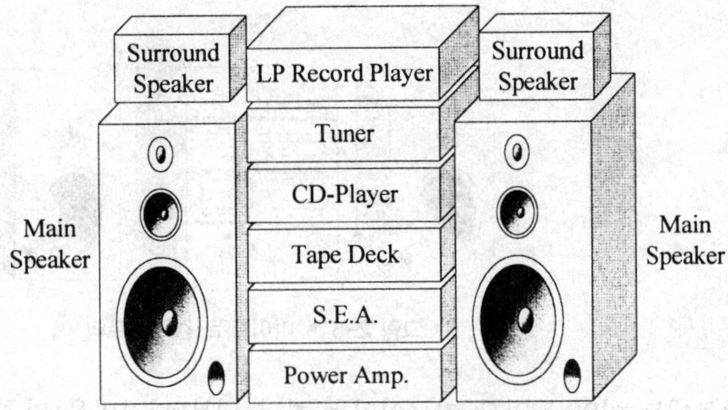

그림 2-3 • 컴포넌트 시스템의 예

성되어 있으며, 이들은 완전히 독립적으로 작동될 수 있도록 전원회로와 리모컨 등을 각자 지니고 있다. 이 때문에 가격이 비싸지고 설치 시 배선이 복잡한 단점이 있지만, 사용자의 취향에 맞는 오디오 시스템을 선택적으로 구성할 수 있고, 특히 각 유닛별로 다른 메이커의 것을 선택하여 조립할 수 있다.

각 유닛별 선택 구성이 가능하도록 하기 위해서는 메이커가 다른 유닛과 유닛이 서로 접속될 수 있어야 하므로 이들 유닛 사이에는 신호규격이 거의 통일되어 있으며, 이를 '표준신호'라 한다. 오디오 표준신호에 관한 것은 'VU 미터' 부분을 참조하라.

컴포넌트 시스템의 구성 예를 **그림 2-3**에 나타내었다.

2) 뮤직센터, 마이크로-컴포넌트

뮤직센터(music center)란 앞서 설명한 컴포넌트 시스템과는 반대로 스피커를 제외한 모든 오디오 유닛이 하나의 케이스에 함께 장치되어 있다. 즉, **그림 2-4**와 같이 케이스의 윗부분에는 LP 레코드플레이어, 앞쪽에는 라디오, 앰프, 카세트플레이어 등이 모두 함께 내장된다.

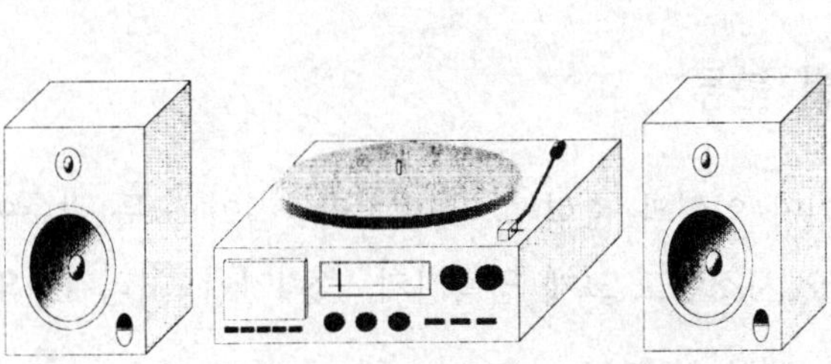

그림 2-4 • 뮤직센터의 예

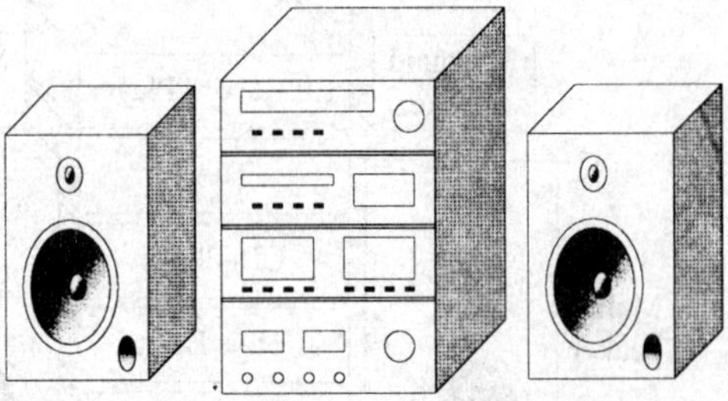

그림 2-5 • 마이크로-컴포넌트의 예

최근에는 이와 동일한 기능이기는 하나 외부 디자인을 마치 다음에 설명할 미니-컴포넌트와 유사하게 제작한 것을 마이크로-컴포넌트(micro-component) 시스템이라 하는데, **그림 2-5**에 나타낸 바와 같이 시스템의 앞면에서는 분할된 시스템과 같이 보이나 실제로는 하나의 케이스에 담겨있다.

뮤직센터와 마이크로-컴포넌트는 이와 같이 하나의 케이스에 모든 유닛이 장치되어 있으므로 각 유닛에 필요한 공통적인 요소, 즉 전원회로, 리모컨 등을 함께 공유할 수 있어 가격이 저렴하고 설치가 매우 간단하다는 장점이 있으나, 각 유닛을 사용자 취향에 맞출 수 있는 선택권이 없다.

3) 미니-컴포넌트 시스템

미니-컴포넌트(mini-component) 시스템은 컴포넌트 시스템을 작게 축소하여 만든 것으로서, 장소를 적게 차지하고 가격이 비교적 저렴하다는 장점이 있다. 그러나 단순히 컴포넌트 시스템과의 차이가 크기를 축소한 것만은 아니고 유닛들이 외형상 별도로 떨어져 있지만 완전히 독립적이지는 못하다. 즉, 전원회로나 리모컨 등 일부 기능을 공유하여 부피와 가격을 줄인 것이므로, 사용자 취향에 맞도록 유닛을 선택하는 것은 동일 메이커 제품 중 일부에서만 가능하다.

2 기능별 분류

어떤 기기가 입력과 출력 그리고 처리과정이 모두 갖추어 졌을 때를 '시스템'이라 하며, 오디오 시스템도 크게 입력기기, 출력기기, 처리기기의 3가지 종류로 구성된다.

(1) 입력기기

음향신호의 원천으로서 다음과 같은 입력기기들이 있다.

㉥ 라디오 튜너(tuner), 레코드플레이어(LP pick-up), 카세트-데크(cassette deck), CD player, 마이크(MIC) 등

(2) 출력기기

모든 처리가 완료된 음향신호를 사용자에게 소리로서 변환시켜 들려주는 역할을 하는 기기이다.

㉥ 스피커(speaker), 헤드폰(head-phone) 등

(3) 처리기기

음향신호를 사용자 취향에 맞도록 조절하거나 변경하고 큰 소리로 증폭하는 역할을 하는데, 각 부분들은 회로 관점과 사용자 관점에서 더 세분화한다.

1) 회로 관점에서의 분류

회로 관점에서 본 처리기기의 분류는 오디오 시스템을 구성하는 각 회로(유닛)를 그 기능에 따라 분류한 것이다.

㉥ 등화 앰프(Equalizer-Amp.), Sound Effect Amp.(SEA), Tone-Amp., 전력증폭기(Power-Amp.), Surround-Amp. 등

2) 사용자 관점에서의 분류

오디오를 사용하는 사용자 입장에서는 오디오 처리기기를 크게 두 가지로 구분하는데, 음질에 관련된 처리를 하는 전치(前置)증폭기(Pre-Amplifier)와 처리된 신호를 스피커를 울릴만한 큰 전력으로 증폭하는 주증폭기(Main Amplifier)로 구분하며, 오디오 제작 시 이 단위로 케이스에 수납한다. 만약 하나의 케이스에 이들이 함께 내장되면 '프리-메인 앰프(Pre · Main Amplifier)'라 부른다.

① 전치증폭기

전치증폭기(Pre-Amplifier)는 오디오 신호의 음질보정 등 전처리 과정을 담당하는 부분으로 회로 관점에서의 등화 앰프(Equalizer-Amp.), Sound Effect Amp.(SEA), Tone-Amp. 등이 이에 속한다.

② 주증폭기

주증폭기(Main Amplifier)는 음질처리가 완료된 최종 신호를 스피커를 울릴만한 큰 전력으로 증폭하는 부분으로 회로 관점에서의 전력증폭기(Power-Amp.), Surround-Amp.가 이에 속한다.

02 오디오 입력기기

1 마이크

마이크(microphone)는 소리신호를 전기신호로 변환하는 장치이며, 본래는 마이크로-폰이라는 이름이지만 보통은 마이크라 부른다. 공기 중에 존재하는 소리를 전기신호로 변환하면 전기적으로 처리가 가능하게 되어 이를 기록할 수도 있고 더 큰 소리로 재생할 수도 있다. 마이크의 기본 개념을 **그림 2-6**에 나타내었다.

그림 2-6 • 마이크의 개념도

소리를 전기신호로 변환하는 방법에는 여러 가지가 있는데 이에 따라 용도와 특성이 다르다.

(1) 탄소 마이크

탄소 마이크(carbon microphone)는 '카본 마이크'라고도 부르며 개략적인 구조를 **그림 2-7**에 나타내었다.

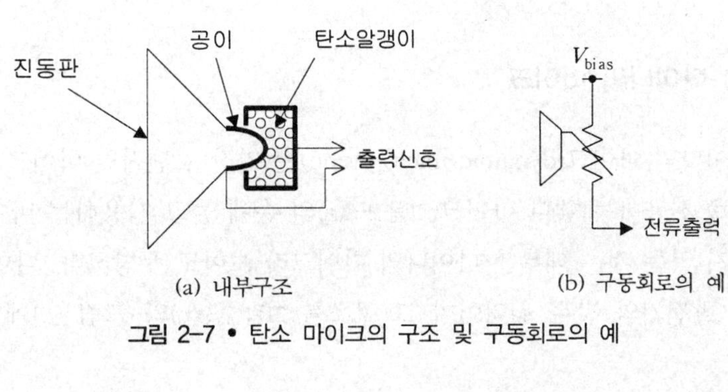

(a) 내부구조 (b) 구동회로의 예

그림 2-7 • 탄소 마이크의 구조 및 구동회로의 예

마이크의 전면에는 소리를 입력받기 위한 진동판이 있고, 소리에 의해 진동판이 울리면 안쪽에 연결된 공이가 진동한다. 공이는 탄소알갱이들에 압력을 가하며, 이 때문에 탄소의 밀도가 변해 전체적인 저항이 변화한다. 즉 진동판의 압력이 증가하면 탄소알갱이들은 조밀하게 되어 저항이 작아지고, 압력이 감소하면 탄소알갱이들은 밀도가 낮아져 저항이 증가하며, 따라서 **그림 2-7(b)**와 같이 바이어스 전압을 인가하면 진동판에 가해지는 소리의 진동에 상응하는 전류가 출력으로 나타난다.

탄소 마이크는 다른 마이크에 비해 구조가 비교적 간단하고 정밀한 부분이 없어 외부 충격 등의 영향에 강하다. 그리고 탄소알갱이에 의한 저항변화폭이 커 음향에 대한 전기신호로의 변환효율이 우수하기 때문에 별도의 앰프없이 이 마이크에서 발생한 출력으로 이어폰을 충분히 구동할 수 있다. 그러나 탄소알갱이의 저항이 비교적 크기 때문에 전기출력을 얻기 위해서는 약간 고압의 바이어스 전압을 인가해야 하며, 탄소입자들의 운동특성상 저음과 고음 대역에서는 음질이 저하되어 주로 중음 대역에서 효과가 좋다.

이상과 같은 탄소 마이크의 특징, 즉 충격에 강하고 중음 대역 음향에 적합하며, 전기신호로의 변환효율이 우수하다는 점 때문에 구형 전화기의 송화 마이크로 사용되었으나, 현재는 전자식 전화기로 교체되어 견고성이 필요한 공중전화 이외에는 그다지 많이 쓰이지 않는다.

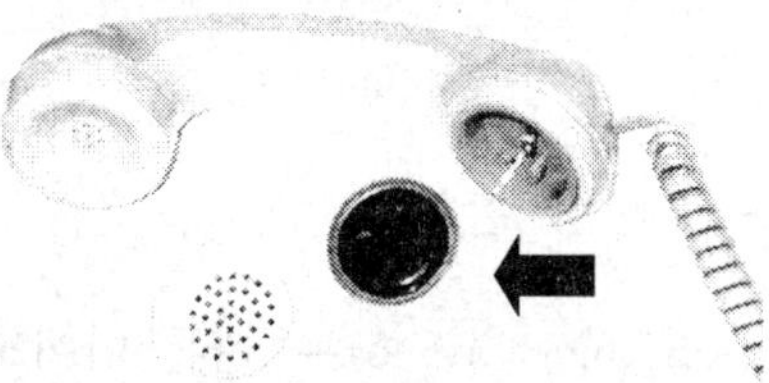

그림 2-8 • 구형 전화기의 탄소 마이크

(2) 다이나믹 마이크

다이나믹 마이크(dynamic microphone)는 가장 보편적인 마이크 중 하나로서, 일반적으로 사용하는 핸디 마이크(**그림 2-9(a)**의 손에 들고 사용하는 마이크) 중 전지가 필요하지 않는 것은 대부분 다이나믹 마이크라 보아도 무방하다. 다이나믹 마이크는 일종의 발전기와 같은 원리이며 그 구조를 **그림 2-9(b)**와 그림 (c)에 나타내었다.

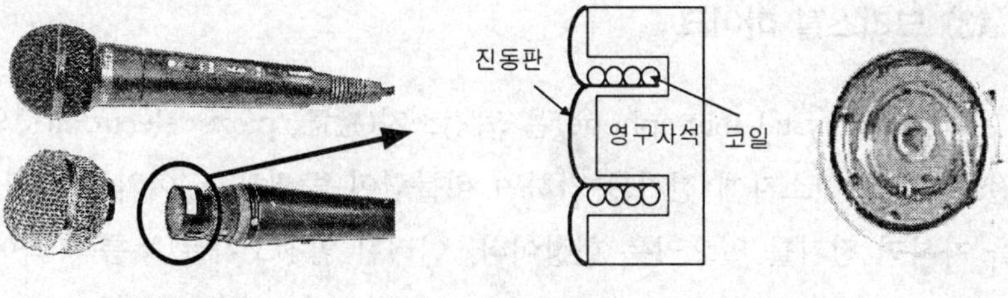

(a) 외형 (b) 단면도

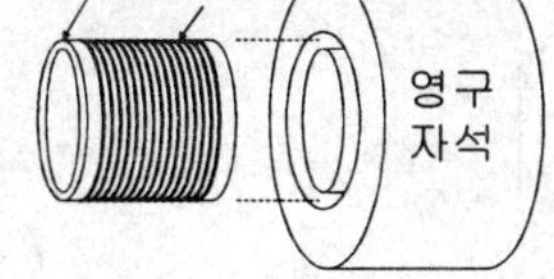

(c) 코일 부분의 구조

그림 2-9 • 다이나믹 마이크

그림 2-9(b)에서 진동판에 공기진동(소리신호)이 닿으면 진동판이 울리며, 이 진동은 마이크 중심부의 코일을 진동시킨다. 코일은 그림 (c)와 같이 자석의 중앙에 끼워져 있으므로 진동이 발생하면 자속 내의 코일 운동에 의해 전기가 발생하며(발전기의 원리) 이 전기신호가 마이크의 출력신호로 나타난다.

다이나믹 마이크는 좁은 간격의 자석 사이에 코일이 끼워져 있는 정밀한 구조로 인해 외부 충격에 의해 코일이 자석에 닿을 우려가 있다. 그러나 이 마이크는 전압출력이 직접 발생하기 때문에 마이크 구동을 위한 별도의 바이어스 전압이 필요 없고, 코일에 의한 내부 임피던스가 낮아 잡음에 강한 특성을 나타낸다. 또한 자석과 코일을 작게 하여 소형으로 제작이 가능하다.

음질은 주로 중음 대역에서 효과가 좋으며 저음 특성을 좋게 하기 위해서는 진동판의 구경을 크게 해 저음에 대한 반응을 좋게 할 필요가 있다. 다이나믹 마이크는 일반 마이크들(녹음기나 핸디 마이크)의 대부분을 차지하였지만, 현재에는 다이나믹 마이크보다 더 소형, 경량인 콘덴서 마이크에 의해 사용범위가 점차 줄어들고 있는데, 핸디 마이크에서는 별도의 건전지 관리가 필요 없는 편리함 때문에 많이 사용되고 있다.

(3) 크리스털 마이크

크리스털(crystal microphone)은 압전소자(壓電, piezo-electronics)의 일종인데, 압전효과란 압전소자에 전기를 가하면 비틀림이 발생하고, 이와는 반대로 소자에 압력을 가하면 전기를 일으키는 현상이다. 이러한 압전소자는 누름식 라이터의 불꽃발생용, 휴대용 가스레인지의 불꽃발생용, 압전 버저 등 다양한 용도에 사용된다.

(a) 전기에 의한 비틀림　　(b) 압력에 의한 전기발생

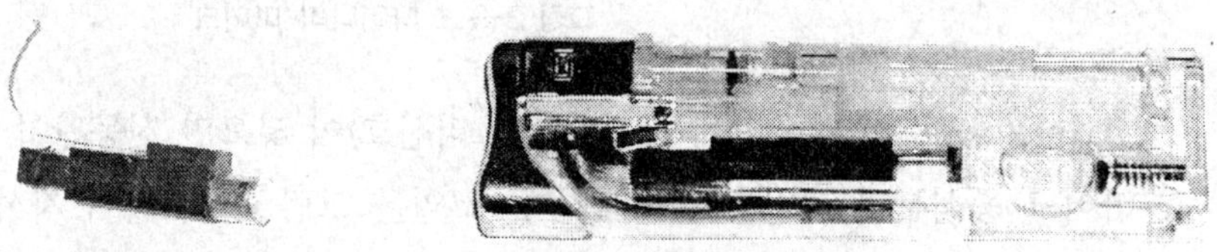

(c) 라이터의 압전 점화기　　(d) 라이터에 내장된 모습

그림 2-10 • 압전현상의 개념

그림 2-11에 압전현상을 이용한 크리스털 마이크의 구조를 나타내었다.

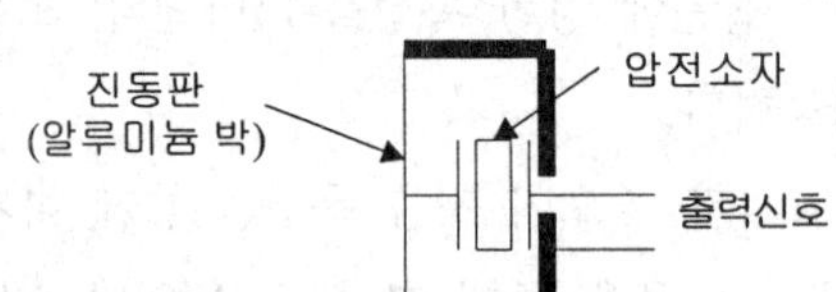

(a) 내부구조

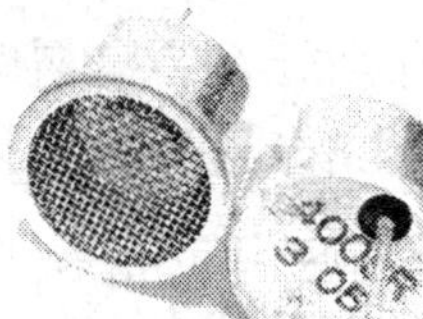

(b) 초음파 마이크

그림 2-11 • 크리스털 마이크의 구조

그림에서 입력된 소리신호는 진동판을 진동시키고, 중심부에는 진동판의 압력이 크리스털 조각을 누르도록 되어 있다. 따라서 입력된 소리에 의한 진동은 크리스털 조각을 진동시키고, 크리스털 조각은 그 진동에 의해 압력전압(壓電)이 발생한다.

진동판은 작은 소리에도 예민하도록 주로 알루미늄 박(알루미늄 호일)을 사용하며, 내부구조가 간단하고 특히 무게가 아주 가벼운 특징이 있다. 마이크의 출력은 크리스털에서 직접 전압이 나타나므로 바이어스 전압은 필요하지 않고, 내부 임피던스가 매우 높다. 그러나 크리스털이 쉽게 파손될 수 있기 때문에 충격에 약하며, 저음 대역에서는 그다지 성능이 좋지 않아 고음 대역이나 초음파 등의 특수용도(거리계, 속도계, 자동차 근접센서, 초음파 가습기 등)로 사용된다.

(4) 콘덴서 마이크

콘덴서 마이크(condenser microphone)는 일명 일렉트릭 마이크(electric microphone)라고도 하는데, 다이나믹 마이크와 더불어 가장 많이 사용되고 있는 종류이다.

현재의 콘덴서 마이크(일렉트릭 마이크)는 과거의 콘덴서 마이크를 개량한 것으로서 그 명칭에서 알 수 있듯이 콘덴서의 원리를 이용한 것이며 이의 구조를 **그림 2-12**에 나타내었다.

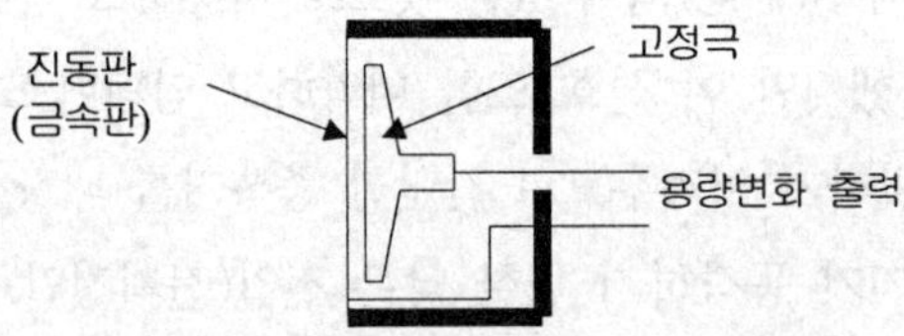

그림 2-12 • 구형 콘덴서 마이크의 구조

그림에서 소리신호가 진동판에 인가되면 진동판이 진동하고 바로 뒤에 위치한 고정판과의 간격이 변화한다. 이 간격이 변화하면 두 극판 사이의 콘덴서 용량이 변화하며, 극판에 바이어스 전압을 인가하면 콘덴서 용량에 따른 출력전압이 발생한다. 그러나 극판의 진동량에 대한 용량변화를 전압으로 변환하기 위해서는 상당히 큰 전압을 필요로 하는 단점이 있다. 콘덴서 마이크는 출력 임피던스가 크며 소리진동을 검출하는 진동판에서 직접 전기변환이 발생하므로 음질특성이 뛰어나고 구조가 간단하여 충격 등에 대해 비교적 강한 편이다.

현재의 콘덴서 마이크(일렉트릭 마이크)는 앞서 설명한 콘덴서 마이크를 개량한 것으로서, 일반적으로 이를 콘덴서 마이크라 한다. 이 마이크의 기본적인 구조는 구형 콘덴서 마이크와 거의 유사하며, 큰 바이어스 전압을 줄이기 위해 진동판과 고정극의

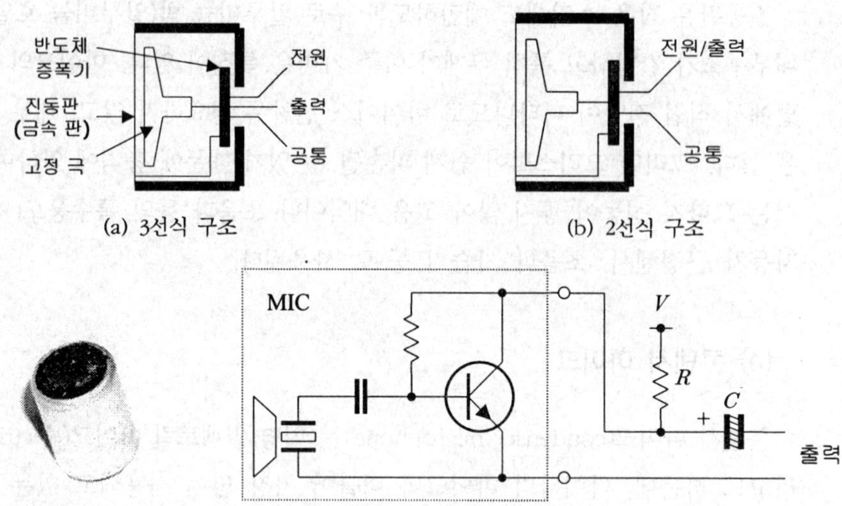

(a) 3선식 구조 (b) 2선식 구조

(c) 마이크의 외형 (d) 2선식 마이크의 접속 예

그림 2-13 • 콘덴서 마이크

재료를 전기가 대전(帶電)되어 있는 것으로 사용하고 극판의 간격을 극히 좁혀 큰 출력을 발생하도록 했지만 이 신호 또한 미약하고 임피던스가 크기 때문에 마이크 외부의 증폭기까지 전달하기 어려우므로 간단한 증폭기를 내장해 신호를 증폭한 후 출력한다.

따라서 증폭기가 동작하기 위한 낮은 전압(전지전압)이 필요하며 이를 위해 **그림 2-13(a)**와 같이 별도의 전원핀이 인출된 3선식과 그림 (b)와 같이 공통으로 사용하는 2선식이 있다. 그림 (d)에 2선식 콘덴서 마이크의 접속 예를 나타내었는데, 실제 마이크의 내부 증폭소자는 FET로 구성되어 있지만 원리를 쉽게 알 수 있도록 BJT로 표시하였다. 저항 R은 마이크가 동작하기 위한 R_c 역할을 하는 것으로서 큰 이득을 얻기 위해 특히 FET는 전류용량이 작으므로 $100k\Omega$ 이상의 큰 저항을 사용하고 C는 일반적으로 약 $3.3\mu F$ 이상을 사용해 출력주파수에 영향이 작도록 한다.

콘덴서 마이크는 앞서 설명한 바와 같이 진동판에서 직접 전기변환이 일어나므로 음질특성이 뛰어나고, 구조가 간단해 충격 등에 대해 비교적 강한 편이며, 초소형, 초경량이면서 저렴한 가격으로 제작이 가능해 전원을 얻을 수 있는 상황, 즉 기기에 내장되는 마이크 종류인 휴대폰 마이크, 녹음기 마이크, 컴퓨터용 마이크 등에 광범위하게 사용되며, 핸디 마이크는 전지가 들어가는 형태로 사용된다. 그러나 핸디 마이크는 장시간 사용하지 않을 경우 전지의 누액에 의해 마이크가 손상되므로 전지관리에 특별히 신경써야 하는 단점이 있다.

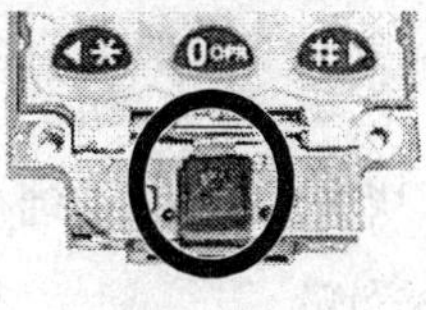

(a) 휴대폰 마이크

(b) 핸디 마이크

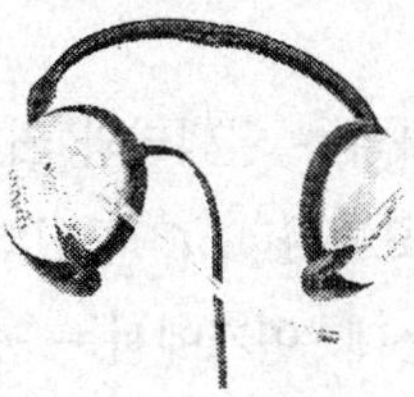

(c) 헤드 셋에 부착된 콘덴서 마이크

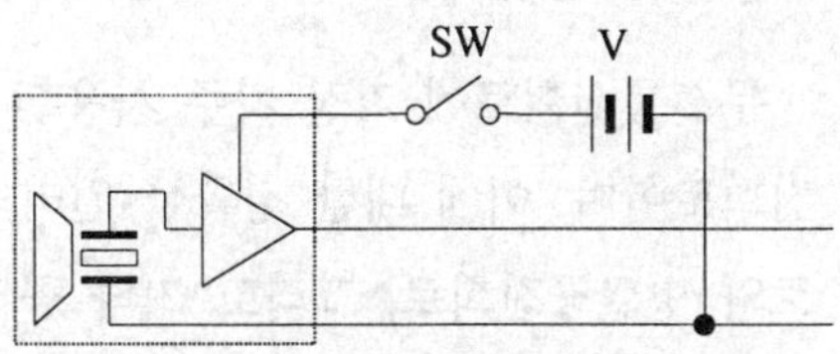

(d) 핸디 마이크의 접속 예

그림 2-14 • 콘덴서 마이크의 사용 예

2 튜 너

튜너(tuner)는 전파를 이용해 전달되는 음향신호를 수신하는 기기로서, 튜너와 오디오 증폭기가 모두 결합된 독립된 기기를 라디오라 한다.

(1) 라디오의 기본원리

라디오의 블록도를 **그림 2-15**에 나타내었다.

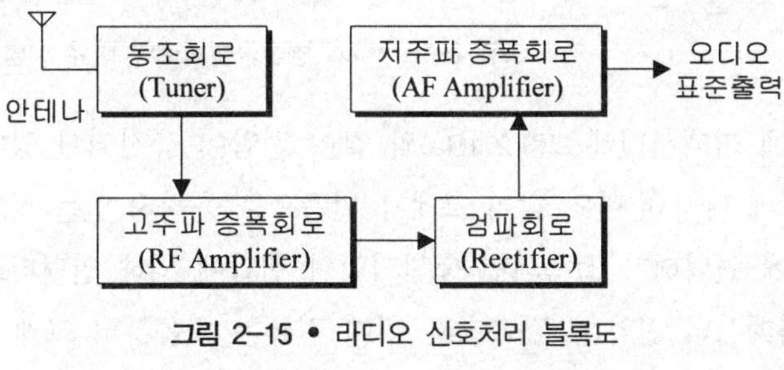

그림 2-15 • 라디오 신호처리 블록도

안테나를 통해 입력된 전파신호는 동조회로에서 원하는 방송국의 주파수를 선별한 후 검파회로를 거쳐 증폭기로 증폭되어 오디오 유닛 간의 표준신호인 0.8V에서 1V의 전압으로 출력된다.

1) 동조회로

동조(同調)회로란 안테나로부터 수신된 수많은 방송 주파수 중에서 원하는 주파수를 선택하는 것으로서 LC 공진회로를 주로 사용한다.

① LC 공진회로

무선통신회로에 가장 자주 사용되는 회로 중 하나는 인덕터와 커패시터에 의한 공진회로이며, 이에 대한 정확한 원리의 이해가 필요하다. LC 공진회로는 직렬공진회로와 병렬공진회로, 그리고 기타 공진회로가 있는데, 여기에서는 통신회로에서 가장 많이 사용되고 있는 병렬공진회로에 관해서만 간단히 다루도록 한다. 기타 공진회로에 관해서는 기초전자 관련서적을 참조하라.

LC 병렬공진회로는 **그림 2-16**에 나타낸 바와 같이 그네로 비유해 설명할 수 있으며 이와 유사한 동작을 한다.

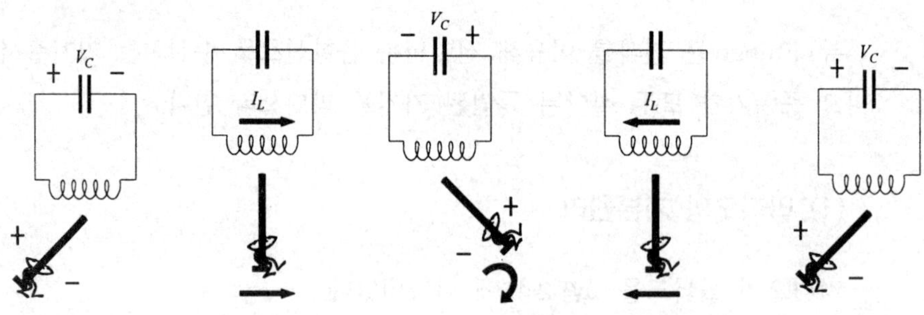

그림 2-16 • LC 병렬공진회로의 비유 설명

초기에 커패시터에 **그림 2-16(a)**와 같이 전압이 충전되어 있다고 가정하면, 이는 아래에 함께 나타낸 바와 같이 그네가 왼쪽으로 올려져 있는 상태에 비유된다. 이후 커패시터에 인덕터가 접속되면 충전되었던 전압에 의해 인덕터로 전류가 흐르며, 이에 따라 커패시터 전압은 감소한다. 이때 전류는 처음부터 크게 흐르는 것이 아니라 인덕터에 의한 관성 때문에 점차 커지며 흐르는데, 이는 마치 왼쪽으로 올려진 그네가 손을 놓자마자 최대 속도로 움직이는 것이 아니라 점차 빨라지는 것과 동일하다.

그림 2-16(b)에서 커패시터의 전압이 완전히 방전되어 전압이 0으로 되었지만, 이때 앞서 인덕터에 흐르던 전류는 관성에 의해 계속 흐르려는 성질이 있으며, 이는 아래에 함께 나타낸 그네 그림과 같이 그네의 높이가 최하가 되었어도 그네는 계속 진행

하려는 성질에 비유할 수 있다.

그림 2-16(c)는 인덕터에 의한 관성전류가 다시 커패시터의 반대쪽으로 충전시켜 더 이상 충전이 될 수 없을 때까지 충전된 상태를 나타낸 것으로서, 이는 아래에 함께 나타낸 그네 그림과 같이 그네가 반대쪽으로 상승한 상태에 비유할 수 있다.

그림 2-16(d)는 커패시터에 역으로 충전되었던 전압이 다시 방전되어 인덕터에 역방향으로 전류가 흐르는 상태를 나타낸 것으로서, 그네 그림에서 그네가 다시 반대방향으로 진행하는 것에 비유할 수 있다.

그림 2-16(e)는 인덕터에 의한 관성전류에 의해 커패시터에 다시 전압이 충전되어 그림 (a)와 동일한 상태로 된다.

이러한 성질을 지닌 그네에서 **그림 2-17**과 같이 이를 미는 사람과 흔들리는 그네의 관계를 살펴보면, 그네 자체의 고유한 흔들림에 맞추어 밀어준다면 그네는 최대로 흔들리며, 이와 같이 고유 진동주파수와 외부 힘이 함께 어우러진 상태를 '공진(共振)상태(resonance)'라 한다.

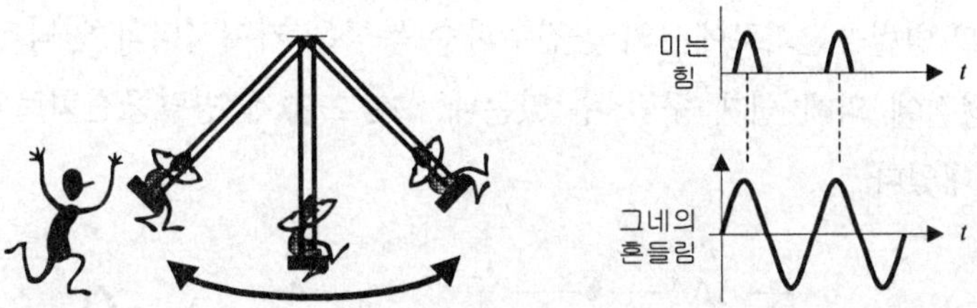

그림 2-17 • 공진상태의 비유

② 공진주파수

LC 병렬공진회로는 L값과 C값에 의해 고유의 진동주파수를 가지는데, 이는 **그림 2-18**에 나타낸 바와 같은 특징을 나타낸다.

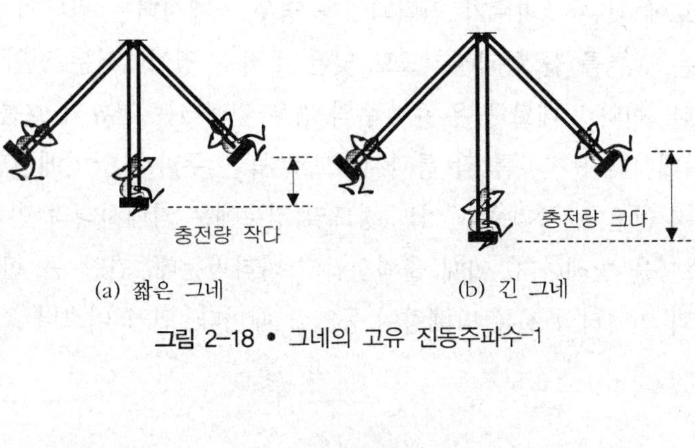

그림 2-18 • 그네의 고유 진동주파수-1

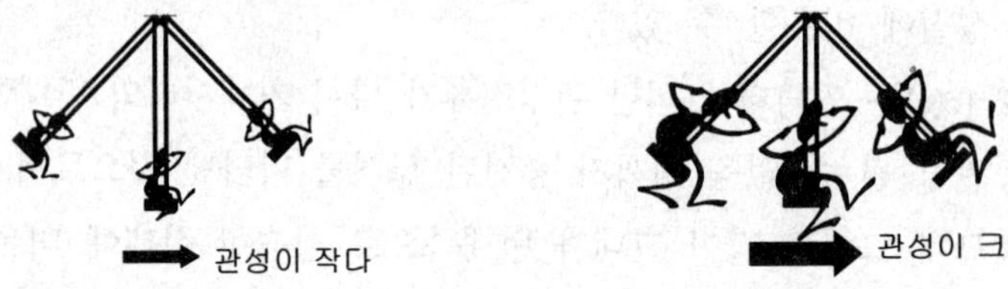

(a) 보통 사람 (b) 무거운 사람

그림 2-19 • 그네의 고유 진동주파수-2

즉, **그림 2-18**의 비유에서 그네의 길이가 길면 길수록 진동주파수는 낮아지는데 이는 커패시터의 용량에 비유되며, 충전용량이 큰 커패시터는 충전과 방전에 소요되는 시간이 길어 공진주파수는 낮아진다. 또한 **그림 2-19**와 같이 동일한 길이의 그네에 무게가 다른 사람이 탄 경우 무거운 사람이 관성이 더 붙기 때문에 진동주파수가 낮아지는데 이는 인덕터의 용량에 비유되며, 인덕터의 용량이 크면 관성전류의 양이 크므로 초기에 전류가 빨리 흐르기 어렵고, 일단 흐르면 강한 관성에 의해 그만큼 커패시터를 오래 충전시킬 수 있어 공진주파수가 낮아진다.

LC 병렬공진회로에서의 공진주파수 특성은 커패시터와 인덕터의 기본적인 등가저항 성질에 의해 쉽게 구할 수 있는데, **그림 2-20**에 병렬공진회로와 그 특성 그래프를 나타내었다.

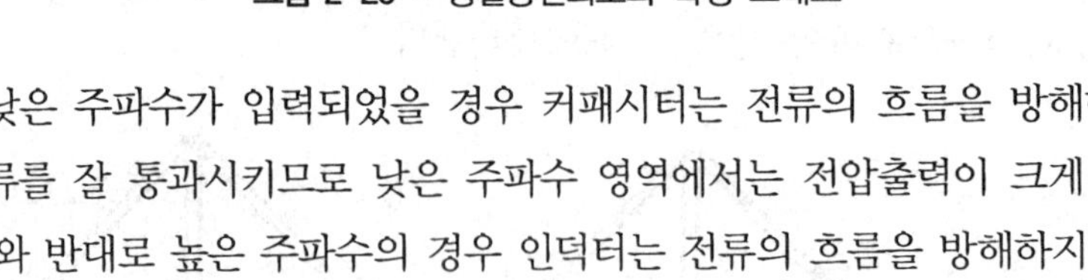

(a) LC 병렬공진회로 (b) 공진주파수 그래프

그림 2-20 • 병렬공진회로와 특성 그래프

회로에 낮은 주파수가 입력되었을 경우 커패시터는 전류의 흐름을 방해하지만 인덕터는 전류를 잘 통과시키므로 낮은 주파수 영역에서는 전압출력이 크게 나타나지 않는다. 이와 반대로 높은 주파수의 경우 인덕터는 전류의 흐름을 방해하지만 이번에는 커패시터가 전류를 잘 통과시키므로 높은 주파수 영역에서도 전압출력이 크게 나타나지 않는다. 주파수가 어느 정도일 경우에는 커패시터와 인덕터 모두 적절히 전류의 흐름을 방해하며, 이때 출력전압이 나타나는데, 가장 큰 전압이 나타나려면 커패시터와 인덕터의 전류 방해량이 동일할 때이다. 만약 이보다 조금만 주파수가 높으면 커패시터에 의해 전류가 유출되고, 조금만 주파수가 낮으면 인덕터에 의해 전류가 유출된다. 이 상태를 식으로 나타내면 다음과 같다.

$$X_L = X_C$$

$$2\pi f L = \frac{1}{2\pi f C} \quad \cdots\cdots (1)$$

이를 주파수에 대해 정리하면 다음과 같은 결론을 얻을 수 있으며, 이를 '공진주파수(resonance frequency)'라 한다.

$$f_r = \frac{1}{2\pi\sqrt{LC}} \quad \cdots\cdots (2)$$

위 설명은 이해를 쉽게 하기 위해 단순히 리액턴스 성분을 등가저항 성분으로 간주해 설명했는데, 사실상 실제 공진회로에서는 인덕터와 커패시터 간의 위상차를 고려하면 훨씬 복잡한 동작을 한다.

③ 주파수 선택도

앞서 공진주파수 공식은

$$f_r = \frac{1}{2\pi\sqrt{LC}}$$

로 나타내었으므로 **그림 2-21(a)**와 같은 소자값의 조합일 경우에도 계산상으로는 그 곱이 모두 동일하고, 따라서 모든 공진주파수도 동일하다.

그런데, 이러한 소자의 조합에 있어서 실제 소자의 크기는 **그림 2-21(b)**와 같이 큰 차이가 있음에 불구하고 계산상으로 주파수가 동일하다는 것이 이상하다.

L [mH]	C [pF]	$L \cdot C$ [10^{-15}]
2	5,000	10,000
50	200	10,000
100	100	10,000
200	50	10,000
5,000	2	10,000

(a) 소자값의 조합 예

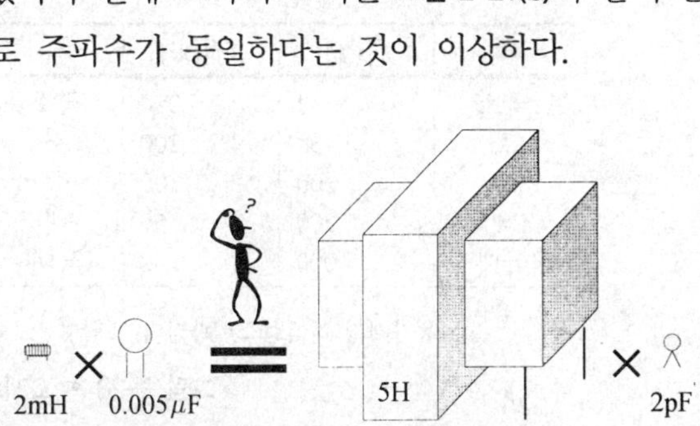

(b) 실제 부품의 크기 예

그림 2-21 • 동일 주파수에 대한 소자의 조합

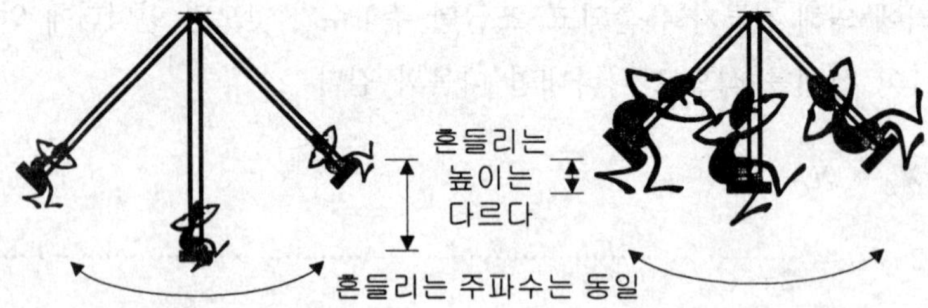

(a) 긴 그네와 가벼운 사람 (b) 짧은 그네와 무거운 사람

그림 2-22 • 동일 주파수에 대한 조합의 비유

그렇다면 이들 조합 사이에 어떤 차이가 있는 것일까? 이를 그네의 비유로 나타내면 **그림 2-22**와 같은데, 그림 (a)는 그네 길이가 길고 가벼운 사람이 타고 있는 경우, 그림 (b)는 그네 길이가 짧고 무거운 사람이 타고 있는 경우로서 이들의 흔들리는 주파수는 동일하지만 그네의 진동높이가 달라진다.

이를 수학식에서 살펴보면 다음과 같은 의미가 있다. 공진주파수를 구하는 공식을 유도하기 위해 처음에 유도성 리액턴스 X_L과 용량성 리액턴스 X_C가 서로 같다고 놓았는데, 어떤 상태로 두 값이 같은지는 고려되지 않았다.

앞서 **그림 2-21(a)**에 나타낸 소자의 조합을 저항의 관점에서 살펴보면 **그림 2-23(a)**와 같다. 단, 여기서 생각을 간단히 하기 위해 실제 리액턴스에 존재하는 위상성분은 전혀 고려하지 않고 단지 숫자적 의미의 '등가저항'만을 생각하였다.

각 리액턴스들이 '같기는 같되' 서로 '극히 작으면서 같은가', '극히 크면서 같은가'에 따라 어떤 차이가 발생한다. 이는 **그림 2-23(b)**에서 설명될 수 있는데, 각 리액턴스들은 전류의 흐름을 차단하는 양으로 작용한다.

X_L	L[mH]	C[pF]	X_C
극소	2	5,000	극소
소	50	200	소
중	100	100	중
대	200	50	대
극대	5,000	2	극대

(a) 등가저항(리액턴스) 관점의 조합

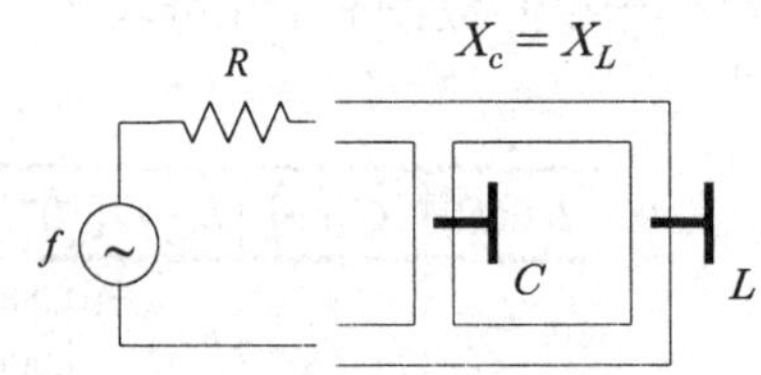

(b) 등가저항(리액턴스) 변화에 의한 효과

그림 2-23 • 소자의 조합에 의한 차이

주파수가 높을 때 유도성 리액턴스 X_L은 커져 밸브 L은 막히는데 비해 용량성 리액턴스 X_C는 작아져 밸브 C는 열리게 되므로 전류는 대부분 밸브 C를 통해 빠져나가므로 밸브의 위, 아랫부분의 압력차(전압차)는 작아진다.

주파수가 낮다면 용량성 리액턴스 X_C는 커져 밸브 C는 막히는데 비해 유도성 리액턴스 X_L은 작아져 밸브 L은 열리게 되므로 전류는 대부분 밸브 L을 통해 빠져나가므로 밸브의 위, 아랫부분의 압력차(전압차)는 역시 작아진다.

따라서 밸브의 위, 아랫부분의 압력차가 가장 커지는 경우는 두 밸브가 동일하게 열려 있는 경우인데, 이때 두 밸브가 동일하게 열려있기는 하되 모두 조금씩 열려 있으면서 동일할 수도 있고, 또는 많이 열려 있으면서 동일할 수도 있다. 모두 크게 열려 있으면서 동일한 경우(**그림 2-23(a)**의 첫줄 조합)에는 전압차가 작게 나타나고, 모두 조금씩 열려 있으면서 동일할 경우(**그림 2-23(a)**의 아랫줄 조합)에는 전압차가 크게 나타나는 차이가 있으며, 이들 전압을 개략적으로 나타내면 **그림 2-24**와 같이 될 것이다.

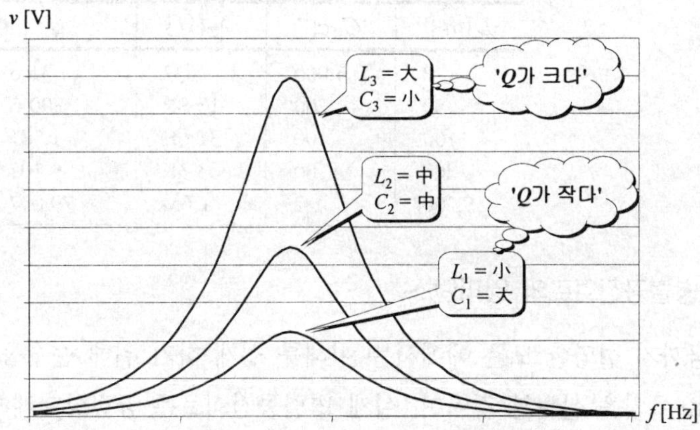

그림 2-24 • 예상되는 전압차

이 그래프에서 동일한 입력전압에 대해 L_1, C_1에 의한 조합보다는 L_3, C_3의 조합이 더 전압을 잘 추출해내며, 이를 '주파수 선택도' 또는 '공진회로의 질(quality)'의 의미로서 'Q가 더 크다'고 한다. 이와 같은 Q값은 정확한 공식 및 수치로 나타낼 수 있는데, 이에 대한 더 상세한 내용은 기초전자 관련서적을 참조하고 여기서는 결론만 논하기로 한다. 병렬공진회로의 Q를 나타내는 공식은 여러 가지가 있는데 그 중 하나를 식 (3)에 나타내었다.

$$Q = \frac{X_L}{r_S} \quad \cdots\cdots (3)$$

여기서, r_S는 인덕터가 가지고 있는 순수저항성분이다.

앞에서 그림 2-21(a)와 그림 2-23(a)의 소자로 구성된 병렬공진회로는 각 소자들 조합에 대해 다음과 같이 계산할 수 있다.

우선 모든 조합에 대해 공진주파수는 다음과 같다.

$$\text{공진주파수 } f_r = \frac{1}{2\pi\sqrt{LC}} = \frac{1}{2\pi\sqrt{100\text{mH} \times 100\text{pF}}}$$
$$= 50.329\text{kHz}$$

따라서 공진상태에서의 각 소자들 조합에 대한 계산은 다음과 같다. 단, 여기서 인덕터의 내부저항은 20Ω으로 가정하였다.

L[mH]	C[pF]	X_L[Ω]	Q
2	5,000	632	31.6
50	200	15.8K	790.6
100	100	31.6K	1,581
200	50	63.3K	3,162
5,000	2	1.6M	79,057

④ 병렬공진회로의 임피던스

지금까지 설명한 모든 예에서는 이해를 쉽게 하기 위해 순수등가저항에 의한 성질만으로 특징을 살펴본 것이며, 실제 병렬공진회로는 공진상태에서 전류가 거의 흐르지 않는다. 즉, 임피던스가 거의 무한대이다.

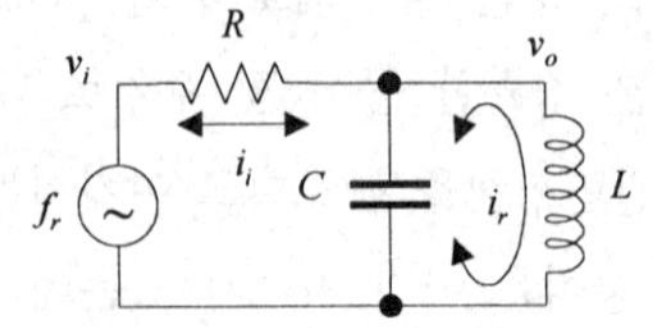

(a) 검토 대상 회로

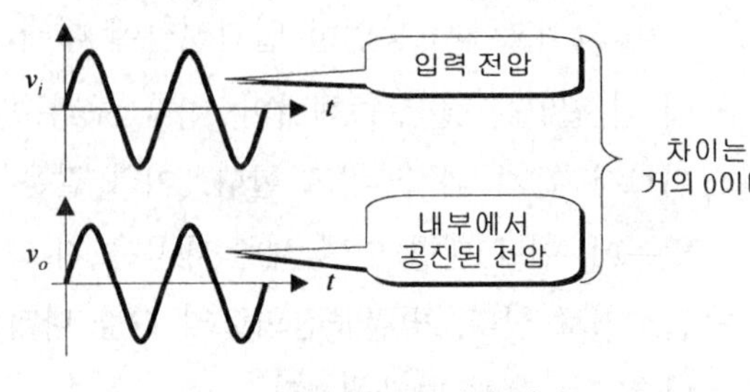

(b) 임피던스 증가의 원리

그림 2-25 • 병렬공진회로의 임피던스 관계

이 결과는 단지 등가저항 개념만으로는 설명되지 않으며 그 이유는 인덕터와 커패시터의 위상에 대한 개념이 생략되었기 때문이다. 공진 상태에서 어째서 임피던스가 무한대로 되는지 그 원리부터 살펴보기로 한다. **그림 2-25(a)**와 같은 회로의 입력 임피던스는 식 (4)와 같이 정의된다.

$$Z_i = \frac{v_i}{i_i} \quad \cdots\cdots \quad (4)$$

그런데, 공진상태에서는 입력전압이 있음에도 불구하고 전류가 거의 흐르지 않는데, 그 이유는 **그림 2-25(b)**와 같이 입력전압과 동일한 내부 공진전압이 존재하기 때문에 실제로 입력전압과 출력전압은 차이가 발생하지 않아 전류 i_i는 거의 0이 되며, 따라서 임피던스 Z_i는 거의 무한대가 된다. 저항 R이 생략되더라도 이 결과는 마찬가지이며, 따라서 병렬공진회로 자체의 임피던스가 거의 무한대이다.

그러나 한 가지 유의할 점은 외부와의 전류흐름이 없다 할지라도 공진회로 내부에서는 공진전류 i_r이 흐르고 있다는 것이며, 따라서 이와 같은 공진회로 부분을 '공진탱크'라 부르기도 한다.

앞서 살펴보았던 여러 인덕터, 커패시터 조합 중 **그림 2-26(a)**와 같은 3가지 조합에 대한 임피던스는 식 (5)와 같은 다른 공식으로 구할 수 있다.

$$Z = X_L \times Q \quad \cdots\cdots \quad (5)$$

이 식은 기초전자 관련서적의 '병렬공진회로의 선택도' 부분을 참조하라.

그림 2-26(a)의 조합에 대한 임피던스를 그림 (b)회로를 대상으로 엑셀을 이용해 시뮬레이션한 결과를 **그림 2-27(a)**에 나타내었다. 단, 여기서 인덕터의 내부저항은 모두

L[mH]	C[pF]	$X_L[\Omega]$	Q	$Z[\Omega]$
50	200	15.8K	790.6	12.5M
100	100	31.6K	1,581	50.0M
200	50	63.3K	3,162	200.2M

(a) 시뮬레이션 대상

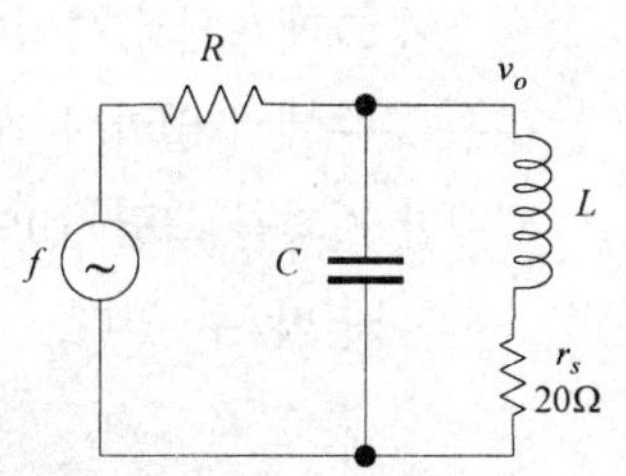

(b) 대상 회로

그림 2-26 • 병렬공진회로 임피던스의 시뮬레이션

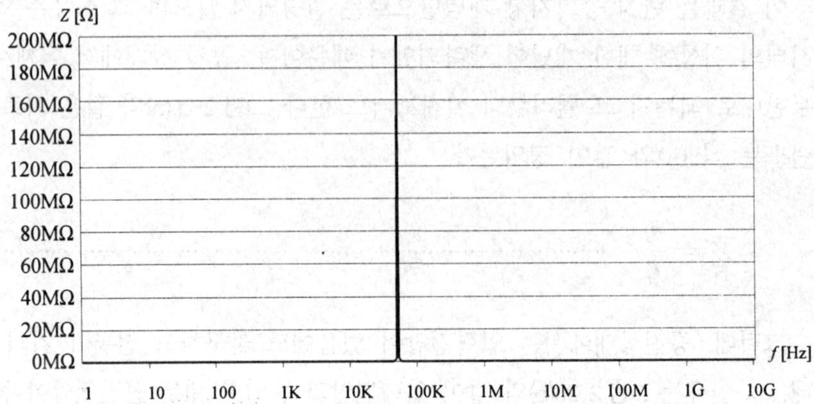

(a) 병렬공진회로의 임피던스 예

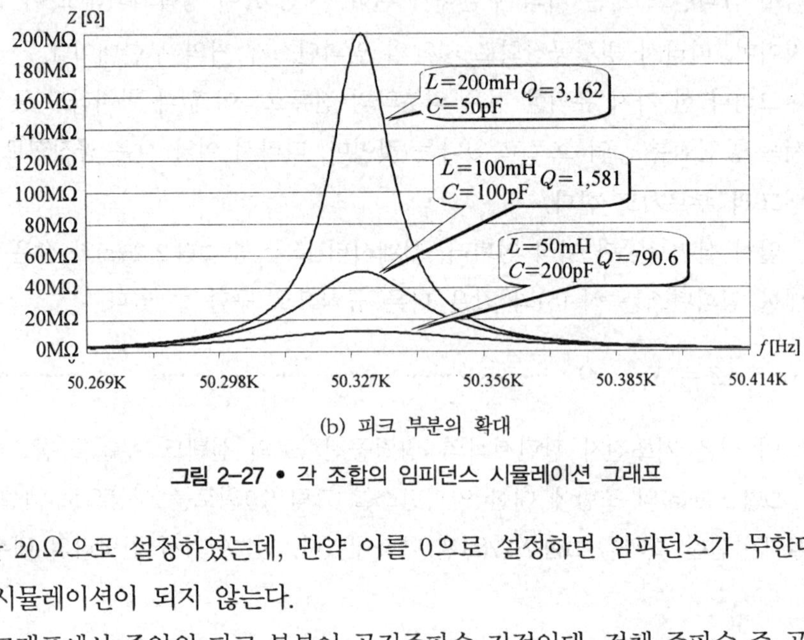

(b) 피크 부분의 확대

그림 2-27 • 각 조합의 임피던스 시뮬레이션 그래프

동일한 20Ω으로 설정하였는데, 만약 이를 0으로 설정하면 임피던스가 무한대로 나타나 시뮬레이션이 되지 않는다.

이 그래프에서 중앙의 피크 부분이 공진주파수 지점인데, 전체 주파수 중 공진주파수 부분에서 얼마나 예민한 반응을 보이는지 알 수 있다. **그림 2-27(a)** 피크 부분을 확대한 결과를 그림 (b)에 나타내었으며, 각 소자 조합에 따라 반응 크기의 차이를 분명히 확인할 수 있다.

2) 검파회로

검파(檢波)회로는 고주파로 변조된 신호 중에서 음파신호를 추출하는 것으로서 AM

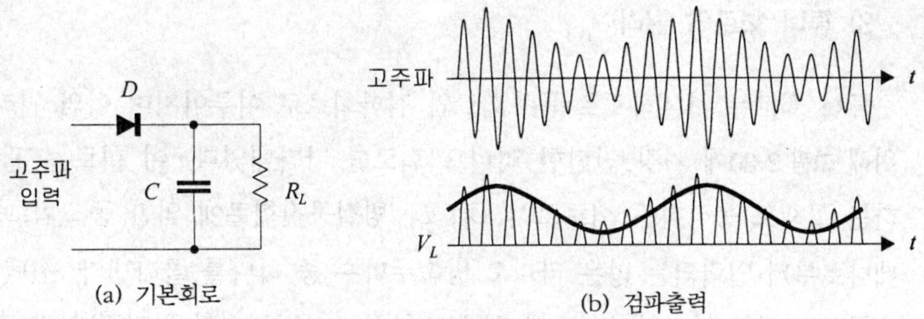

그림 2-28 • 간단한 검파회로

이냐 FM이냐에 따라 방법이 다르고, AM이라도 검파방법에 여러 가지 방식이 있지만 여기서는 가장 기본이 되는 포락선 검파에 관해 살펴보며 다른 방법에 관한 것은 통신 관련 전문서적을 참조하라.

포락선 검파는 정류회로의 일종으로서 기본적으로 **그림 2-28(a)**와 같이 구성된다. 이는 반파정류회로를 사용한 것으로서 동조회로에서 선택된 고주파 신호가 입력되면 그림 (b)와 같이 정류되고 C에 의해 평활되면 굵게 표시한 선과 같은 음파가 추출된다.

그림 2-29(a)는 커패시터와 다이오드에 의한 클램핑 효과를 이용해 출력을 더욱 크게 발생하도록 한 회로로서 C_1과 D_1이 클램프 회로이고, D_2가 검파용 다이오드, C_2가 평활용 커패시터이다. 동조회로에 의해 선택된 고주파 신호는 클램프 회로를 거치면 그림 (b)의 고주파 신호 점선부분이 접지 레벨로 변환되므로 고주파 신호 전체에 대한 검파가 이루어져 굵게 표시한 선과 같이 음파의 크기는 2배로 나타난다.

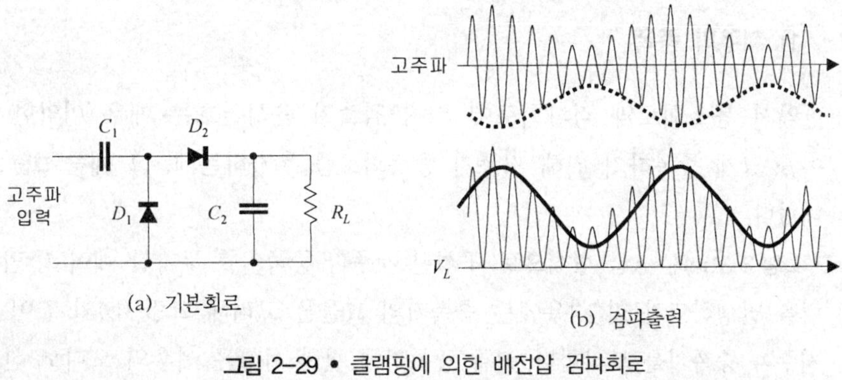

그림 2-29 • 클램핑에 의한 배전압 검파회로

3) 튜너 회로의 원리

튜너 회로는 기본적으로 동조회로와 검파회로로 이루어지며 이의 원리를 이해하기 위해 **그림 2-30**에 가장 간단한 라디오 회로를 나타내었다. 이 회로는 '광석 라디오'라 하는 실제로 동작하는 회로로서 C_1, L_1 병렬공진회로에 의한 동조회로를 이용해 안테나로부터 입력되는 많은 라디오 방송주파수 중 하나를 골라낸다. 선택한 방송 주파수를 D_1 게르마늄 다이오드에 의해 정류하고 C_2로 평활(필터링)시켜 크리스털 이어폰에 인가하면 라디오 소리가 발생한다.

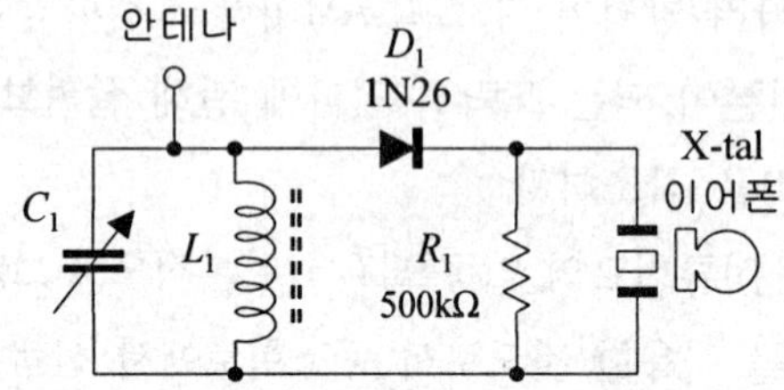

그림 2-30 • 간단한 라디오 회로

이 회로는 전지 없이 순수한 전파의 힘으로만 동작하므로 안테나는 긴 철사 등을 천장 등에 매달아 사용해야 한다. 크리스털 이어폰은 전파의 전력 정도만으로도 동작을 하는 특수 이어폰으로서 이 장의 출력기기에서 소개하고 있다.

(2) 증폭기의 추가

1) 저주파 증폭

앞서 동조회로와 검파회로에 의해 검출된 음성신호는 매우 미약한 신호이므로 이를 크게 증폭하기 위해 저주파 증폭회로를 추가하는데, 그 예를 **그림 2-31**에 나타내었다.

그림 2-31(a)는 A급 형식으로 구성된 저주파 증폭기를 부착한 예이고, 만약 더 큰 출력을 발생하고자 할 경우에는 증폭기의 효율을 고려해 그림 (b)와 같이 B급 형식의 저주파 증폭기를 부착한다. B급 증폭기에 관한 사항은 이후의 오디오 신호처리 기기에서 자세히 다룬다.

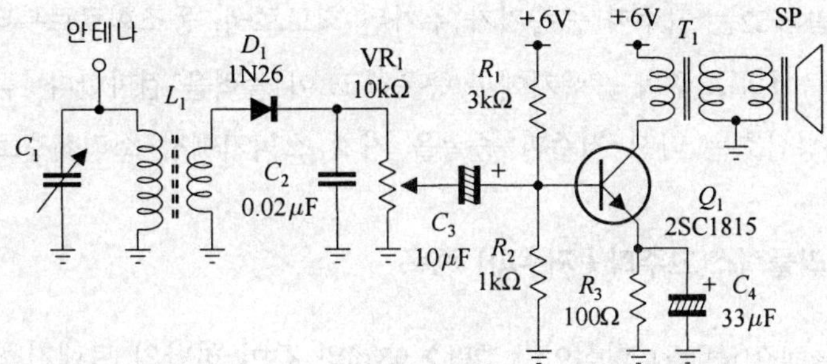

(a) A급 증폭기의 추가

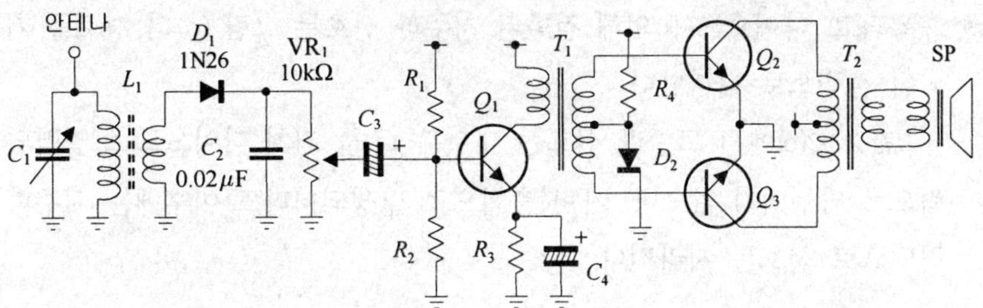

(b) B급 증폭기의 추가

그림 2-31 • 저주파 증폭기의 추가

2) 고주파 증폭 추가

앞서 살펴본 라디오 회로는 동조회로의 출력을 직접 검파하기 때문에 전파신호가 미약한 경우 다이오드의 오프셋 전압을 넘지 못해 신호가 검출되지 못하며, 설령 검출되더라도 오프셋에 의한 신호 감쇠 및 소자의 잡음 등의 영향으로 신호 대 잡음비가 나빠진다. 이 때문에 검파 이전에 고주파 증폭을 행하면 라디오의 감도가 더 좋아질 뿐만 아니라 잡음에 대한 영향도 덜 받는다.

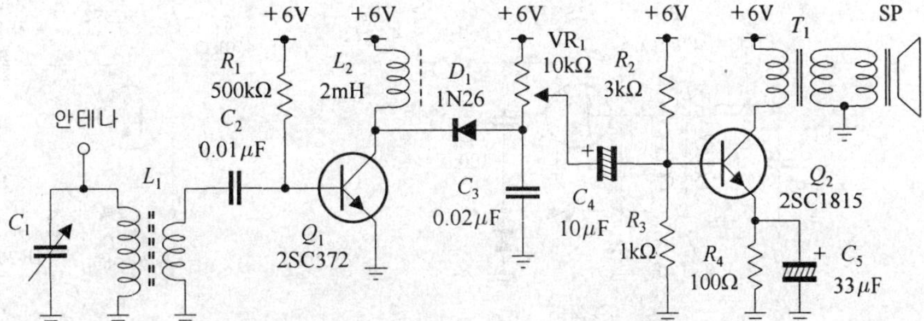

그림 2-32 • 고주파 증폭기가 추가된 라디오 회로

그림 2-32는 고주파 증폭기가 추가된 회로로서, 동조회로로부터 출력된 신호를 Q_1으로 구성된 고주파 증폭기에서 증폭하고 이 출력을 검파한다. 검파회로에 의해 검출된 음성신호는 다시 저주파 증폭을 거쳐 스피커에서 소리신호로 발생된다.

3) 리플렉스(고주파+저주파) 증폭

리플렉스(reflex) 형식이란 **그림 2-33(a)**와 같이 하나의 트랜지스터를 이용해 고주파 증폭과 저주파 증폭을 모두 행하는 것으로서, 고주파 신호는 그림 (b)의 경로를 거쳐 증폭되고, 다이오드에 의해 검파된 저주파 신호는 그림 (c)의 경로를 거쳐 다시 증폭되어 출력으로 나타난다.

그림 2-33(b)에서 고주파 신호는 대부분 C_2를 거쳐 다이오드로 입력되기 때문에 출력으로 발생되지 않으며, 가령 출력으로 발생되더라도 이후에는 저주파 증폭기로 입력되므로 신호는 사라진다.

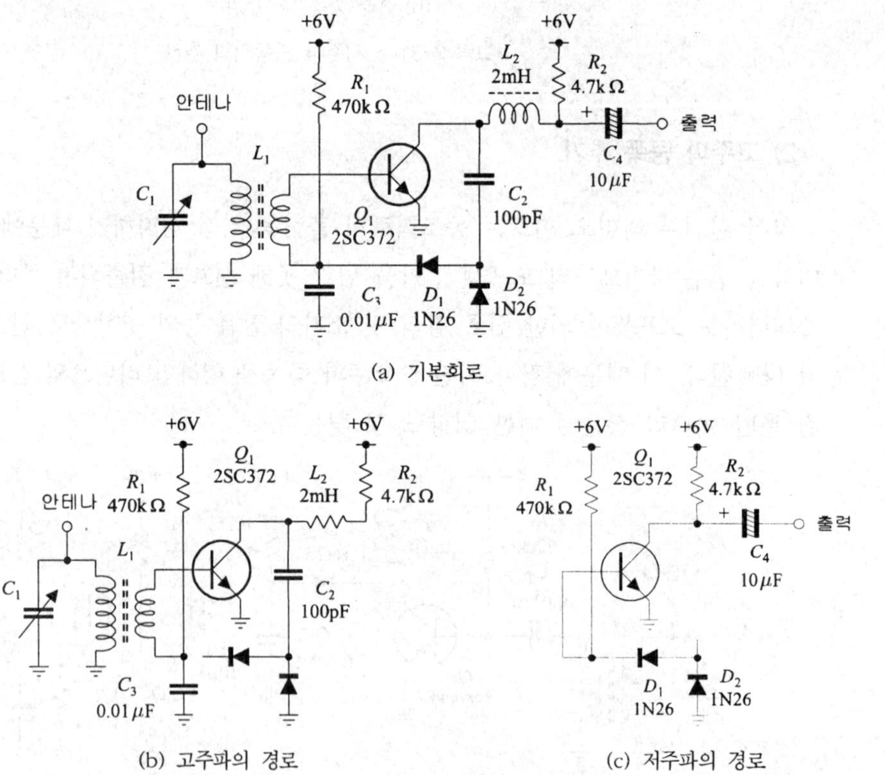

그림 2-33 리플렉스 형식 증폭회로

(3) 슈퍼헤테로다인

슈퍼헤테로다인의 원리를 완전히 이해하려면 발진회로, 주파수 혼합회로, C급 증폭기 등 여러 가지 회로의 원리를 알고 있어야 하는데, 이 중 가장 핵심인 C급 증폭기의 원리만을 간단히 살펴보며 나머지 회로들은 무선 관련 전문서적을 참조하라.

1) C급 증폭기

① C급 증폭기의 원리

전력을 증폭하려는 대상 신호가 일정한 주파수의 정현파일 경우, 예를 들어 라디오의 중간 주파수(IF) 증폭이나 발진기 출력 증폭 등에는 A급이나 B급 증폭기보다 C급 증폭기를 사용하는 것이 더 전력효율이 좋다. A급 증폭기와 B급 증폭기는 처리할 수 있는 주파수 범위가 넓고 임의의 파형을 증폭시킬 수 있는데 비해 C급 증폭기는 B급보다 전력효율이 우수하지만 다룰 수 있는 주파수가 매우 좁은, 즉 특정 주파수에 대해서만 동작하며, 특히 정현파에 대해서만 증폭을 행한다.

이와 같은 C급 증폭기는 인덕터와 커패시터에 의한 공진원리를 이용하고 있으며, 주로 라디오 주파수(RF : Radio Frequency)용 증폭기로 널리 사용된다. C급 증폭기는 트랜지스터가 신호 주파수의 180° 미만을 증폭한다. 이는 입력된 신호의 일부, 사실은 극히 일부만을 증폭하기 때문에 파형에 심한 왜곡이 발생하지만 이는 공진회로에 의해 정현파 출력으로 얻어진다.

C급 증폭기는 앞서 설명한 공진탱크와 함께 이를 구동하기 위해 **그림 2-34**와 같이

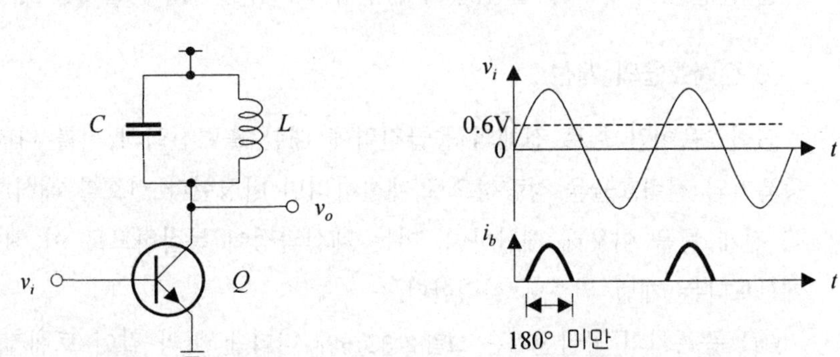

(a) 기본회로 (b) 입력부분 파형

그림 2-34 • C급 증폭기의 회로 및 원리

회로가 구성된다. 회로에서 트랜지스터에는 바이어스가 없음에 주목하라.

회로의 입력에 정현파가 인가되면 트랜지스터의 베이스-이미터단의 다이오드에 의해 정류되므로 **그림 2-34(b)**와 같이 베이스 전류는 180° 미만의 파형이 되며, 이러한 베이스 전류는 트랜지스터에 의해 증폭되어 공진회로를 구동한다. 입력된 비정현파 파형이 공진회로의 공진주파수와 동일하다면 출력파형은 정현파가 나타나는데, 이에 대한 비유를 **그림 2-35**에 나타내었다.

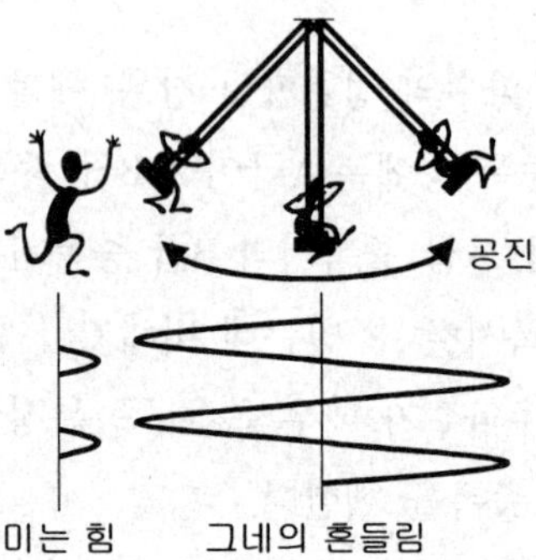

(a) 동작원리의 비유

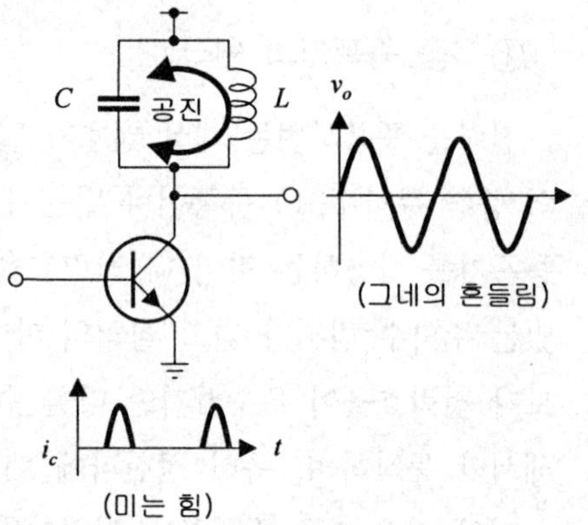

(b) 출력파형

그림 2-35 • C급 증폭기의 동작원리

그림 2-35(a)에 비유로 나타낸 바와 같이 고유진동수를 가진 그네를 비정현적이지만 동일한 주파수로 밀면('미는 힘'의 파형) 그네의 흔들림은 정현파로 발생한다. 이와 마찬가지로, 그림 (b)에 나타낸 바와 같이 고유진동수를 가진 공진회로를 비정현적이지만 동일한 주파수로 밀면(컬렉터 전류 i_c) 공진회로의 출력은 정현파로 발생한다.

② 전력효율의 개선

전력효율이란 회로 전체의 공급전력에 대한 출력전력의 비를 나타낸 것인데, C급 증폭기의 전력효율을 정량적으로 계산하려면 비정현파 신호를 해석해야 하므로 푸리에 전개 등을 이용해 계산하며, 이는 계산과정이 복잡하므로 이 책에서는 정량적인 계산보다는 개념 위주로 설명한다.

C급 증폭기의 공급전력은 **그림 2-36(a)**에 나타낸 바와 같이 트랜지스터에서 소비되는 비정현파 컬렉터 전류뿐이며 바이어스 전류 등은 없다.

만약, **그림 2-36(b)**와 같이 입력신호를 (−)방향으로 역바이어스시키면 트랜지스터의

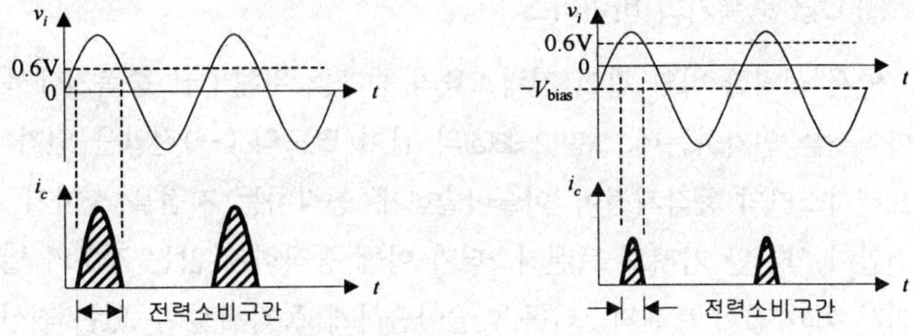

(a) 무바이어스 시 (b) 역바이어스 시

그림 2-36 • C급 증폭기의 전력소비

동작구간은 더욱 짧아지고 전력소비는 줄어들어 증폭기의 효율이 증대된다. 이와 같이 작은 전력으로도 공진회로는 충분히 동작하는데, 이에 대한 비유를 **그림 2-37**에 나타내었다.

그림 2-37(a)는 그네가 중앙에서 약간 왼쪽에 도착했을 때부터 끌어당기고 다시 미는 것이고, 그림 (b)는 그네가 거의 왼쪽 끝에 도착했을 때 잠시 밀어주는 것으로서, 이들의 효과는 동일하지만 그림 (b) 쪽이 미는 사람의 힘이 덜 소모되며, 실제로 우리가 그네를 밀 때도 이와 같이 행하고 있다.

따라서 C급 증폭기에서는 전력효율을 극대화하기 위해 가급적 짧은 구간의 입력을 가하는 것이 좋으며, 이 때문에 오히려 트랜지스터에 역바이어스를 가해 동작시킨다.

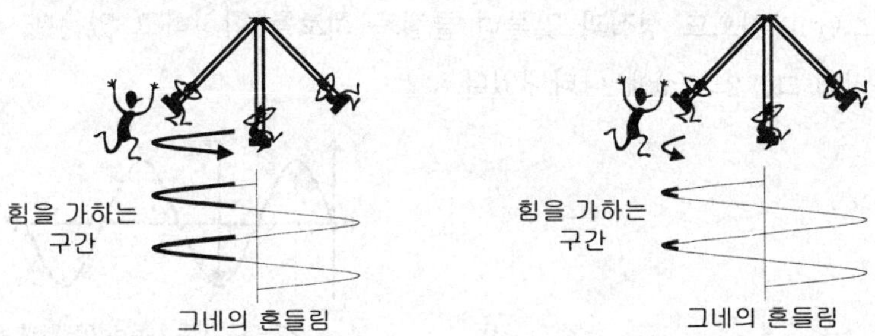

(a) 긴 구간의 입력 (b) 짧은 구간의 입력

그림 2-37 • 공진회로 구동구간의 비유

③ C급 증폭기의 바이어스

앞서 설명한 바와 같이 전력효율의 증가를 위해 C급 증폭기에서는 역방향으로 바이어스를 인가하는데, **그림 2-38(a)**와 같이 별도의 (−)전압을 인가하면 되지만, 이는 트랜지스터의 동작지점이 '아슬아슬하게' 동작하는 지점을 정하기 어렵고, 자칫 (−)전압이 약간만 커져도 트랜지스터가 아예 동작하지 않는 경우가 발생할 수 있다. 따라서 이와 같이 트랜지스터를 '아슬아슬하게' 동작시킬 수 있는 최선의 방법으로 그림 (b)와 같이 트랜지스터의 입력 다이오드 성질을 이용한 클램프 회로를 이용한다.

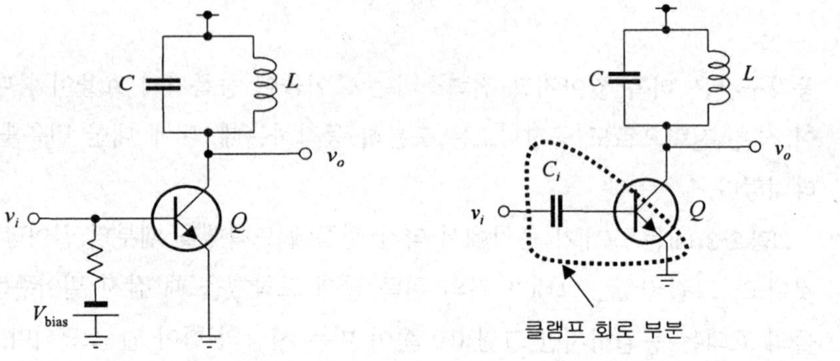

(a) 역전압에 의한 방법 (b) 클램프에 의한 방법

그림 2-38 • 역바이어스 방법

그림 2-38(b)에서 마치 입력 커플링용 같아 보이는 커패시터 C_i는 트랜지스터의 베이스단 다이오드 성질과 맞물려 클램프 회로를 형성하고 있는데, 이 부분의 회로를 분리해 **그림 2-39(a)**에 나타내었다.

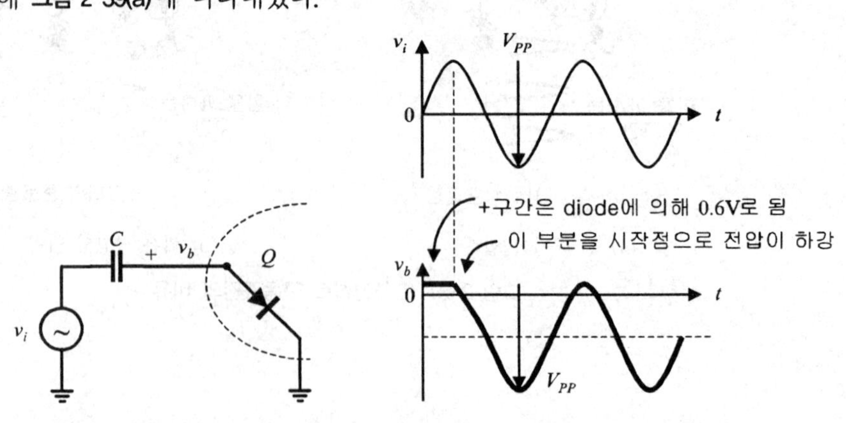

(a) 클램프 회로 (b) 회로의 동작

그림 2-39 • 역바이어스의 원리

그림 2-39(a)에서 입력신호는 커패시터를 거쳐 트랜지스터 베이스단에 접속되어 있고, 베이스단은 다이오드와 동일한 성질을 가지고 있다. 입력단에 그림 (b)에서와 같이 변화하는 (+)전압이 인가되면 베이스 전압 v_b는 원래 그 변화분인 (+)전압이 나타나야 하지만, (+)전압은 다이오드 입장에서는 순방향에 해당되므로 0V로 전류가 흘러나가 +0.6V 이상 증가할 수 없다.

입력단의 전압이 최고 (+)부분에서 하강하기 시작하면 커패시터의 출력은 입력전압의 변화분만큼 변화하므로, 현재 v_b가 +0.6V로 되어 있었기 때문에 이 전압부터 변화분이 나타난다. 이 변화분은 (−)의 전압이므로 다이오드는 역방향이 되어 동작하지 않고, 따라서 v_b의 전압으로 나타난다.

이러한 동작의 결과로서 그림 (b)와 같이 v_b는 +0.6V로부터 시작되어 V_{PP}만큼 변화하는 전압이 나타나며, 따라서 트랜지스터의 베이스단은 크게 역바이어스된 결과로 나타난다. 이후로 입력되는 정현파는 이곳부터 +0.6V까지 상승하므로 트랜지스터는 파형의 최고점 순간에만 잠시 동작한다.

이상과 같은 클램프 회로를 부가한 C급 증폭기 각 부의 파형을 **그림 2-40**에 나타내었다.

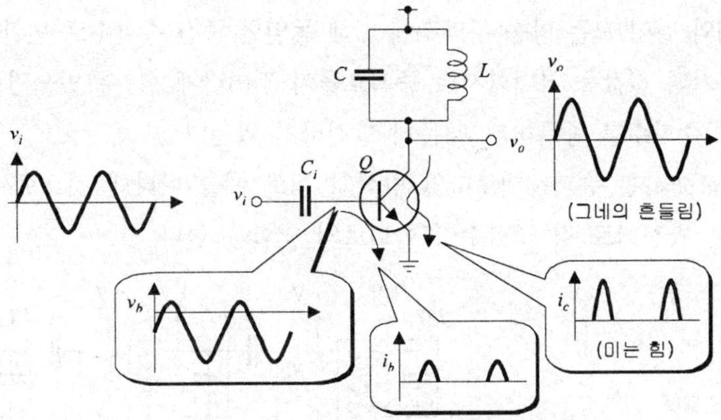

그림 2-40 • C급 증폭기 각 부의 파형

2) 슈퍼헤테로다인 방식의 원리

앞서 설명한 바와 같이 라디오의 고주파를 증폭하면 감도가 좋아지고 잡음에 대해 강해지는 특징이 있지만, 고주파 증폭은 어느 정도 이상은 크게 할 수 없다. 그 이유는 안테나에 수신되는 전파는 지극히 작은 크기이기 때문에 이를 매우 크게 증폭하면

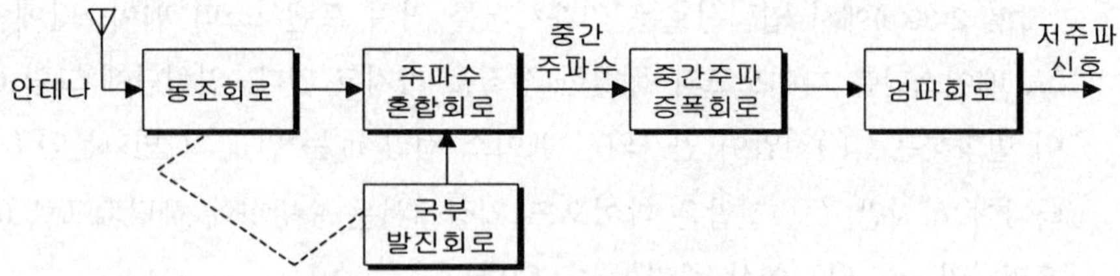

그림 2-41 • 슈퍼헤테로다인 방식의 블록도

증폭 후의 큰 신호가 입력으로 혼입되어 발진이 일어나기 때문이다. 또한, 고주파 신호의 주파수는 선택하는 방송에 따라 변화하기 때문에 C급 증폭기를 사용할 경우 주파수에 따라 증폭도가 달라지므로 Q값을 크게 할 수 없어 증폭효율이 떨어진다. 이러한 여러 가지 사항들을 방지하면서 효율이 좋고 큰 증폭을 행하기 위해서 수신된 고주파 신호를 다른 일정한 주파수로 변환해 증폭할 수 있는데 이를 슈퍼헤테로다인 방식이라 한다. 이 방식은 **그림 2-41**에 나타낸 바와 같이 수신된 고주파 신호에 라디오 내부에서 자체적으로 발진시킨 신호를 합성해 중간 주파수(455kHz)라는 전혀 다른 주파수를 생성한다. 이때 선택한 방송 주파수에 따라 국부발진회로의 발진 주파수도 함께 변화시켜 중간 주파수는 항상 동일한 주파수가 되도록 유지한다.

이와 같이 모든 방송 주파수에 대해 동일한 중간 주파수로 변환시켜 증폭함에 따라 증폭기의 Q값을 극대화시켜 증폭효율이 뛰어나게 할 수 있으면서도 수신 주파수와 다른 주파수를 증폭하기 때문에 발진하지 않는다.

그림 2-42는 슈퍼헤테로다인 방식의 회로 예를 나타낸 것으로서, 초기 트랜지스터 Q_1은 발진회로 겸 주파수 혼합회로의 역할을 한다.

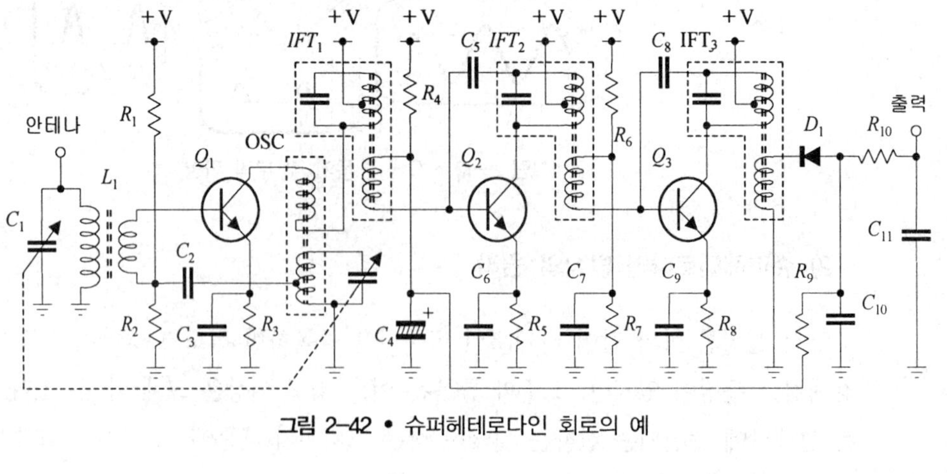

그림 2-42 • 슈퍼헤테로다인 회로의 예

그림 2-43 • 라디오의 OSC와 IFT들

이와 같이 혼합된 중간 주파수는 중간 주파 트랜스포머(IFT_1, IFT_2, IFT_3)와 고주파 트랜지스터 Q_2, Q_3를 거치며 크게 증폭되고, 마지막으로 D_1에 의해 검파된다. C_5와 C_8은 중화 커패시터로서 고주파 트랜지스터의 컬렉터-베이스 간 용량에 의한 주파수 저하를 방지하며, R_9와 C_4는 최종적으로 검파된 음향신호가 방송수신 상태에 따라 지나치게 크거나 작은 것을 보정하기 위한 자동 이득조정회로이다.

그림 2-43에 슈퍼헤테로다인에 사용되는 OSC 트랜스포머와 IFT들의 사진을 나타내었다.

(4) 무선 마이크

튜너를 다른 방법으로 이용한 기기 중 무선 마이크가 있는데 이는 AM 방식과 FM 방식이 있다.

1) AM 방식

AM 방식 무선 마이크 회로의 예를 **그림 2-44**에 나타내었다.

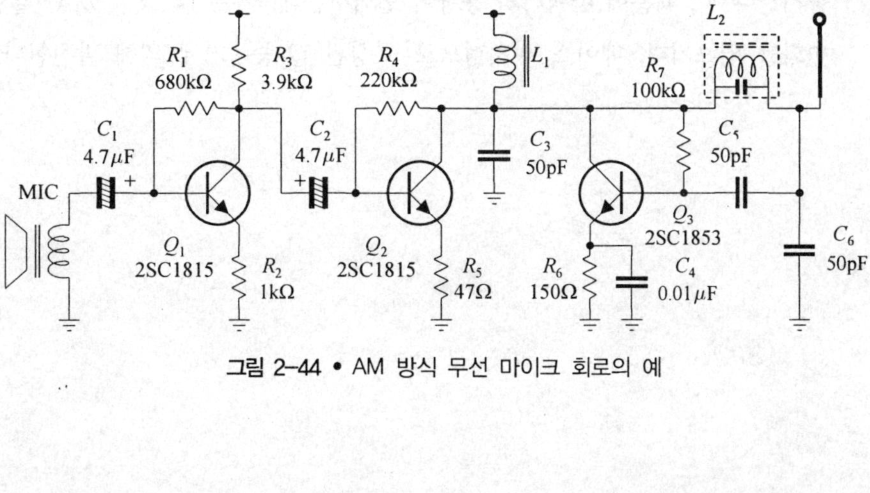

그림 2-44 • AM 방식 무선 마이크 회로의 예

회로에서 마이크에 입력된 미약한 신호는 Q_1, Q_2에 의해 증폭되고, 이때 Q_2의 컬렉터 전류는 Q_3 발진용 트랜지스터와 함께 사용하고 있다. 따라서 Q_2가 큰 전류를 흡수하면 상대적으로 Q_3은 전류가 작아져 작은 크기의 진폭이 발생하고, Q_2가 전류를 적게 흡수하면 Q_3의 전류가 커져 큰 크기의 진폭이 발생해 결과적으로 진폭변조(AM : Amplitude Modulation)가 발생한다.

여기서, Q_3는 C_3, L_2, C_6과 결합해 베이스 귀환형 콜피츠 발진회로로 구성된다.

2) FM 방식

FM 방식 무선 마이크 회로의 예를 **그림 2-45**에 나타내었다.

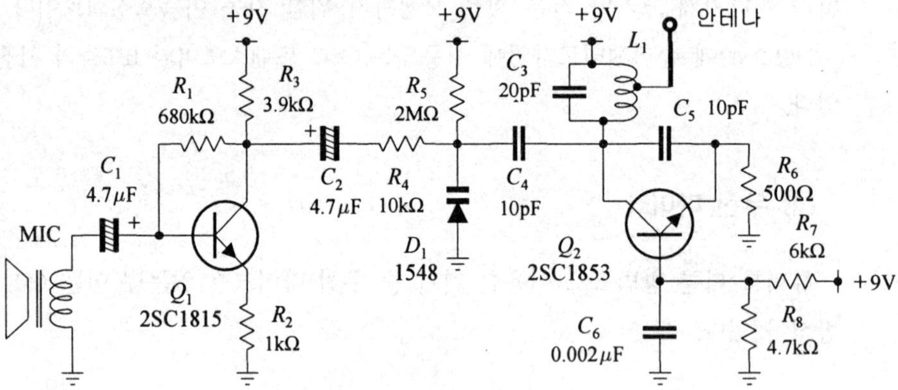

그림 2-45 • FM 방식 무선 마이크 회로의 예

회로에서 Q_1은 마이크 신호를 증폭하는 회로이고, 증폭된 신호는 바랙터 D_1을 구동시킨다. 이 때문에 바랙터의 용량이 변화하는데, 이는 C_3, C_4, L_1과 결합해 주파수 변화를 일으키며, 베이스 접지형으로 구성된 Q_2증폭기에 의해 발진한다.

3 레코드판

(1) 레코드플레이어의 구성

1) 레코드판의 원리

레코드판(record판, phonograph record)은 가장 고전적인 음향기록 매체로서 비닐 계통의 셀룰로즈에 **그림 2-46(a)**와 같이 음파에 해당하는 홈을 새겨 넣고 이 홈 사이로 레코드 바늘이 통과하면 홈의 굴곡에 따른 바늘의 흔들림을 검출해 원음으로 재생한다. 레코드판 전체는 이와 같은 홈이 그림 (b)와 같이 외주(外周)로부터 내주(內周)로 한 줄로 구성된다.

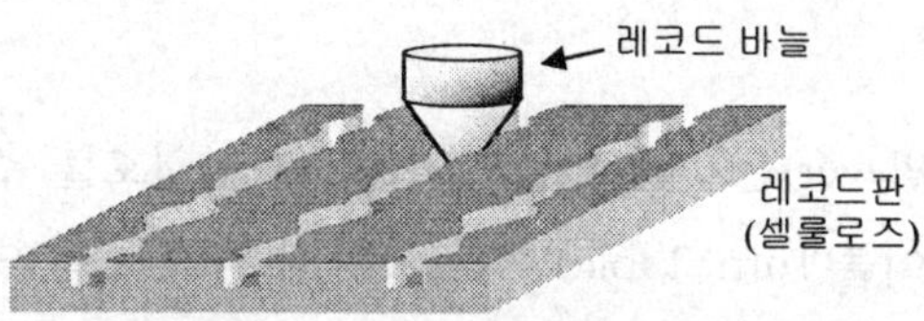

(a) 레코드판의 홈

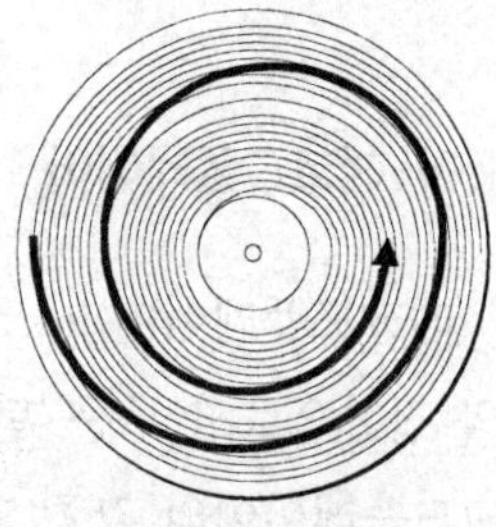

(b) 홈의 일렬구성

그림 2-46 • 레코드판의 기록원리

2) 레코드판의 구성

레코드판은 SP(Standard Play)판, EP(Extended Play) 또는 도넛판, LP(Long Play)판이 있는데, 이들의 차이를 **표 2-1**에 나타내었다.

SP판은 레코드판의 초기 형태로서 축음기에 사용하던 매우 딱딱하고 두꺼운 판으로 구성되어 있는데, 회전속도가 매우 빨라 디스크는 12인치나 되어도 한 면에 한 곡 정도의 노래밖에 수록되지 않는다. EP판과 SP판은 비닐수지 제품으로 제작되어 제작단가가 저렴해 일반적인 레코드판 규격으로 자리 잡았다.

EP판은 일명 '도넛판'이라 하며 크기가 비교적 작지만 SP판보다 회전속도가 느려 레코드판의 한 면에 노래 2곡 정도, 양면으로는 4곡 정도 수록할 수 있다. 이에 비해 LP(Long Play)판은 크기가 크고 디스크의 회전속도가 느려 한 면에 노래를 10곡 정

표 2-1 • 레코드판의 종류 및 특징

	SP판	EP판, 도넛판	LP판
크기(직경)	25cm(10인치) 30cm(12인치)	주로 17cm(7인치)	주로 30cm(12인치)
회전속도	78rpm	45rpm	33.3rpm
기록용량 (단면)	10인치 : 3분20초· 12인치 : 4분30초	약 10분	약 30분
재질	셸락(shellac)	비닐(vinyl)	비닐(vinyl)

도, 양면으로는 20곡 정도를 수록할 수 있다. 참고로 회전속도는 1분당 회전수로 표현하고 단위는 rpm(revolutions per minute)이다.

3) 레코드플레이어

레코드플레이어(Record Player)는 레코드판으로부터 음향신호를 추출하는 기구들의 집합으로서 보통 '턴-테이블(Turn-Table)'이라 많이 부른다. **그림 2-47**에 나타낸 레코드플레이어의 각종 기구물 중 중앙의 턴-테이블과 픽업 카트리지가 가장 핵심적인 부품이며 이 외에 주변 기구물로 구성되어 있다.

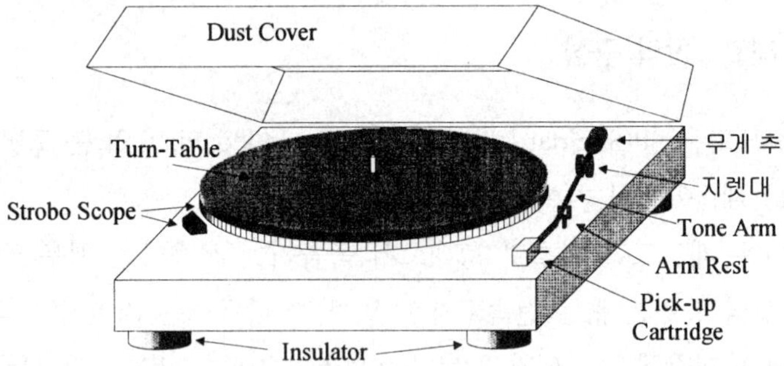

그림 2-47 • 레코드플레이어 각 부의 명칭

① Turn-Table

턴-테이블은 레코드판을 일정한 속도로 회전시키는 기구물로서 정확한 속도를 요한다. 따라서 회전리플 등에 강하도록 회전판은 무거운 재질로 구성해 관성을 가하고 있다. 이를 회전시키는 전동기는 소음이 작은 종류를 사용해야 하므로 과거에는 유도

전동기를 사용했지만 이 전동기는 속도제어가 쉽지 않아 브러시리스 직류전동기로 교체되었다.

② Strobo Scope

스트로보스코프(Strobo Scope)는 턴-테이블의 회전속도를 시각적으로 알 수 있는 장치로서 앞쪽에 장착된 전구가 특정 주파수로 깜빡이고 이 주파수와 턴-테이블 옆면에 새겨진 흑백 띠의 지나가는 주파수와 비교되어 그 차가 흐름으로 나타난다. 즉 턴-테이블이 정상적인 속도로 회전하면 흑백 띠는 정지한 것으로 보이고, 느리거나 빠르면 흑백 띠가 좌나 우로 흐르는 것으로 보이므로 이를 확인하며 속도조정을 할 수 있다.

③ Pick-up Cartridge

레코드플레이어의 핵심부분 중 하나로서 레코드판에 새겨진 홈으로부터 음향신호를 추출하기 위한 바늘 및 기타 기구물들로 이루어져 있다. 픽업에 관한 것은 이후에 상세히 다룬다.

④ Tone Arm

픽업 카트리지(Pick-up Cartridge)가 레코드판 위에서 상하좌우로 자유롭게 움직일 수 있도록 지렛대의 원리로 연결된 가벼운 긴 관이며, 이 관을 통해 픽업 카트리지로부터 추출된 미약한 음향신호를 시일드하며 전송한다.

⑤ 무게 추

Tone arm의 끝부분에 매달려 있는 추로서 이 추를 조절하면 픽업 카트리지의 바늘이 레코드판을 누르는 압력을 조절할 수 있다. 이때의 압력을 침압(針壓)이라 하며 너무 무거우면 레코드판에 흠집이 나고 음질이 떨어지며, 너무 가벼우면 레코드판의 골과 골 사이를 바늘이 건너뛰는 이른바 '판 튀는' 현상이 발생하므로 지정된 무게로 조절할 필요가 있다.

⑥ Arm Rest

레코드판을 재생하지 않을 때 tone arm을 올려놓는 고정대이다.

⑦ Insulator

레코드플레이어는 매우 작은 바늘이 레코드판의 홈을 따라 움직이며 음향을 재생하기 때문에 플레이어가 진동하면 판이 튀는 현상이 발생한다. 즉 일반적으로 오디오 시스템에서 레코드플레이어는 가장 위에 배치하는데, 아래쪽에 있는 앰프의 볼륨을 조작하거나 기타 다른 조작을 할 때 작은 흔들림이라도 발생하면 레코드플레이어는 큰 흔들림이 발생한다. 따라서 이러한 진동을 흡수하기 위해 레코드플레이어 아래의 다리부분은 유연한 스프링과 고무로 제작한다.

(2) 픽업 카트리지

픽업 카트리지(Pick-up cartridge)는 레코드판으로부터 음향신호를 추출하는 기구로서, 신호를 추출하는 방법에 따라 여러 가지 종류가 있다. 이 책에서는 픽업 카트리지의 기본원리를 간단하게 살펴봄으로써, 여러 가지 검출기기(센서)의 아이디어를 고찰한다. 또한, 이곳에서 살펴볼 각종 검출기법들은 다른 기기들에서도 동일하게 사용되고 있으므로, 이들의 원리를 이해하는 데에도 많은 도움이 된다.

레코드판의 신호를 검출하는 계통도를 **그림 2-48**에 나타내었다.

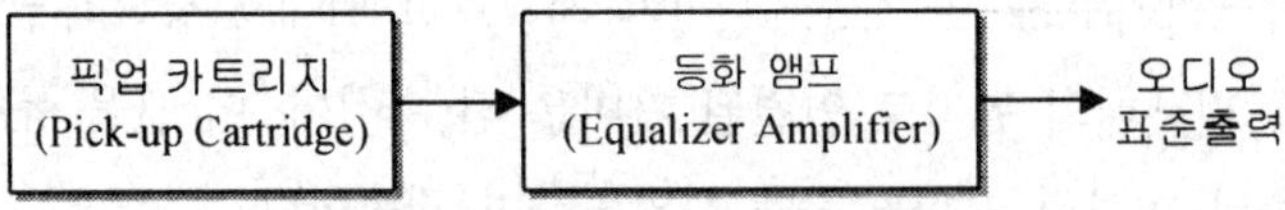

그림 2-48 ◦ LP 레코드 신호계통도

그림 2-48에 나타낸 바와 같이 픽업 카트리지에 의해 레코드판에서 검출된 음향신호는 직접 오디오 앰프로 입력되는 것이 아니라, 오디오 처리기기에서 다룰 등화 앰프(等化, Equalizer Amplifier)라는 것을 거쳐야 비로소 오디오 앰프로 입력할 수 있는 표준 신호로 변환된다.

오디오 표준신호에 관한 것은 'VU 미터' 부분을 참조하라. 레코드판에서 음향신호를 검출하는 픽업 카트리지는 스테레오 신호, 즉 왼쪽과 오른쪽의 2가지 다른 신호를 추출해야 하는데 이의 원리를 **그림 2-49**에 나타내었다.

앞서 설명한 바와 같이 레코드판에는 음향을 추출하는 바늘(needle)이 지나갈 수 있는 홈이 파여 있으며, 이 홈에는 음향신호의 모양에 따른 굴곡이 있다. 레코드판이 회전하면 이 굴곡에 따라 바늘이 진동하며, 레코드판의 홈 양측에 각각 다른 굴곡을

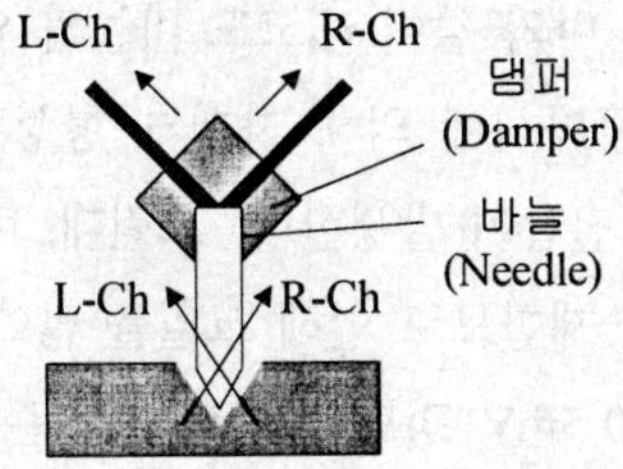

그림 2-49 • 스테레오 픽업의 원리

파 넣으면 바늘은 **그림 2-49**에서와 같이 2개 신호가 서로 거의 간섭 없이 직교하여 검출된다. 댐퍼(damper)는 바늘을 고정시키는 역할을 하는데, 부드러운 고무재질로 되어 있어 바늘에서 검출된 진동은 각각 위쪽의 출력 봉으로 전달된다.

이러한 과정을 거쳐 검출된 진동신호를 최종적으로 전기신호로 변환하기 위한 방법은 여러 가지가 있으며, 그 변환방법에 따라 픽업의 종류가 나뉜다. 이와 같이 픽업의 종류가 여러 가지이므로 각 픽업들의 출력에 대해서도 표준이 이루어져 동일한 앰프를 이용해 픽업 신호를 처리할 수 있다. 일반적으로 픽업용 증폭기는 다음에 설명할 MM형 출력인 약 2mV를 최저기준으로 20mV 정도까지를 표준으로 하고 있으나, 실제로는 최대 130mV가 입력되어도 클리핑되지 않도록 충분한 여유를 두어 설계하고 있다.

1) MC형

MC(Moving Coil)형 픽업은 구조가 정밀하고 복잡해 가격이 비싸지만 음질특성이 좋아 방송국이나 음악전문가들이 주로 사용하는데, 이의 기본구조를 **그림 2-50**에 나타내었다.

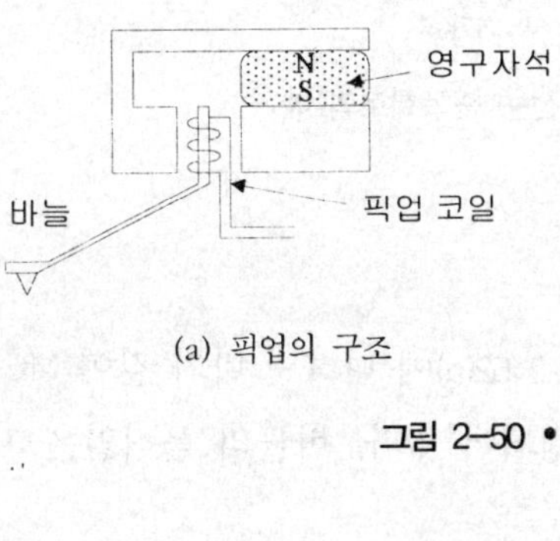

(a) 픽업의 구조

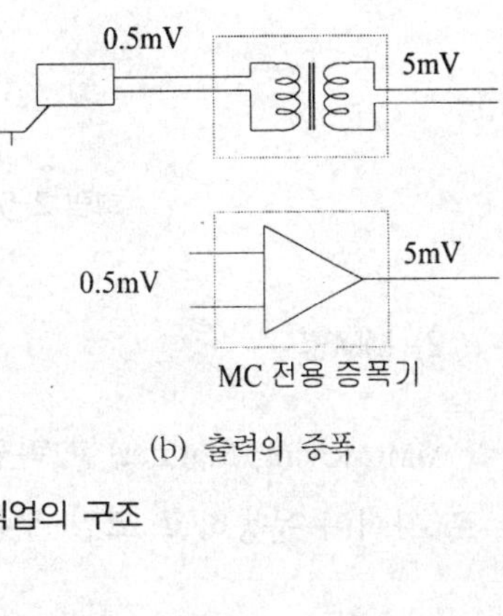

(b) 출력의 증폭

그림 2-50 • MC형 픽업의 구조

그림 2-50(a)에 나타낸 바와 같이 레코드 바늘과 연결된 끝 부분에는 코일이 감겨 있고, 코일 주변에는 영구자석에 의해 자계가 형성되어 있어 바늘이 진동하면 코일이 진동해 이에 비례하는 전압이 발생한다. 그런데, 바늘의 진동이 코일을 진동시키도록 되어 있기 때문에 무게 제한으로 인해 코일을 많이 감을 수 없어 출력전압이 표준 신호에 못 미치는 0.3~0.5mV 정도밖에 되지 않는다.

따라서 이러한 전압을 픽업 표준신호 정도로 맞추기 위해 그림 (b)처럼 트랜스포머(transformer)나 MC 픽업 전용증폭기를 사용해야 한다. 트랜스포머는 성능을 좋게 하기 위해 픽업 메이커에서 지정하는 것을 사용해야 하지만 가격이 비싸고, 특성 측면에서는 증폭기를 사용하는 것이 훨씬 우수하다.

그림 2-51에 MC 전용 증폭기의 회로 예를 나타내었다. 2SK68A와 2SA726F로 구성된 차동증폭기들은 일종의 저잡음 연산증폭기를 구성한 것으로서 회로 전체로는 직류부터 200kHz까지의 주파수 특성을 가지고 있다. 증폭도는 R_1과 R_2에 의해 10배 정도로 설정되어 있어 픽업 표준출력을 얻고 있다.

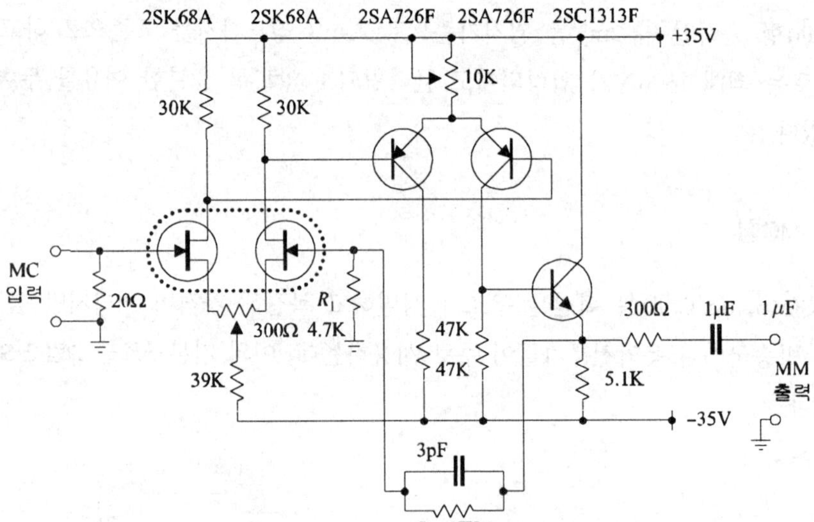

그림 2-51 • MC 전용 증폭회로의 예

2) MM형

MM(Moving Magnet)형 픽업은 **그림 2-52(a)**에 나타낸 바와 같이 MC형 픽업과 반대로 자석이 운동하고 코일 부분이 고정되어 있다. 바늘의 움직임은 자석을 운동시키

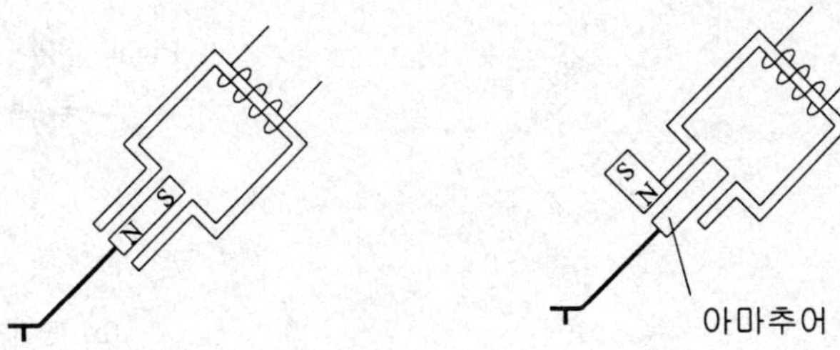

(a) MM형 (b) IM형

그림 2-52 • MM형과 IM형 픽업의 구조

고, 자석의 움직임에 따라 자계회로가 변화해 이를 코일로 추출하는 방법이다. 이는 MC형에 비해 코일을 많이 감을 수 있기 때문에 픽업 표준전압을 직접 발생시킬 수 있으며, 구조가 비교적 간단하고 가격이 저렴하므로 가장 많이 사용되고 있는 종류의 하나이다. 그러나 영구자석의 무게가 비교적 무거워 바늘의 움직임을 둔화시키므로 음질이 저하하는 단점이 있다.

3) IM형

IM(Induced Magnet)형은 MM형의 자석 무게를 줄이기 위해 **그림 2-52(b)**와 같이 무거운 영구자석 대신 가벼운 아마추어(자성 물체)를 간접적으로 자화시켜 사용한다. 바늘은 아마추어를 진동시키고, 아마추어는 바로 근접해 있는 영구자석의 영향을 받아 자화되어 있기 때문에 자석과 마찬가지로 자계회로에 변화를 일으켜 그 변화를 코일로 추출한다. 이 형태 또한 코일을 많이 감을 수 있으므로 픽업 표준전압을 얻을 수 있으면서도 바늘이 직접 자석을 진동시키지 않고 가벼운 아마추어를 진동시키므로 바늘의 부하가 작다.

4) MI형

MI(Moving Iron)형은 **그림 2-53(a)**에 나타낸 바와 같이 영구자석이 자계회로 내에 장치되어 있고 바늘의 움직임은 전체 자계회로에 변화를 일으켜 이 변화를 코일로 검출해 내는 방법이다. 이 형태는 IM형에 비해 자계의 세기가 강하므로 코일을 적게 감아도 픽업 표준전압을 쉽게 얻을 수 있다.

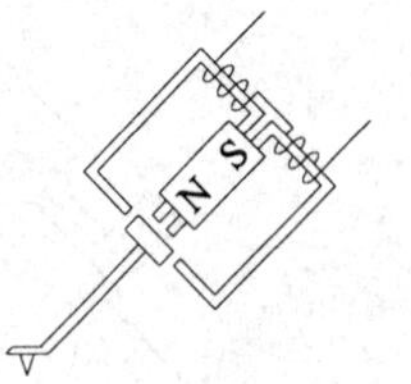

(a) MI형

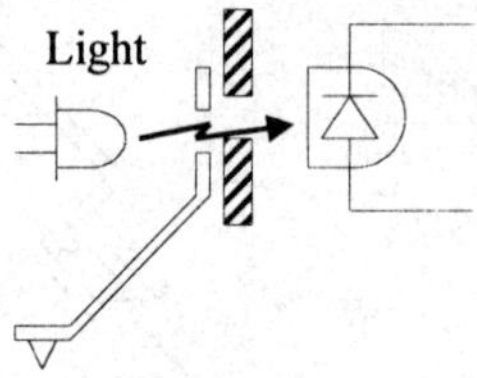

(b) 광전자형

그림 2-53 • MI형과 광전자형 픽업의 구조

5) 광전자형

광전자(Opto-electronics)형은 **그림 2-53(b)**에 나타낸 바와 같이 바늘의 진동이 광량을 조절하도록 광 셔터(shutter)에 연결되어 있고, 진동에 비례하는 빛의 양을 광센서를 이용해 검출한다. 이 방식은 광센서의 출력을 처리하기 위해 전용 증폭기가 부착되므로 별도의 등화 앰프 없이 직접 오디오 표준출력을 얻을 수 있다.

6) 압전형(세라믹형)

'세라믹(Ceramic)형'이라 더 많이 부르는 것으로서 마이크 부분에서 소개했던 압전소자를 이용한 것이다. **그림 2-54(a)**에 나타낸 바와 같이 바늘의 움직임은 압전소자인 세라믹 소자를 진동시키고, 이 소자에서는 압전현상을 일으켜 그 전압을 출력으로 얻고 있다. 출력전압은 약 200mV로서 픽업 표준에 비해 크기 때문에 세라믹형 전용의 등화앰프를 사용해야 하는데, 등화 앰프 없이 오디오 유닛에 직결시켜 사용할 수도 있다.

이 형식은 단단한 압전소자와 바늘이 직접 연결되기 때문에 바늘의 유연성이 크게 떨어져 레코드 바늘에 흠집이 나는 경우가 많고 특성이 그다지 좋지 않지만, 구조가 간단하고 견고하며 가격이 저렴해 MM형과 더불어 보급형 스테레오의 대부분을 이용하고 있다.

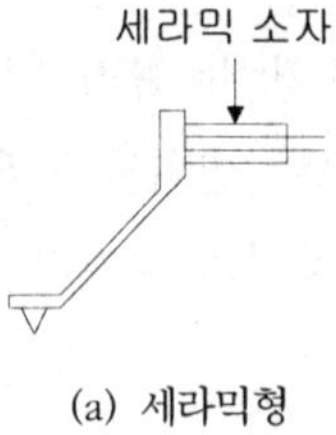

(a) 세라믹형

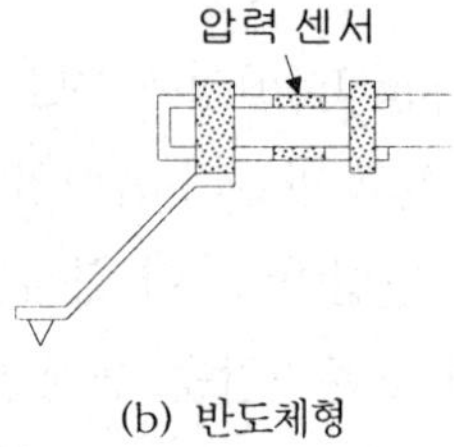

(b) 반도체형

그림 2-54 • 세라믹형과 반도체형 픽업

7) 반도체형

반도체형은 **그림 2-54(b)**와 반도체 압력 센서의 기능을 이용한 것으로서 세라믹형과 원리가 비슷하지만 유연성이 더 좋아 레코드판에 흠집을 내지 않고 음질특성도 더 우수하다. 출력은 최소 5mV부터 최대 10mV로서 픽업 표준출력이 나타난다.

8) 콘덴서형

콘덴서(condenser)형은 **그림 2-55**에 나타낸 바와 같이 바늘의 움직임이 극판을 진동시켜 이때 발생하는 용량변화를 검출하는 방식이다.

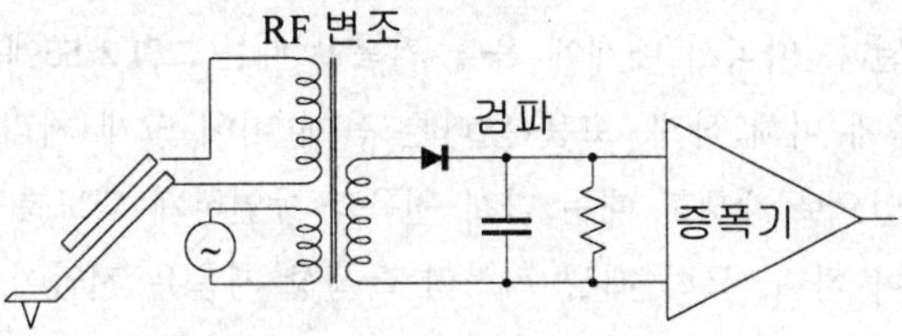

그림 2-55 • 콘덴서형 픽업과 변조회로

극판 간 용량변화를 검출하기 위해 코일과 공진을 시키고 이 주파수와 국부 발진주파수와 RF 변조해 발생한 출력을 라디오 검파회로와 동일한 방법으로 처리하는데 이때 증폭기가 사용되므로 출력은 오디오 유닛 간 표준전압인 800mV를 직접 얻을 수 있다.

(3) 등화 앰프

등화 앰프(equalizer amplifier)란 레코드판의 픽업 카트리지 출력을 본래의 음과 동일하게 만든다는 의미로 붙여진 명칭이고, '그래픽 이퀄라이저'라 부르는 유닛은 이 앰프가 아니고 다른 것을 의미한다.

1) 등화 작업의 의미

레코드판의 표면에 음을 기록할 때는 매체에 맞도록 음질을 변형시켜야 하는데, 레코드판은 매체에 골을 파는 형태로 음을 기록하므로 음량이 큰 저음의 경우 골의 크기가 지나치게 커져 바늘이 튀거나 옆 트랙과 겹칠 수 있다. 또한 고음의 경우 상대

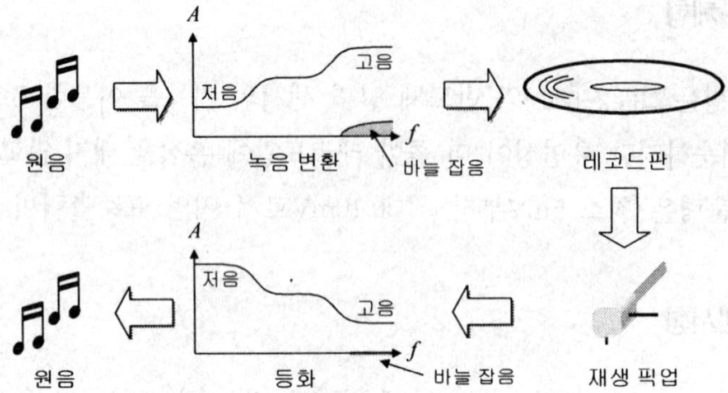

그림 2-56 • 레코드판 신호처리 과정

적으로 크기가 작기 때문에 레코드판과 픽업 바늘의 마찰음(잡음)과 섞이면 음질이 크게 저하된다. 따라서 매체에 음을 기록할 때는 **그림 2-56**에 나타낸 바와 같이 저음은 다른 음에 비해 작게, 고음은 다른 음에 비해 크게 처리한 후 기록한다.

이를 픽업으로 재생할 때는 다시 원음과 동일하게 되도록 저음을 크게, 고음을 작게 처리해야 하며, 특히 재생 픽업의 특성상 저음은 전압이 더 작게 고음은 전압이 더 크게 나타나므로 이러한 특성까지 감안해 처리한다. 이러한 처리를 행하면 고음을 줄이는 과정에서 고음과 섞이는 바늘 마찰잡음도 함께 줄어들기 때문에 음질개선효과도 함께 나타난다.

2) 등화 앰프의 원리

레코드판의 등화주파수 특성은 **그림 2-57(a)**와 같이 규격화되어 있으며, 이를 'RIAA(Recording Industry Association of America) 규격'이라 하고, 이러한 효과를 내는 원리회로를 그림 (b)에 나타내었다.

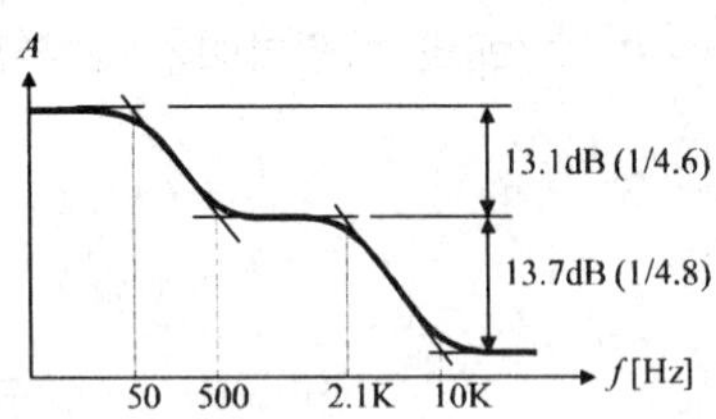

(a) 특성규격

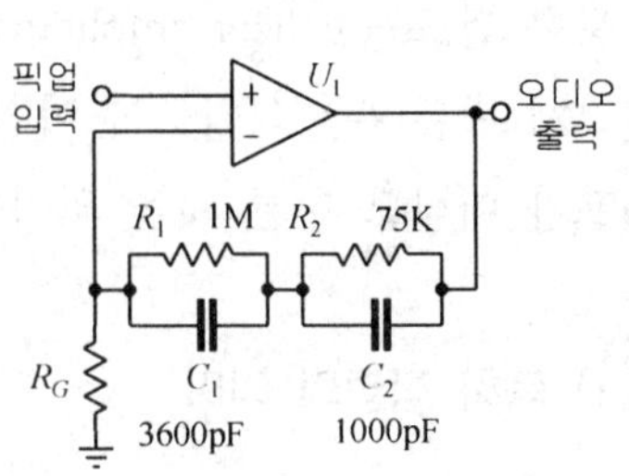

(b) 원리회로

그림 2-57 • 등화 앰프의 특성규격 및 원리회로

그림 2-57(b)에서 R_1 은 R_2 에 비해, C_1 은 C_2 에 비해 큰 값으로 구성되어 있고, R_G 는 증폭기 전체의 이득을 조절한다. 이 값들을 정하는 설계법에 관해서는 회로 전문 서적을 참고하고, 여기서는 회로의 동작원리만을 간단히 살펴본다.

등화 앰프의 동작원리를 대략적인 주파수 구역으로 나누어 **그림 2-58**에 각각 나타내었다.

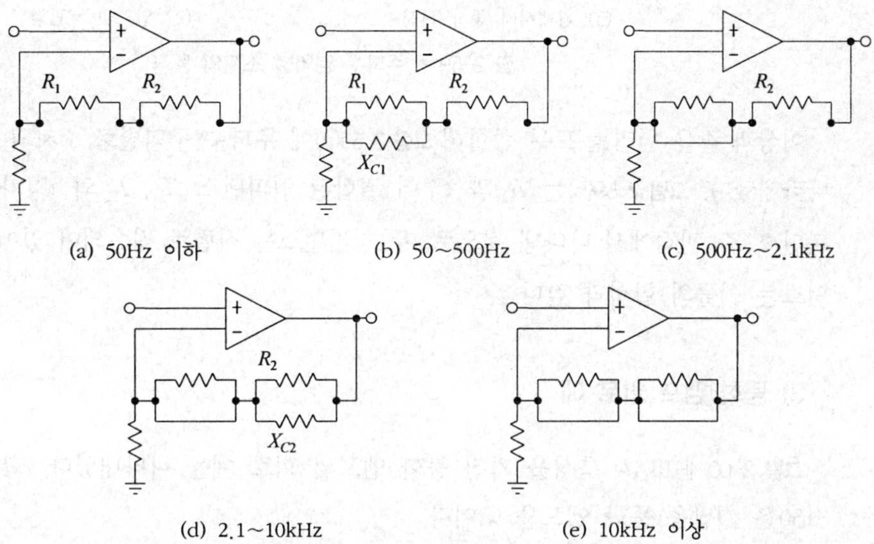

그림 2-58 • 등화 앰프의 주파수별 동작

그림 2-58(a)는 주파수가 매우 낮은 경우를 나타낸 것으로서, 이때는 C_1, C_2 두 커패시터가 모두 동작하지 않는다. 따라서 NFB(Negative Feed-Back ; 부귀환)량은 R_1, R_2 에 의해 최소가 되어 증폭기의 이득은 최대가 된다.

그림 2-58(b)는 약간 주파수가 높아져 50~500Hz 정도일 때를 나타낸 것으로서, 이때는 비교적 값이 큰 C_1 이 동작을 개시해 X_{C1} 이 저항 R_1 과 병렬로 되어 NFB량은 증가 추세로 되며 이에 따라 증폭기의 이득은 점차 낮아진다.

같은 원리로 주파수가 500~2.1kHz인 경우 값이 비교적 큰 R_1 에 비해 X_{C1} 이 거의 short 상태에 이르러 **그림 2-58(c)**와 같이 되어 이득은 변화 없이 평탄하게 된다.

그림 2-58(d)에서는 주파수가 더 높아져 작은 용량의 C_2 마저 동작을 개시하고, 그림 (e)의 10kHz 이상 주파수에서는 C_1, C_2 모두 거의 short 상태가 되어 NFB는 최대, 즉 증폭기 이득은 최소가 된다.

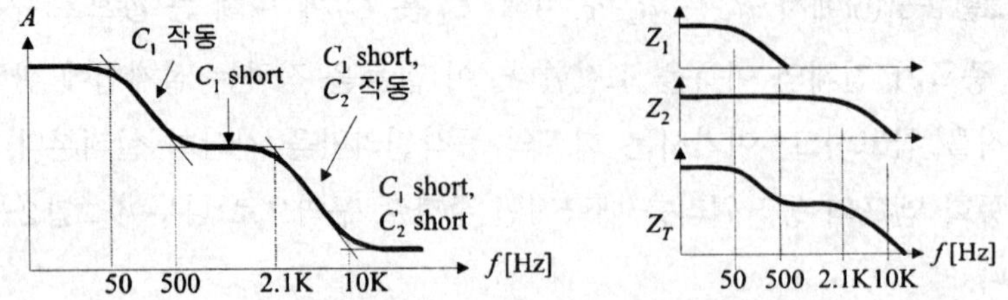

(a) 커패시터 동작 관점 (b) 임피던스 관점

그림 2-59 • 주파수 영역별 소자의 동작

이상과 같은 원리를 모두 종합해 **그림 2-59(a)**에 주파수 구역별로 소자의 동작상태를 나타내었다. **그림 2-59(b)**는 R_1과 C_1이 결합된 임피던스 Z_1, R_2와 C_2가 결합된 임피던스 Z_2 관점에서 나타낸 것으로, 두 임피던스는 직렬로 접속되어 있어 전체 임피던스는 이들의 합성과 같다.

3) 등화 앰프 회로 예

그림 2-60에 RIAA 특성을 가진 등화 앰프의 회로 예를 나타내었다. 회로에서 LA-3130은 저잡음 등화 앰프용 IC이다.

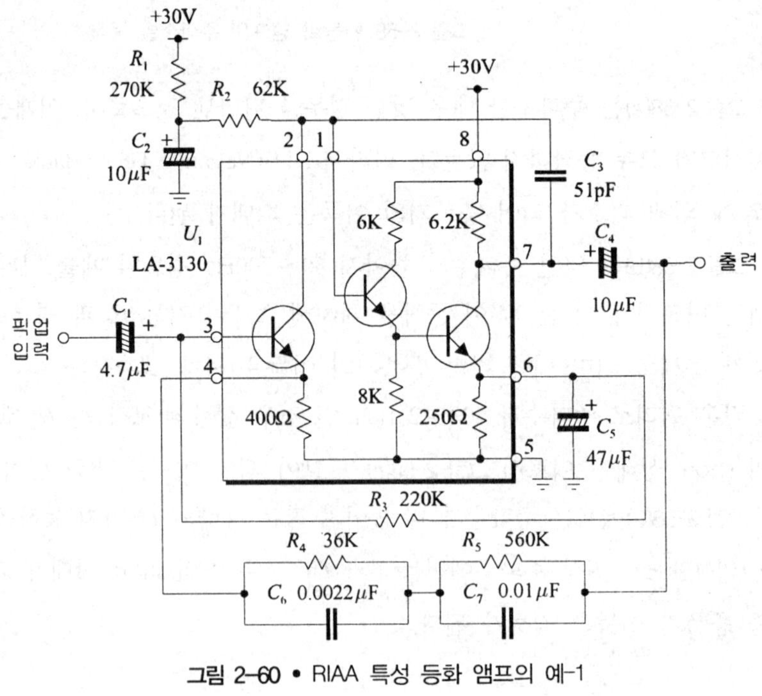

그림 2-60 • RIAA 특성 등화 앰프의 예-1

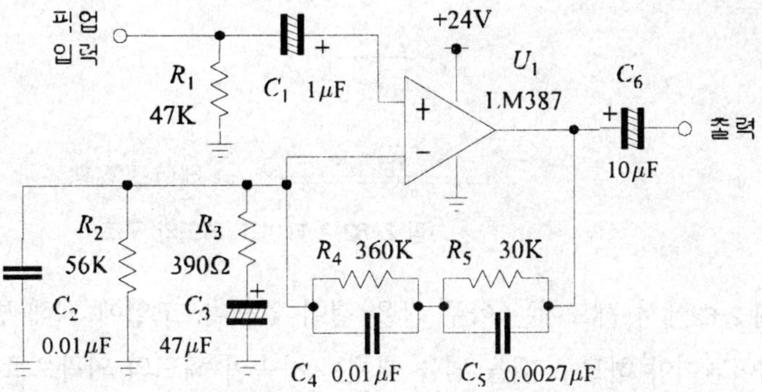

그림 2-61 • RIAA 특성 등화 앰프의 예-2

그림 2-61에는 National Semiconductor사의 저잡음 증폭기 LM387을 이용한 등화 앰프의 회로 예를 나타내었다.

4 카세트 데크

카세트 데크(cassette deck)는 카세트 테이프를 사용하기 위한 유닛으로서 테이프의 재생, 녹음이 기본 기능이며 추가로 오토-리버스(auto-reverse), 2개의 테이프를 동시에 사용할 수 있는 더블 데크 등이 있다.

카세트 테이프(cassette tape)에 음을 기록하는 원리는 기본적으로 잔류 자속의 원리를 이용한 것으로서, 테이프에 도포된 자성체를 자화하는 작업을 '녹음'이라 하고, 이러한 자화된 신호를 전기신호로 추출해내는 작업을 '재생'이라 한다. 이러한 자성체의 자화원리를 이용한 기록방법은 VTR, 컴퓨터용 각종 디스크 등 여러 가지 방면에 다양하게 사용되고 있다.

(1) 헤 드

1) 헤드 갭과 기록 주파수

자성 테이프에 신호를 기록하고 읽어내는 헤드(head)의 구조를 **그림 2-62**에 나타내었다.

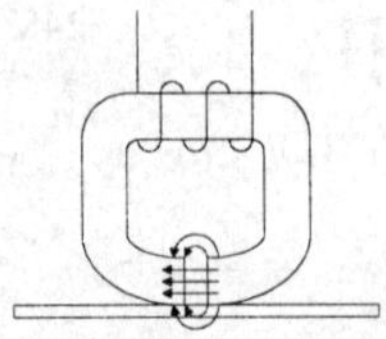

그림 2-62 • 테이프 헤드의 구조

그림 2-62에서 헤드에는 아주 작은 갭이 있으며, 코일에 의해 발생된 자속은 이 갭을 뛰어넘어야 하므로 갭을 넘을 때에는 자속이 헤드의 외곽으로 퍼지면서 진행한다. 이와 같이 퍼진 자속은 자성체 테이프를 통과하며 이 자속이 테이프에 남겨진다. 따라서 헤드의 갭은 매우 중요한 역할을 하며, 이 갭의 제작기술이 헤드의 성능을 좌우한다.

녹음할 수 있는 주파수의 한계는 헤드의 갭 크기와 테이프의 이동속도에 의해 결정되는데 이의 원리를 **그림 2-63**에 나타내었다.

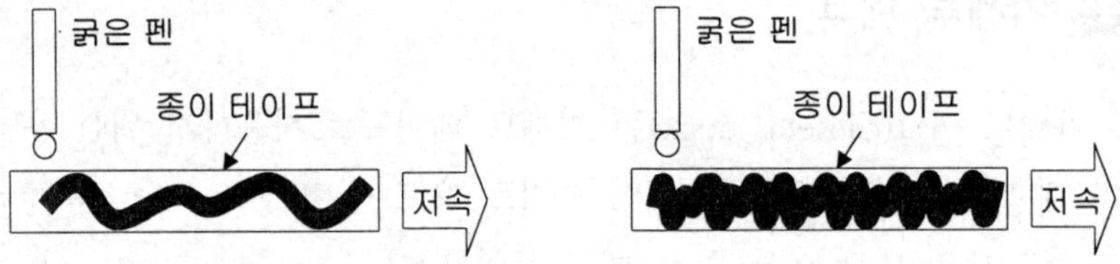

(a) 주파수가 낮은 경우 (b) 주파수가 높은 경우

그림 2-63 • 헤드 갭이 큰 경우의 녹음

헤드 갭은 펜으로, 테이프는 종이 테이프로 비유해 나타낼 수 있는데, **그림 2-63(a)**와 같이 비교적 굵은 펜으로 저속으로 움직이는 테이프에 신호를 기록하더라도 주파수가 높지 않다면 그림과 같이 원활한 기록이 이루어진다. 그러나 기록해야 할 신호의 주파수가 지나치게 높으면 그림 (b)와 같이 기록내용이 모두 섞이므로 정상적인 기록이 이루어지지 않는다.

따라서 높은 주파수를 기록하기 위해서는 **그림 2-64**와 같이 종이 테이프의 진행속도가 빠르거나 펜의 굵기가 가늘어야 한다. 굵은 펜으로 높은 주파수 신호를 기록하더라도 그림 (a)와 같이 테이프가 고속으로 진행하면 신호가 올바르게 기록될 수 있고, 그림 (b)와 같이 테이프는 저속이지만 가는 펜으로 기록하면 역시 정상적으로 기록할 수 있다.

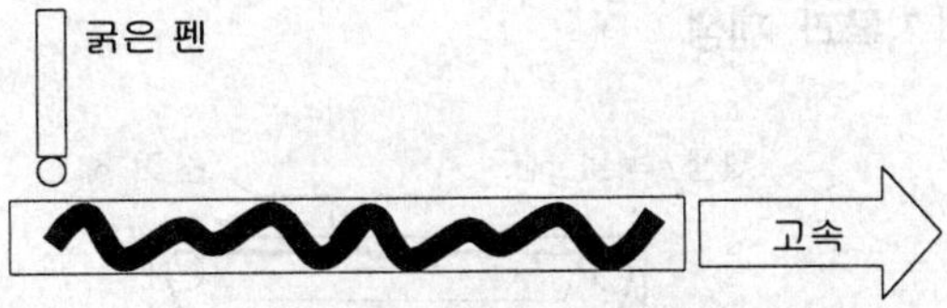

(a) 헤드 갭은 크나 테이프 진행속도가 빠를 때

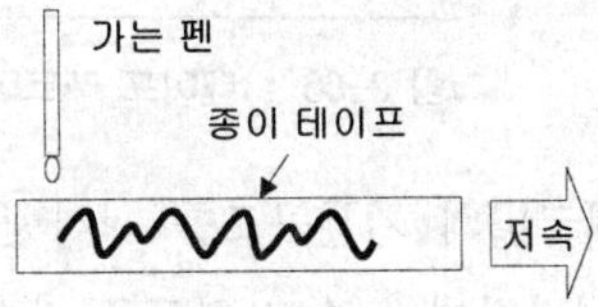

(b) 테이프 진행속도는 느리나 헤드 갭이 작을 때

그림 2-64 • 헤드 갭과 테이프 진행속도의 관계

이와 마찬가지로 펜의 굵기에 해당하는 헤드 갭이 자기 테이프에 신호를 기록할 때도 높은 주파수를 기록하려면 헤드 갭이 작거나 테이프의 진행속도가 빨라야 한다. 즉, 주어진 헤드 갭 크기와 주어진 테이프 이동속도에 따라 기록할 수 있는 최고 주파수 한계가 결정된다.

이와 같은 과정을 거쳐 내용이 기록된 테이프로부터 다시 신호를 추출해 내는 '재생과정'을 **그림 2-65**에 나타내었다.

테이프에는 신호에 따라 자화된 극들이 존재하고, 이들 극이 헤드의 갭을 지나면 그림과 같이 자속은 헤드를 따라 이동하여 다시 테이프로 되돌아간다. 이는 전기가 가까운 공기 중을 흐르는 것보다 먼 거리지만 전선을 통해 더 잘 흐르는 것과 동일한 원리이다. 이러한 자속의 변화에 의해 헤드에 있는 코일에서는 전기가 발생하며 테이프의 자화상태에 따라 그 크기와 방향이 결정된다.

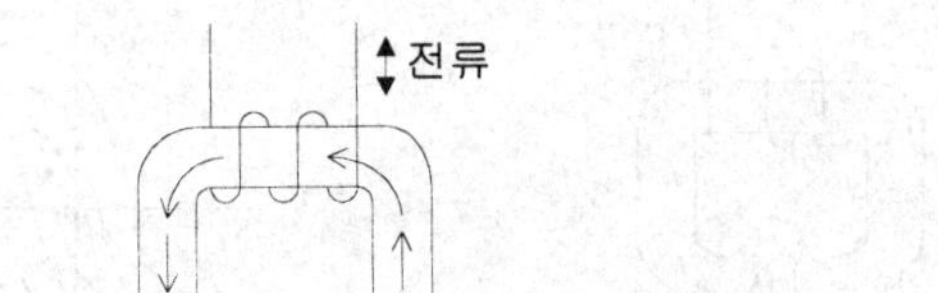

그림 2-65 • 녹음신호의 재생

2) 테이프의 기록과 재생

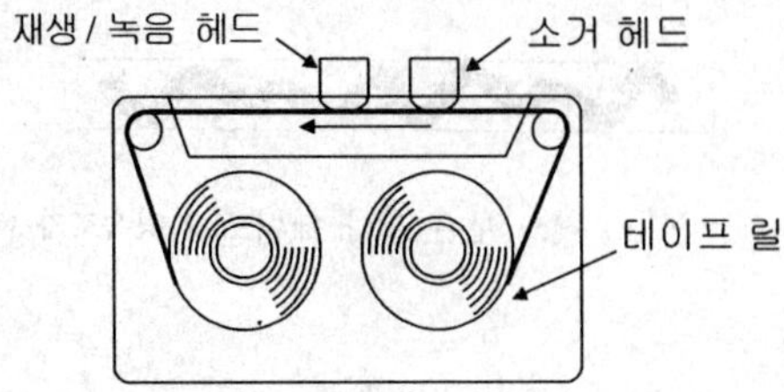

그림 2-66 • 테이프 레코더의 구조

그림 2-66에 테이프 레코더의 기본구조를 나타낸 바와 같이 테이프는 오른쪽에서 왼쪽으로 진행하며, 진행과정에서 소거 헤드와 재생/녹음 헤드를 거친다. 재생/녹음 헤드는 앞서 설명한 헤드로서 테이프에 신호를 기록하거나 신호를 판독하는 역할을 하며, 소거 헤드란 녹음을 하기 전에 테이프에 이미 녹음이 되어 있던 내용을 모두 소거시키는 역할을 한다.

소거 헤드가 기록내용을 지우는 원리를 **그림 2-67**에 나타내었다. 소거 헤드는 재생/기록용 헤드에 비해 갭이 매우 크며, 이 헤드에 일정한 크기의 고주파 교류를 흘리면 갭이 크기 때문에 앞서 재생/기록 헤드의 원리에서 설명했듯이 자속들이 뭉개지는데, 그림 (a)와 같이 헤드와 테이프의 거리가 멀어짐에 따라 테이프에 영향을 미치는 자장의 크기가 점차 작아져 그림 (b)와 같이 테이프의 자장은 점차 내부로 수렴하며 소멸된다.

만약 녹음기의 소거 헤드 선을 절단하고 이미 녹음이 되어 있던 테이프에 다시 녹음을 한다면 녹음하는 신호는 이전에 테이프에 남아있던 자속의 상태로부터 상대적으로 변화시키므로 이전의 신호와 새로 녹음한 신호가 중첩되어 모두 남아있게 된다. 즉, 이전의 소리와 새로 녹음한 소리가 함께 섞여 나타난다.

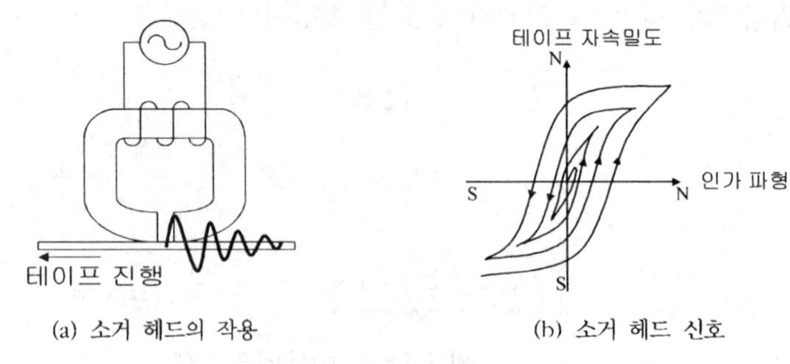

(a) 소거 헤드의 작용 (b) 소거 헤드 신호

그림 2-67 • 소거 작용의 원리

3) 멀티-트랙 헤드

음악 녹음은 보통 스테레오로 되어 있으며, 오토-리버스(auto-reverse) 기능도 내장되어 있다. 이러한 용도에 사용되는 헤드는 앞서 소개한 헤드가 2개나 4개가 하나의 헤드 몸체에 내장된 다층 헤드(multi-stack head) 구조로 되어 있다.

① 스테레오 헤드

스테레오용 헤드는 좌/우 음향이 하나의 테이프에 동시에 녹음이 되도록 구성되어 있으며 테이프에 기록되는 형태를 **그림 2-68**에 나타내었다.

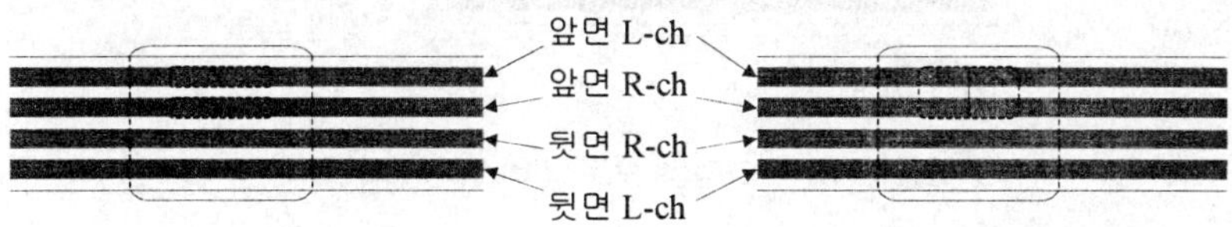

(a) 스테레오 헤드 (b) 모노용 헤드

그림 2-68 • 스테레오 헤드의 원리

그림 2-68과 같이 테이프는 4개의 트랙으로 나뉘어 있으며 각 트랙은 테이프를 앞면으로 사용할 때와 뒷면으로 사용할 때, 그리고 각 면에서의 오른쪽과 왼쪽 채널용으로 구분되어 있다. 그림 (b)는 스테레오로 녹음된 테이프를 모노용 헤드로 재생하는 경우를 나타낸 것으로서 헤드의 갭이 양 채널에 모두 걸쳐있으므로 신호가 모두 감지되어, 즉 양 채널 신호가 믹스되어 재생되므로 음악을 들을 때에는 지장이 없도록 되어 있다.

참고 헤드의 트랙 조정

테이프의 트랙과 헤드의 트랙이 **그림 2-69(a)**와 같이 서로 틀어져 있는 경우에는 완전한 신호재생이 이루어지지 않아 음질이 저하한다.

(a) 헤드 트랙의 어긋남 (b) 헤드 조정나사의 위치

그림 2-69 • 헤드 트랙의 조정

이러한 경우 헤드 위치를 조정해 트랙을 정확히 맞추어야 하며, 위치조정은 **그림 2-69(b)**에 나타낸 바와 같이 테이프를 재생하면서 헤드의 윗부분 조정나사를 조절하여 가장 소리가 깨끗하게 나는 부분을 찾는다. 일반적인 녹음기는 정기적으로 (약 1년에 한번 정도) 헤드를 조정해 주고, 알코올 등으로 청소도 해주면 항시 깨끗한 음질로 음악을 감상할 수 있다.

② 오토-리버스 헤드

최근의 녹음기는 대부분 오토-리버스 기능이 있다. 즉, 자동으로 테이프를 앞뒤로 연주해 주는 기능인데, 이러한 기능을 위한 헤드에는 여러 가지가 있으며 그 중 가장 간단한 형태의 것을 **그림 2-70**에 나타내었다.

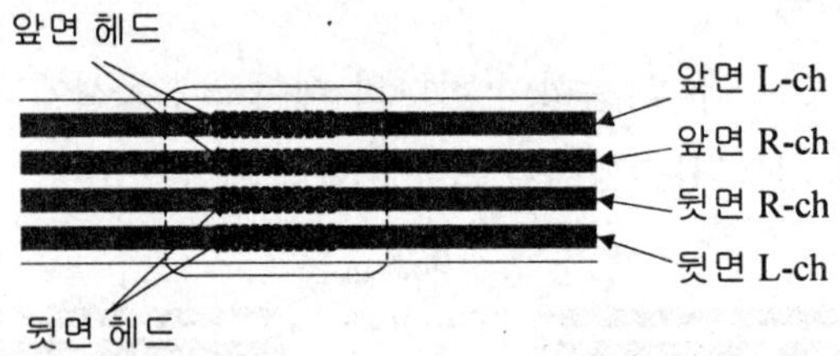

그림 2-70 • 고정형 오토-리버스 헤드의 원리

그림 2-70에서와 같이 헤드에는 4개의 트랙이 있고, 각 트랙은 2개씩 앞면용과 뒷면용으로 되어 있다. 테이프가 진행하는 방향에 따라 **그림 2-71**과 같은 회로를 사용해 스위치를 전환하면 그 방향에 해당하는 트랙의 소리가 앰프로 전달된다.

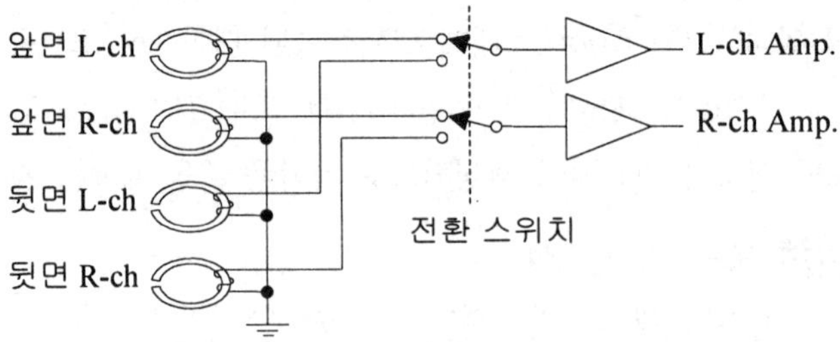

그림 2-71 • 고정형 오토-리버스 헤드의 제어

이와 같은 고정형 오토-리버스 헤드의 경우 장치가 간단하고 저가격이므로 휴대용 녹음기(SONY의 walkman 등)에서 주로 사용하고 있다. 그러나 테이프의 녹음상태가 앞면 트랙과 뒷면 트랙의 간격이 동일하지 않으면 앞면과 뒷면을 들을 때 음질이 서로 다르게 나타나는 단점이 있어 이에 대한 보정이 필요하다. 고급 오디오 등에서는 스테레오 헤드를 기계적으로 앞뒷면으로 뒤집어 사용하는 기계식 오토-리버스 헤드가 주로 사용된다.

(2) 테이프 주행기구

테이프 주행기구는 테이프의 진행을 일정한 속도로 원활히 하기 위한 기계부품으로 이루어진다. **그림 2-72**에 테이프 정속 주행기구의 필요성에 대한 예를 나타내었다.

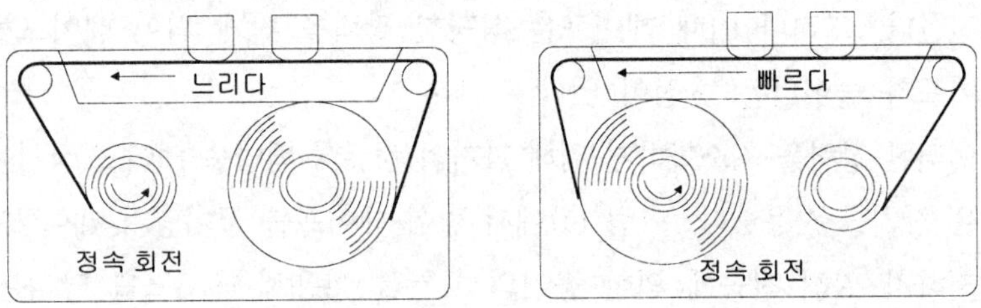

(a) 테이프 처음 부분 재생 시 (b) 테이프 끝 부분 재생 시

그림 2-72 • 테이프 정속 주행기구의 필요성

그림 2-72(a)는 테이프의 첫 부분이 사용되고 있는 경우를 그림 (b)는 테이프의 마지막 부분이 사용되고 있는 경우를 나타낸 것으로서 테이프와 헤드의 상대속도는 테이프의 첫 부분을 사용할 때는 매우 느린 속도가 되고, 테이프의 마지막 부분을 사용할 때는 매우 빠른 속도가 되어 음질에 많은 차이가 발생한다. 또한, 온도나 기타 이유에서 테이프가 감긴 릴의 크기가 변화하면 테이프의 진행속도 또한 변화하게 된다.

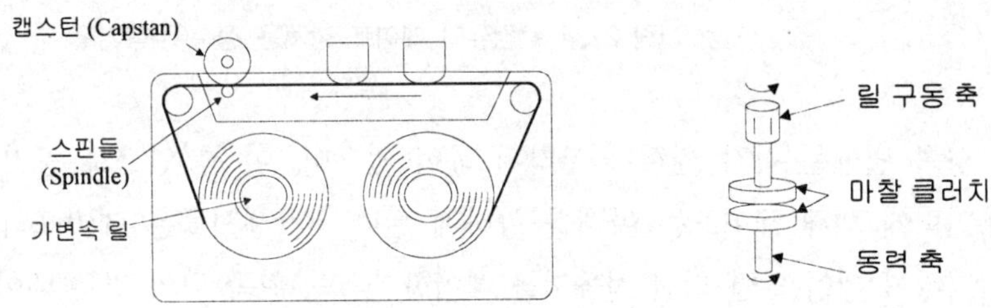

(a) 캡스턴과 스핀들 (b) 클러치형 가변속 릴

그림 2-73 • 테이프 정속 주행기구

따라서 테이프의 상태와 상관없이 헤드와 테이프 사이에서는 항시 일정한 상대속도를 유지해야 하며, 이 때문에 **그림 2-73**과 같은 테이프 정속 주행기구를 사용한다.

그림 2-73(a)에서 테이프와 헤드의 상대속도를 항시 일정하게 유지시키는 기구는 캡스턴과 스핀들, 그리고 가변속 릴이다. 테이프는 금속으로 된 스핀들과 고무로 된 캡스턴 사이에 끼어 진행하는데, 이때 스핀들은 항시 일정한 속도로 회전하고 캡스턴은

스프링에 의해 일정하게 눌리면서 스핀들과 함께 회전하기 때문에 테이프는 항상 정속진행을 한다.

이들 기구를 빠져나온 테이프는 속도가 변화하는 가변속 릴에 의해 감기는데, 이는 **그림 2-73(b)**와 같이 마찰판에 의해 동작하므로 릴의 크기에 따른 속도로만 미끄러지며 회전한다. 그러나 이때 테이프는 상당한 장력을 받게 되어 테이프를 많이 재생하면 테이프가 늘어나는 단점이 있다.

이러한 장력을 최소화하기 위해 과거의 컴퓨터 백업용 테이프 장치에서는 **그림 2-74**와 같은 장치를 사용했다. 그림 (a)에서 릴이 테이프를 끌어당겨 테이프가 늘어나는 것을 방지하기 위해 진공에 의한 공기의 흐름을 이용해 테이프를 당기는 점이 특이하다.

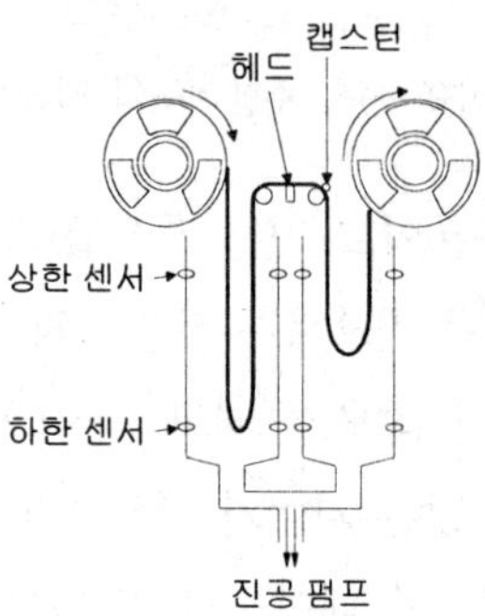

(a) 내부구조

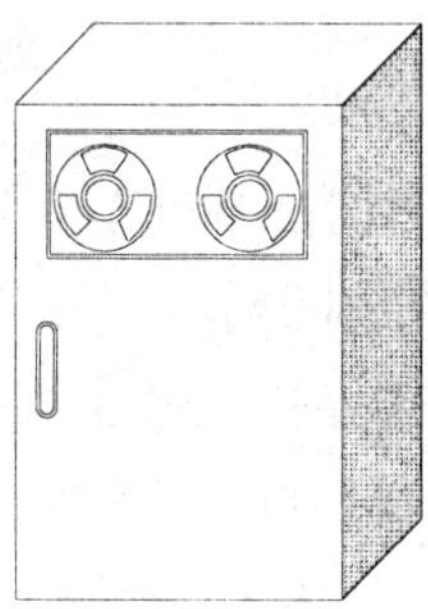

(b) 기기의 외관

그림 2-74 • 컴퓨터 테이프 장치용 정속 주행기구

양쪽 릴에는 각각 센서가 부착된 통이 있으며, 이 통 안으로 공기가 흡입되고 이 흡인력에 의해 테이프는 아래를 향하게 된다. 각 센서들은 테이프의 상한과 하한을 감지하여 테이프 릴 회전 전동기를 제어한다. 즉, 왼쪽 릴의 경우 테이프가 헤드로 진행하면 테이프의 위치는 점차 높아지고, 상한 센서에 도달하면 릴 회전 전동기를 가동시켜 테이프를 푼다. 테이프가 풀려 하한 센서까지 도달하면 릴 회전 전동기는 작동을 멈춘다. 오른쪽 릴의 경우에는 이와 반대의 동작을 한다.

(3) NAB 등화 앰프

등화처리는 레코드판뿐만 아니라 카세트 테이프 재생 헤드의 경우도 마찬가지인데, 테이프의 경우 녹음 시 저음의 크기가 크면 자계가 쉽게 포화되며, 가령 동일한 음량

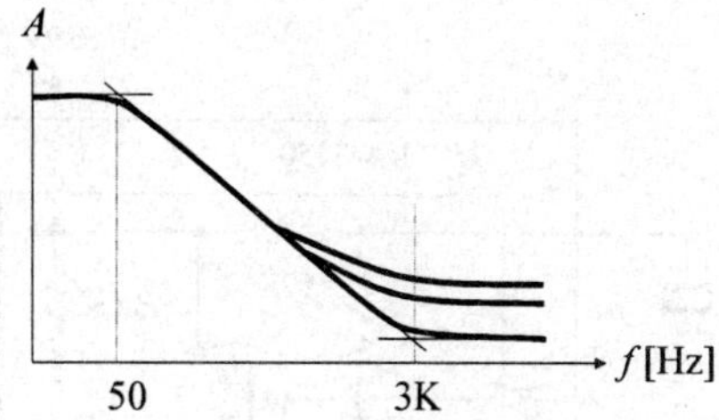

그림 2-75 • NAB 등화특성

으로 녹음된 테이프라 하더라도 재생 시 저음은 자계의 변화가 천천히 일어나 이에 대한 발생전압이 작고, 고음은 자계의 변화가 빠르기 때문에 발생전압도 크다.

따라서 이를 직접 소리신호로 변환하면 음질이 고르지 못하므로 저음은 크게, 고음은 작게 하는 등화작업이 필요하며 카세트 테이프용 등화규격을 NAB(National Association of Broadcasters) 규격이라 하고, 이의 그래프를 **그림 2-75**에 나타내었다. 그림에서 증폭이득은 테이프의 종류마다 각각 다르므로 정확히 명시하지 않았지만, 전체적인 특성의 윤곽은 동일하다.

단, 고음역에서 특성 그래프가 여러 갈래로 나뉜 것은 테이프의 주행속도에 따라 고음특성에 차이가 있으므로 이를 고려해 등화특성을 선택해야 한다. 이러한 특성을 가지는 기본회로를 **그림 2-76**에 나타내었다.

이들 두 회로는 구성이 다르지만 동작특성은 동일한데, 동작원리에 대해서는 앞서 RIAA에서와 동일하게 해석할 수 있다.

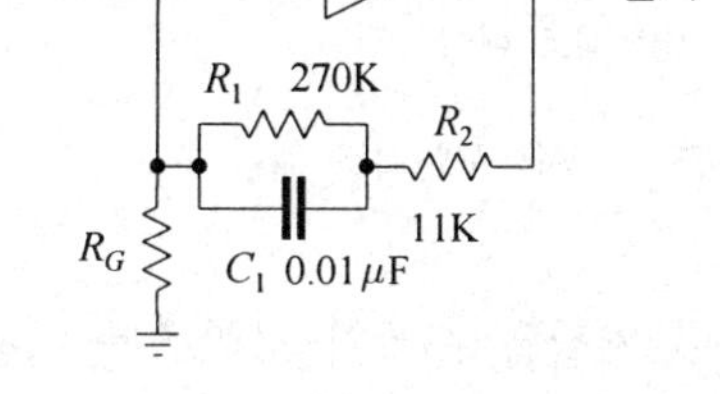

(a) NAB 구현방법-1

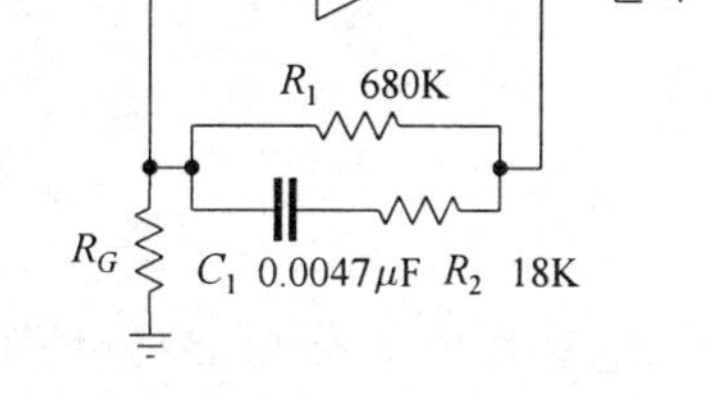

(b) NAB 구현방법-2

그림 2-76 • NAB 구현의 원리회로

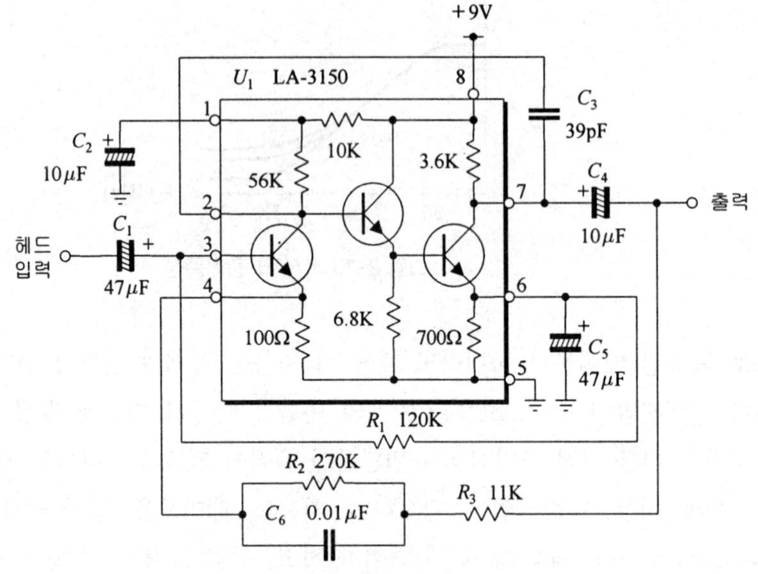

(a) 회로 예-1

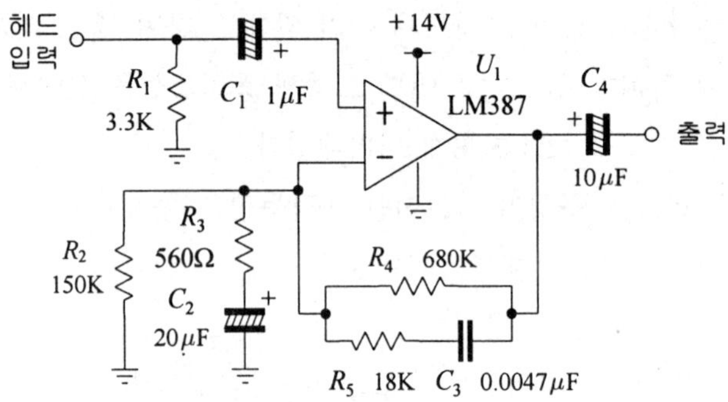

(b) 회로 예-2

그림 2-77 • NAB 구현회로 예

그림 2-77은 앞서 RIAA에서 사용하던 저잡음 증폭기 시리즈를 이용해 NAB를 구현한 예이다.

5 CD player

레코드판은 셀룰로즈의 홈으로 음향을 기록했고, 카세트 테이프는 자기의 성질을 이용해 음향을 기록했는데, CD는 빛의 성질을 이용한 기록매체이다. 이는 빛의 반사를 이용한 것으로서 매체의 기록과 판독을 비접촉으로 행할 수 있기 때문에 레코드판이나 자기기록매체에 비해 수명이 반영구적이고, 레이저광의 직진성을 이용함으로써 빛의 퍼짐을 작게 하여 고밀도화가 가능하다.

이러한 광을 이용한 매체 중에는 광자기디스크(MOD : Magnetic Optical Disk), 콤팩트디스크(CD : Compact Disk), DVD(Digital Versatile Disk) 등이 있으며, 여기서는 이 중 가장 보편적으로 사용되고 있는 콤팩트디스크에 관하여 중점적으로 살펴보고, 참고로 DVD 매체에 관해서도 간단히 살펴본다.

콤팩트디스크는 개발 초기의 LD(Long Play Disc)와 이를 소형으로 만든 오디오용 CD로부터 CD-ROM용, 기록 가능한 CD, 기록하고 지울 수 있는 CD 등 여러 가지 종류의 것이 있다. 이들은 각기 고유의 규격을 가지고 있으며, 이들은 Red-book, Orange-book, Yellow-book 등의 규격으로 이름지어 있다. 이러한 CD의 종류는 다른 서적에서도 많이 다루고 있으므로 여기에서는 생략한다.

(1) CD의 구조

1) CD의 기록 및 판독원리

CD는 기본적으로 레이저광을 이용한다. 레이저광이란 일반 광과는 달리 단일 파장으로 이루어진 광을 말한다. 예를 들어, 백색 일반 광은 여러 가지 색상의 빛들이 합성되어 있어 프리즘으로 분리해 보면 무지개 색의 다양한 빛이 섞여 있음을 알 수 있다. 그러나 레이저광은 단 하나의 파장만을 가지고 있으므로 프리즘에 의해 분해가 되지 않으며 일반 광에 비해 직진성이 매우 뛰어나 빛의 퍼짐이 거의 없다.

CD나 레이저 프린터에서 사용하는 레이저는 주로 LED에 의해 생성하며, 이를 이용한 것 중 하나가 레이저 지시봉(레이저 포인터)이다. 레이저 지시봉을 이용하여 빛을 비추었을 때와 일반 회중전등을 이용하여 빛을 비추었을 때의 빛의 퍼짐을 보면 레이저의 특징을 알 수 있다.

CD에 데이터가 기록되는 형태도 레이저를 이용해 읽어낼 수 있도록 구성되는데,

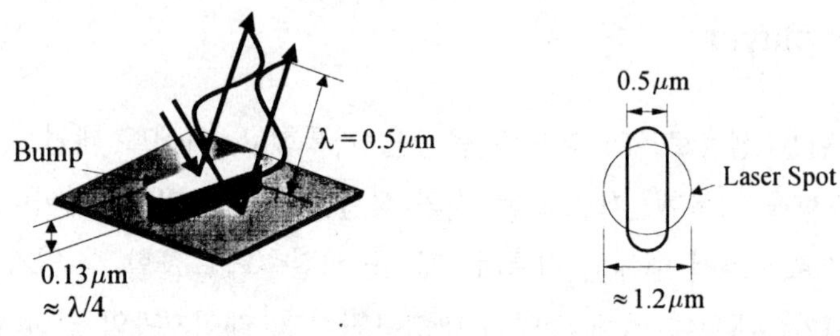

(a) 범프의 구조 및 원리

(b) 범프의 규격

그림 2-78 • CD를 확대한 모습

공장에서 대량생산되는 CD를 확대하면 **그림 2-78**과 같은 구조로 되어 있다.

CD의 표면에는 **그림 2-78(a)**와 같이 bump 또는 pit라 하는 작은 돌기가 있으며, 이 bump의 높이 및 폭 등은 그림에 나타낸 바와 같다. 여기서 주목할 것은 bump의 높이가 레이저광 파장의 약 1/4이라는 점인데, 이는 bump가 없는 곳에 레이저광이 반사될 경우와 bump에 레이저광이 반사될 경우의 파장은 입사 때와 반사 때를 합쳐 레이저광 파장의 1/2이 차이가 난다. 이는 위상이 반전되었다는 의미이므로 bump가 없는 곳에서 반사된 광은 입사되는 레이저와 동위상이 되어 완전 반사되나, bump에 반사된 광은 입사되는 레이저와 역위상이 되어 광이 소멸된다. 결론적으로, bump가 없는 곳은 레이저를 완전 반사하고, bump가 있는 곳은 레이저가 거의 반사되지 않는다. 이에 비해 공CD는 화학물질의 변화에 의해 레이저를 반사하거나 산란시키는 방법으로 데이터를 기록한다.

2) 회전방법

레코드판은 회전속도가 일정한 등각속도운동(등속운동이라 한다)을 하므로 디스크의 외주는 상대적으로 속도가 매우 빨라 기록밀도가 낮아지므로 음질이 좋아지지만, 내주는 속도가 매우 느려 기록밀도가 높으므로 음질이 떨어진다. 이 때문에 음반을 제작할 때 주 타이틀곡은 속도가 가장 빠른 외주부터 기록한다.

이에 비해 CD는 등선속도운동을 하는데 이는 헤드가 디스크 외주에 있을 때는 디스크가 천천히 회전하고, 헤드가 디스크 내주에 있을 때는 디스크가 빠른 회전을 해 헤드와 CD 표면과의 상대속도는 항상 일정하게 유지되어 디스크 전체에 걸쳐 고른 기록밀도를 가진다.

또한 레코드판은 외주로부터 내주 쪽으로 트랙이 진행되기 때문에 디스크 크기가 다른 경우 픽업 카트리지가 시작될 위치가 달라지지만, CD는 내주부터 외주로 트랙이 진행되므로 디스크 크기에 상관없이 항상 가장 안쪽부터 재생이 시작된다.

(2) CD player의 기구물

그림 2-79에 CD player의 내부를 나타내었다.

(a) CD player의 내부 사진

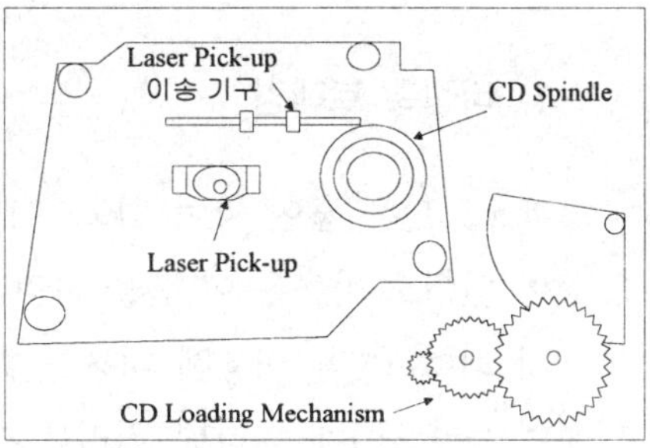

(b) CD player 각 부의 명칭

그림 2-79 • CD player의 기구물

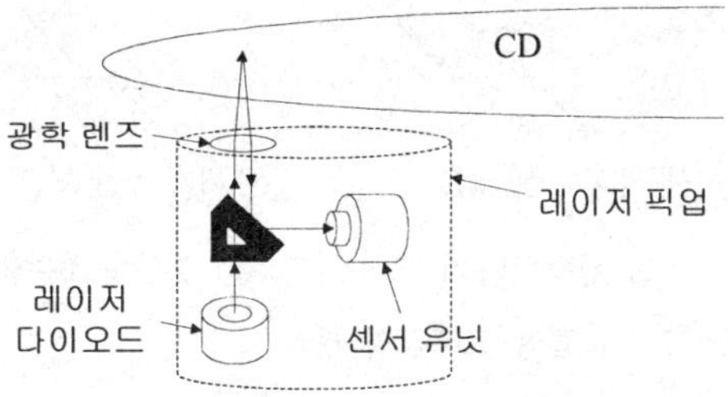

(a) CD의 판독원리

(b) 레이저 픽업

그림 2-80 • CD의 판독 메커니즘

그림 2-80(a)에 CD를 판독하는 메커니즘을 개략적으로 나타내었고 그림 (b)에 레이저 픽업 부분을 나타내었다.

그림 2-80(a)에서 레이저 다이오드에 의해 생성된 레이저는 프리즘을 통해 광학 렌즈에서 초점을 맞춘 후 CD에 발사된다. CD에서 반사된 레이저빔은 다시 프리즘을 통해 센서 유닛에 도달하고 이를 판독해 데이터를 추출한다. 이때 CD로부터 데이터를 판독하는 것은 단순히 레이저의 반사를 검출하는 것만으로는 되지 않는다. CD로부터

정확한 데이터를 판독해 내기 위해서는 다음과 같은 제어의 문제가 따른다.

① 회전하는 CD의 트랙은 완전한 동심원을 이루지 못하므로 비접촉상태에서 트랙을 따라 다녀야 하는 문제

② 회전중인 CD의 표면과 레이저 픽업의 거리가 수시로 변화하는 상태에서 항시 동일한 초점거리를 유지하는 문제

이상의 문제를 중심으로 CD 판독 메커니즘에 관해 살펴본다.

1) 비접촉 트래킹

레코드판은 홈이 파여 있고, 이를 따라 바늘이 이동하므로, 레코드판에 약간의 편심이 있어도 바늘은 이 홈을 따라 음을 재생할 수 있다. CD는 이와 달리 비접촉상태에서 레이저빔을 이용해 내용을 읽어내므로 트랙을 놓치지 않고 추종할 방법이 필요하며 **그림 2-81**에 나타낸 원리를 이용한다.

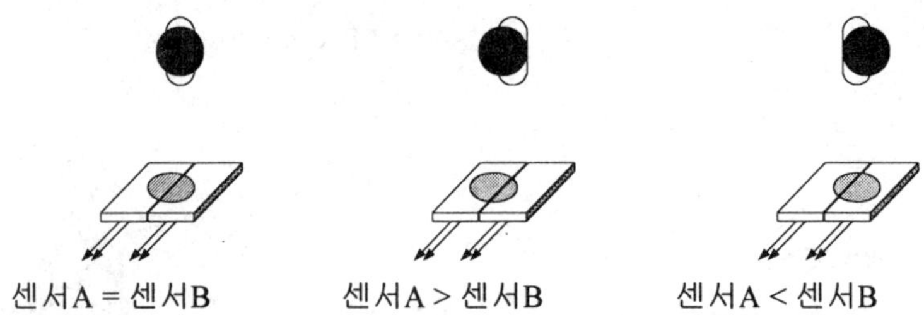

(a) 일치　　(b) 왼쪽 치우침　　(c) 오른쪽 치우침

그림 2-81 • 비접촉 트래킹의 원리

그림 2-81(a)는 bump에 레이저빔이 정확히 일치했을 때, 그림 (b)와 그림 (c)는 bump에서 어긋났을 때를 나타낸 것으로서 2개의 센서에서 발생하는 전압차를 이용해 **그림 2-82**와 같은 형태로 레이저 픽업의 위치를 보정한다.

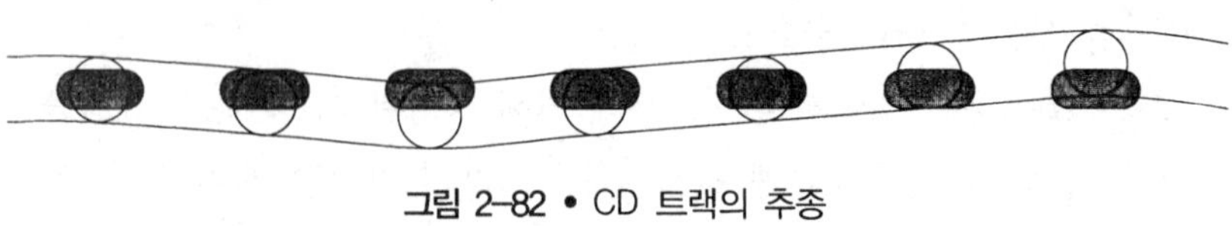

그림 2-82 • CD 트랙의 추종

그림 2-82와 같이 레이저빔이 트랙을 추종하기 위해서는 레이저 픽업이 매우 빠른 속도로 운동해야 하므로 **그림 2-83과** 같이 솔레노이드를 이용한 기구를 사용한다.

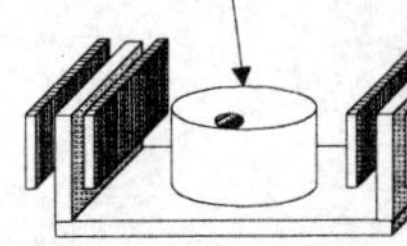

그림 2-83 • 트랙 추종기구

그림에서 솔레노이드에 전압이 인가되면 사이에 끼어있는 영구자석이 운동하고 이에 따라 레이저 픽업이 고속으로 운동한다. **그림 2-84**에 트래킹 기구의 사진과 구조를 나타내었다.

(a) 실물사진

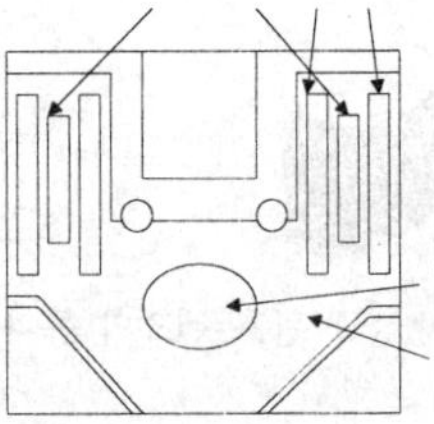

(b) 각 부의 설명

그림 2-84 • 트래킹 기구

2) 다이나믹 초점조절

CD는 원반형의 매체가 고속 회전하므로 레이저 픽업과의 거리가 매우 빠른 속도로 진동하면서 변화한다. 따라서 CD와 레이저 픽업과의 초점을 매 순간 보정해야 하며 이를 위해 초점거리를 검출해야 한다. 초점거리의 검출방법은 여러 가지가 있으며, 그 중 3가지 방법에 관해 살펴본다.

① 원통 렌즈(cylinderical-lens) 초점 방식

그림 2-85(a)에는 레이저 다이오드로부터 CD로 레이저빔을 방출할 때의 경로를, 그림 (b)에는 반사된 레이저빔이 되돌아오는 경로를 나타내었다.

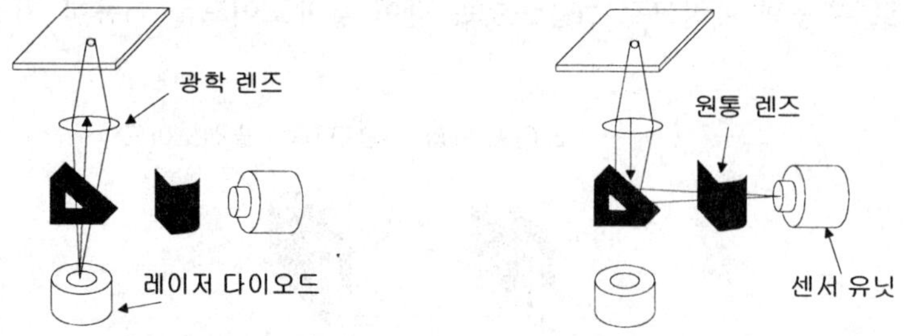

(a) 레이저 방출경로 (b) 레이저 반사경로

그림 2-85 • 레이저의 경로

그림 2-85(b)에서 반사되어 돌아오는 레이저빔은 원통 렌즈를 통과하며, 이때 빛이 통과하는 모습을 **그림 2-86**에 나타내었다.

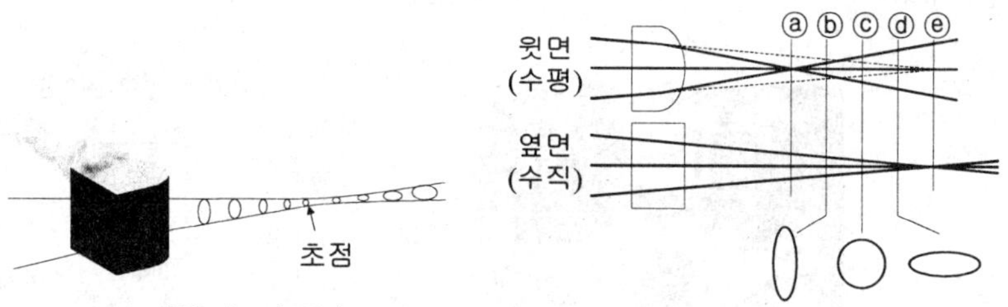

(a) 원통 렌즈의 통과 (b) 각 방향에서의 초점

그림 2-86 • 원통 렌즈를 통과한 레이저의 변화

원통 렌즈는 **그림 2-86(b)**와 같이 수평방향으로는 볼록 렌즈의 성질을 가지고 있어 빛이 가운데로 굴절되지만, 수직방향으로는 평면이므로 빛이 굴절되지 않고 직진한다. 그러므로 수평방향의 초점은 ⓐ점에, 수직방향의 초점은 ⓔ점의 다른 지점에 나타나고 두 초점의 가운데인 ⓒ점에서 수평과 수직의 크기가 동일하므로 레이저는 완전한 원이 된다. ⓑ점과 같이 원통형 렌즈와 가까운 거리에서는 수평방향은 작아지고 수직방향은 커져 세로로 긴 타원이 되고, ⓓ점과 같이 먼 거리에서는 수평방향은 커지고 수직방향은 작아져 가로로 긴 타원이 된다. 이러한 초점거리에 따른 레이저의 형태를 **그림 2-87**에 나타낸 4개의 센서로 검출하면 초점거리를 알아낼 수 있다.

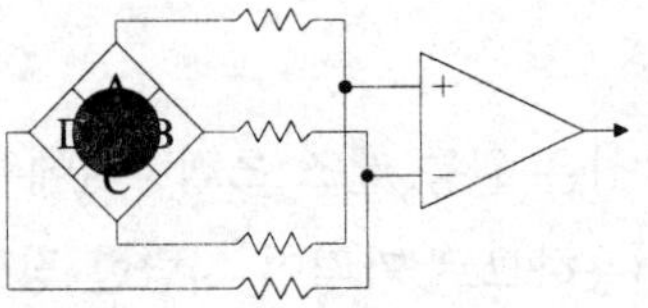

(a) 초점 일치

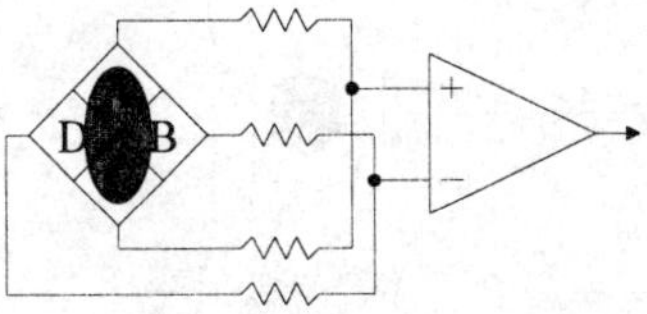

(b) 초점거리가 짧을 경우

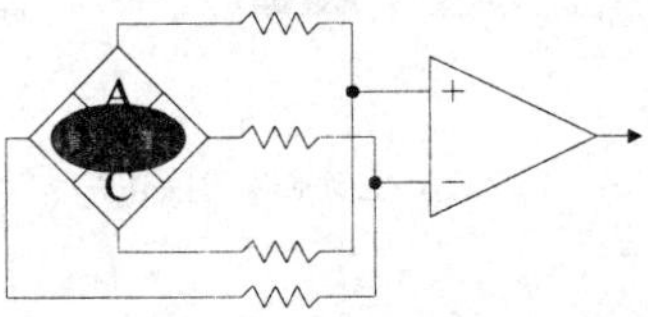

(c) 초점거리가 길 경우

그림 2-87 • 초점거리의 검출

그림 2-87(a)는 초점이 정확히 맞은 경우를 나타낸 것으로서, 4개 센서 모두에 같은 양의 빛이 감지되므로 차동증폭기에서 나타나는 차 신호, 즉 제어신호는 0이 되어 제어가 필요 없음을 나타낸다.

그림 2-87(b)는 초점보다 가까운 경우의 예로서 센서A와 C에 빛의 양이 더 많으므로 차동증폭기의 출력은 +V가 된다.

그림 2-87(c)는 초점보다 먼 경우의 예로서 센서B와 D에 빛의 양이 더 많으므로 차동증폭기의 출력은 −V가 된다.

이 방식은 4개의 센서 중 B와 D를 이용해 트래킹 검출에 겸용으로 사용할 수 있는데, **그림 2-88**에 나타낸 바와 같이 트랙이 벗어난 경우 이들 두 센서의 광량에 차이가 발생하고 초점이 일치하지 않는 경우에도 동일한 결과가 나타난다.

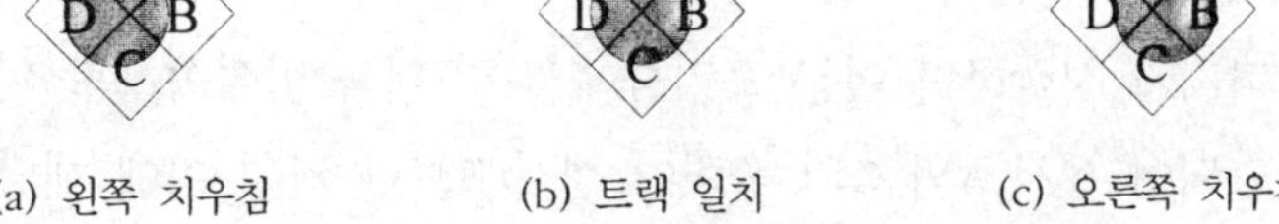

(a) 왼쪽 치우침 (b) 트랙 일치 (c) 오른쪽 치우침

그림 2-88 • 센서 B와 D에 의한 트랙의 검출

② 칼날초점 방식

칼날(knife-edge)초점 방식은 원통 렌즈 초점방식에 비해 별도의 렌즈를 사용할 필요가 없고 2개의 센서를 이용하므로 가격이 저렴한 장점이 있는데, **그림 2-89**에 그 원리를 나타내었다.

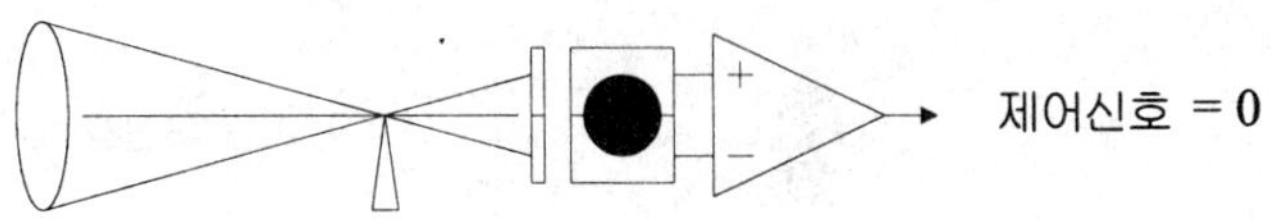

(a) 초점 일치

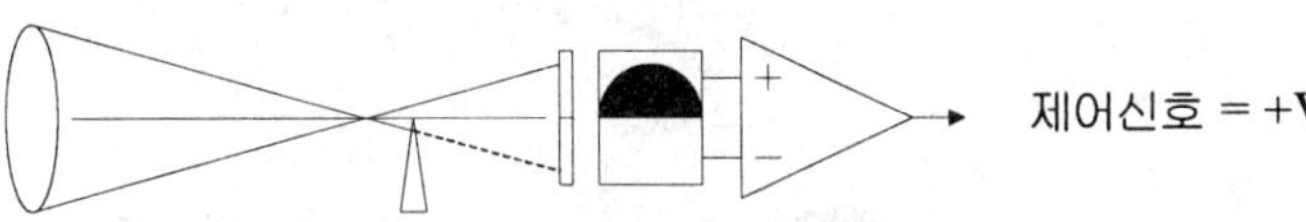

(b) 초점보다 먼 경우

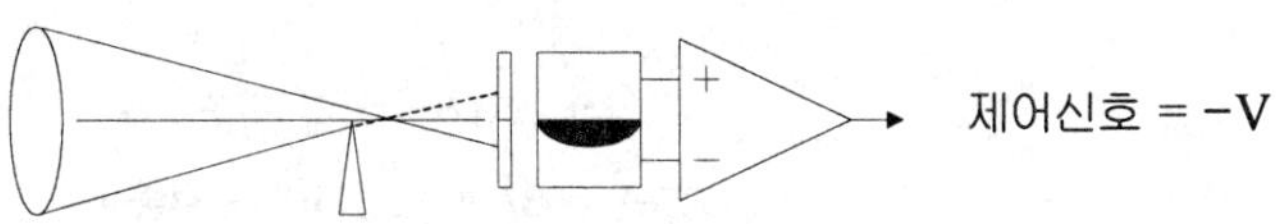

(c) 초점보다 가까운 경우

그림 2-89 • 칼날초점 방식의 원리

그림 2-89에서 광학 렌즈 이후에 위치한 칼날에 그림자가 형성되는데, 초점상태에 따라 그림자의 형태가 달라지므로 이를 2개의 센서로 검출한다.

③ 2중 프리즘 초점방식

그림 2-90에 2중 프리즘(twin-prism, dual-prism) 초점방식의 원리를 나타내었다.

2중 각도로 이루어진 프리즘은 빛이 입사되면 이를 바깥쪽으로 굴절시키는 성질이 있는데, 그림 (a)와 같이 프리즘의 중앙에 초점이 일치하면 굴절이 일어나지 않으며 이를 3개의 센서로 검출한다. 센서의 전류는 그림과 같은 상태에서 센서 A와 C의 전류를 더한 것이 센서 B의 전류와 같도록 조정되어 있다.

그림 2-90(b)와 같이 초점보다 먼 경우에는 프리즘 이전에 초점을 지나 빛은 바깥쪽으로 퍼지기 시작하며 이는 프리즘에 의해 더욱 바깥쪽으로 퍼져 3개의 센서에서 모두 검출되어 센서 A와 C의 출력이 센서 B보다 커져 이에 해당하는 제어신호가 나타난다.

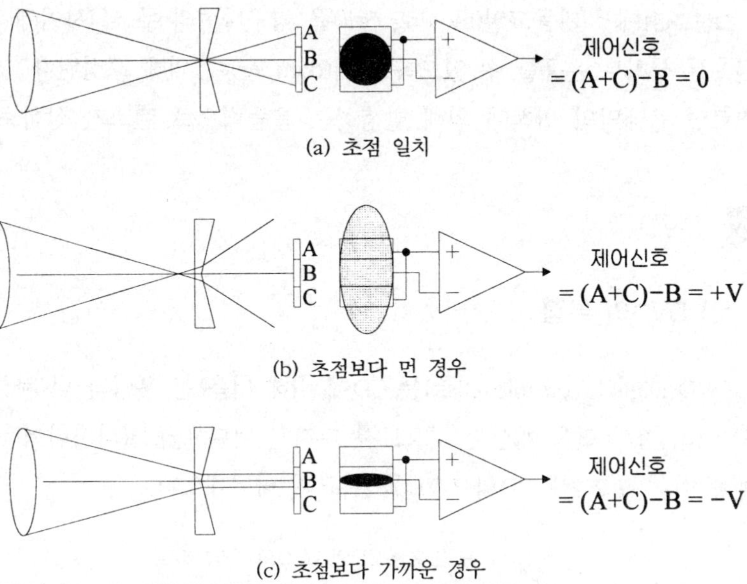

그림 2-90 • 2중 프리즘 초점방식의 원리

그림 2-90(c)와 같이 초점보다 가까운 경우 광학 렌즈에 의해 빛이 모이는 상태에서 프리즘을 통과해 다시 바깥으로 굴절시키므로 거의 직선이 되어 센서 B에만 집중적으로 나타나고 이에 해당하는 제어신호가 발생한다.

④ 초점조절 기구

앞에서 살펴보았던 여러 가지 초점검출방법에 의해 검출된 제어신호는 최종적으로 초점거리를 조절하는 기구에 인가되는데, 이 또한 트래킹 기구와 마찬가지로 고속 동작이 요구된다. 초점조절을 위한 기구에는 다이나믹 스피커의 원리가 적용되는데, 이에 관한 사항은 오디오 출력기기에서 다시 다룬다.

그림 2-91에 초점조절 기구의 구조를 나타내었다.

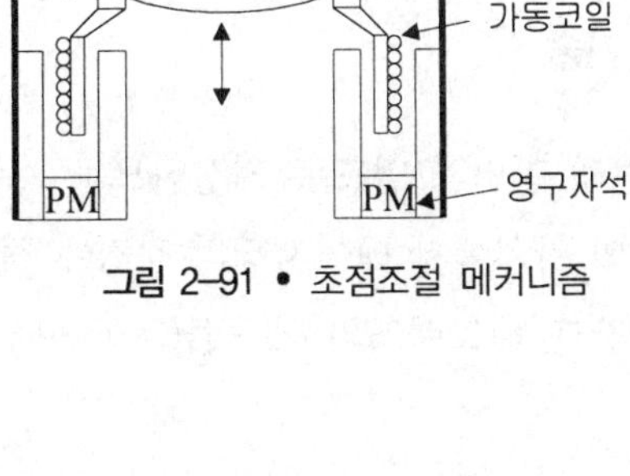

그림 2-91 • 초점조절 메커니즘

그림 2-91에서 가동코일(moving coil)은 영구자석의 두 극 사이에 끼워져 있고, 광학 렌즈는 상하로 운동할 수 있도록 댐퍼(damper)에 의해 고정된다. 가동코일에 전류가 흐르면 플레밍의 법칙에 의해 발생하는 운동력으로 렌즈가 상하로 이동한다.

6 DVD

(1) DVD의 특징

DVD(Digital Versatile Disk)는 CD에 비해 더욱 큰 용량과 더 빠른 판독속도 등 CD의 여러 가지 면을 개선한 것으로서 디지털 비디오와 멀티미디어용으로 적합한 저장 매체이다. **표 2-2**에 CD와 DVD를 비교해 나타내었다.

표 2-2 • CD와 DVD의 사양 비교

항 목	CD	DVD
디스크 지름	120mm	120mm
디스크 두께	1.2mm	1.2mm(0.6mm 디스크 2장 붙임)
디스크 구조	단면	2층 양면
저장용량	680～700Mbyte	단면 : 4.7Gbyte 양면 : 8.5Gbyte
비디오 저장시간	약 60분 (1.2MBPS 시)	4.69MBPS 시 단면 : 133분, 양면 : 266분 9MBPS 시 단면 : 66.5분, 양면 : 133분
비디오 코딩	MPEG-I	MPEG-II
비디오 화질	VHS 테이프 수준	레이저 디스크(LD)보다 선명
레이저 파장	780nm(적외선)	635nm(적색 광)
광학 렌즈 개구율(NA)	0.45	0.6
액세스 속도(선속도)	1.2m/sec	4.0m/sec

(2) DVD 관련 기술

DVD는 CD에 비해 훨씬 고밀도로 저장하므로 기존의 레이저 픽업 장치로는 판독이 불가능하다. 픽업 장치에서 레이저광의 직경에 직접적인 영향을 주는 요소는 레이저 다이오드의 파장과 대물렌즈의 개구율(Numerical Aperture)인데, 직경은 레이저 파장에 비례하고 대물렌즈 개구율에 반비례한다. 레이저는 CD에서 사용하던 780nm의 적외선 레이저보다 파장이 더 짧은 635nm 적색 레이저를 사용하거나 이보다 더 짧은 청색 레이저(Blue-ray)를 사용하며, 파장이 짧아 레이저 포인트의 크기가 더 작아져 고밀도의 DVD를 판독할 수 있다. DVD에서 사용되는 특수한 기술 중 주목할 것이 두 가지가 있는데, 이들에 관해 간단히 살펴본다.

첫째, CD는 단면을 사용하고 있지만 DVD에서는 LD와 같이 양면을 사용하도록 한다면 더 큰 용량을 얻을 수 있으므로 이를 위해서 디스크 양면을 판독할 수 있어야 한다. 그렇지만 LD와 같이 사용자가 디스크를 뒤집는 것은 일반 CD 2장을 갈아 끼우는 것과 큰 차이가 없으므로 더 편리하게 사용하도록 '양면 판독기술'이 고안되었다.

둘째, DVD Player로 기존의 CD도 재생할 수 있어야 하는데 CD와 DVD는 초점거리가 다르기 때문에 이들을 모두 재생할 수 있도록 '2중 초점기술'이 고안되었다.

1) 양면 판독기술

양면 DVD 디스크를 사용자가 뒤집어 주지 않고도 판독할 수 있도록 다음과 같은 방법이 제시되었다.

① 2중 레이저 픽업

가장 단순한 아이디어로서 **그림 2-92(a)**와 같이 디스크 위아래에 2개의 레이저 픽업을 설치해 양면을 판독할 수 있는데, 이는 광학식 저장매체의 핵심인 고가의 레이저 픽업을 2개나 사용해야 하므로 이를 제어하기 위한 이동기구도 복잡해지고 부피도 커져 실용성이 없다.

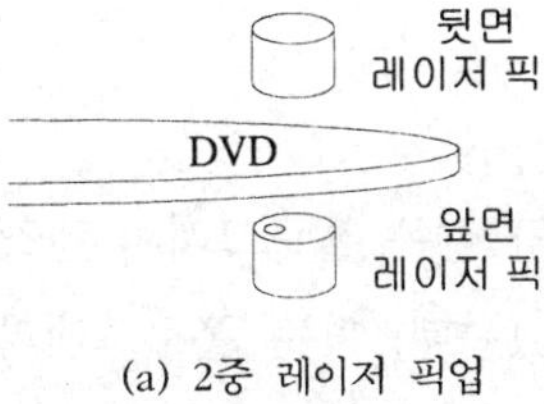

(a) 2중 레이저 픽업

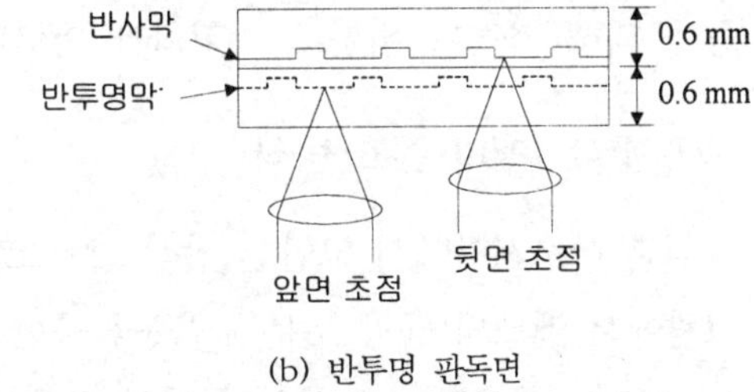

(b) 반투명 판독면

그림 2-92 • 양면 판독기술들

② 반투명 판독면

DVD 제작 시 **그림 2-92(b)**와 같이 반사막과 반투명막으로 특수하게 구성하면 2개의 서로 다른 초점에 의해 각 면을 판독해 낼 수 있다. 앞면의 반투명막과 뒷면의 반사막이 매우 가까우므로 (그림에서는 bump를 크게 그려 차이가 많이 나타났지만, 실제로는 두 면이 극히 가깝다) 약간만 초점을 이동하면 앞면과 뒷면을 선택해 판독할 수 있으며 이 방법이 DVD의 표준으로 되어 있다.

2) 2중 초점기술

CD와 DVD는 **그림 2-93**에 나타낸 바와 같이 디스크 아랫면과 데이터 기록면의 거리에 큰 차이가 있는데, 이는 렌즈의 초점거리를 조절하기에는 너무 크기 때문에 하나의 픽업으로 이들을 모두 판독할 수 있도록 하는 것이 2중 초점기술이다.

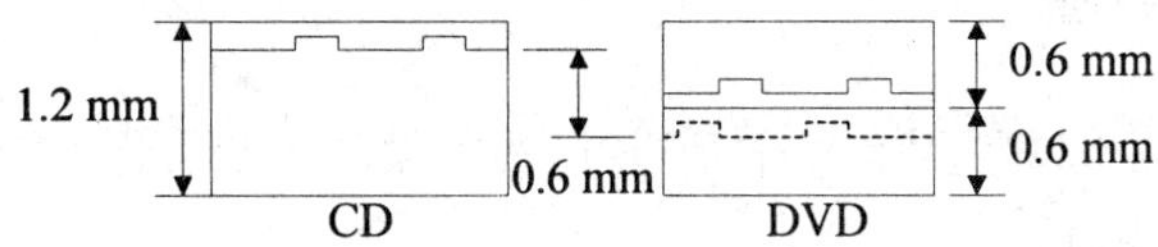

(a) CD의 초점 (b) DVD의 초점

그림 2-93 • 2중 초점기술의 필요성

① 2중 렌즈 방식

일본 미쓰비시에서 고안한 방식으로 2개의 초점에 대해 별도의 렌즈를 설치해 CD와 DVD에 따라 렌즈를 교체하는 방식이다. 이는 각 매체에 대해 전용 렌즈를 사용하므로 거의 100%에 달하는 높은 광효율을 얻을 수 있지만, 2개 렌즈와 렌즈 교체 기구 등에 의해 가격이 비싸고 소형화가 어렵다는 단점이 있다.

② 홀로그래피 렌즈 방식

일본 마쯔시다에서 고안한 방식으로 **그림 2-94**와 같은 홀로그래피 렌즈를 사용한다. 그림에서 렌즈의 중앙 부분에 울퉁불퉁한 면이 있는데, 이는 '홀로그래피 회절격자'라는 것으로 입체로는 동심원 형상의 다중 렌즈이다. 렌즈 외부는 일반 렌즈 형태이지만, 렌즈 중앙 부분에서는 레이저빔에 급격한 회절이 일어나 다른 부분에 초점이 맞추어진다.

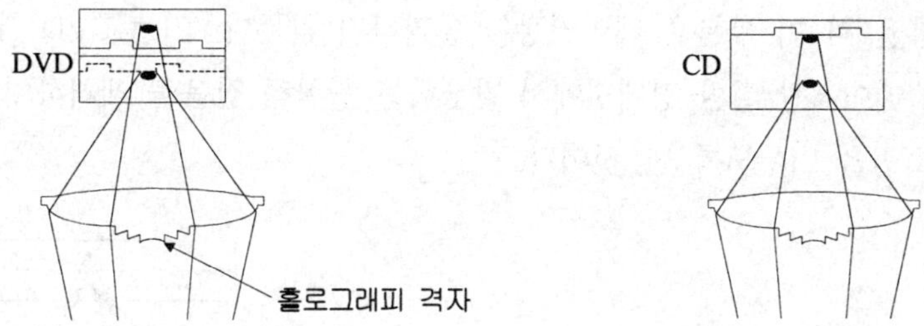

(a) DVD에서의 초점 (b) CD에서의 초점

그림 2-94 • 홀로그래피 렌즈에 의한 2중 초점

따라서 이 렌즈를 통과하는 레이저빔은 홀로그램 현상에 의해 입체의 2개 초점이 생성되므로 DVD와 CD에 모두 초점이 발생하며, **그림 2-94(a)**와 같이 DVD의 경우 위쪽 초점에는 반사되는 것이 없고 아래에서만 반사하므로 DVD를 판독해 낼 수 있다. 또한 그림 (b)와 같이 CD일 경우에는 아래쪽 초점이 반사되는 곳이 없으므로 위쪽 초점에 의해 CD의 내용을 판독할 수 있다. 홀로그래피 격자에 관한 자세한 것은 홀로그램에 관한 전문서적에서 '홀로그래피 회절격자' 또는 '브레이즈 처리(brazed) 홀로그래피 회절격자'를 참조하라.

③ 액정 셔터 방식

이는 LG에서 개발한 방식으로서 **그림 2-95**와 같이 광학 렌즈의 조리개를 넓히고 좁히는 방법으로 초점거리를 조절한다. 이때 조리개는 액정을 이용해 광을 차단할지 또는 통과시킬지를 제어한다.

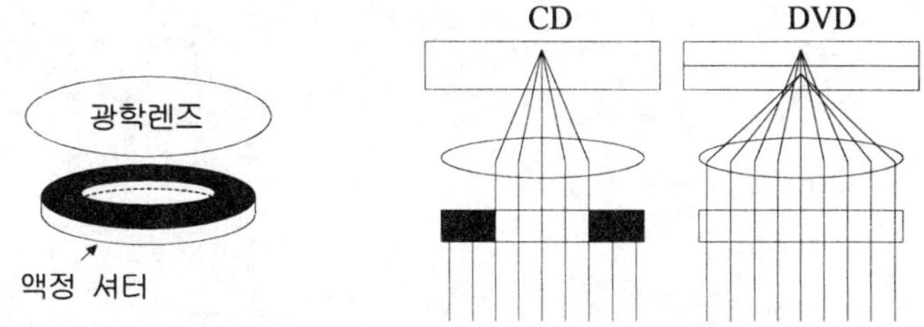

(a) 셔터의 구조 (b) 이중 초점의 조절

그림 2-95 • 액정 셔터 방식에 의한 2중 초점

④ 환형 차폐 렌즈 방식

이는 삼성전자에서 개발한 방식으로서 **그림 2-96**과 같이 렌즈의 외부에 환형 띠모양

의 홈을 파 이 부분은 레이저광이 통과하지 않는다. 이는 DVD 재생 시와 CD 재생 시의 레이저광 절환 경계면에서 발생하는 광학적 잡음을 제거하여 CD 재생 시 정확한 초점을 이루도록 한 것이다.

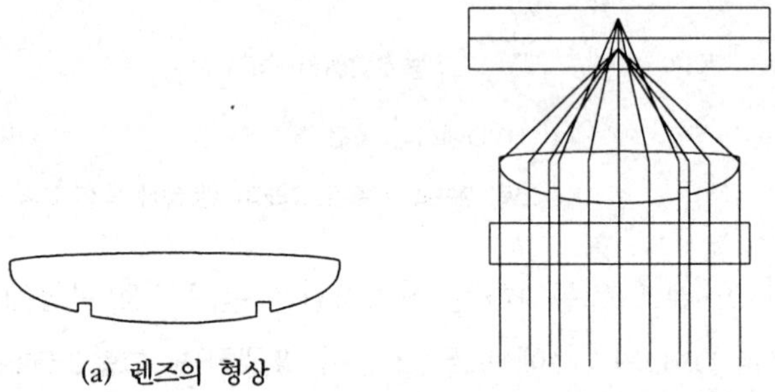

(a) 렌즈의 형상

(b) 맺혀진 이중 초점

그림 2-96 • 환형 차폐 렌즈 방식의 원리

03 오디오 출력기기

오디오 출력기기는 증폭기에서 처리된 전기신호를 음향신호로 변환하는 것으로서 스피커와 헤드폰 등의 기기가 있다.

1 스피커

스피커(speaker)는 마이크와 반대로 전기신호를 소리신호로 변환하는 장치를 의미하며, **그림 2-97**에 스피커의 개념과 외형 및 사용 예를 나타내었다.

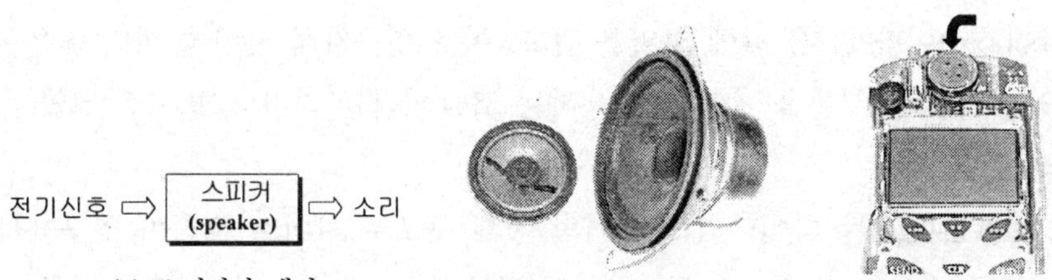

(a) 스피커의 개념 (b) 일반 스피커 (c) 휴대폰 스피커

그림 2-97 • 스피커의 개념 및 예

스피커는 소리를 발생시키는 원리, 외형, 다룰 수 있는 주파수 범위, 음향의 방사방법 등 다양한 방법으로 분류되며, 이들 분류를 종합해 특정 스피커를 나타낸다.

(1) 스피커의 원리에 의한 분류

전기신호를 소리신호로 변환하는 원리에는 여러 가지가 있으며 이들 중 대표적인 몇 가지를 살펴본다.

1) 다이나믹 스피커

다이나믹 스피커(dynamic speaker)는 현재 사용되고 있는 스피커의 대부분을 차지하는 것으로서 개략적인 구조를 **그림 2-98**에 나타내었다.

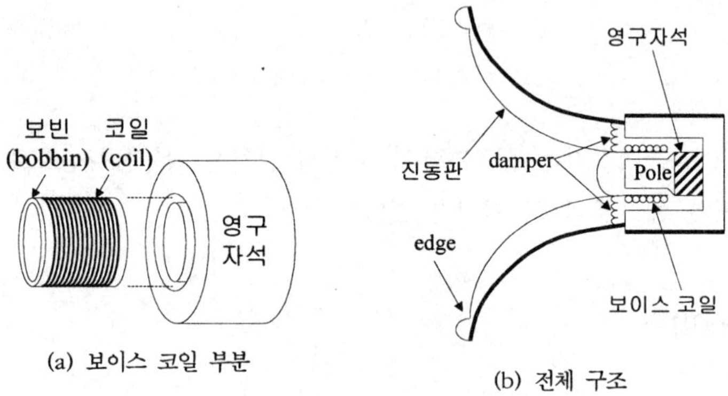

그림 2-98 • 다이나믹 스피커

다이나믹 스피커는 **그림 2-98(a)**에 나타낸 바와 같이 속이 비어있는 통(이를 보빈(bobbin)이라 한다) 겉에 코일을 감고, 이를 영구자석 사이에 끼워 놓은 형태로 되어 있는데, 코일 부분을 '소리를 발생하는 코일'이라는 의미로 '보이스 코일(voice coil)'이라 한다.

그림 2-98(b)는 다이나믹 스피커의 전체 구조로 보이스 코일이 영구자석의 극과 극 사이에 끼워져 있는데, 이를 질긴 천 종류로 된 댐퍼(damper)로 붙잡아 움직일 수 있도록 되어 있다. 코일에 전류가 흐르면 코일과 자석 사이에 플레밍의 법칙에 의한 운동력이 발생하며, 이 운동력은 앞쪽에 부착된 진동판을 진동시키고, 진동판은 공기를 진동시켜 소리로 변환한다.

다이나믹 스피커는 비교적 견고하고 제작이 용이해 현재 사용되고 있는 스피커의 대부분을 차지하고 있으며, 진동판의 재질에 따라 반응 주파수가 다르기 때문에 사용하려는 주파수 대역에 맞는 진동판의 재질과 크기 등을 결정해야 한다. 진동판은 일반적으로 종이가 많이 사용되며, 경우에 따라 플라스틱(셀룰로즈)이 사용되기도 한다. 일반적으로 저음용으로 사용하기 위해서는 진동판의 구경이 커야 공기를 큰 파장으로 밀어줄 수 있고, 부드러운 재질을 사용하면 부드러운 음이 발생한다.

2) 압전 스피커

압전 스피커는 마이크 부분에서 설명했던 압전소자를 이용한 스피커로서 진동이 그다지 크지 않기 때문에 공진을 시켜 큰 소리로 증폭하며, 이에 따라 주파수 대역이 좁아지는 단점이 있다. 그러나 구조가 매우 간단하고 소비전력이 극히 작기 때문에 소형 기기에서 특히 많이 사용된다.

① 압전 스피커

일반적으로 '압전 버저'라 불리는 것으로서 초소형, 초경량, 저소비전력의 특징 때문에 호출기의 호출음, 전자전화기의 벨소리, 전자시계 알람, 가전제품의 버튼 클릭음 등과 같이 단순한 소리를 발생시키는 용도로 사용된다. 압전 스피커의 구조를 **그림 2-99**에, 사용 예는 **그림 2-100**에 나타내었다.

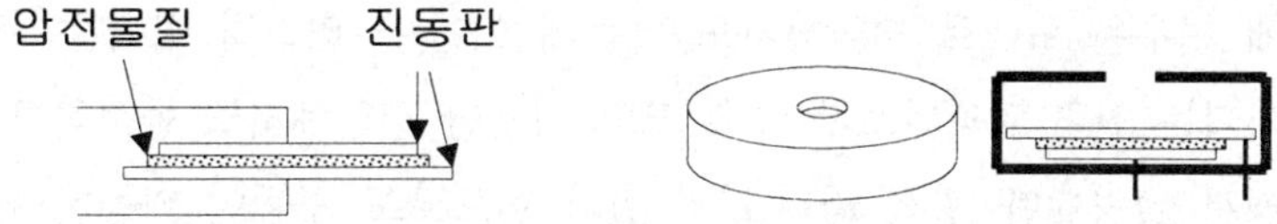

(a) 압전 스피커의 구조 (b) 공진 통에 내장시킨 압전 스피커

그림 2-99 • 압전 스피커의 구조

그림 2-99(a)와 같이 압전 스피커는 얇은 극판과 극판 사이에 압전물질이 끼워져 있으며, 양측의 극판에 전압이 인가되면 사이에 낀 압전소자가 진동해 극판을 진동시킨다. 이때 발생하는 진동은 그다지 크지 않으므로 큰 소리로 발생시키기 위해 **그림 2-99(b)**와 같은 공진 케이스에 넣는다.

(a) 휴대폰 호출음 발생기 (b) 알람 시계 (c) PC 스피커

그림 2-100 • 압전 스피커의 사용 예

② 크리스털 스피커

크리스털 스피커(crystal speaker)는 압전소자로 수정을 사용하고 발생된 진동을 소리로 변환하기 위해 **그림 2-101(a)**와 같이 알루미늄 진동판에 연결되어 있다.

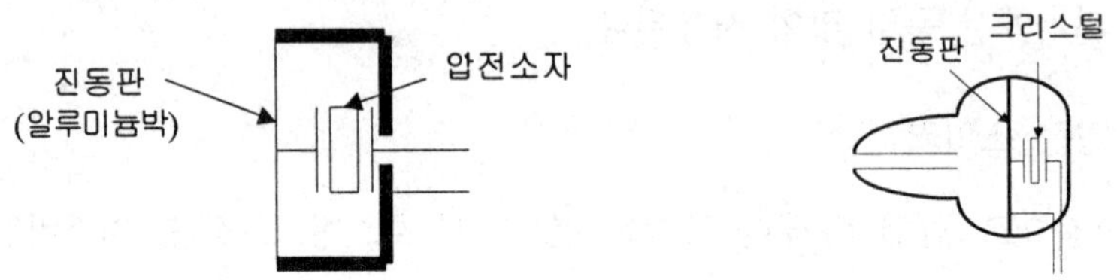

(a) 크리스털 스피커의 구조 (b) 이어폰형 크리스털 스피커

그림 2-101 • 크리스털 스피커

크리스털 스피커도 압전효과를 이용하므로 소리가 크지 않아 **그림 2-101(b)**와 같이 귀에 끼우는 형태로 제작하기도 하는데 이를 '크리스털 이어폰'이라 한다. 크리스털 스피커는 입력 임피던스가 매우 크고 미약한 전압에서도 동작하므로 앞서 라디오 튜너에서 설명했던 '광석 라디오'의 전파 힘으로도 구동이 가능하다.

3) 콘덴서 스피커

콘덴서 스피커는 **그림 2-102**와 같이 두 극판 사이에 고압을 인가해 전압에 의한 밀고 당김을 이용해 소리를 발생시킨다.

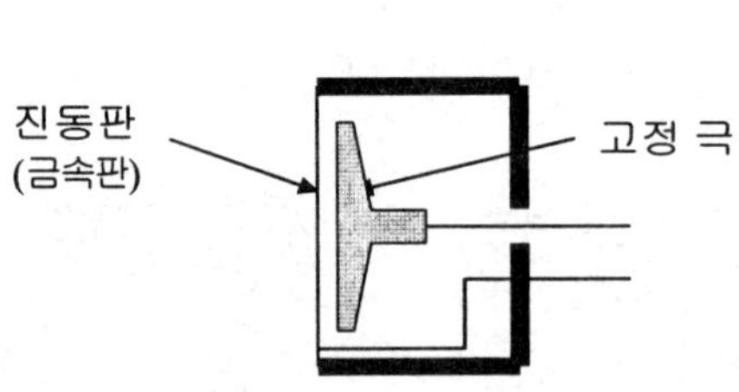

그림 2-102 • 콘덴서 스피커의 구조

이 스피커는 극판이 충분히 움직이도록 하기 위해 공급전압도 상당히 고압이어야 하는 단점이 있지만, 진동판을 금속으로 사용하여 탄성이 좋고, 보이스 코일에 의한 인덕턴스 등의 영향이 없으므로 고음역이나 초음파 재생에 적합하다.

4) 코로나 스피커

코로나 스피커는 전기의 방전현상에 의해 발생되는 소리를 방사시키는 원리로서, **그림 2-103**과 같은 구조로 되어 있다.

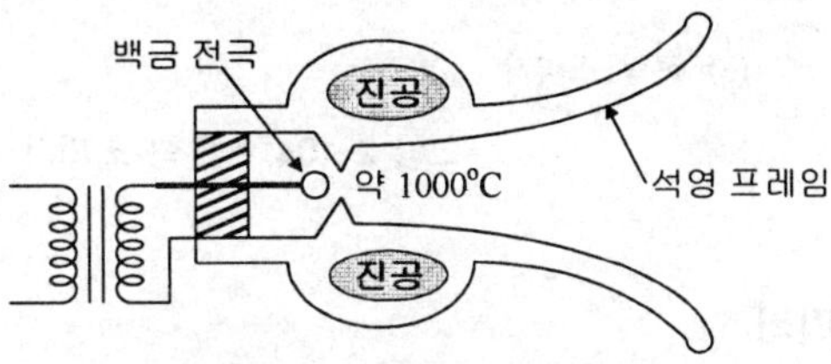

그림 2-103 • 코로나 스피커의 구조

코로나 방전이 발생하는 내부의 온도는 평소에 약 1,000℃ 정도를 유지하기 때문에 스피커의 프레임은 절연과 내열에 강한 석영을 사용하고 방전이 일어나는 접점은 백금을 사용한다. 이 스피커는 소리의 발생을 진동판과 같은 기계적인 장치에 의존하지 않기 때문에 고역 주파수를 발생시키기 용이해 주로 10kHz 이상 영역인 초고음 스피커(super-tweeter)로 사용한다.

(2) 스피커의 외형상 분류

스피커는 그 외형에 따라 발생하는 소리와 용도가 달라진다.

1) 콘형 스피커

콘형 스피커(cone speaker)는 일반적인 스피커의 대표적인 것으로서 **그림 2-104(a)**와 같이 원뿔 모양으로 되어 있는데, 이는 소리의 방사방향이 전방으로 향하는 지향성을 가진다. 소리를 발생시키는 진동판의 주요 재질로는 셀룰로즈나 종이가 사용되며 주로 저주파, 중간주파용으로 사용되지만, 구경을 작게 하고 진동판을 알루미늄으로 제작해 고음용으로 사용하기도 한다. 또한 자동차와 같이 제한된 공간에서는 여러 개의 스피커를 장착하기 어려우므로 그림 (b)와 같이 하나의 보이스 코일에 2개의 콘이 부착된 듀얼콘형을 사용한다.

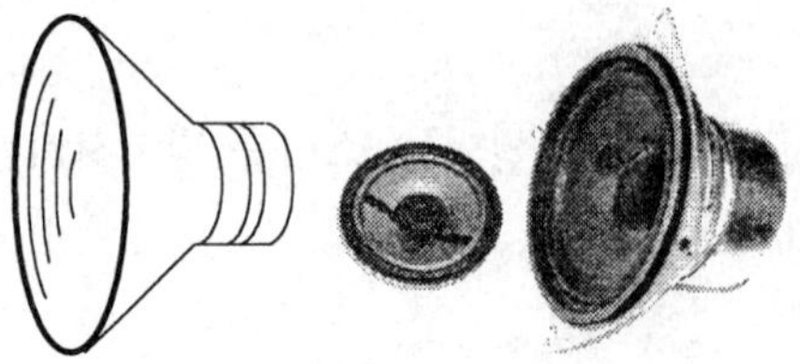

(a) 콘형 스피커

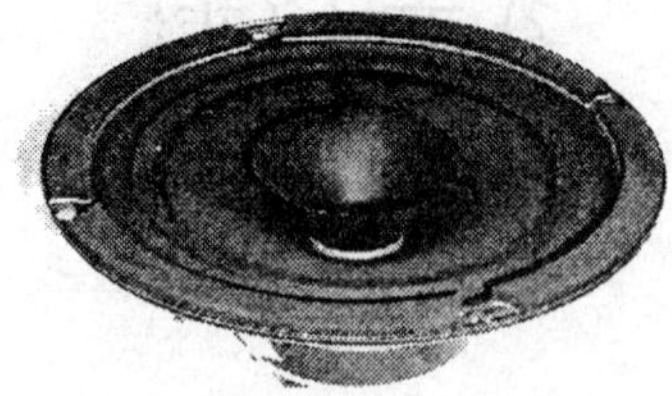

(b) 듀얼콘형 스피커

그림 2-104 • 콘형 스피커

2) 돔형 스피커

돔형 스피커(dome speaker)는 **그림 2-105**와 같이 진동판이 튀어나온 형태로 되어 있어 소리가 넓은 방향으로 방사되는 특징이 있다.

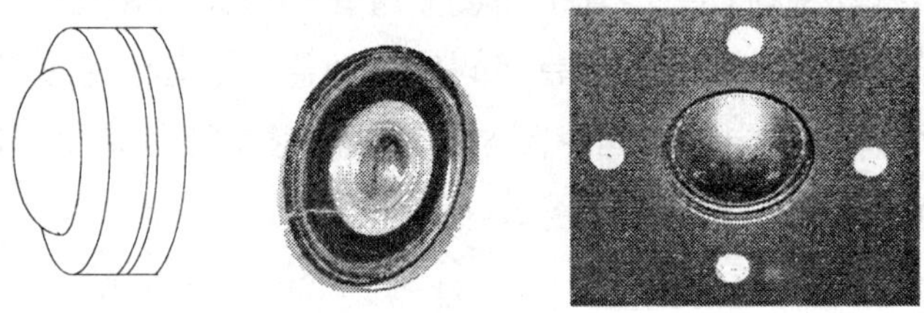

그림 2-105 • 돔형 스피커

진동판의 주요 재질로는 셀룰로즈나 알루미늄박이 사용되며, 구경이 작기 때문에 주로 고음용 스피커나 헤드폰 세트 등에서 사용한다.

3) 혼형 스피커

혼형 스피커(horn speaker)는 **그림 2-106(a)**와 같이 진동판이 외부에 노출되지 않고 안쪽에 내장되어 나팔을 통해 방사하기 때문에 지향성이 있고, 소리는 외부로 직접 방사하거나 혼에서 공진을 시켜 더 크게 하기도 한다. 혼의 재질은 주로 플라스틱이나 알루미늄을 사용하며, 혼의 공진특성상 중음용 스피커로 사용된다(사이렌, 방송용 스피커 등).

혼형은 혼의 형태에 따라 몇 가지로 세분화되는데 이에 관해서는 이후의 방사형태에서 설명한다.

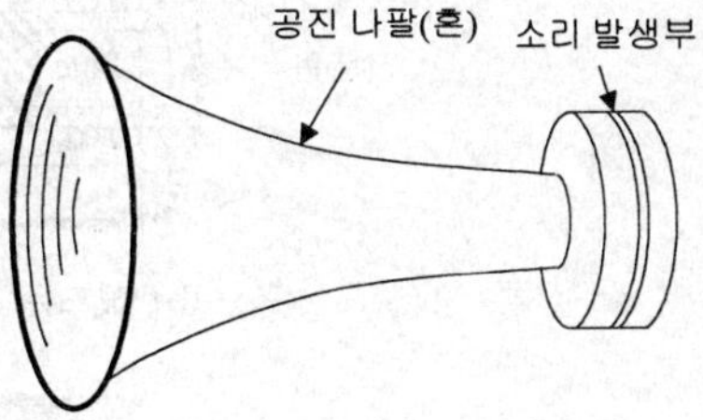

(a) 혼형 스피커

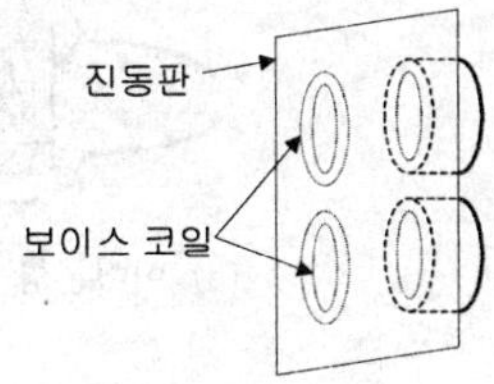

(b) 평판형 스피커

그림 2-106 • 혼형 스피커와 평판형 스피커

4) 평판형 스피커

평판형 스피커(plate speaker)는 진동판이 평면으로 구성되고 진동판 전체가 앞뒤로 운동하며 소리를 발생하는데, 진동판을 고르게 진동시키기 위해 보통 **그림 2-106(b)**와 같이 여러 개의 보이스 코일을 사용한다.

진동판의 재질로는 셀룰로즈나 알루미늄을 사용하며, 재질을 셀룰로즈로 구성하고 진동판을 크게 하면 진동판 전체가 고르게 소리를 방사하므로 저음의 특성이 좋아져 저음이나 중음용 스피커로 사용된다. 이에 비해 진동판을 알루미늄으로 제작하고 크기를 작게 하며, 구동부분을 콘덴서형으로 구성하면 고음특성이 우수해져 고음 스피커로 사용된다.

5) 이어폰형 스피커

이어폰형 스피커(ear-phone, head-phone)은 생성되는 소리를 직접 귀에 방사하는 것으로서 **그림 2-107**과 같은 구조로 되어 있다. 이 방식은 소리가 직접 귀로 전달되므로 공진이나 음질의 소멸 등이 없어 좋은 음질이 전달되며, 다른 사람에게 방해를 주지 않는다.

진동판의 주요 재질로는 셀룰로즈나 철판이 사용되며, 셀룰로즈로 구성된 것은 음질이 좋고 귀에 피로감을 주지 않아 주로 헤드폰 등에서 많이 사용된다. 반면 철판으로 구성된 것은 구조가 간단하고 견고하지만 진동판이 철판이므로 주로 중음 위주의 용도에 사용되며, TV나 라디오 등의 간이 이어폰에 사용한다.

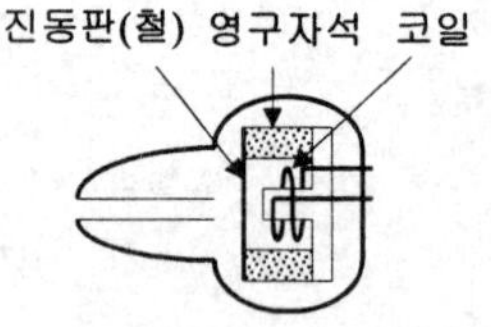

(a) 이어폰형 스피커

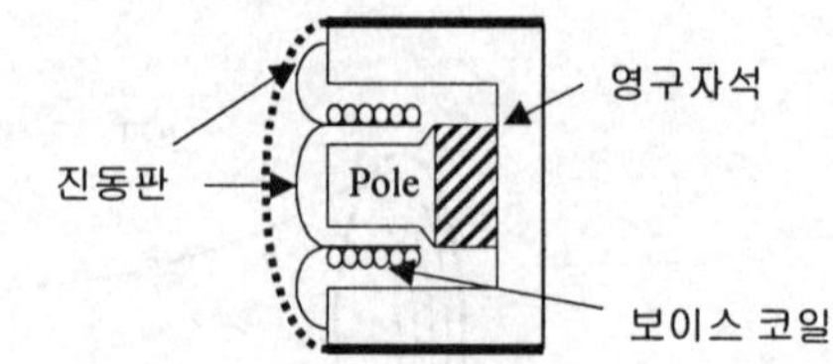

(b) 헤드폰형 스피커

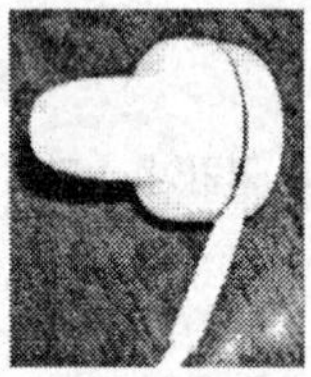

(c) 이어폰

(d) 헤드폰

그림 2-107 • 이어폰형 스피커

(3) 발생 주파수 영역에 의한 분류

스피커는 재질과 구조, 구경 등 여러 가지 요인에 의해 발생시킬 수 있는 주파수 대역이 정해지므로 하나의 스피커에서 고른 소리를 모두 발생시키기 어려워 **그림 2-108**과 같이 2개 이상의 스피커를 함께 사용해 넓은 음역을 확보한다.

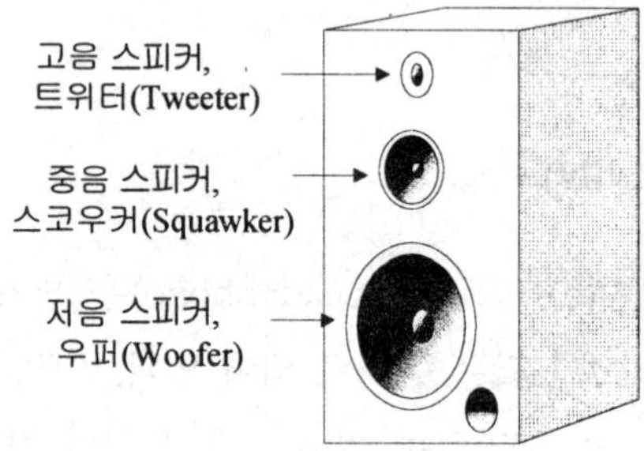

그림 2-108 • 가정용 오디오 스피커

1) 초저음 스피커

약 50Hz 이하의 주파수 대역을 담당하는 스피커로서 이같이 매우 낮은 주파수의 소리를 발생하기 위해 대구경 콘형 다이나믹 스피커가 주로 사용되며, 특별히 초저음 스피커(sub-woofer) 전용 캐비닛을 사용하는 경우도 있다.

2) 저음 스피커

저음 스피커(woofer)는 약 50Hz에서 500Hz 이하의 저음 주파수 대역을 담당하는 스피커로서, 가정용 오디오에 부착된 큰 스피커가 이에 해당된다. 스피커 형태는 대구경 콘형 다이나믹이나 평판형 다이나믹이 주로 사용된다.

3) 중음 스피커

약 500Hz에서 4kHz 이하의 중음 주파수(squawker) 대역을 담당하는 스피커로서, 사람의 귀는 중음이 가장 잘 들리기 때문에 고음 스피커와 저음 스피커에서 발생되는 중음 정도로 충분하므로 이 스피커는 생략하는 경우도 있다. 스피커 형태는 중구경 콘형 다이나믹이나 평판형 다이나믹 또는 혼형이 사용된다.

4) 고음 스피커

고음 스피커(tweeter)는 약 4kHz 이상의 고음 주파수 대역을 담당하는 스피커로서 구경이 작고 스피커의 코일 인덕턴스 등 여러 가지 요인에 의해 방사되는 음량이 급속히 작아지므로 특별히 효율이 좋은 것을 선택할 필요가 있다. 스피커 형태는 소구경 돔형 다이나믹이나 혼형 다이나믹, 혼형 압전 또는 평판형 콘덴서 스피커를 사용한다.

5) 초고음 스피커

초고음 스피커(super-tweeter)는 약 10kHz 이상의 초고음 대역을 담당하는 스피커로서 이 주파수는 사람 귀에 그다지 잘 들리지 않는 영역이지만 음질을 중요시하는 음악전문가는 이 스피커를 장착하기도 한다. 스피커 형태는 혼형 코로나, 혼형 압전 스피커 등이다.

6) 범용 스피커

범용 스피커(foster)는 발생 주파수 대역이 중저음부터 중고음 영역, 즉 하나의 스피커로 넓은 주파수 대역을 대략적으로 발생시키는 용도이다. 이는 앞서 소개한 스피커들에 비해 음질은 다소 떨어지지만 넓은 주파수 영역을 발생시킬 수 있도록 다이나믹형 스피커에 두꺼운 종이를 콘으로 사용한다. 이 스피커는 주로 라디오나 텔레비전, 컴퓨터 내장 스피커 등에서 사용되며, 구경을 크게 제작하면 콘이 두껍기 때문에 급격한 소리변화나 과도한 입력, 충격 등에 강해 무대의 기타 앰프용 스피커로 널리 사용된다.

(4) 음향 방사방법에 의한 분류

스피커에서 발생시킨 소리를 공기 중으로 방사하는 방법에는 크게 두 가지 형태가 있다.

1) 직접 방사형 스피커

직접 방사형은 진동판이 스피커 외부에 노출되어 있어 소리가 직접 공기 중으로 방사되는 방식이며, 콘형과 돔형 스피커가 이에 해당된다. 이는 진동판이 노출되어 있으므로 외부의 접촉 등에 의해 진동판이 손상될 우려가 있다.

2) 기타 방사형 스피커

스피커의 음향 방사방법 중 직접 방사형 이외에 혼형과 이어폰형이 있으며, 혼형은 소리방사 시 지향성을 주고 혼에 의한 공진효과를 얻고 있다. 이어폰형은 밀폐된 구조로 되어 있어 소리가 직접 귀로 전달되는 형태를 의미한다.

혼형은 또한 혼의 구조와 형태에 따라 다음과 같이 세분화된다.

① 단일 혼

단일 혼은 **그림 2-109**와 같이 소리를 발생시키는 부분과 이를 공진시키는 나팔

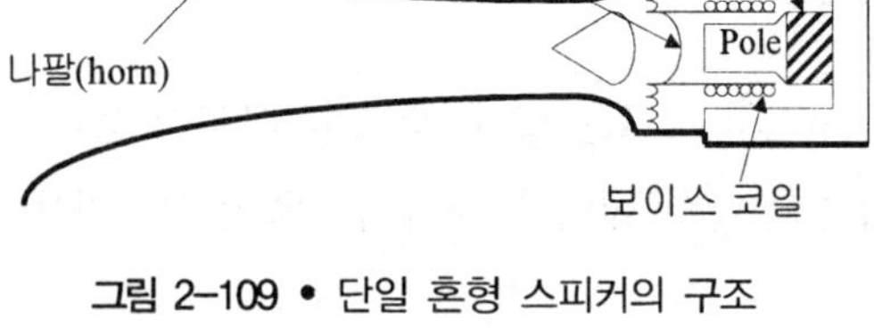

그림 2-109 • 단일 혼형 스피커의 구조

(horn) 부분으로 구성된다.

그림 2-109에 나타낸 바와 같이 혼형은 진동판이 스피커 외부에 노출되지 않고 내장되어 있으며, 진동판에서 소리가 발생하면 나팔모양의 혼을 통해 방사되고, 이때 혼에서 공진이 발생해 소리가 증폭되고 방사되는 소리는 혼이 향해 있는 방향으로만 방사되는 지향성을 가진다. 이 형태의 스피커는 진동판이 외부에 노출되지 않음과 함께 혼이 플라스틱이나 알루미늄으로 구성되므로 스피커의 내구성이 강해 옥외에도 설치가 가능하다.

② 공진 혼

공진 혼은 단일 혼에 비해 한층 공진을 강화해 방사되는 음량을 극대화한 것으로서 그림 2-110과 같은 구조로 되어 있다.

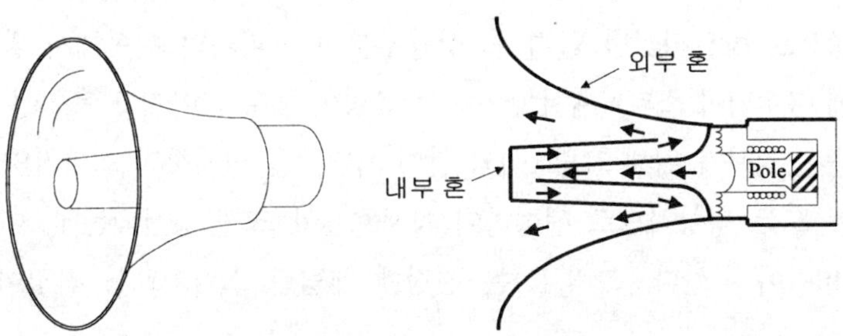

그림 2-110 • 공진 혼형 스피커의 구조

진동판에서 발생한 소리는 일단 가는 관을 통해 앞쪽으로 전달된 후 소형 내부 혼에 의해 공진하면서 내부로 돌아갔다 외부 혼에 의해 방사되어 2중으로 공진된다. 따라서 최종적으로 방사되는 음량은 원래의 음량에 비해 상당히 큰 소리로 증폭된다. 현재의 혼형 스피커는 대부분 이 방식을 사용하고 있다.

③ 복합 혼

혼형 스피커는 혼의 공진특성상 주파수 대역이 협소하다는 단점을 가지고 있기 때

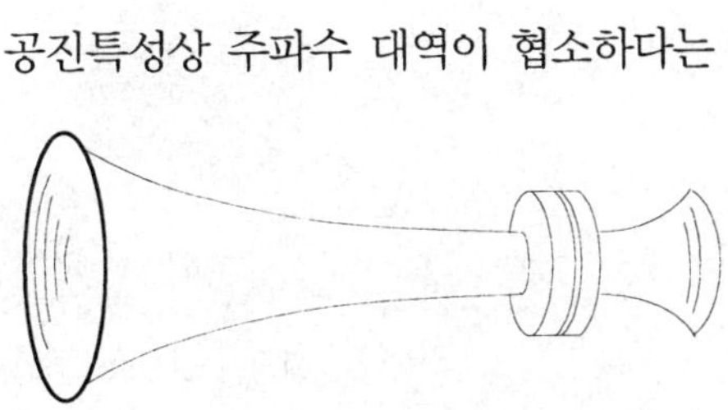

그림 2-111 • 복합 혼형 스피커

문에 이를 보완하기 위해 **그림 2-111**과 같이 스피커의 뒷부분에 작은 보조혼을 부착해 사용하기도 한다. 즉, 진동판 앞쪽에서 발생하는 압력은 큰 혼으로 방사되고, 진동판 뒤쪽에서 발생하는 압력은 작은 혼으로 방사되어 2개의 공진점을 가지며, 경보용이나 민방위훈련 사이렌용으로 사용되고 있다.

2 배플, 스피커 캐비닛

(1) 배 플

스피커에서 소리를 발생시키는 원리는 앞서 설명한 바와 같이 전기신호를 물리적 진동으로 변환해 이를 진동판을 통해 공기의 압력으로 발생하도록 제작한 것이다. 그런데 스피커가 소리를 공기 중으로 방사할 때, **그림 2-112(a)**와 같이 곧바로 방사시키면 앞쪽으로 방사되었던 압력 중 상당부분이 스피커의 뒤쪽에서 발생하는 반대 압력에 의해 흡수되어 스피커에서 발생되는 음량이 매우 작아지고 음질이 저하한다. 이러한 현상을 방지하기 위해 그림 (b)와 같이 차단막을 설치하면 스피커의 앞쪽으로 방사된 소리는 모두 정상적으로 진행하여 방사효율이 크게 향상되는데, 이러한 차단막을 배플(baffle)이라 한다. 그림 (c)는 천정에 매립된 스피커로서 천정이 배플 역할을 한다.

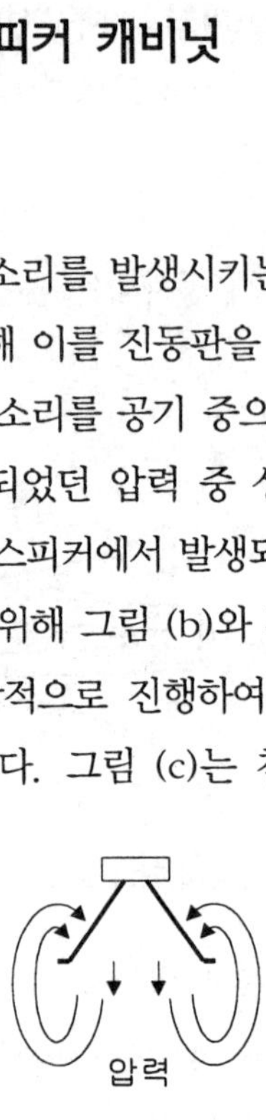

(a) 일반 스피커의 방사

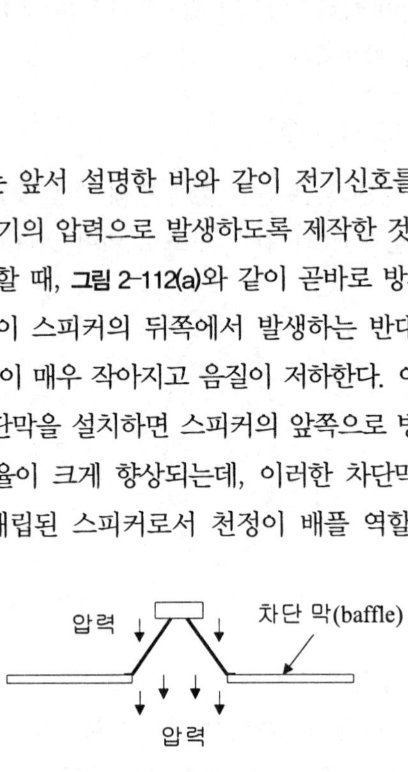

(b) 배플 처리된 스피커의 방사

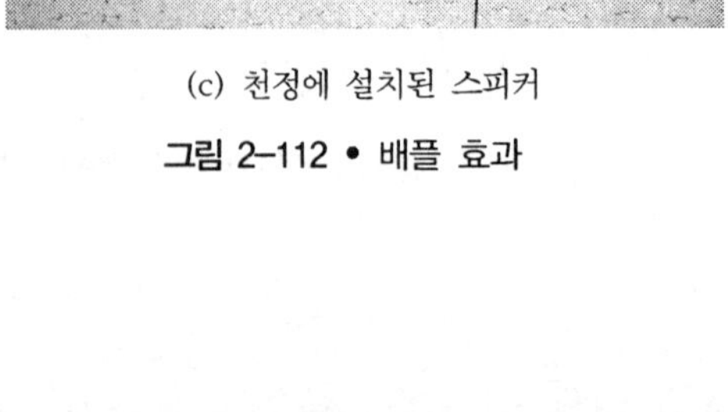

(c) 천정에 설치된 스피커

그림 2-112 • 배플 효과

(2) 캐비닛

앞서 설명한 배플에서 스피커의 앞면과 뒷면을 완전히 차단하려면 차단막도 무한대의 것이어야 하나 이는 벽이나 천정 내부에만 가능하기 때문에 스피커의 이동이 가능하도록 스피커 뒷면을 밀폐시킨 것이 스피커 캐비닛(cabinet)이다.

1) 밀폐형 배플(캐비닛)

그림 2-113과 같은 밀폐형 배플은 스피커 앞면과 뒷면이 완전 차단되어 방사음량이 좋아지는 점 이외에도, 스피커에서 발생하는 특정 주파수에 대해 캐비닛이 공진을 하도록 내부공간을 설계해 특정 주파수의 음량을 더 크게 할 수 있다.

(a) 구조 (b) 외관 (c) 내부

그림 2-113 • 밀폐형 배플

2) 베이스 리플렉스형 캐비닛

그림 2-114(a)의 베이스 리플렉스(base reflex)형은 스피커의 앞면에서 방사되는 음량 이외에 스피커 뒷면에서 발생하는 반대 위상의 압력도 이용해 음량을 크게 한 것이다. 이 방식은 캐비닛 아랫부분에 스피커의 뒷면에서 발생되는 압력을 외부로 방출할 수 있도록 포트(port)라는 압력 출구가 마련되어 있는데, 캐비닛 내부에는 그림 (b)와 같이 스피커의 후면 압력이 리플렉스관이라는 긴 경로를 경유하기 때문에 시간지연을 일으켜 특정 주파수에서 스피커의 앞면 방사음과 동일한 위상이 되도록 설계한다.

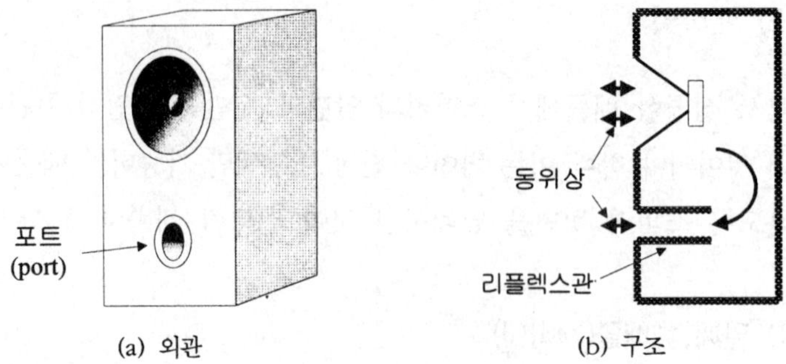

그림 2-114 • 베이스 리플렉스형 캐비닛

방사되는 음질은 리플렉스관의 길이와 캐비닛의 내부용적 등에 의해 결정되는데, 캐비닛의 내부용적이 클수록 저음 재생에 유리하고, 리플렉스관은 스피커가 발생시키기 어려운(즉, 스피커에서 방사음량이 작은) 저음영역에 맞춰 제작된다.

3) 수동방사형 캐비닛

베이스 리플렉스형은 리플렉스관의 길이와 내부용적에 따라 음질이 예민하게 변화하기 때문에 원하는 성능을 맞추기 상당히 어렵다. 이러한 문제점을 개선하기 위해 **그림 2-115**에 나타낸 바와 같이 스피커와 유사한 구조의 수동(受動)방사기를 설치해 내부 압력에 의해 동작하도록 한다.

이 방식은 실제 스피커나 또는 이와 유사한 구조의 기구물이 설치되므로 가격이 비싸지지만 수동방사기의 공진에 의한 출력이 나타나므로 베이스 리플렉스형에 비해 캐비닛의 용적변화에 대한 영향이 작고 원하는 특성을 쉽게 얻을 수 있는 장점이 있으며, 베이스 리플렉스의 문제점인 캐비닛 내부로 먼지, 이물질 또는 벌레 등의 유입을 막을 수 있는 이점도 있다. 이 방식을 드로운 콘(thrown cone)형이라 부르기도 한다.

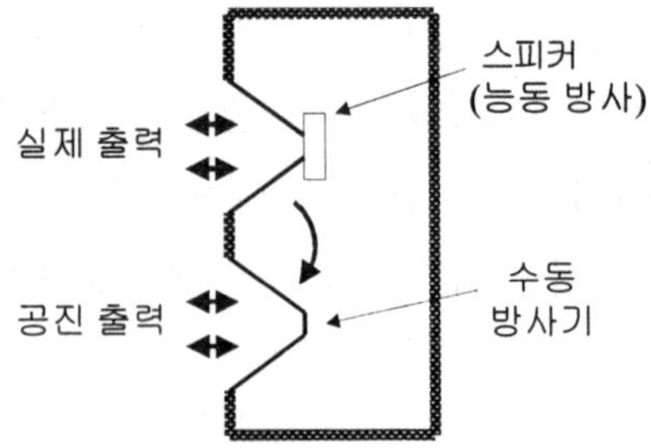

그림 2-115 • 수동방사형 캐비닛(passive radiator)

4) 복합 혼 캐비닛

그림 2-116에 나타낸 복합 혼 캐비닛은 베이스 리플렉스형과 유사한 형태이지만 기본 원리는 다르다. 이는 혼형 스피커를 사용하므로 스피커 뒤쪽에는 압력이 발생하지 않지만 음의 방사 시 혼의 진동을 캐비닛 내부에서 용적에 의해 공진시켜 이를 외부로 방사시킨다. 이는 공진 혼에 의한 고효율 특성과 견고함을 지니면서 혼형 스피커의 가장 큰 단점인 음역이 협소하다는 것을 보완한 것으로서 주로 강당 등에서 많이 사용한다.

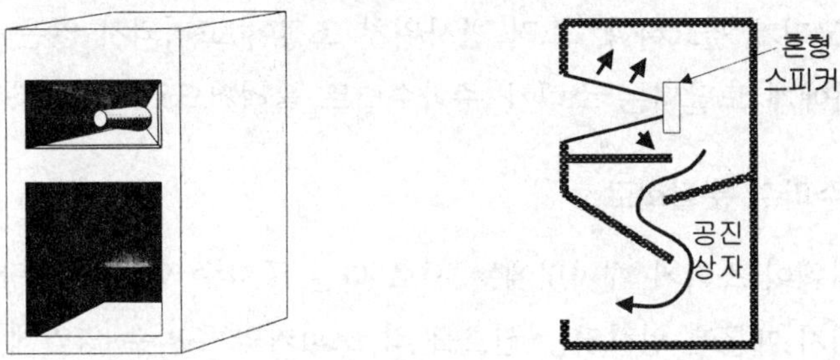

(a) 외관 (b) 내부구조

그림 2-116 • 복합 혼 캐비닛

5) 멀티웨이 스피커 캐비닛

① 스피커 캐비닛

그림 2-117은 멀티웨이 스피커 캐비닛(multi-way speaker cabinet)으로서 하나의 캐비닛에 여러 개의 스피커를 부착한 것이다.

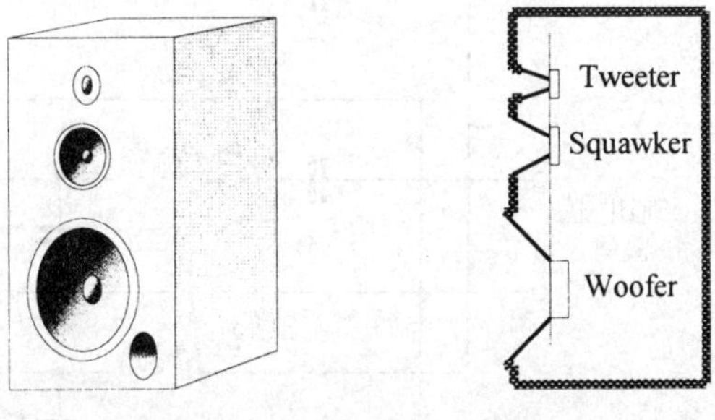

(a) 외관 (b) 방사위치

그림 2-117 • 멀티웨이 스피커 캐비닛

이 방식은 음역별로 여러 개의 스피커를 결합해 음역을 충실하게 재생하도록 하면서도 캐비닛은 하나로 구성되므로 설치와 사용이 간편하고 가격이 저렴해 가정용 오디오 등에서 보편적으로 사용되고 있다. 그러나 캐비닛 내부에서는 각 스피커들 간에 압력에 의한 간섭이 일어날 수 있으며, 특히 저음 스피커의 경우 내부에 강력한 압력을 발생하기 때문에 다른 스피커의 진동판을 큰 힘으로 밀지 않도록 고음 스피커와 중음 스피커는 후방 프레임이 밀폐된 형태의 것을 사용해야 한다. 또한 각 스피커의 구조상 소리의 발생위치가 다르므로 **그림 2-117(b)**에 나타낸 바와 같이 일렬로 정렬하거나 고음 스피커를 전방배치한 후 위상을 반전(극성을 반대로 접속)시켜 출력하는 등의 고려가 필요하다. 소리 방사위치 조정이 고려되지 않은 경우 각 스피커로부터 청음자에게 도달되는 소리가 주파수별로 틀려지므로 음이 부자연스럽게 들린다.

② 주파수 분할회로

멀티웨이 스피커 캐비닛에는 서로 다른 주파수 영역을 담당하는 스피커들이 함께 설치되기 때문에 입력되는 신호를 각 스피커의 주파수 영역에 맞도록 분할할 필요가 있다. 만약 이러한 분할을 하지 않은 상태로 모든 스피커에 공통으로 신호를 입력하면 고음과 중음 스피커에는 큰 음량의 저음이 입력되어 스피커 콘이 전체적으로 비틀림이 발생해 소리에 왜곡이 발생하고 파손되기도 하며, 저음 스피커에는 고음이 입력되어 큰 진동판에 미세한 흔들림이 발생하는 등의 문제가 발생한다.

입력된 신호를 각 스피커에 필요로 하는 신호로 분할하는 원리회로를 **그림 2-118**에 나타내었다. 스피커 캐비닛에 입력된 신호는 각각 해당되는 주파수 대역으로 설정된 3개의 필터로 분할되고 그 출력들이 각 스피커로 접속된다.

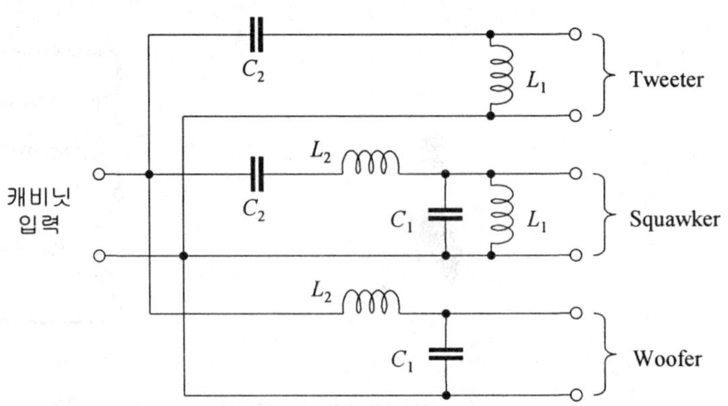

그림 2-118 • 주파수 분할회로(speaker filter network)의 예

6) 초저음 스피커용 캐비닛

초저음(sub-woofer) 스피커용 캐비닛은 **그림 2-119**에 나타낸 바와 같이 일반 스피커 캐비닛과 방향이 다르게 되어 있어 모든 소리가 공진에 의한 저음만을 발생시킨다. 스피커의 전면(캐비닛의 후면 또는 윗면이나 아랫면으로 방사하는 것도 있다)에서 발생된 소리는 벽과 캐비닛 사이의 공간에 의해 공진된 후 방사되고, 스피커의 후면에서 발생한 소리는 캐비닛 내에서 공진된 후 캐비닛 전면으로 방사한다.

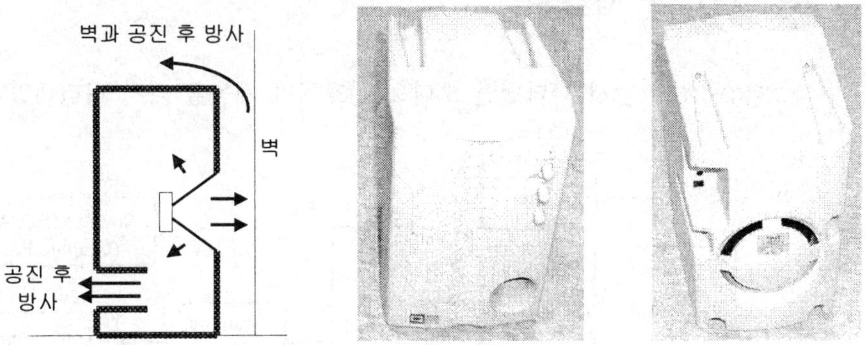

(a) 구조 (b) 앞면 (c) 뒷면

그림 2-119 • 초저음 스피커 캐비닛

04 오디오 처리기기

1 음향신호 처리계통

그림 2-120에 앞서 나타냈던 오디오 신호처리 계통을 다시 나타내었다.

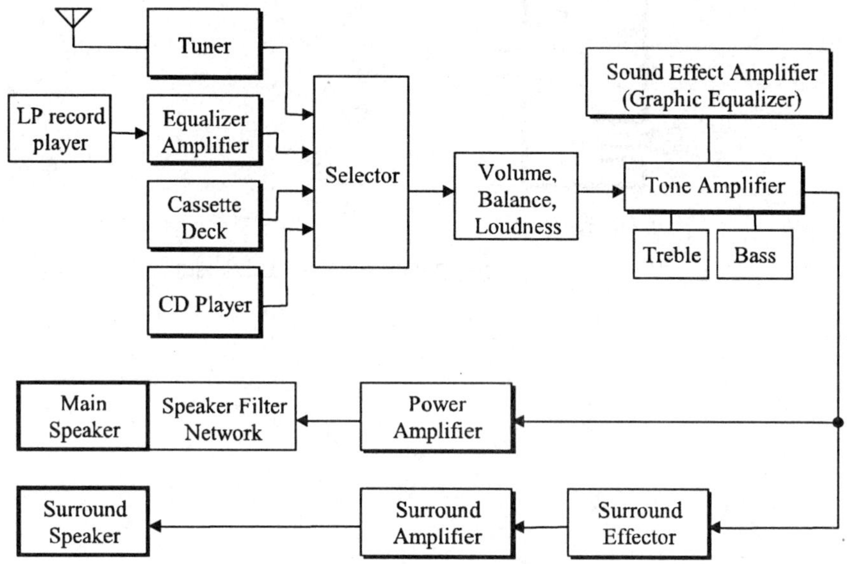

그림 2-120 • 오디오 시스템의 전체 구성

그림과 같이 오디오를 처리하는 부분은 여러 개의 블록으로 구성되어 있으며, 이 절에서는 각 블록들의 역할에 관해 살펴본다.

(1) 등화 앰프

등화 앰프(equalizer amplifier)란 LP 레코드 재생 픽업이나 카세트 테이프 헤드 출력을 본래의 음과 동일하게 만든다는 의미로 붙여진 명칭이다. 이 앰프에 관한 내용은 이미 오디오 입력기기의 레코드판과 CD 플레이어 부분에서 상세히 설명했으므로 여기서는 간단히 설명한다.

1) RIAA 등화 앰프

LP 레코드판에 녹음된 신호를 재생할 때 원음과 동일한 음질로 복원하는 앰프

2) NAB 등화 앰프

카세트 테이프에 녹음된 신호를 재생할 때 원음과 동일한 음질로 복원하는 앰프

(2) 음질조절 앰프

음질조절 앰프(tone amplifier)는 청취자의 취향에 맞도록 음질을 조정하는 부분으로서 이의 기본원리 및 주파수 특성을 **그림 2-121**에 나타내었다.

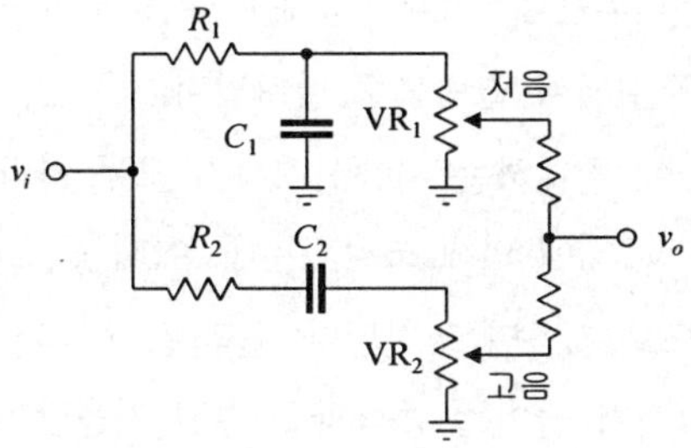

(a) 기본 구성도

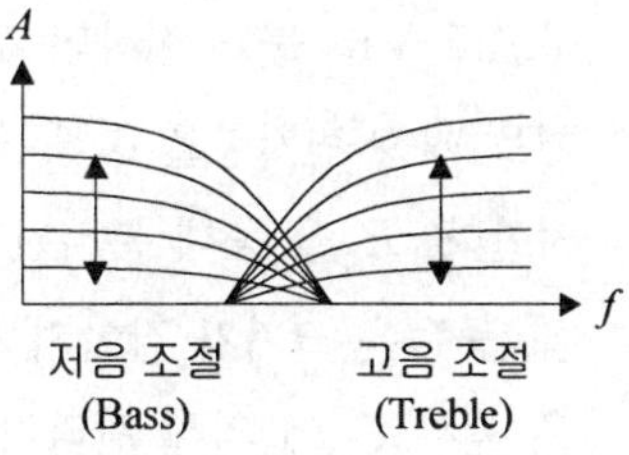

(b) 음질조절 특성

그림 2-121 • 음질조절 회로의 기본원리

그림 2-121(a)에서 v_i 에 입력된 신호는 R_1 과 R_2 의 두 갈래로 나뉘는데, R_1 쪽의 신호 중 높은 주파수 성분은 C_1 에 의해 바이패스되므로 VR_1 에는 저음 성분만 남는다. R_2 쪽의 신호는 높은 주파수 성분은 C_2 를 통과하지만 낮은 주파수 성분은 통과하지 못해 VR_2 에는 고음 성분만 남는다. 이와 같이 음질별로 신호를 분리한 후 가변저항에 의해 크기를 조절해 다시 합성하면 저음과 고음의 크기를 조절할 수 있으며, 이때의 출력특성을 그림 (b)에 나타내었다. 여기서, 저음을 조절하는 가변저항을 'Bass', 고음을 조절하는 가변저항을 'Treble'이라 한다.

이상은 음질조절의 기본원리이며 실제 사용되는 회로는 CR형과 부귀환형(NFB)이 있다.

1) CR형 음질조절 회로

CR형 음질조절 회로는 **그림 2-122(a)**에 나타낸 바와 같이 수동소자로만 구성된다.

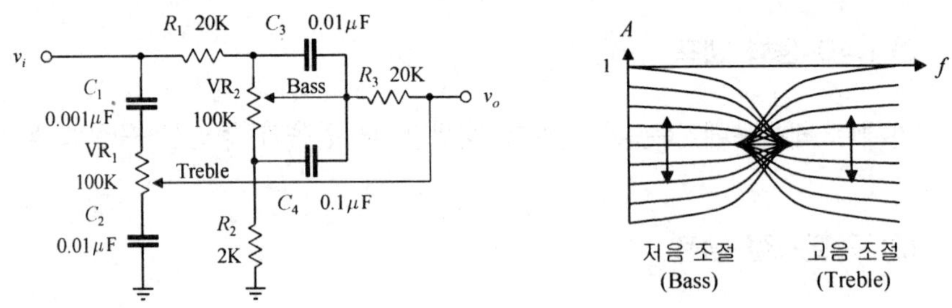

(a) 회로 (b) 음질조절 특성

그림 2-122 ∗ CR형 음질조절 회로

입력된 신호는 R_1과 C_1으로 분리되는데, 이때 C_1에는 높은 주파수 신호만 통과하므로 VR_1을 조절하면 고음이 조절되어 출력으로 나타난다. C_2는 고음을 최소로 했을 때 가변저항을 통해 출력신호에 존재하는 저음신호까지 모두 사라지는 것을 방지한다. R_1을 통해 분리된 신호는 VR_2에 의해 조절되는데, 이때 C_3, C_4를 통해 고음, 중음은 크기가 작아져 통과하므로 저음만 조절된다. 통과된 고음과 중음 중 고음은 앞서 C_2에 의해 사라지므로 크기가 줄어든 중음과 조절된 저음만이 남기 때문에 **그림 2-122(b)**와 같은 조절특성을 얻을 수 있다.

CR형은 수동소자만으로 구성되기 때문에 입력신호를 감쇠만 시킬 뿐이므로 실제로 사용할 때는 회로의 앞단과 뒷단에 증폭회로를 부착한다. 이 형식은 회로가 단순하고 동작이 확실하지만, 출력신호에 왜곡이 발생해도 보정을 할 수 없고, 특히 입력신호의 레벨이 큰 경우 회로의 반응직선성이 나빠지는 문제가 있으며 주파수 선택도도 그다지 좋지 않으므로 단순한 용도로 사용한다.

2) 부귀환형 음질조절 회로

앞서 설명한 CR형은 증폭회로와 함께 사용하는데, 이 경우 증폭기 회로를 조금만 개선하면 부귀환(NFB : Negative Feed-Back)이 가능해진다. 부귀환을 이용하면 회로의 직선성이 개선되는 효과와 더불어 주파수 선택도도 크게 개선되는 등의 장점이 있다. **그림 2-123**에 부귀환을 이용한 음질조절 회로의 예를 나타내었다.

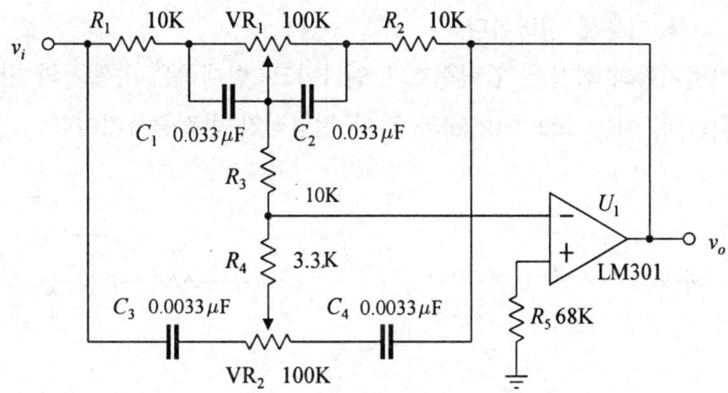

그림 2-123 • 부귀환을 이용한 음질조절 회로

회로에서 입력되는 신호는 R_1과 C_3으로 분리되어 각각 가변저항들로 공급되는데, 전체회로를 고찰하려면 복잡하므로 저음인 경우와 고음인 경우 각 커패시터를 open과 short로 놓았을 때의 등가회로를 **그림 2-124**에 나타내었다.

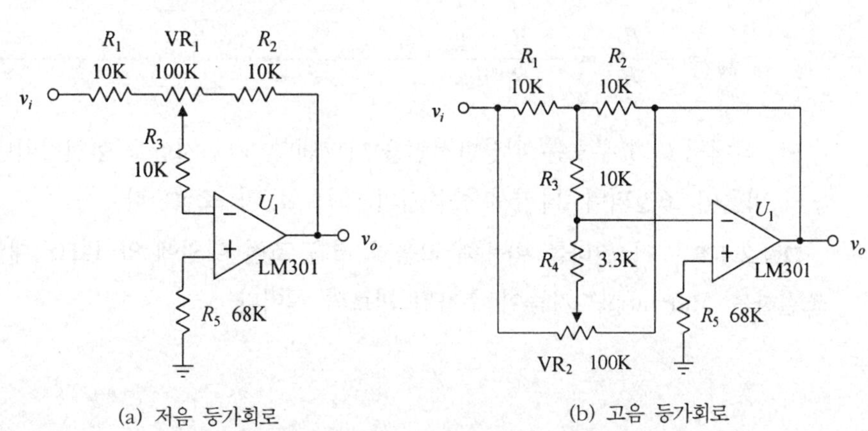

그림 2-124 • 부귀환 음질조절 회로의 등가회로

그림 2-124(a)는 저음인 경우의 등가회로를 나타낸 것으로서, 이는 VR_1에 의해 이득이 조절됨을 알 수 있는데, 어떤 원리로 이득이 조절되는지는 이후에 설명한다. 저항 R_5는 OP-Amp.의 오프셋 보정용으로서 신호에는 영향을 미치지 않는다. 마찬가지로 그림 (b)는 고음인 경우의 등가회로로서, 저항 R_1과 R_2는 입력과 반전출력이 동일한 비율로 섞이므로 신호가 소멸되어 사실상 아래쪽의 VR_2와 R_4만이 영향을 주기 때문에 그림 (a)와 동일한 형태가 됨을 알 수 있다. 이득이 조절되는 원리는 그림 (a)를 이용해 설명한다.

가변저항의 한쪽은 입력신호가 인가되고, 반대쪽은 증폭기의 반전 출력신호가 공급되는데, 이는 **그림 2-125(a)**와 같이 전형적인 반전증폭기이다.

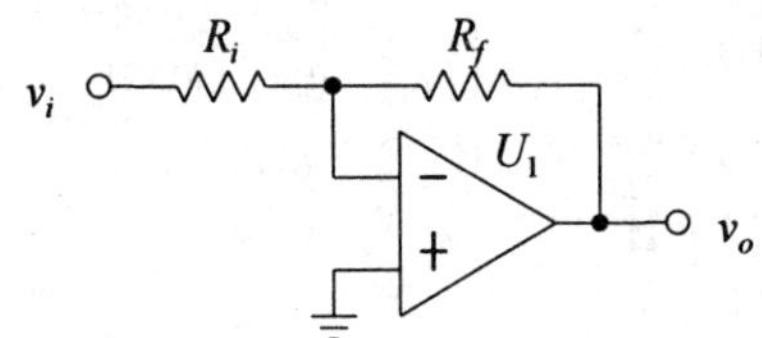

(a) 반전증폭기 회로

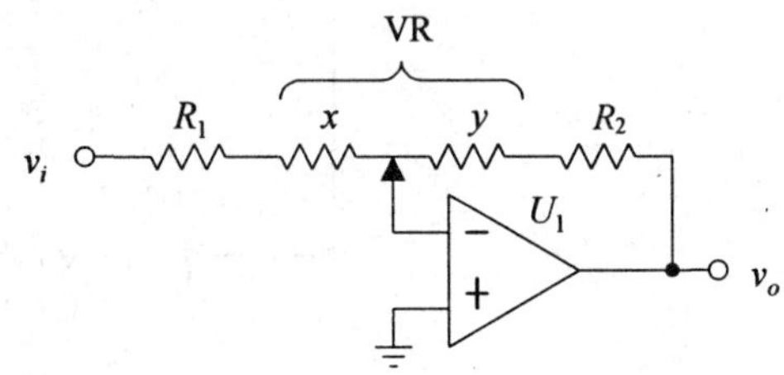

(b) 가변저항인 경우

그림 2-125 • 이득조절의 원리

이 회로에 가변저항을 부착한 경우 가변저항의 양측 저항들을 분할하면 **그림 2-125(b)**와 같이 나타낼 수 있으며, 이때 증폭기 이득은 다음과 같이 설정된다.

$$A_v = -\frac{R_f}{R_i} = -\frac{R_2 + y}{R_1 + x} \quad \cdots\cdots (6)$$

단, 식에서 (−) 부호는 위상반전임을 나타낸다. 가변저항을 회전시키면 저항 x와 y의 비율이 조절되며, 따라서 증폭기의 이득 A_v가 조절된다.

그림 2-126은 이 원리를 이용해 고음과 저음 조절 이외에 약 1kHz 대역의 중음을 조절하는 'Mid-range' 기능이 추가된 회로의 예이다.

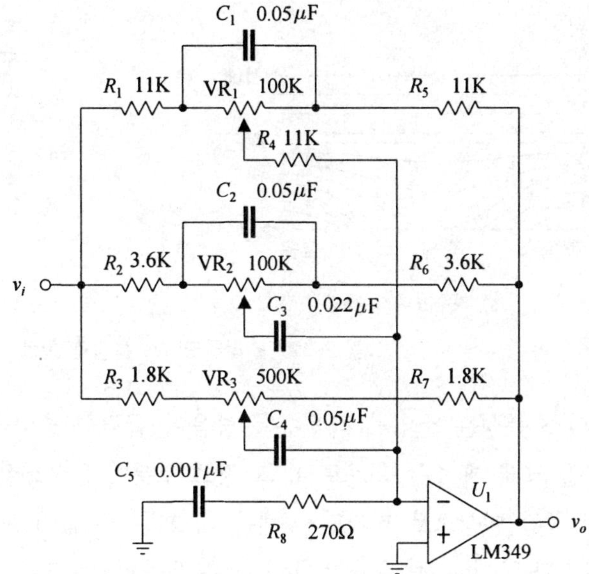

(a) 회로

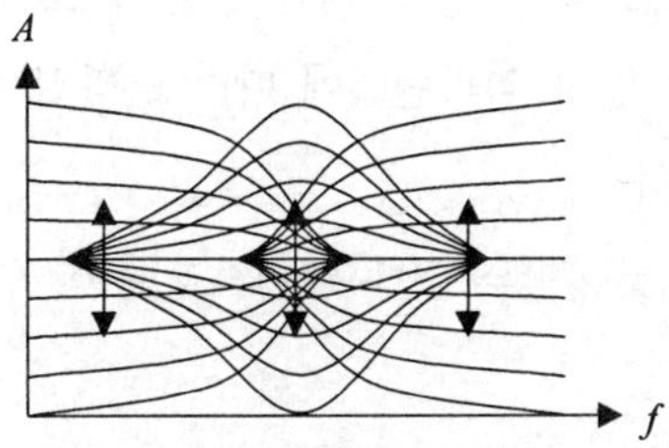

(b) 음질조절 특성

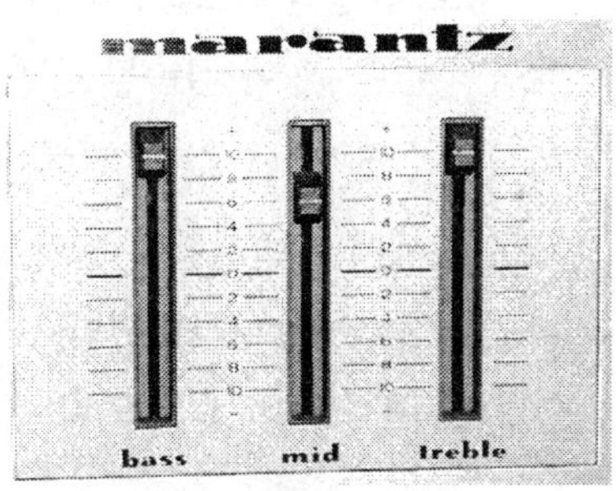

(c) 오디오 시스템의 조절단자 예

그림 2-126 • Mid-range 기능이 추가된 음질조절 회로

3) 라우드니스

인간의 귀는 내부 공진특성에 의해 작은 소리에서는 저음과 고음 영역이 잘 들리지 않고 중음 영역만이 크게 들리고, 큰 소리에서는 모든 음이 고르게 들린다. 따라서 오디오를 큰 음량으로 들을 때는 문제가 없지만 작은 음량으로 들을 때는 중음만이 크게 들려 음악적 효과가 떨어진다. 이를 보완하기 위한 것이 라우드니스(loudness) 기능('음질보정'이라고도 한다)으로서 그 특성은 **그림 2-127(a)**와 같다.

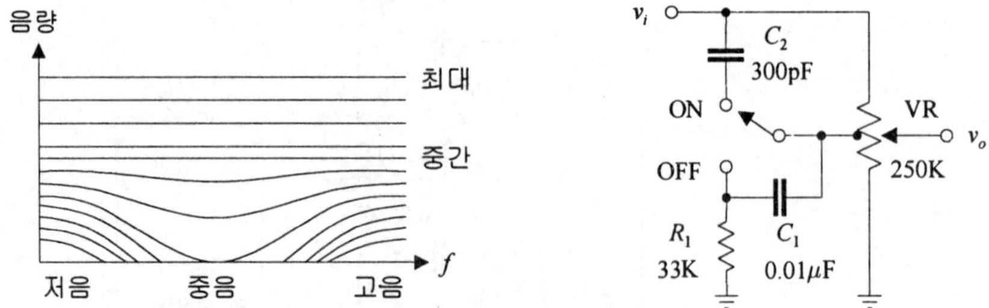

(a) 라우드니스 특성 (b) 라우드니스 회로의 예

그림 2-127 • 라우드니스 특성과 회로

라우드니스 특성은 소리가 작을수록 중음이 급격히 줄어들어 상대적으로 저음과 고음 부분을 크게 해 주는 회로로서, 그 강조 부분이 음량조절용 볼륨에 연동된다. 또한 소리가 중간 이상으로 커지면 이때는 대역에 상관없이 모두 평탄한 음으로 들려 실제 청음자가 듣기에 큰 음량일 때나 작은 음량일 때 모두 자연스러운 소리가 들리도록 조절된다. 이와 같이 라우드니스 특성은 상당히 복잡하지만 이를 구현하는 회로는 의외로 간단한데 **그림 2-127(b)**에 회로의 예를 나타내었다. 회로에서 각 소자들의 구체적인 값은 v_o에 접속될 증폭기의 입력 임피던스에 따라 달라질 수 있으나 C_2에 비해 C_1이 훨씬 큰 값인 점에 주목하라.

회로 중에서 가변저항은 센터 탭이 붙어있는 형태의 것으로서 이의 구조와 부품 기호를 **그림 2-128**에 나타내었다.

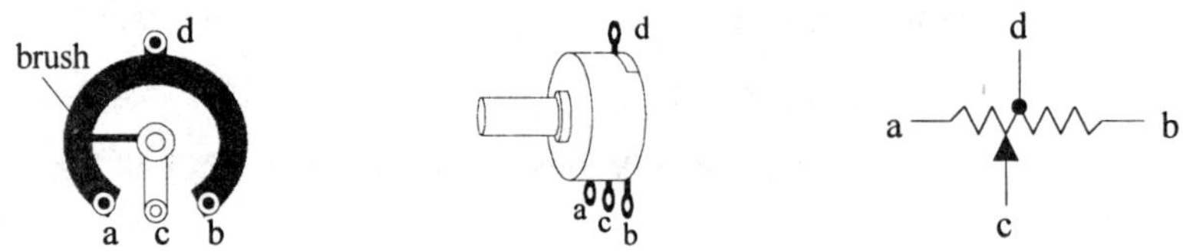

(a) 구조 (b) 외형 (c) 기호

그림 2-128 • 센터 탭 붙은 가변저항

라우드니스 회로가 동작하는 원리를 대략적인 주파수별로 **그림 2-129**에 나타내었다.

그림 2-129(a)는 초저음 대역일 경우로서, 주파수가 매우 낮으므로 C_1과 C_2는 모두 동작하지 않아 그림과 같이 모두 open 상태로 되어 가변저항의 아랫부분은 최대의 저항치가 되므로 음량은 가변저항의 설정대로 전달된다.

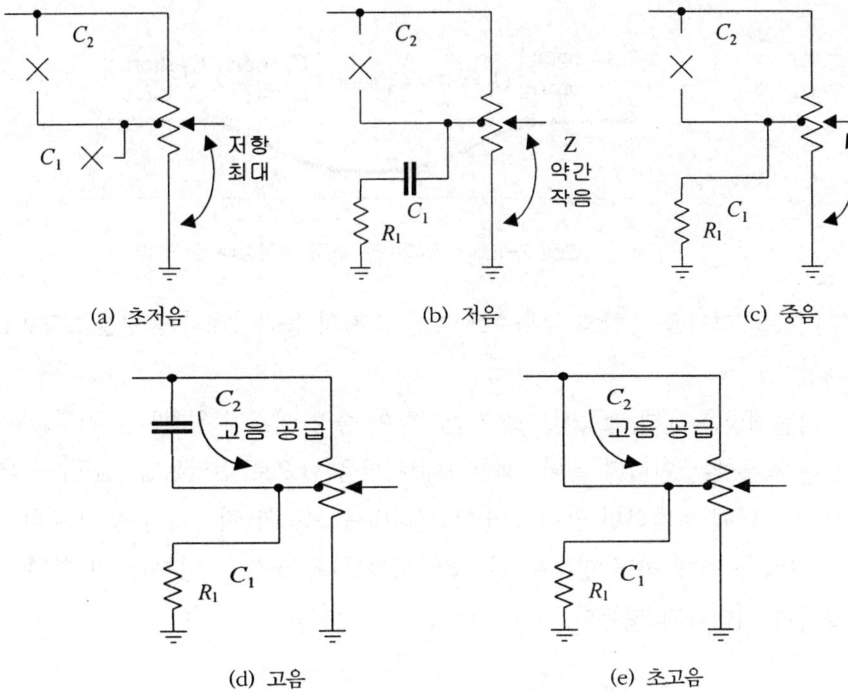

그림 2-129 • 라우드니스 회로의 동작원리

그림 2-129(b)는 약간 주파수가 높은 저음의 경우로서 이때는 비교적 용량이 큰 C_1 이 동작을 개시하므로, 그림과 같이 가변저항 아랫부분의 임피던스는 병렬로 되어 줄어든다. 따라서 전달되는 음량은 줄어들기 시작한다.

그림 2-129(c)는 중음 대역의 경우로서 이 정도의 주파수에서는 용량이 큰 C_1 은 거의 short 상태가 되어 그림과 같이 임피던스는 최소 상태로 된다. 따라서 중음 대역의 음량은 최소의 크기만 전달되는데, 이때 R_1 값의 설정에 따라 중음 감소량을 조절할 수 있다.

그림 2-129(d)는 중음보다 주파수가 더욱 높아진 경우로서 이때는 상대적으로 용량이 작았던 C_2 가 동작을 개시해 그림과 같이 가변저항의 중앙 탭 부분으로 고음을 직접 공급하기 시작하므로 고음 대역부터는 다시 음량이 커진다.

그림 2-129(e)는 초고음 영역일 경우로서 이때는 주파수가 매우 높아 C_2 도 거의 short 상태가 되므로 입력되는 신호는 모두 가변저항 센터 탭으로 공급되어 큰 음량이 전달된다.

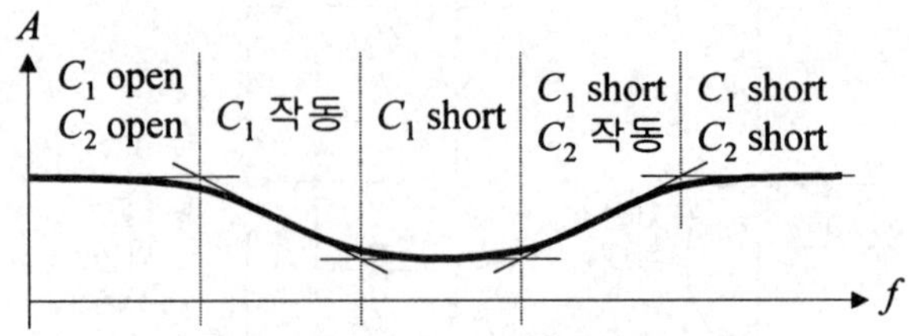

그림 2-130 • 주파수별 소자 동작상태 및 음량

이상의 결과를 종합해 주파수에 대한 소자의 동작상태와 음량을 **그림 2-130**에 나타내었다.

가변저항은 센터 탭형이므로 가변저항이 중앙 이후에 위치하는 지역, 즉 큰 음량을 들을 경우에는 입력된 음이 거의 그대로 다음 단으로 전달된다. 반면, 음량이 비교적 작은 지역에 위치하면 앞서 설명한 원리대로 고음과 저음만이 잘 통과하며, 이 특성은 음량을 작게 하면 할수록 더 크게 나타난다. 또한 스위치를 off 하면 라우드니스 효과가 나타나지 않는다.

(3) SEA

SEA(Sound Effect Amplifier)는 일반적으로 '그래픽 이퀄라이저'라는 이름으로 더 알려져 있으며, 음질조절 회로(tone-amplifier)의 저음과 고음을 더 세분화해 주파수 단위로 조절하도록 하며, 앞서 중음조절(Mid-range) 기능을 추가한 것과 유사한 방법인 대역통과필터(Band-Pass Filter)나 또는 공진회로를 이용한다.

1) BPF를 이용한 SEA

BPF(Band-Pass Filter)형 SEA의 개략적인 원리와 주파수 특성을 **그림 2-131**에 나타내었다.

SEA는 **그림 2-131(a)**와 같이 주파수를 몇 개의 영역으로 나누고, 특정 주파수 대역을 통과시키는 밴드-패스 필터(BPF : Band-Pass Filter)를 이용해 해당 주파수 신호를 추출한 후 그 크기를 조절할 수 있도록 구성된다. 그림은 간단한 원리도로서 출력주파수 특성은 그림 (b)와 같이 나타나는데, 실제로는 음의 충실도 및 효과적인 제어를 위해 **그림 2-132**와 같이 NFB에 의한 이득제어를 사용한다.

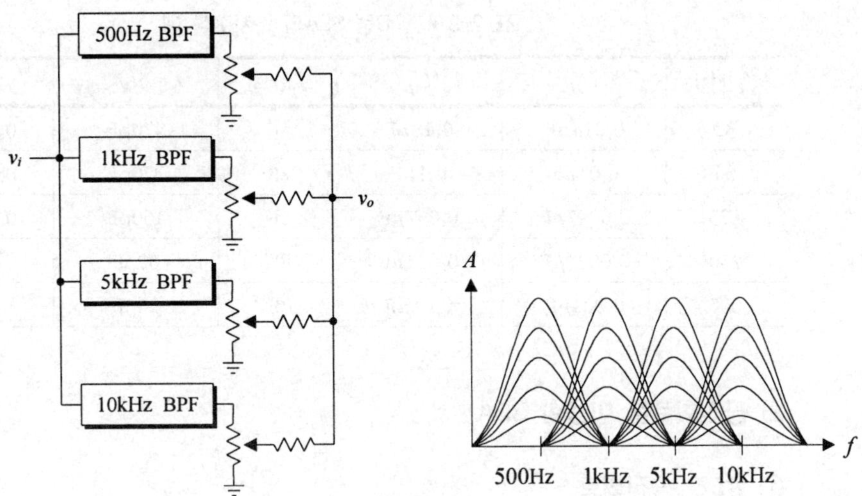

(a) SEA의 원리 (b) 주파수 특성

그림 2-131 • SEA의 원리

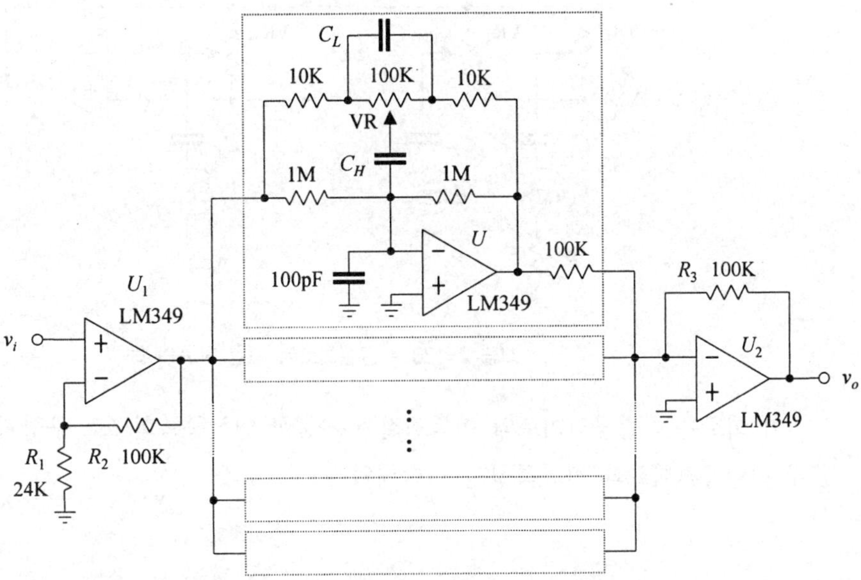

그림 2-132 • BPF를 이용한 SEA 회로의 예

회로에서 U_1은 입력 버퍼 겸 증폭을 위한 비반전 증폭기, U_2는 각 BPF의 출력들을 혼합(mix)하기 위한 가산기 회로이며, 점선 부분이 BPF이다. 각 BPF는 C_H와 C_L의 값에 의해 주파수가 결정되는데 이 값들의 예를 표 2-3에 나타내었다.

표 2-3 • NFB형 SEA의 소자구성 예

f_c[Hz]	C_H	C_L	f_c[Hz]	C_H	C_L
32	0.018μF	0.18μF	1K	470pF	0.0047μF
64	0.01μF	0.1μF	2K	270pF	0.0027μF
125	0.0047μF	0.047μF	4K	150pF	0.0015μF
250	0.0022μF	0.022μF	8K	69pF	680pF
500	0.001μF	0.01μF	16K	24pF	240pF

2) 공진회로를 이용한 SEA

① *RLC* 공진회로

RLC 공진회로를 이용한 SEA의 기본회로를 **그림 2-133**에 나타내었다.

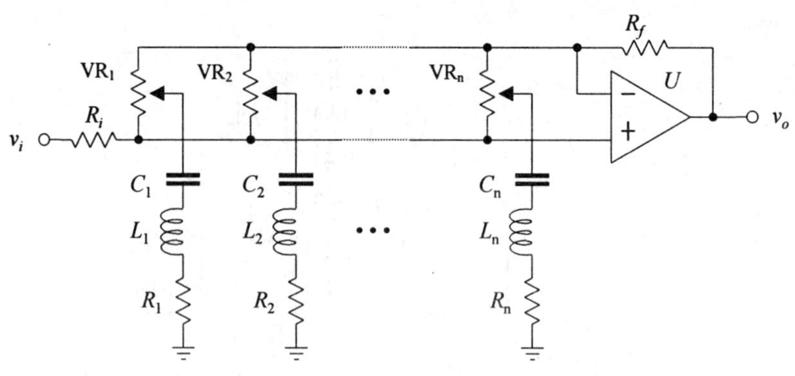

그림 2-133 • 공진회로에 의한 SEA의 예

이 회로는 직렬공진회로와 이득조절이 가능한 연산증폭회로로 구성되며 **그림 2-134**에 직렬공진회로와 전류특성을 나타내었다.

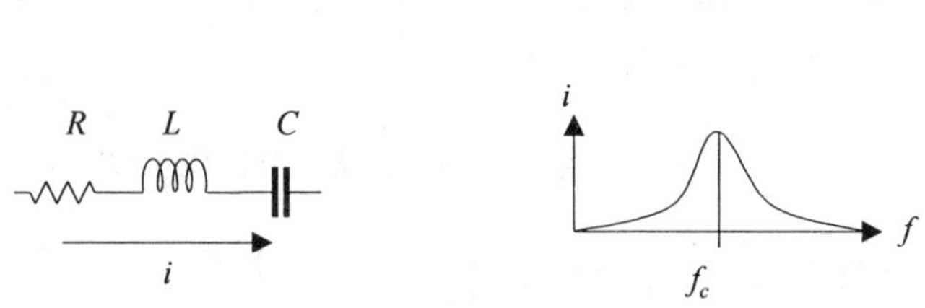

(a) *RLC* 직렬공진회로 (b) 주파수에 대한 전류특성

그림 2-134 • *RLC* 직렬공진회로

직렬공진회로는 잘 알려진 바와 같이 다음 식의 중심주파수에서 공진하며 **그림 2-134(b)**와 같이 특정 주파수에서만 전류가 흐른다.

$$f_c = \frac{1}{2\pi\sqrt{LC}} \quad \cdots\cdots (7)$$

그림 2-135는 음질조절 회로에서 설명했던 것과는 다른 형태의 이득조절 가능한 증폭회로이다.

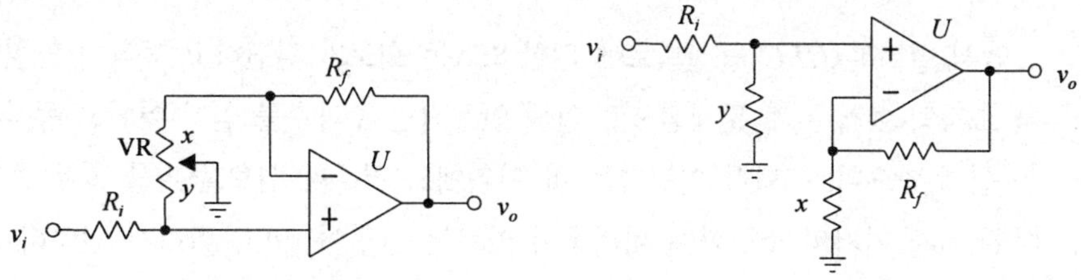

(a) 이득조절회로

(b) 회로의 원리

그림 2-135 • 이득조절 가능한 증폭회로

그림 2-135(a)의 가변저항 VR 은 브러시가 접지되어 있으므로 이를 기준으로 2개의 저항 x, y로 나누어 생각할 수 있는데 이를 그림 (b)에 나타내었다. 직관적으로 알 수 있지만 저항 x가 커지면 귀환량이 작아도 (−) 입력단에 더 큰 전압이 귀환되므로 출력은 작아지고 저항이 작아지면 출력은 커진다. 또한 저항 y가 작아지면 입력전압의 분압이 작아지므로 출력은 작아지고 반대의 경우 출력이 커진다. 이를 식으로 살펴보면 다음과 같다.

이 회로는 전형적인 비반전 증폭기로서 이득은 식 (8)과 같이 표현한다.

$$A_v = 1 + \frac{R_f}{x} \quad \cdots\cdots (8)$$

그런데 이 증폭기에 인가되는 입력전압은 R_i와 y로 분압되므로 증폭기의 출력은 식 (9)와 같이 표현할 수 있다.

$$v_o = A_v \cdot \frac{y}{R_i + y} \cdot v_i = \left(1 + \frac{R_f}{x}\right) \cdot \frac{y}{R_i + y} \cdot v_i \quad \cdots\cdots (9)$$

식을 더 이상 전개할 필요없이 출력전압은 x에 반비례, y에 비례함을 알 수 있다. 즉 가변저항을 조절해 x가 더 크도록 한다면 y는 작아지므로 출력전압은 작아지고 반대의 경우 출력전압이 더 커진다.

본래의 회로에서는 가변저항의 접지 대신 직렬공진회로가 접속되므로 이상과 같은 이득조절은 특정 공진주파수에서만 이루어져 결과적으로 각 공진주파수별로 조절이 가능하다.

② 연산증폭기를 이용한 공진회로

앞서 살펴본 RLC 공진회로에 의한 SEA는 회로가 간단하고 동작이 확실하지만 인덕터 소자의 여러 가지 문제점으로 인해 안정적인 주파수를 얻기 어렵고 동작환경의 영향을 쉽게 받으며, IC화가 어렵다는 것 이외에도 저주파 신호를 다룰 경우 소자의 크기가 매우 커져 기기의 소형화에 어려움이 따르는 단점이 있다. 따라서 인덕터 소자를 연산증폭기회로로 대체해 사용하는데 이를 이용한 SEA 회로를 **그림 2-136**에 나타내었다.

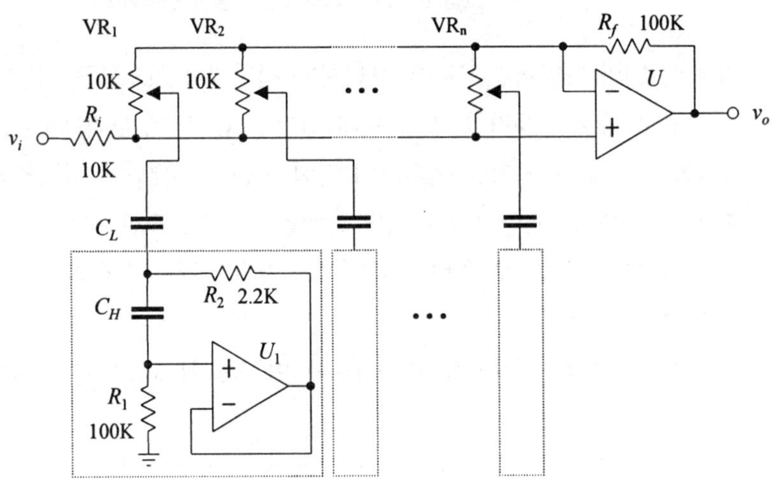

그림 2-136 • OP-Amp를 이용한 SEA 회로 예

그림 2-136의 점선 부분이 인덕터를 연산증폭기로 대체한 공진회로며 이를 반도체 인덕터(Semiconductor inductor) 또는 능동 인덕터라 한다. **표 2-4**에 이 회로를 이용한 주파수 구성 예를 나타내었다.

참고로 반도체 인덕터 회로의 구성은 **그림 2-137**과 같으며, 이 원리는 연산증폭기 전문서적을 참조하라.

표 2-4 • 연산증폭기를 이용한 SEA의 소자구성 예

f_c[Hz]	C_H	C_L	f_c[Hz]	C_H	C_L
32	0.15μF	1.5μF	1K	0.0039μF	0.039μF
64	0.068μF	0.68μF	2K	0.0022μF	0.022μF
125	0.033μF	0.33μF	4K	0.001μF	0.01μF
250	0.015μF	0.15μF	8K	470pF	0.0047μF
500	0.0082μF	0.082μF	16K	240pF	0.0024μF

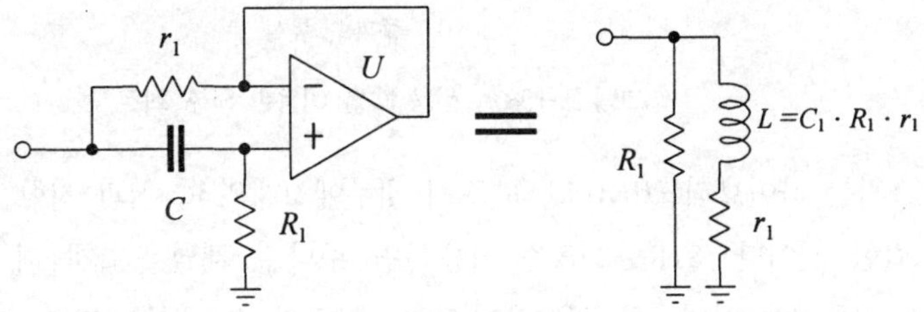

그림 2-137 • 반도체 인덕터 회로

3) 전용 IC에 의한 SEA

이상에서 살펴본 SEA는 전용 IC로 구성된 것이 여러 가지 있으며, 그 중 SANYO의 STK6324 시리즈 예를 **그림 2-138**에 나타내었다.

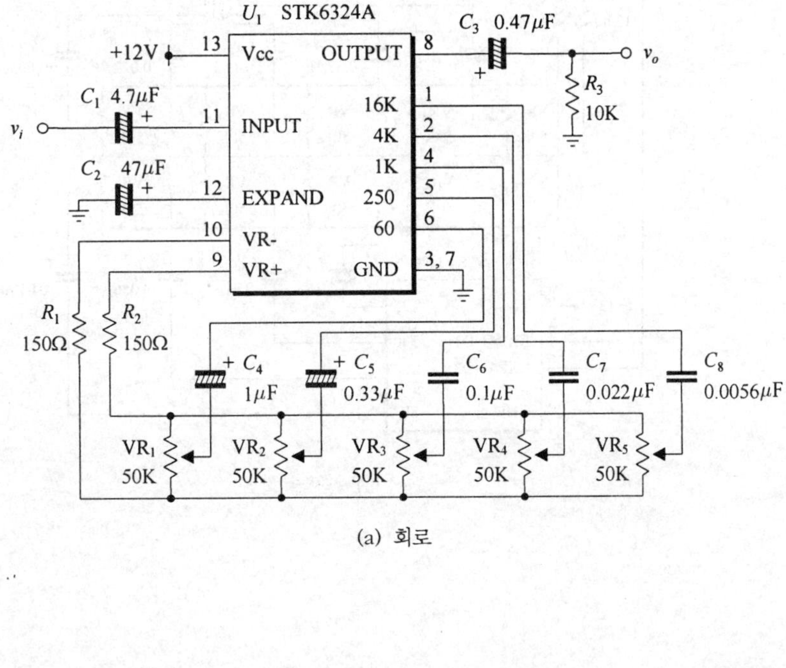

(a) 회로

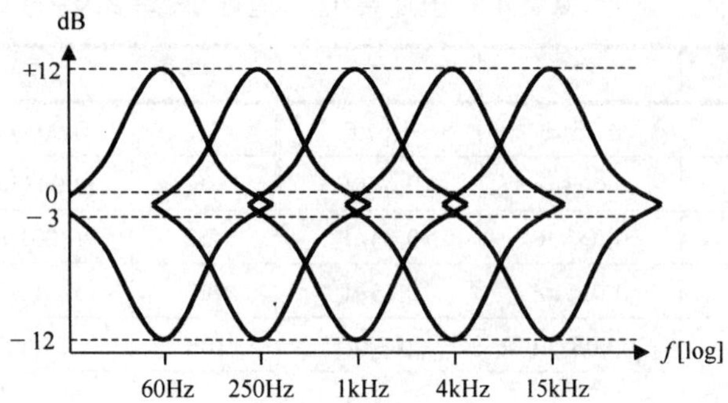

(b) 주파수 특성

그림 2-138 ◈ 전용 IC를 이용한 SEA 회로 예

이 소자는 하이브리드(hybrid) IC로서 내부에 2개의 IC 칩과 저항 및 커패시터를 함께 조립한 것이다. STK6324B를 이용하면 주파수 채널을 2개 더 추가할 수 있고, STK6324C를 이용하면 4채널을 추가할 수 있으며 그 예를 **그림 2-139**에 나타내었다.

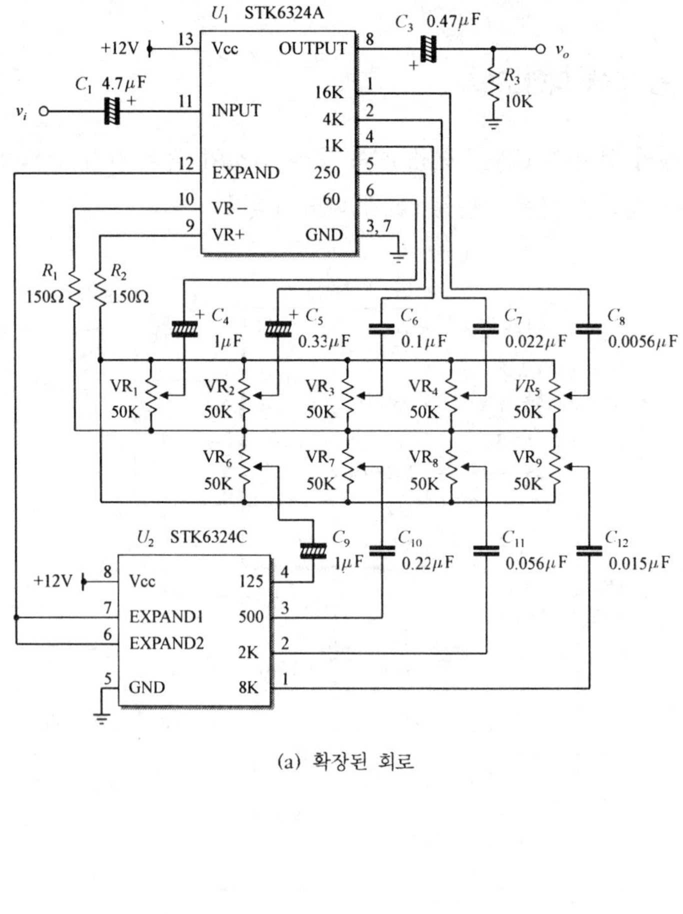

(a) 확장된 회로

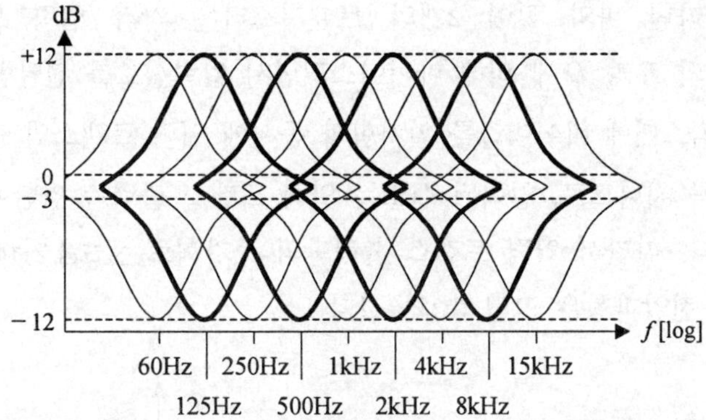

(b) 주파수 특성

그림 2-139 • SEA의 채널 확장 예

(4) 전력증폭기

전력증폭기(power amplifier)는 모든 음질처리를 마친 음향신호는 스피커를 구동해 소리로 출력시킬 수 있도록 증폭하는 것으로서 사용자 측면에서는 '메인 앰프(Main-Amp.)'라 부른다. 전력증폭기는 일반적으로 약 2V의 입력에서 최대 출력이 발생하도록 설계되고 주로 B급 증폭기가 많이 사용되며, 출력을 발생시키는 형식에 따라 여러 가지 방법과 특징이 있다. 이들 중 주로 사용되는 몇 가지 형태에 대해 살펴본다.

1) Push-Pull Amplifier(PP Amp.)

Push-Pull 증폭기의 기본회로를 **그림 2-140**에 나타내었다.

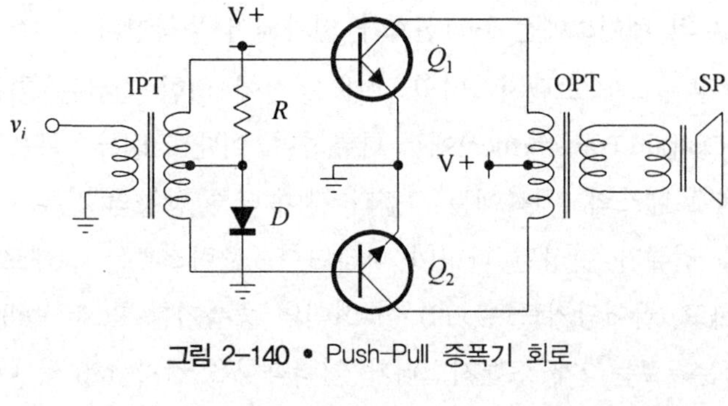

그림 2-140 • Push-Pull 증폭기 회로

회로에 나타낸 바와 같이 2개의 트랜지스터는 각각 입력 트랜스(IPT : Input Transformer)의 R과 D에 의해 바이어스되면서 입력신호를 전달받는다. IPT는 Q_1, Q_2 각 트랜지스터에 바이어스를 인가함과 동시에 입력 트랜스의 출력이 전파정류형 트랜스 형태를 지니므로, 입력된 신호는 입력 트랜스 출력측 양단에 위상이 서로 반대로 나타난다. 따라서 입력 트랜스 출력단의 등가회로는 **그림 2-141(a)**와 같으며, 입력 트랜스의 전압파형은 그림 (b)와 같다.

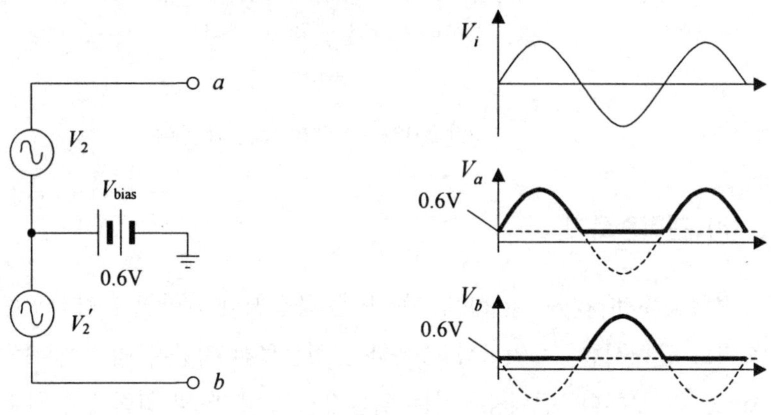

(a) 입력 트랜스 출력의 등가회로 (b) 입력 트랜스의 출력파형

그림 2-141 • 입력 트랜스의 등가회로와 출력파형

이와 같이 각 트랜지스터의 베이스단은 바이어스된 역위상의 신호가 가해지므로 트랜지스터의 동작은 교대로 행해진다. 즉, 입력전압이 (+)일 때는 Q_1의 베이스에 (+)신호가 인가되어 동작하지만 Q_2의 베이스에는 (−)신호가 인가되어 동작하지 않는다. 또한, 입력전압이 (−)일 때는 Q_1의 베이스에 (−)신호가 인가되어 동작하지 않고, Q_2의 베이스에는 (+)신호가 인가되어 동작한다.

이와 같은 2개 트랜지스터의 교대 동작에 의한 전류는 최종적으로 출력 트랜스(OPT : Output Transformer)에서 합류하며, 이때의 전류흐름을 **그림 2-142**에 나타내었다. 출력 트랜스의 1차측에는 그림과 같이 다른 방향의 전류가 교대로 흐르고, 2차측은 이들 전류가 합성된 파형이 나타난다. 출력전류는 교대로 부하에 전류를 인가(push)하고, 끌어당기므로(pull) 이 형식의 증폭기를 'Push-Pull 증폭기'라 하며, 전자회로의 분류로는 2개 트랜지스터가 입력파형을 각각 180°씩 나누어 처리하므로 B급 증폭기(Class-B Amplifier)에 속한다.

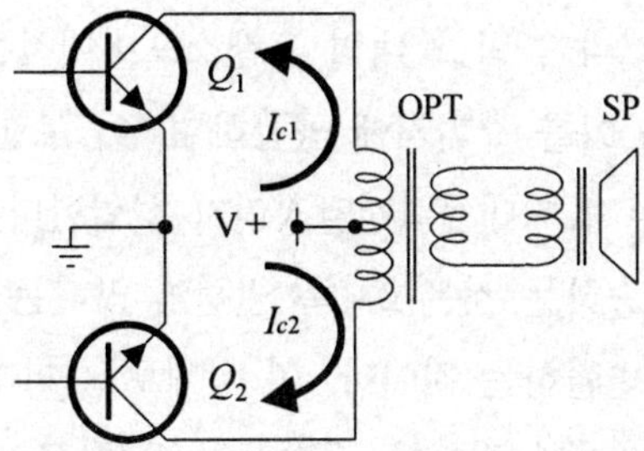

그림 2-142 • 출력 트랜스의 전류흐름

Push-Pull 증폭기는 전력증폭기의 가장 기본적인 것으로서, 구조가 간단하고 출력 트랜지스터를 동일한 종류로 사용할 수 있어 부품 종류가 단순해진다. 또한 간단한 구조에 비해 회로가 안정적이고 비교적 큰 출력을 발생시킬 수 있다. 그러나 입력과 출력 부분에 트랜스를 사용하고 있어 저주파는 주파수가 낮아 잘 통과하지 못하고, 고주파는 트랜스의 인덕턴스 때문에 잘 통과하지 못해 음질이 떨어진다는 단점이 있다. 이 때문에 고급 오디오용으로는 적합지 않고 간단한 라디오 출력이나 강당, 강의실 등의 방송용으로 주로 사용된다.

특히 이 증폭기는 출력 임피던스가 OPT에 의해 결정되기 때문에 임피던스 조절이 자유로워 출력 임피던스를 크게 잡아 장거리를 전송한 후 스피커 직전에 다시 임피던스를 조정하면, 전송 라인의 저항에 의한 손실을 최소화하면서도 '최대전력전달정리'에 의한 임피던스 정합문제까지 해결되기 때문에 넓은 장소의 방송용으로 가장 적합하다. 이러한 장거리 전송개념을 **그림 2-143**에 나타내었다.

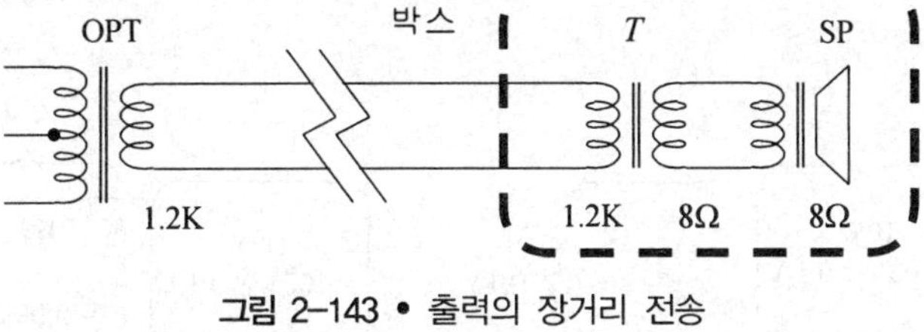

그림 2-143 • 출력의 장거리 전송

그림 2-143에서 멀리 떨어져 있는 8Ω 스피커에 전력을 전달할 경우 출력 트랜스포머의 2차측 임피던스를 스피커의 임피던스에 맞추지 않고 큰 임피던스(1.2K)로 전송하며, 멀리 있는 스피커 박스에서 동일한 큰 임피던스(1.2K)로 수신하면 서로 임피던스가 동일하므로 최대전력전달정리에 의해 전력이 전달된다.

전력을 수신한 스피커 박스 내의 트랜스포머에서는 다시 스피커 임피던스와 동일한 8Ω으로 변환해 이를 스피커에 공급하며, 이 트랜스포머와 스피커 사이에도 임피던스 매칭이 이루어져 최대전력전달정리가 성립한다. 출력 트랜스포머의 2차측 임피던스를 크게 해 전송하는 것은 2차측 권선이 많다는 것을 의미하므로 동일한 전력을 고전압·저전류로 변환하는 것이다. 이 상태로 스피커 박스에 전달한 후 내부 트랜스포머에서 다시 스피커에 적합한 저전압·고전류로 변환한다.

이와 같이 전압과 전류를 변환함에 따른 효과는 **그림 2-144**에 예를 들어 설명하였다. 그림 (a)와 같이 임피던스가 10Ω인 부하에 10W 의 전력을 공급하기 위해 10V 의 전압을 공급한다 가정하자. 단, 여기서는 생각을 단순화하도록 모든 전기는 직류이고 전선은 한쪽만 고려하자. 계산상으로 10Ω 부하에 10V 의 전압을 인가하므로 1A 의 전류가 흘러 부하에는 10W 가 공급된다. 그러나 실제의 경우 그림 (b)와 같이 긴 전선에는 저항이 존재하며, 이 저항이 마침 10Ω이라 가정하면(실제 전선저항은 이보다 더 크다) 공급한 10V 는 전선과 부하저항에 의해 분압되어 각각 5V 씩 인가되고, 전류는 총 20Ω부하에 흐르므로 0.5A 밖에 되지 않아 부하저항에는 2.5W 의 전력밖에는 공급되지 않는다.

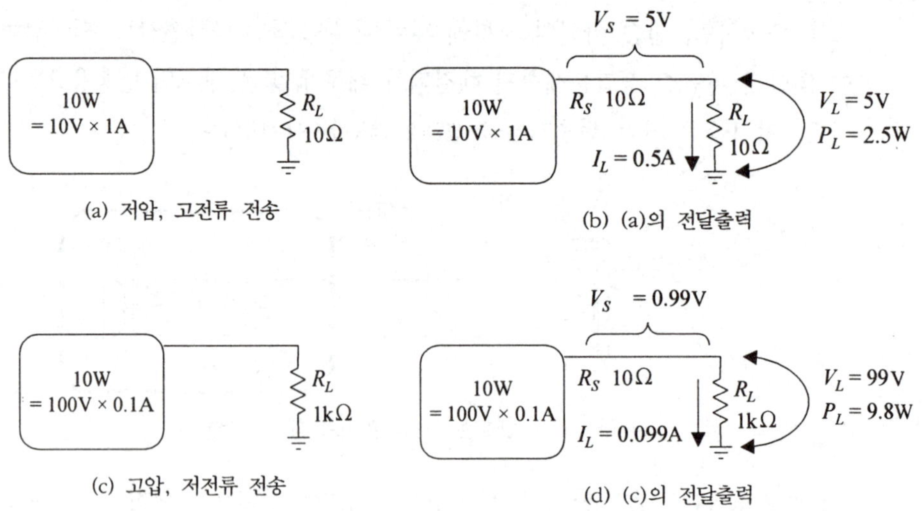

그림 2-144 • 장거리 전송의 비교 예

이에 비해 동일한 10W 를 전송하기 위해 **그림 2-144(c)**와 같이 부하가 1kΩ이면 공급전압이 100V 일 때 0.1A 의 전류가 흘러 10W 가 전송된다. 이를 그림 (d)와 같이

10Ω의 전선을 통해 전달해도 전선저항은 부하저항에 비해 무시할 수 있을 만큼 작은 것이 되어 공급전압의 대부분은 부하에 인가되고, 전류 또한 전선저항이 전체저항에 비해 매우 작으므로 영향을 거의 받지 않아 부하에는 9.8W가 전달된다.

따라서 동일한 전력을 멀리 전송할 때는 가급적 높은 전압에 낮은 전류로 전송하는 것이 유리함을 알 수 있는데, 이 원리는 발전소에서 생산한 전력을 가정까지 전송하는 중간 단계에 매우 높은 고압으로 전송하는데 적용되고 있다.

그림 2-145(a)는 강당용 앰프의 출력부분을 나타낸 것으로서 필요에 따라 임피던스를 선택할 수 있도록 여러 임피던스로 출력이 마련되어 있으며, 그림 (b)는 스피커 부분을 나타낸 것으로서 내부에 임피던스 변환용 트랜스포머가 함께 내장되어 있다.

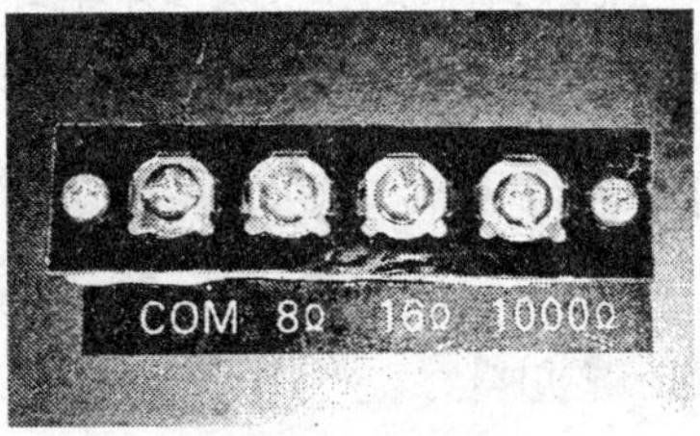

(a) 앰프 출력단

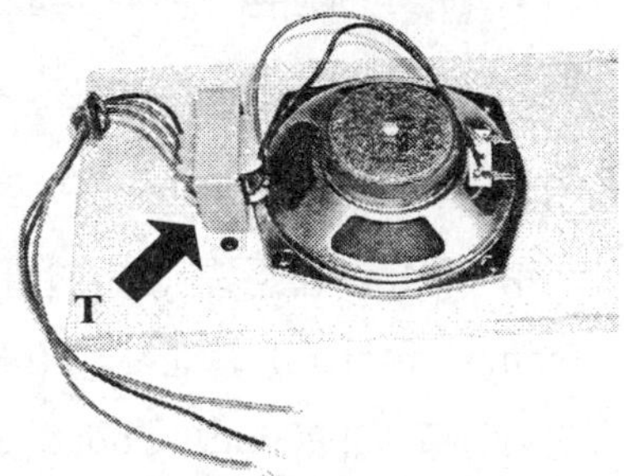

(b) 스피커 박스 내부

그림 2-145 • 강당용 앰프 및 스피커

그림 2-146에 라디오 출력부분에 사용된 Push-Pull 증폭회로 예를 나타내었다.

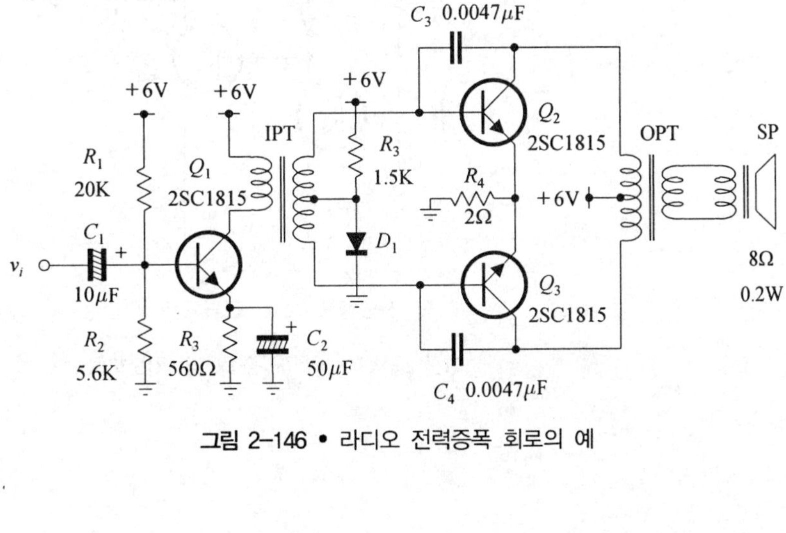

그림 2-146 • 라디오 전력증폭 회로의 예

회로에서 트랜지스터 Q_1 은 IPT를 구동하기 위한 A급 증폭기이며, R_4 는 두 출력 트랜지스터들의 불균일 보정을 위한 스웸핑(swamping) 저항이고, C_3 과 C_4 는 증폭기에서 사용하지 않는 고주파 영역의 발진방지를 위한 커패시터이다.

2) SEPP 증폭기

Push-Pull 증폭기는 트랜스포머를 사용하기 때문에 음질특성이 그다지 좋지 않으므로 이를 제거한 것이 SEPP(Single-Ended Push-Pull) 증폭기인데, 트랜스포머를 제거했다는 의미로 'OTL(Output Trans-Less) 증폭기'라고도 한다.

① 컴플리멘터리 SEPP 증폭기

그림 2-147에 기본적인 SEPP 증폭기의 예를 나타내었다. 출력부분의 2개 전력 트랜지스터 Q_1, Q_2 는 PNP, NPN라는 것을 제외하고 입력 임피던스, 출력 임피던스, 주파수 특성 등 모든 특성이 거의 유사하게 제작된 것으로서 이러한 것을 컴플리멘터리(complementary) 트랜지스터라 한다. 이들 두 트랜지스터는 한 점의 출력지점에서 만나므로 SEPP(Single-Ended Push-Pull)라 한다.

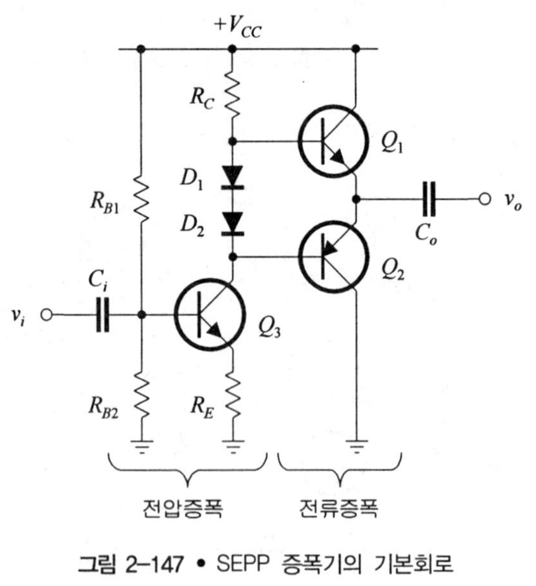

그림 2-147 • SEPP 증폭기의 기본회로

Q_3은 Q_1, Q_2를 구동하기 위한 전압증폭기이며, D_1, D_2는 출력 트랜지스터의 오프셋에 의한 cross-over distortion을 방지하기 위해 바이어스 전압을 얻으면서 동시에 출력 트랜지스터의 온도가 변화함에 따라 바이어스 전압도 변화하도록 다이오드를 사용하였다. 특히 이 다이오드들은 출력 트랜지스터의 온도에 따라 함께 변화해야 하므로 실제 제작 시에는 출력 트랜지스터에 밀착해 배치하는데 이를 열결합(thermo-coupling)이라 한다. 또한 Q_1, Q_2의 특성 불균일을 보완하기 위해 이미터단에 작은 값의 저항을 부착하여 스웸핑 효과를 얻도록 한다.

② 순컴플리멘터리 SEPP 증폭기

SEPP 증폭기를 이용해 대전력을 증폭하려면 최종 출력 트랜지스터의 전류용량이 커야 하고, 이를 구동하기 위한 전압증폭단의 전류용량 또한 커져야 한다. 그런데 전압증폭단의 전류용량을 크게 하면 이는 A급 증폭기이므로 효율이 저하할 뿐만 아니라 큰 전류를 취급하는데 있어서 제한이 따른다. 따라서 대전력증폭기를 구성하려면 **그림 2-148**과 같이 전력 트랜지스터들을 다알링턴으로 구성한다.

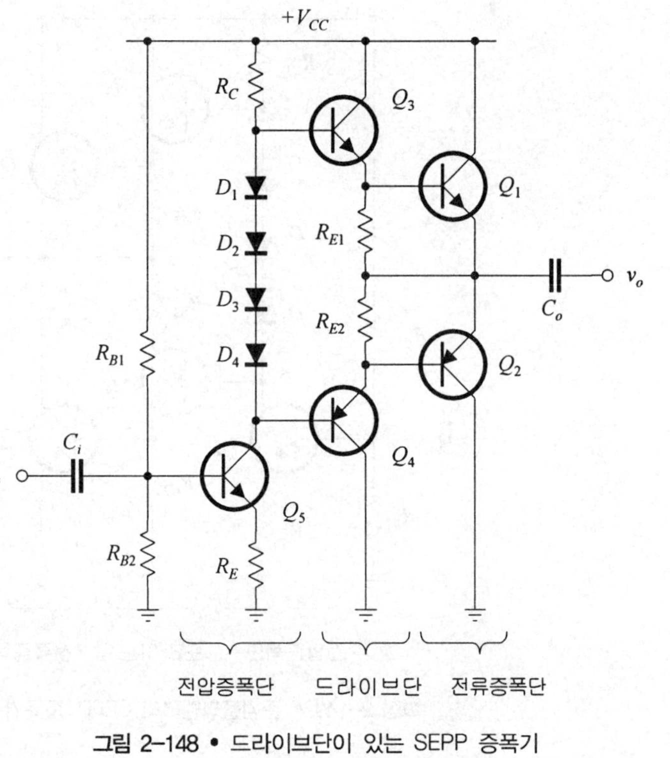

그림 2-148 • 드라이브단이 있는 SEPP 증폭기

이때 최종 출력 트랜지스터를 구동하기 위한 Q_3, Q_4 트랜지스터를 드라이브 트랜지스터라 하며, 이들 또한 컴플리멘터리 관계에 있다. 이와 같이 출력 트랜지스터와 드라이브 트랜지스터가 모두 컴플리멘터리 관계를 이루고 있으므로 이를 순컴플리멘터리라 한다.

③ 준컴플리멘터리 SEPP 증폭기

순컴플리멘터리 증폭기는 4종류의 출력 트랜지스터가 필요하며, 특히 큰 출력을 발생시키는 출력 트랜지스터는 PNP 트랜지스터가 NPN 트랜지스터보다 반도체 제조 공정상 더 복잡해 비싸고, 드라이브단도 컴플리멘터리, 전력 트랜지스터도 컴플리멘터리를 유지해야 하므로 사용할 수 있는 부품에 극히 제약을 받는다. 따라서 최종 출력 트랜지스터는 같은 종류의 NPN 트랜지스터를 사용하고, 이를 드라이브하는 트랜지스터만 컴플리멘터리 관계를 유지시켜 회로 전체적으로는 컴플리멘터리 증폭기의 효과를 얻고 있는 것을 준컴플리멘터리 증폭기라 하며 **그림 2-149**에 기본 회로도를 나타내었다.

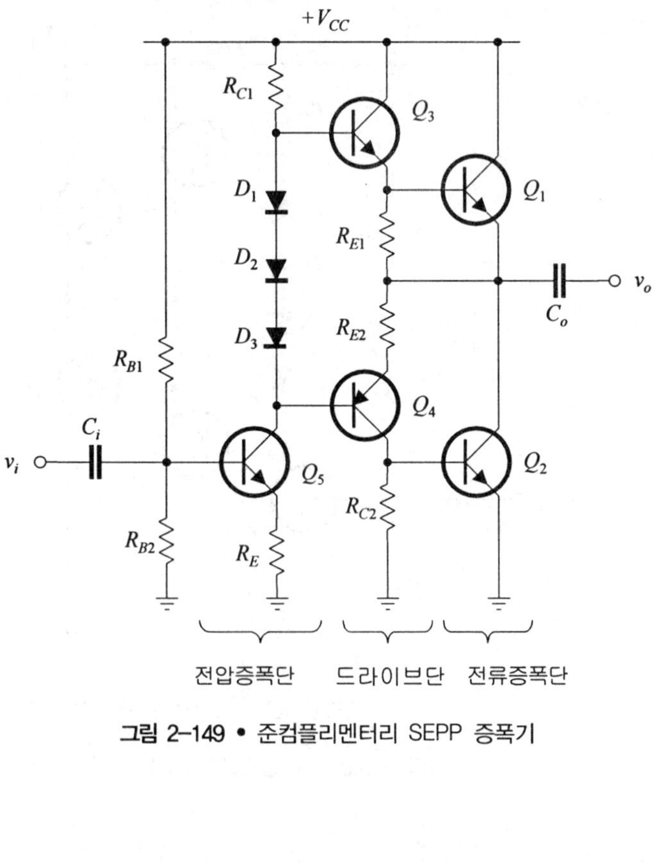

그림 2-149 • 준컴플리멘터리 SEPP 증폭기

그림 2-149에서 드라이브단 Q_3, Q_4는 컴플리멘터리 관계이지만 최종 출력을 발생시키는 Q_1, Q_2는 같은 종류의 NPN 트랜지스터이다. 이 같은 구조에 의해 비싼 PNP 전력 트랜지스터 대신 동일한 NPN 한 종류로 단일화시킬 수 있어 저가격이면서 트랜지스터간의 불균일을 줄일 수 있고 부품 종류도 단순화시킬 수 있는 등의 장점이 있다.

3) OCL 증폭기

SEPP 증폭기는 출력 트랜스포머를 생략했기 때문에 OTL(Output Trans-Less) 증폭기라 했는데, 트랜스포머 대신 커플링용 커패시터가 부착되어 고음은 개선이 되었지만 저음 출력이 저하되는 단점이 남아 있다. 따라서 이를 개선하기 위해 설계된 것이 OCL(Output Condenser-Less) 증폭기이며 이 또한 SEPP 증폭기의 일종이므로 순컴플리멘터리와 준컴플리멘터리가 있다.

OCL 증폭기의 기본회로를 **그림 2-150**에 나타내었다. 그림에 나타낸 바와 같이 전원을 (+), (−)의 2개로 구성하는 대신 출력 커플링용 커패시터를 생략했기 때문에 저역 주파수에 제한이 없어 심지어 직류도 출력이 가능하다. 그러나 만약 회로의 상태 변화 등에 의해 출력단에 직류출력이 발생할 경우 스피커를 파손시킬 수 있기 때문에 출력신호를 감시할 수 있는 회로를 고려해야 한다.

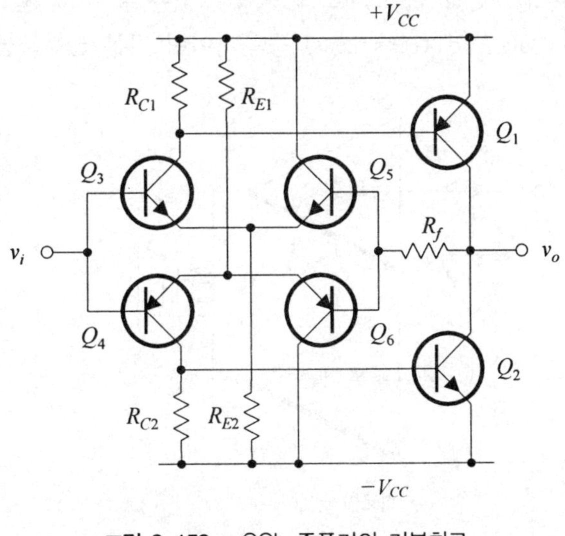

그림 2-150 • OCL 증폭기의 기본회로

그림 2-150에서 초단의 4개 트랜지스터들은 서로 차동으로 구성되어 있으며, 차동 중 한 쪽은 입력신호를, 다른 한쪽은 출력신호를 되돌려 받고 있어 출력신호 중 직류 성분이 나타나면 이를 다시 복구시키는 작용을 한다. 최근에는 연산증폭기의 발달에 의해 이 부분을 대체해 회로가 간단해지면서도 음질이 뛰어나기 때문에 대부분의 증폭기가 준컴플리멘터리 형식의 OCL로 제작된다.

4) BTL Amplifier

증폭기에서 전원전압이 낮으면 스피커에 흐르는 전압이 제한되어 출력전력도 제한되므로 대출력을 얻기 위해서는 높은 전원전압이 필요하다. 예를 들어 8Ω의 스피커에 +12V의 전압으로 출력을 발생시키면 다음과 같이 전력이 제한된다.

$$V_{rms} = \frac{V_{pp}}{2 \cdot \sqrt{2}} = \frac{12}{2.828} \simeq 4.24\text{V}$$

$$I = \frac{V}{R} = \frac{4.24}{8} \simeq 0.53\text{A}$$

$$P = I \cdot V = 0.53\text{A} \cdot 4.24\text{V} = 2.25\text{W}$$

따라서 자동차용 오디오나 PC용 증폭기 등과 같이 제한된 전압으로 출력을 발생시키면 전력에 제한을 받기 때문에 낮은 전압으로 더 큰 전력을 발생하기 위해 고안된 것이 BTL(Balanced Trans-Less) 증폭기이며 기본 블록도를 그림 2-151에 나타내었다.

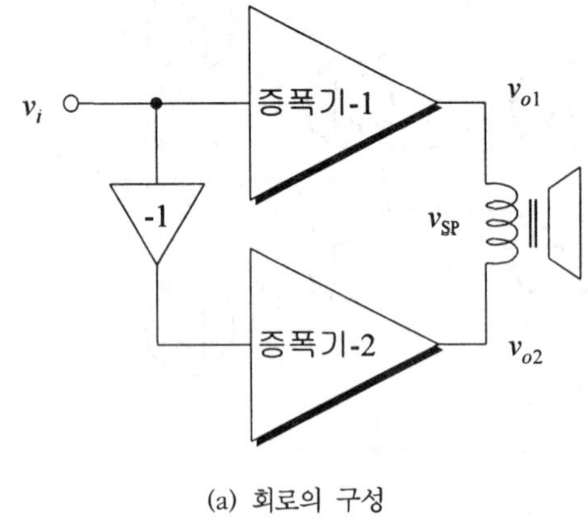

(a) 회로의 구성

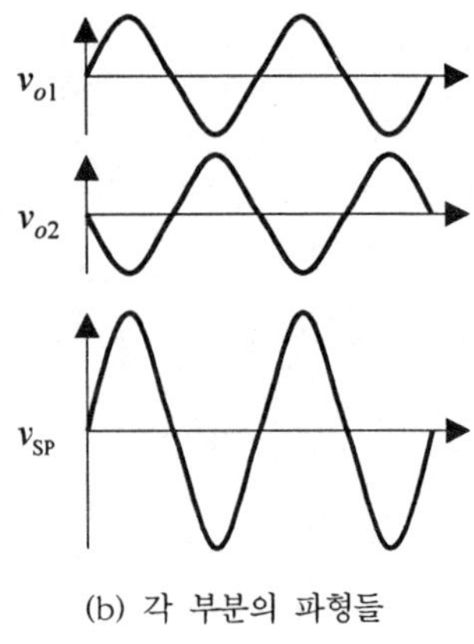

(b) 각 부분의 파형들

그림 2-151 • BTL 증폭기의 원리

그림 2-151에 나타낸 바와 같이 BTL 증폭기는 2개의 증폭기를 서로 반대로 동작하도록 접속하고 각 출력이 스피커에 접속되는데, 두 증폭기가 +V 로 동작하는 상태에서 그림 (b)와 같이 한쪽 증폭기가 +1/2V 의 출력을 발생할 때 다른 쪽의 증폭기는 −1/2・V 의 출력이 발생해 스피커 양쪽에는 2배의 전압이 인가된다. 이를 전압 그래프로 나타내면 **그림 2-152**와 같다.

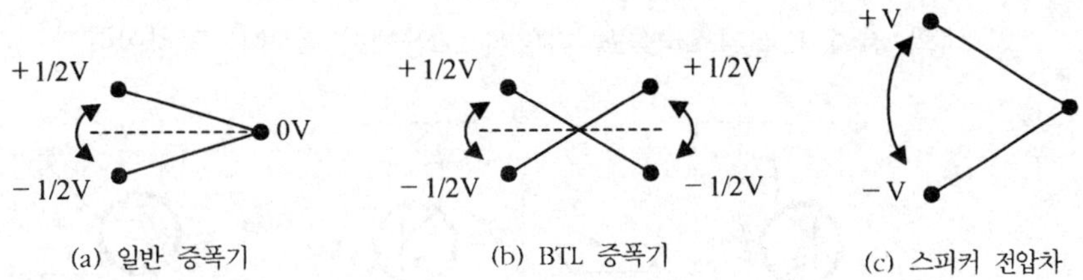

그림 2-152 ◦ 스피커 양단의 전압관계

일반 증폭기는 **그림 2-152(a)**와 같이 스피커의 한 쪽이 접지된 0V 상태에서 증폭기가 나머지 한 쪽을 ±1/2・V 로 움직여 동작하므로 최대 컴플라이언스는 V 가 된다. 이에 비해 BTL은 그림 (b)와 같이 스피커의 양쪽이 서로 반대로 ±1/2・V 씩 움직이므로 그림의 오른쪽 단자를 기준으로 보면 그림 (c)와 같이 컴플라이언스는 2・V 로 된다.

이와 같은 원리에 의해 증폭기 전원전압이 +12V 일 경우의 최대 출력전력은 다음과 같다.

$$V_{rms} = \frac{V_{pp}}{2 \cdot \sqrt{2}} = \frac{24}{2.828} \simeq 8.49\text{V}$$

$$I = \frac{V}{R} = \frac{8.49}{8} \simeq 1.06\text{A}$$

$$P = I \cdot V = 1.06\text{A} \cdot 8.49\text{V} = 9\text{W}$$

즉, 동일한 +12V 를 사용해 단일 증폭기에서는 2.25W 였던 것이 BTL 증폭기에서는 9W 로 4배가 증가한다. 단, 이 경우 증폭기의 전류용량 및 발열용량 등은 2배가 되어야 한다. 자동차용 오디오에서는 이보다 더 큰 출력을 얻기 위해 스피커의 임피던스가 4Ω인 것을 사용하므로 이때 발생되는 출력은 다음과 같다.

$$V_{rms} = \frac{V_{pp}}{2 \cdot \sqrt{2}} = \frac{24}{2.828} \simeq 8.49\text{V}$$

$$I = \frac{V}{R} = \frac{8.49}{4} \simeq 2.12\text{A}$$
$$P = I \cdot V = 2.12\text{A} \cdot 8.49\text{V} = 18\text{W}$$

2-way 스테레오일 경우 양쪽 스피커에서 18W×2 = 36W가 발생하고, 4-way 스테레오이면 앞뒤양옆에서 18W×4 = 72W의 출력을 얻을 수 있다.

BTL 증폭기를 '브리지(bridge) 증폭기'라고도 하는데, 이는 **그림 2-153**과 같이 증폭기 내의 전력 트랜지스터들을 나열한 모양에서 붙여진 명칭이다.

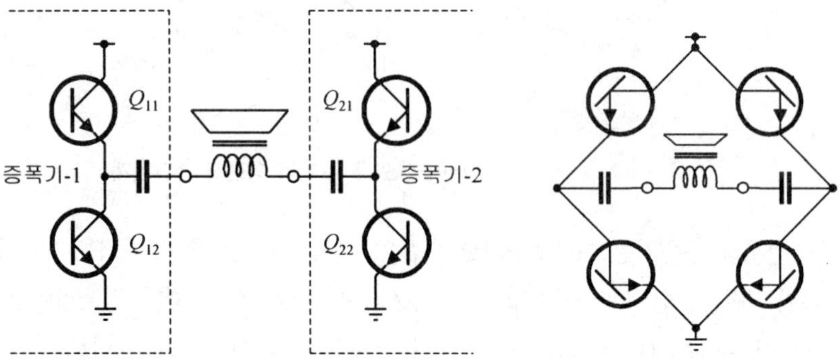

(a) 증폭기와의 접속 (b) 다르게 표현한 접속

그림 2-153 ∗ 브리지 증폭기 명칭의 뜻

그림 2-154에 IC로 구성된 전력증폭기를 이용해 BTL 증폭기를 구성한 예를 나타내었다. 회로에 사용된 소자는 삼성전자의 KA2206으로서 이는 2개의 증폭기 각각 4Ω 부하까지 구동할 수 있는 능력을 가지고 있다. 즉 8Ω 부하에서보다 2배의 전류능력을 가지고 있다는 의미이므로 8Ω 부하로 BTL을 구성할 수 있다. 단, 소자의 발열특성에 제한이 있어 앞서 계산값이 4배의 출력이 발생하지는 않고 2배 정도 발생한다.

회로에 입력된 신호는 위쪽의 증폭기를 거쳐 비반전 증폭되어 출력으로 나타나고 이 출력이 R_3과 R_4를 거쳐 아래쪽 증폭기 반전입력으로 접속되어 증폭하기 때문에 스피커 양단에는 서로 반대 위상의 출력이 인가된다. 이 회로는 양 증폭기에 오차가 있는 경우 출력이 일그러질 우려가 있기 때문에 **그림 2-155**와 같은 회로를 사용하기도 한다.

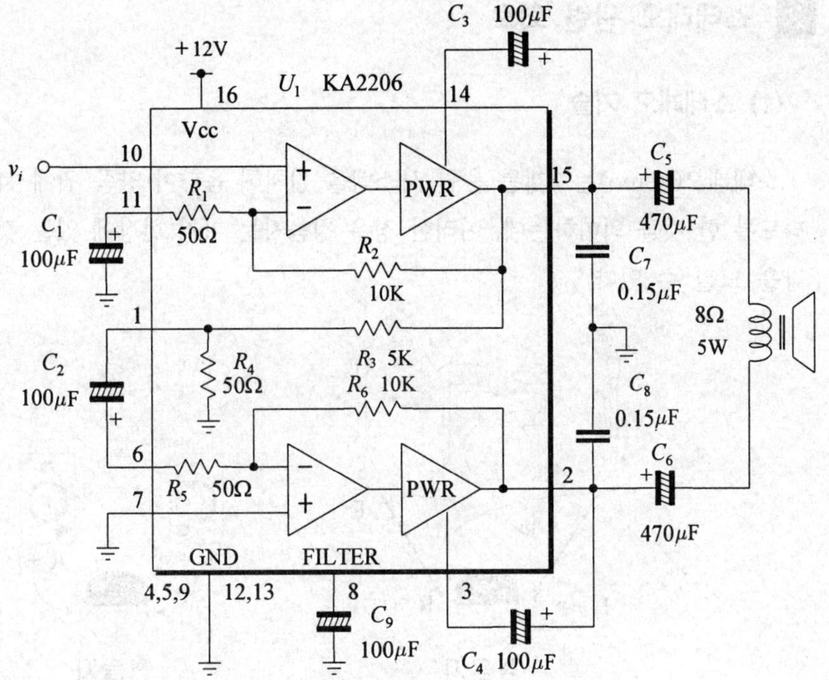

그림 2-154 • BTL 증폭회로의 예

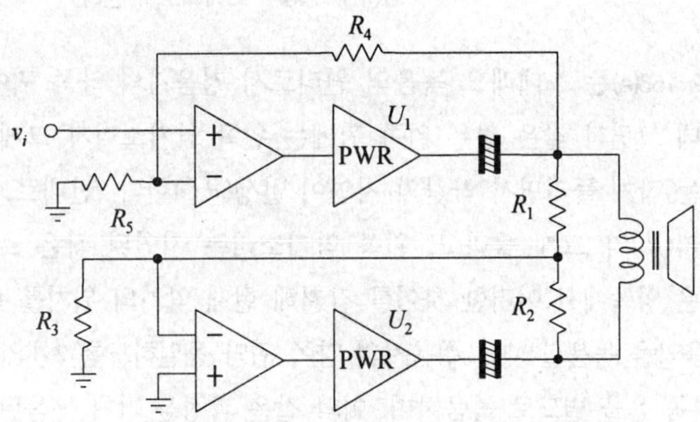

그림 2-155 • 다른 형식의 BTL 접속 예

R_1과 R_2를 통해 두 증폭기 출력전압의 합을 구한 후 이를 U_2 증폭기의 반전입력으로 인가해 만약 U_1 증폭기의 출력이 (+)로 상승하면, U_2 증폭기는 동일한 (−)전압으로 제어해 R_1과 R_2의 전압합이 항상 0V가 되도록 한다.

2 스테레오 관련 회로

(1) 스테레오 기술

스테레오(stereo)는 2계통 음원 시스템을 설치해 음향이 양쪽 귀에 서로 다르게 들리도록 한 것을 의미하는데, 이러한 경우 청음자는 마치 현장에 있는 것과 같은 입체감을 느낄 수 있다.

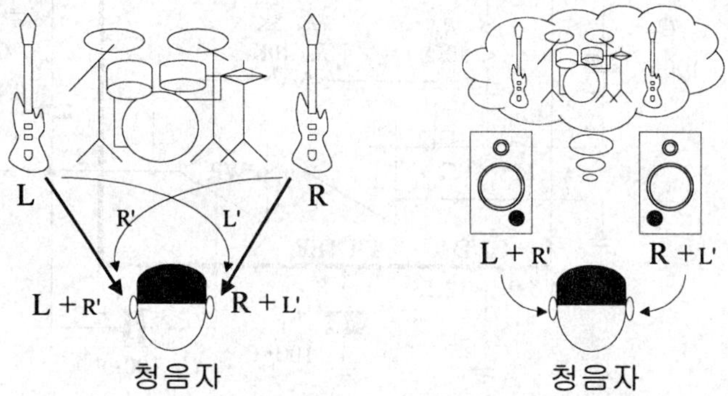

(a) 녹음　　(b) 청음

그림 2-156 • 스테레오의 원리

그림 2-156(a)는 스테레오 녹음의 원리로서 청음자의 양쪽 귀에 약간씩 다른 소리가 들리는데 그림과 같은 경우 왼쪽 귀에는 왼쪽 악기소리가 크게 들리고(L) 오른쪽 악기소리는 작게 들리면서 약간의 지연이 발생(R ′)한다. 반대로, 오른쪽 귀에는 오른쪽 악기소리(R)가 크게 들리고, 왼쪽 악기소리는 지연된 작은 소리(L ′)가 들린다.

인간은 양쪽에서 이러한 차이를 감지해 현재 악기의 위치를 눈을 감고도 알아낼 수 있다. 음악을 녹음할 때도 청음자의 양쪽 귀와 동일하도록 2개의 마이크를 사용해 왼쪽과 오른쪽 음을 별도로 녹음하며, 이와 같은 과정을 거쳐 녹음된 소리를 그림 (b)와 같이 스테레오 오디오 시스템으로 감상하면 청음자의 귀에는 마치 음악 연주현장에서 직접 음악을 듣는 것과 동일한 음을 듣게 되어 훨씬 생동감 있는 음악을 감상할 수 있다.

이상과 같은 스테레오 원리를 구현하기 위한 오디오 시스템은 기본적으로 왼쪽과 오른쪽의 최소 2개 음원 시스템이 갖추어져야 하며, 이에 따라 지금까지 설명했던 오디오용 회로들 또한 모든 것이 2개씩 필요하다. 이러한 스테레오 오디오 시스템의 블록도를 **그림 2-157**에 나타내었다.

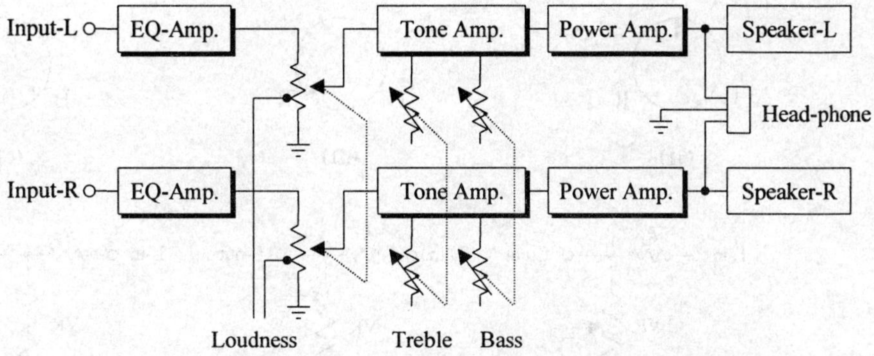

그림 2-157 • 스테레오 시스템의 블록도

그림 2-157에서 점선으로 나타낸 가변저항은 한 축에 2개의 가변저항이 동시에 움직이도록 한 '2련 가변저항'이다.

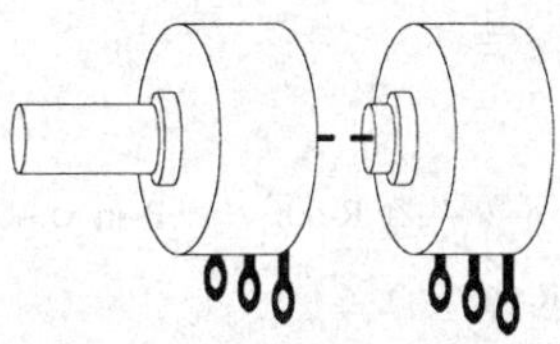

(a) 소자 구조

(b) 실물사진

그림 2-158 • 2련 가변저항

1) Balance 조정

스테레오로 음악을 들을 때 종종 녹음의 잘못이나 기타 요인으로 인해 좌우의 소리 크기가 다를 때가 있는데, 이러한 경우 음악을 감상하는데 불편한 느낌을 받게 되므로 이를 보정하기 위한 기능이 balance 조정회로이다. **그림 2-159**에 balance 회로의 예를 나타내었다.

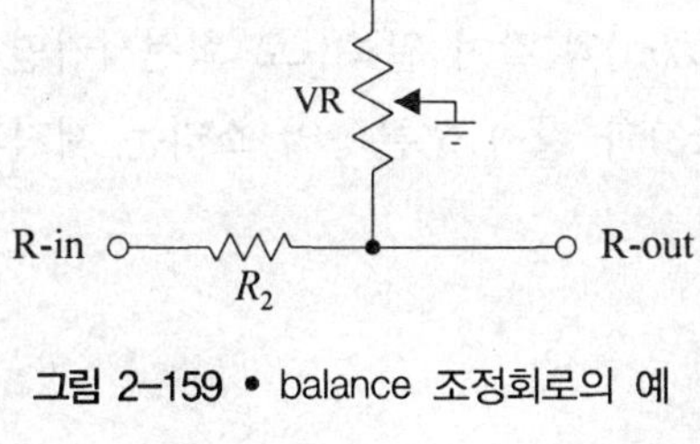

그림 2-159 • balance 조정회로의 예

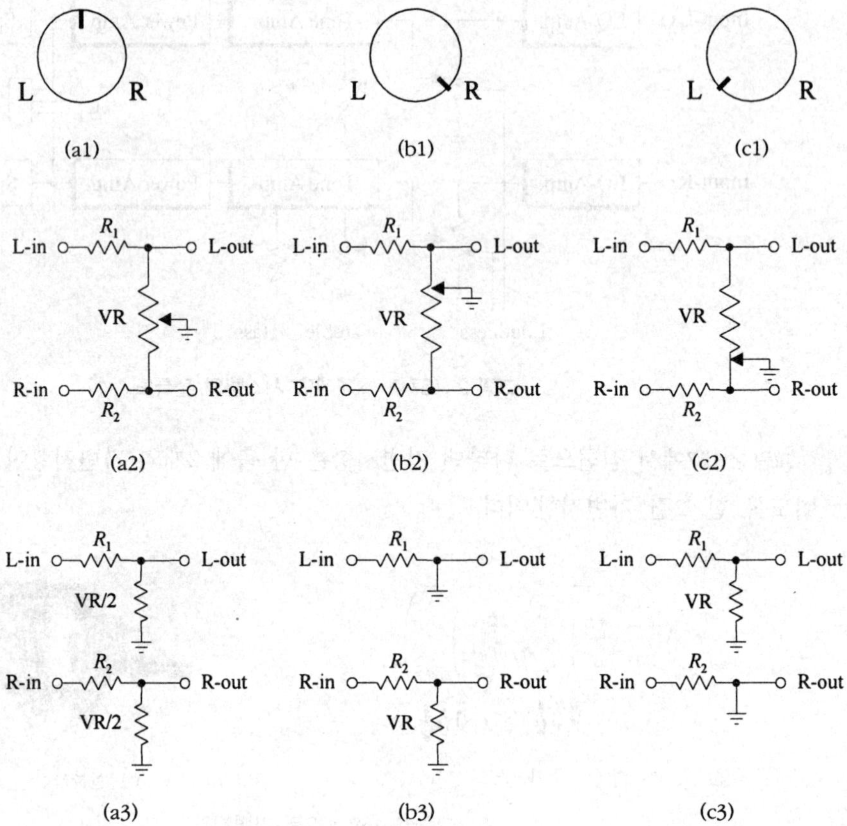

그림 2-160 • balance 조정의 동작원리

회로의 동작원리를 **그림 2-160**에 상태별로 각각 나타내었다. balance 조정은 **그림 2-159**에서와 같이 좌/우의 신호가 입력된 가변저항이 있고 가운데에 접지점이 연결되어 있다.

가변저항을 **그림 2-160(a1)**과 같이 중앙에 위치시키면 그림 (a2)와 같은 상태가 되어 그림 (a3)에서와 같이 스테레오 양측의 감쇠비가 동일하게 된다.

가변저항을 **그림 2-160(b1)**과 같이 오른쪽으로 회전시키면 그림 (b2)와 같은 상태가 되어 등가적으로 그림 (b3)과 같이 왼쪽의 소리는 제거되고 오른쪽의 소리는 커진다.

가변저항을 **그림 2-160(c1)**과 같이 왼쪽으로 회전시키면 그림 (c2)와 같은 상태가 되어 등가적으로 그림 (c3)과 같이 오른쪽의 소리는 제거되고 왼쪽의 소리는 커진다.

2) 패 닝

패닝(panning)은 balance 조정과 유사한 개념으로서 오디오 기기에서는 사용되지 않는 용어이지만 오디오 저작물(음악 등)을 제작할 때 자주 사용된다. 즉, 음악을 감상할 때는 앞서 살펴본 balance 기능이 필요하고, 음악을 녹음할 때는 패닝 기능이 필요하다. 본래 용어는 panoramic potentiometer이며 이를 줄여 'pan pot' 또는 'pan'이라 한다.

패닝은 음원을 스테레오 2개 채널 중 어느 쪽에 얼마만큼 배분할 것인가를 결정하는 것으로서 기본회로를 **그림 2-161**에 나타내었다.

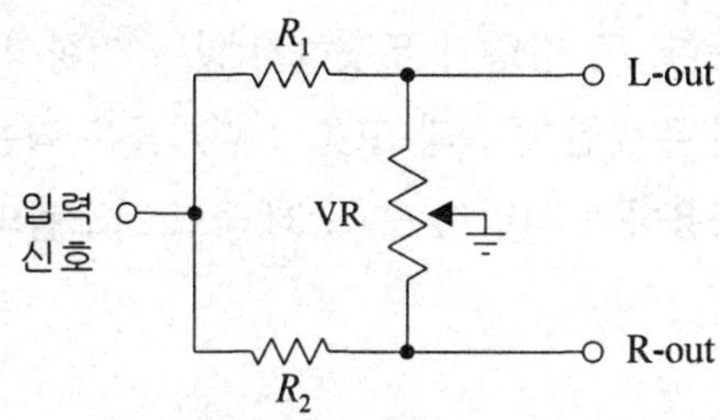

그림 2-161 • 패닝 회로의 예

어떤 입력신호, 예를 들어 마이크 신호 등을 녹음할 때 그림에 나타낸 가변저항을 중앙에 위치시키면 balance 조정기능의 원리와 마찬가지로 스테레오 양 채널에 동일하게 공급되지만, 가변저항을 조절하면 원하는 방향으로 소리를 더 크게, 작게 조절이 가능하므로 이를 스테레오 스피커에서 들으면 마치 왼쪽과 오른쪽의 위치 차이로 느껴지게 된다.

(2) 3D 스테레오 시스템

완전한 스테레오 시스템은 2세트의 스피커가 배치되므로 공간을 크게 차지하고 가격이 비싸지는 단점이 있다. 따라서 한정된 공간에서 스테레오 시스템과 거의 동일한 효과를 얻을 수 있도록 한 것이 3D(3-Dimensional) 스테레오 시스템으로서 정식 명칭은 'one-woofer stereo' 또는 'center woofer stereo'라 한다. **그림 2-162**에 3D 스테레오 시스템의 스피커 구성을 나타내었다.

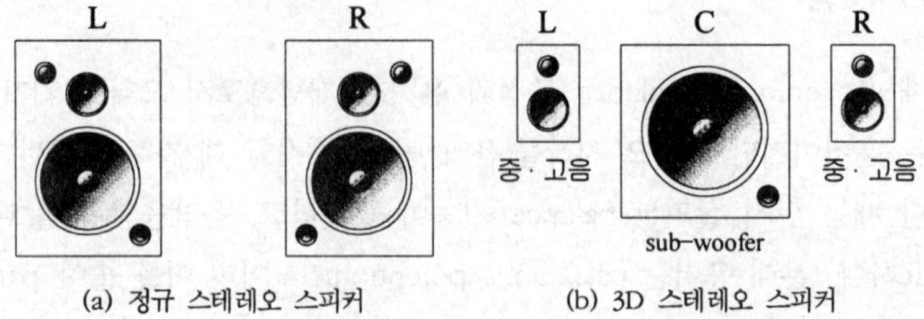

그림 2-162 • 스테레오 스피커의 차이

3D 스테레오 시스템은 **그림 2-162(b)**와 같이 중앙에 한 개의 sub-woofer를 사용하는데, 인간의 귀는 약 150Hz 이하의 저음에서는 방향감각이 둔해져 마치 청음 공간 전체가 울리는 듯한, 즉 방향이 뚜렷하지 않아 지향성이 거의 없는 것으로 들리기 때문이다. 방향감이 뚜렷한 중음과 고음 스피커들은 작은 캐비닛에 수납해 그림과 같이 좌우로 배치해 사용하며 따라서 3D 스테레오 시스템의 증폭기 유닛 구성은 **그림 2-163**과 같이 된다.

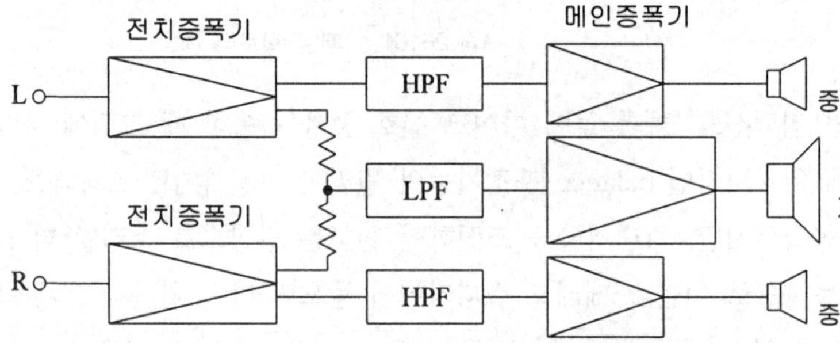

그림 2-163 • 3D 스테레오 시스템의 구성

블록도에서 저음용 메인증폭기는 중 · 고음용에 비해 전력이 매우 커야 음량비율이 맞춰지는데, 일반적으로 약 4배에서 10배 정도까지 차이를 두고 있다. 거꾸로 말하면 저음 증폭용에 비해 중고음용 증폭기는 1/4에서 1/10 용량이면 된다.

3D 스테레오 시스템은 본격적인 오디오 시스템에서는 그다지 사용하지 않는데, sub-woofer용 스피커의 능률이 매우 좋아야 하고, 일반적으로 정규 스테레오 스피커의 woofer보다 구경이 2배 이상 커야 하는 등 여러 가지 까다로운 조건들이 정확히 맞아야 좋은 효과가 나타나며, 그렇지 않을 경우 오히려 작은 구경의 woofer를 사용한 정규 스테레오보다 못한 경우가 많기 때문이다.

따라서 본격 오디오 보다는 간이형 오디오, 예를 들어 가정용 홈-씨어터(home-theater)나 PC용 스피커 시스템 등에서 주로 사용된다.

(3) 다채널 스테레오(서라운드 시스템)

표준 2채널 스테레오는 청음자의 앞면에서 분포되는 음향을 들려주는데, 이에 그치지 않고 더 넓은 분포나 입체음향을 들을 수 있다면 음악뿐만 아니라 특히 영화 등을 더욱 생동감 있게 감상할 수 있다. 이에 따라 영화계통에서는 오래전부터 다채널 스테레오를 사용한 시네마스코프나 시네라마(이들은 모두 상표명이다)를 이용해 영화를 상영해 왔다. 음향기기 분야에서는 전문가를 제외하곤 다채널 스테레오가 그다지 크게 사용되지 않았으나, 음악청취자의 취향이 점차 고급화되어 서라운드화되었으며 DVD의 보급에 힘입어 홈-씨어터 등에서 돌비 디지털('돌비 5.1채널'이라 많이 부른다) 등이 크게 보급되었다. 다채널 스테레오에 관한 기술은 상당히 방대하고 복잡하기 때문에 여기에서는 자세한 것은 생략하고 개략적인 사항만 다룬다.

1) 다채널 방식의 표기법

다채널 시스템은 청음자의 주변을 스피커가 둘러싸는 형태이므로 서라운드(surround) 시스템이라고도 하는데, 다채널 구현방법을 표현할 때는 '입력 채널수 - 기록 채널수 - 출력 채널수'를 나열하며, 음향기기에서는 보통 '4-4-4', '4-2-4', '2-2-4'의 방법이 많이 사용된다. 표준 스테레오는 **그림 2-164**와 같이 녹음 입력 채널이 2, 매체기록 채널이 2, 스피커 출력 채널이 2이므로 '2-2-2' 시스템이라 할 수 있다.

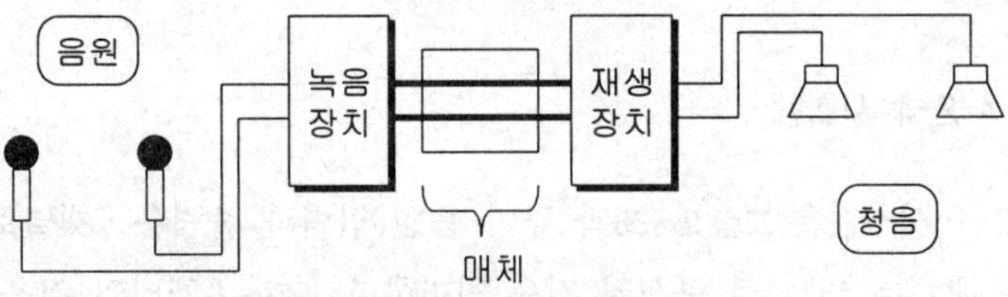

그림 2-164 • 표준 스테레오의 구성

2) 4-4-4 시스템

4-4-4 시스템은 **그림 2-165**에 나타낸 바와 같이 녹음도 4채널, 매체도 4채널, 그리고 재생도 4채널로 구성되어 모든 장비가 4채널화된 시스템이다.

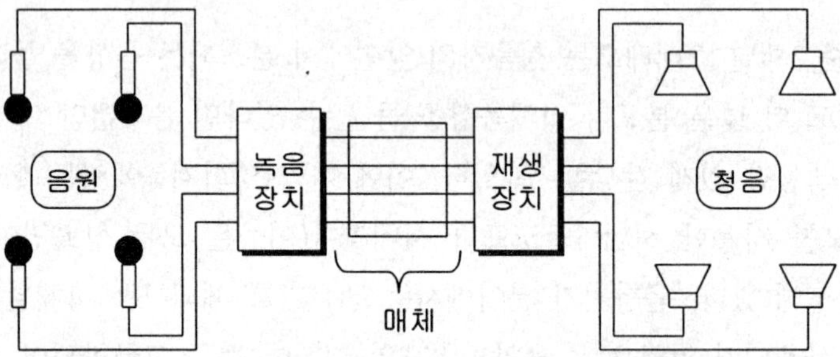

그림 2-165 • 4-4-4 시스템의 구성

4채널을 녹음하기 위한 매체로는 오픈-릴(open reel) 테이프나 테이프 카트리지, 그리고 카세트 테이프를 이용하기도 한다. 이 시스템은 전송계가 4채널로 구성되어 있으므로 채널 사이의 크로스토크(cross-talk)가 없고 채널들이 완전히 독립되어 있어 '디스크리트 4채널(discrete 4C)'이라고도 한다.

카세트 테이프와 오픈-릴 테이프는 원래부터 4개 트랙이 존재하고 2개 스테레오씩 앞, 뒷면을 왕복해 사용하나 이를 한 방향 4트랙으로 활용하면 4개 채널을 녹음할 수 있다. 이 시스템은 채널이 독립적이므로 음질이 좋지만 재생 헤드로부터 이퀄라이저 앰프, 전력증폭기까지 모든 계통이 4채널로 되므로 가격이 매우 비싸진다. 기종에 따라서는 이 시스템을 위한 4채널과 일반 스테레오용 2채널을 겸용으로 사용할 수 있는 기기도 있다.

3) 4-2-4 시스템

4-2-4 시스템은 **그림 2-166**과 같이 음원 입력과 출력은 4채널로 구성되나 전송 채널 즉 매체는 2채널로 구성된 것을 의미한다. 이는 4채널인 것을 2채널로 변환한 후 전송하거나 녹음을 하는데 이 과정 중 매트릭스 회로라는 것이 개입하므로 이 명칭을 이용해 '매트릭스 방식'이라고도 한다.

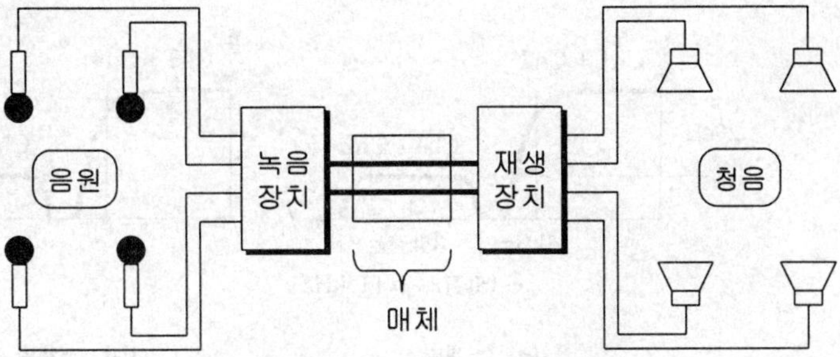

그림 2-166 • 4-2-4 시스템의 구성

그림에서 '녹음장치'는 4채널을 2채널화하는 인코더 매트릭스, '재생장치'는 다시 4채널로 복원하는 디코더 매트릭스이다. 이 방식은 2채널 매체를 사용할 수 있으므로 종류에 따라 표준 스테레오용 매체에서도 구현할 수 있다는 장점이 있고, 4채널로 녹음할 때 2채널 장치에서도 재생이 가능하도록 고안된 것도 있다.

① 다중 변조방식

다중 변조를 위해 여러 가지 방법이 개발되어 있는데, 여기서는 빅터(victor)에서 개발한 레코드판용 4채널 기록방식을 살펴본다. 레코드판은 앞서 입력기기에서 살펴봤듯이 그 원리에 의해 2채널밖에는 기록할 수 없는데, 다중 변조방법으로 4개 채널을 기록하되 교묘한 방법으로 2채널 픽업에서도 읽어낼 수 있도록 하였다.

변조의 기본원리는 **그림 2-167**과 같다. 그림에서 Ch1과 Ch3이 주 채널이고 Ch2와 Ch4가 보조 채널이며, ⊕ 기호는 가산회로이다. 주 채널과 보조 채널을 1쌍으로 혼합해 주신호로 사용하고, 각 쌍을 뺄셈해 부신호로 사용하되 35kHz의 주파수로 FM변조한다.

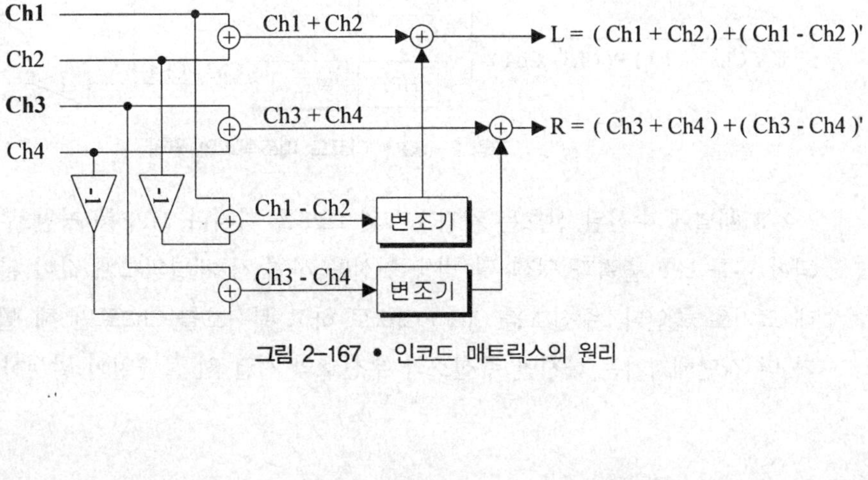

그림 2-167 • 인코드 매트릭스의 원리

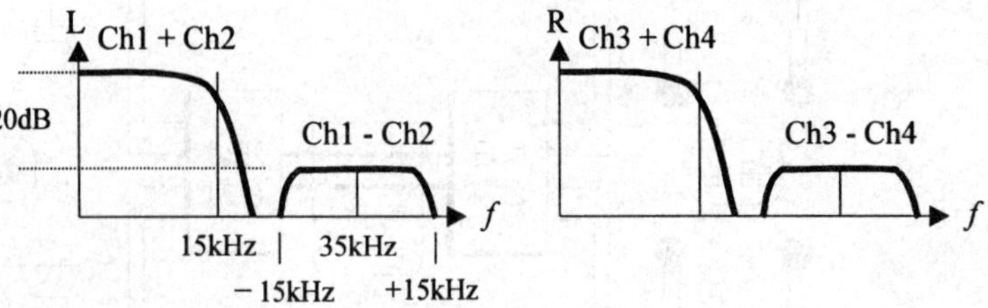

(a) L-채널 (b) R-채널

그림 2-168 • 매체에 기록되는 신호의 주파수 성분

이와 같이 처리된 신호들을 다시 혼합하면 **그림 2-168**과 같은 주파수 분포를 가진 최종적인 2채널 신호가 구성된다. 일반적인 레코드판의 경우 주파수가 최고 20kHz인데 비해 이 신호를 기록하고 재생하기 위해서는 주파수 대역이 50kHz가 되어야 하므로 더 고성능의 픽업이 요구된다. 만약 이 신호로 기록된 레코드판을 일반 스테레오 픽업으로 재생할 경우 부신호는 주파수가 매우 높고 크기가 작으므로 무시되어 왼쪽에는 Ch1+Ch2의 소리가, 오른쪽에는 Ch3+Ch4의 소리가 발생하므로 4채널 소리가 2채널로 믹스되어 처리된다.

4채널용 픽업으로 재생한 경우 위 파형이 모두 검출되면 **그림 2-169**와 같은 원리에 의해 4채널로 디코드한다.

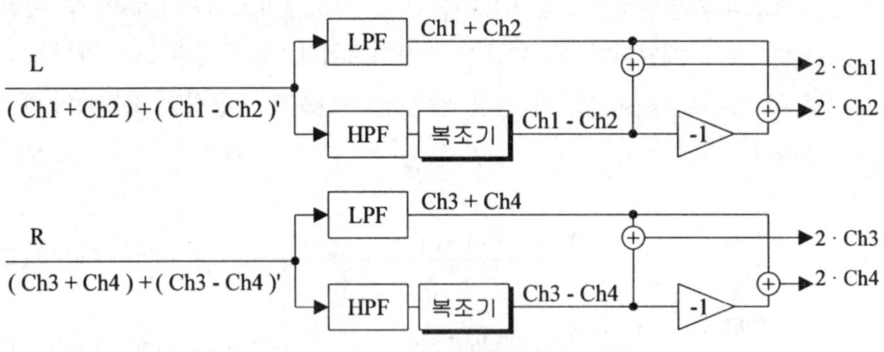

그림 2-169 • 디코드 매트릭스의 원리

2개 채널에 수신된 신호는 각각 LPF와 HPF를 거치며, HPF를 거친 부신호는 복조되어 이를 LPF 출력과 덧셈 및 뺄셈 연산을 하면 각 채널의 2배 값이 분리되므로 원래 크기로 줄인다. 주신호를 Ch1+Ch2로 하고 부신호를 Ch2로만 해 뺄셈하면 회로가 더 간단해지기는 하지만 주신호와 부신호의 전달 시 불균일이 발생하면 Ch2가 완전히 제거되지 않아 채널 간에 크로스-토크가 증가한다. 이에 비해 위 방식은 주신호와 부신호에 불균일이 발생해 부신호가 남더라도 주신호가 2배로 나타나므로 크로스-토크가 반으로 줄어드는 효과가 있다.

② 매트릭스 방식

앞서 설명한 다중 변조방식도 넓은 의미의 매트릭스 방식에 해당되지만, 일반적으로 매트릭스 방식이라 하면 지금 설명할 이 방식을 좁은 의미로 지칭하는 경우가 많다. 이 매트릭스 방식은 변조와 같은 과정을 거치지 않고 순수하게 신호의 혼합만으로 구성되어 구현이 쉽고 비용이 저렴하다는 장점이 있지만, 다중 변조방식에 비해 채널 간 분리도가 높지 않아 청음위치가 한정되는 단점이 있다. 매트릭스 방식을 구현한 회로는 여러 가지 종류가 있으며 그 중 다이나코에서 발표했던 방식을 예제로 살펴본다.

다이나코 방식의 인코더 구성도를 **그림 2-170**에 나타내었다.

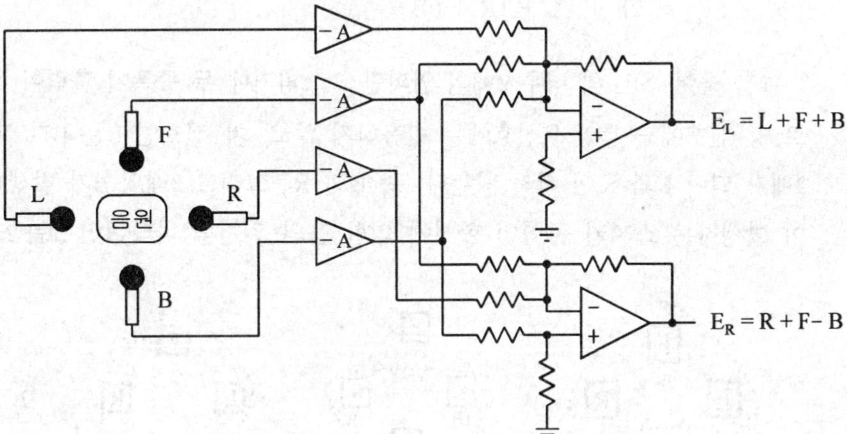

그림 2-170 • 다이나코 방식 인코더의 구성도

그림 2-170에서 4개 음원을 가산기에 입력하되 왼쪽 인코더는 L과 F, 그리고 B를 가산하고, 오른쪽 인코더는 R과 F, 그리고 반전된 B를 가산해 2개 채널로 변환한다. **그림 2-171**은 합성된 신호를 다시 4개 음원으로 분리하는 디코더 매트릭스를 나타낸 것으로서, 증폭기 입력단의 저항들은 R, 2R관계로 이루어진 블리더 저항인데 양쪽 입력 신호의 크기를 약간 조절해 증폭기 출력에서의 분리도를 더 좋게 한 것이다.

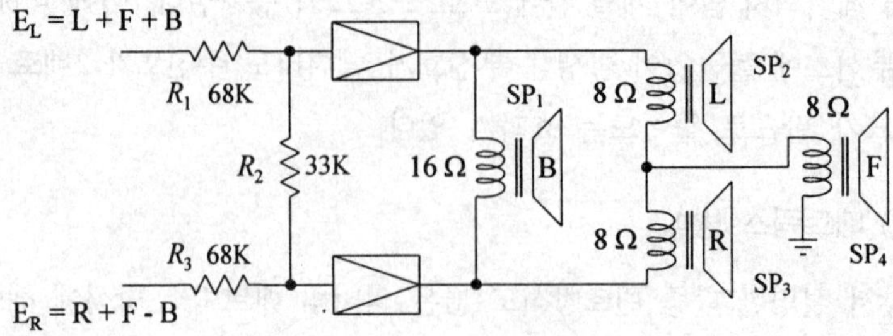

그림 2-171 • 다이나코 방식 스피커 매트릭스

증폭기 출력과 스피커 매트릭스 사이의 관계를 중첩의 정리를 이용해 풀면 대략 다음과 같은 비율을 얻는다(정확한 출력량이 아니라 상대적인 비율을 나타낸 것이다).

$$SP_1 \cong 2B + 1L + 1R + 0F$$
$$SP_2 \cong 2L + 1F + 1B + 0R$$
$$SP_3 \cong 2R + 1F + 1B + 0L$$
$$SP_4 \cong 2F + 1L + 1R + 0B$$

예를 들어, SP_1 의 경우 2배의 임피던스 스피커에 두 증폭기 출력이 각각 입력되므로 양 신호에 공통인 F신호에는 반응하지 않고, 차 신호인 B는 BTL 관계가 성립해 2배가 되며 L과 R이 각각 남는다. 즉 L과 R, 그리고 2배의 B가 발생한다. 이와 같이 발생하는 스피커 출력의 합성에 의한 음의 위치를 나타내면 **그림 2-172**와 같다.

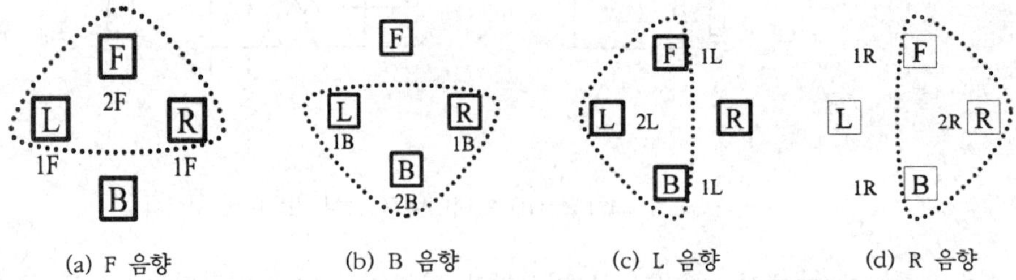

그림 2-172 • 합성음의 위치

그림 2-172(a)의 F음량은 [F] 스피커에서는 2배, [L]과 [R] 스피커에서는 각각 1배로 나타나므로 F음은 점선과 같은 영역에서 발생하는 것으로 들린다. 다른 음향도 동일한 원리에 의해 그림들과 같이 각각 소리방향이 나타나므로 청취자가 4개 스피커의 중앙에 위치하면 4채널 음향이 각각 다른 방향에서 들린다.

4) 2-2-4 시스템

2-2-4 시스템은 **그림 2-173**과 같이 본래는 2음원-2채널로 녹음되어 2차원적인 소리를 내는 스테레오에 3차원적인 효과를 주거나 음의 좌우 위치에 더해 앞뒤의 위치나 더 넓은 좌우까지 효과를 주기 위한 회로로서 일반 오디오에서 '서라운드 시스템'이라 하면 주로 이를 의미한다.

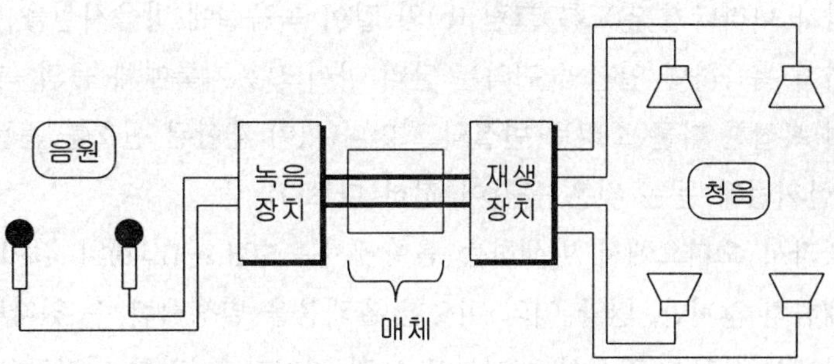

그림 2-173 • 2-2-4 시스템의 구성

2-2-4 서라운드 효과의 기본개념을 **그림 2-174**에 나타내었다.

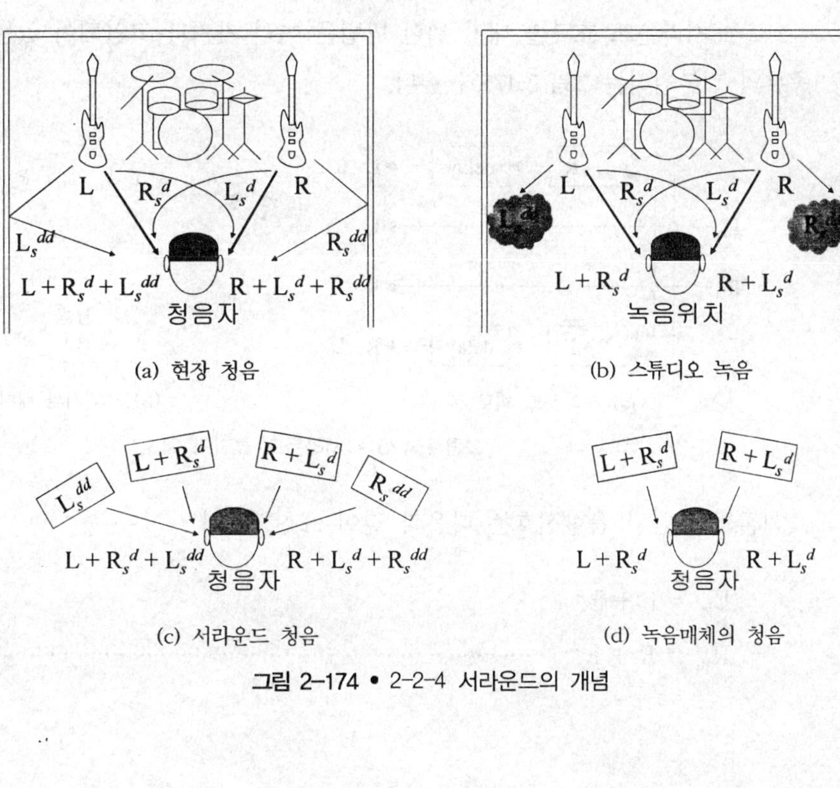

그림 2-174 • 2-2-4 서라운드의 개념

그림 2-174에서 L_s, R_s 와 같이 아래첨자 s로 표기한 것은 본래의 소리보다 작은 것을 의미하고, 위첨자는 지연된 신호를 의미한다.

만약 **그림 2-174(a)**와 같이 직접 연주 현장에서 음악을 청취하면 벽에 반사되는 L_s^{dd} 와 R_s^{dd} 음이 들린다. 영화에서는 이 음향도 녹음해 그림 (c)와 같이 송출하고 있지만, 일반 오디오에서는 대부분 2개 채널만을 지원하므로 음악녹음 시에는 이러한 잔향효과가 나타나지 않도록 그림 (b)와 같이 녹음실에 방음시설을 한다. 2개 채널에 잔향까지 녹음하면 인간의 귀와는 달리 마이크나 기록매체 등의 특성에 의해 신호들이 섞여 복잡한 다른 소리로 변질되고 만다(이미 혼합된 신호를 듣는 것과 혼합 전 소리를 한꺼번에 듣는 것은 음감이 전혀 다르다).

따라서 오디오에서 발생하는 음향에서는 **그림 2-174(d)**와 같이 이러한 잔향효과는 존재하지 않지만, 만약 이와 비슷한 효과음을 발생시킬 수 있다면 청음자는 한층 더 현장에서 음악을 감상하는 기분을 느낄 것이다. 이러한 현장감을 청음자에게 전달하기 위해 기존의 녹음된 음악에 잔향음을 넣는 것이 서라운드 효과이다.

① 서라운드 회로의 예

2-2-4 서라운드 효과를 내기 위한 방법은 여러 가지가 고안되어 있는데 이 중 한 종류의 기본원리는 **그림 2-175**와 같다.

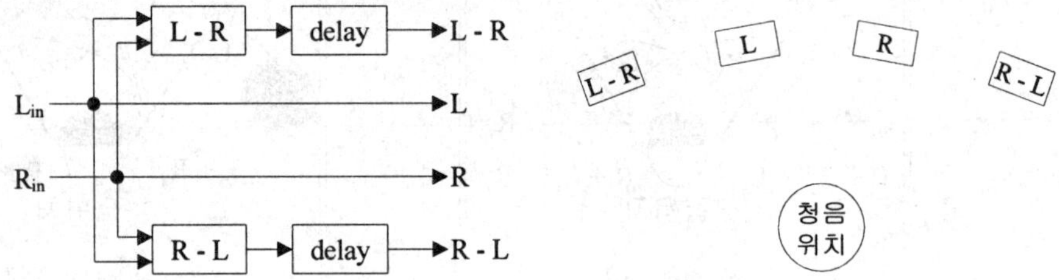

(a) 서라운드 회로 예 (b) 스피커의 배치

그림 2-175 • 서라운드 효과의 예

기존의 녹음된 음향신호는 다음과 같이 표현되었다.

$$L_{in} = L + R_s^d$$
$$R_{in} = R + L_s^d \quad \cdots\cdots (10)$$

여기서, R_s^d 와 L_s^d 는 R 과 L 의 작고 약간 지연된 소리이다. 만약 '작은' 양을 변수로 표기하면 식 (10)은 다음과 같이 표현할 수 있다.

$$\begin{aligned} L_{in} &= L + R_s{}^d = L + \left(\frac{R}{m}\right)^d \\ R_{in} &= R + L_s^d = R + \left(\frac{L}{m}\right)^d \end{aligned} \quad \cdots\cdots (11)$$

그림 2-175(a)에서는 단순히 'L－R' 또는 'R－L'이라 표기했지만(서라운드 스피커를 이렇게 표기한다), 이는 L－R과 R－L 연산을 하는 것이 아니라 뒤항의 크기를 m 만큼 줄인 뒤 앞항에서 뺄셈연산을 한다. 즉, 다음과 같이 표시할 수 있다.

$$\begin{aligned} L-R &: L_{in} - \left(\frac{R_{in}}{m}\right) \\ R-L &: R_{in} - \left(\frac{L_{in}}{m}\right) \end{aligned} \quad \cdots\cdots (12)$$

식 (12)에 식 (11)을 대입하면,

$$\begin{aligned} L-R &: L_{in} - \left(\frac{R_{in}}{m}\right) \\ &= L + \left(\frac{R}{m}\right)^d - \left(\frac{R + \left(\frac{L}{m}\right)^d}{m}\right) \\ &= L + \left(\frac{R}{m}\right)^d - \frac{R}{m} - \left(\frac{L}{m^2}\right)^d \\ R-L &: R_{in} - \left(\frac{L_{in}}{m}\right) \quad \cdots\cdots (13) \\ &= R + \left(\frac{L}{m}\right)^d - \left(\frac{L + \left(\frac{R}{m}\right)^d}{m}\right) \\ &= R + \left(\frac{L}{m}\right)^d - \frac{L}{m} - \left(\frac{R}{m^2}\right)^d \end{aligned}$$

이 식에서 $\left(R-m\right)^d$ 과 $\frac{R}{m}$ 은 약간의 지연성분만 있을 뿐 거의 동일하며, $\left(\frac{L}{m^2}\right)$ 은 감쇠량이 매우 커 앞항들에 비해 무시할 수 있을 만큼 작으므로 식 (13)은 다음과 같이 표현할 수 있다.

$$L - R : \approx L$$
$$R - L : \approx R \quad \cdots\cdots (14)$$

즉, 식 (13)과 (14)는 왼쪽 음향에 섞여 있는 작은 오른쪽 음향을 제거하면 거의 순수한 왼쪽 음향만이 남고, 오른쪽 음향은 여기에 섞여 있는 작은 왼쪽 음향을 제거하면 순수한 오른쪽 음향만이 남는 것을 의미한다.

이와 같이 추출한 순수 좌우 신호 중 저음 성분을 제거한 후(잔향소리는 저음은 잘 나지 않기 때문이다) BBD 소자 등에 의한 시간지연 회로를 거쳐 메아리 효과를 내면 다음과 같이 된다.

$$L - R : \approx L^{dd}$$
$$R - L : \approx R^{dd} \quad \cdots\cdots (15)$$

이 신호를 증폭해 **그림 2-175(b)**와 같은 배치의 소형 스피커로 출력하면 청취자는 마치 음악을 현장에서 듣는 것과 같은 효과를 얻을 수 있다.

이상의 원리를 종합해 **그림 2-176**에 기본회로를 나타내었다.

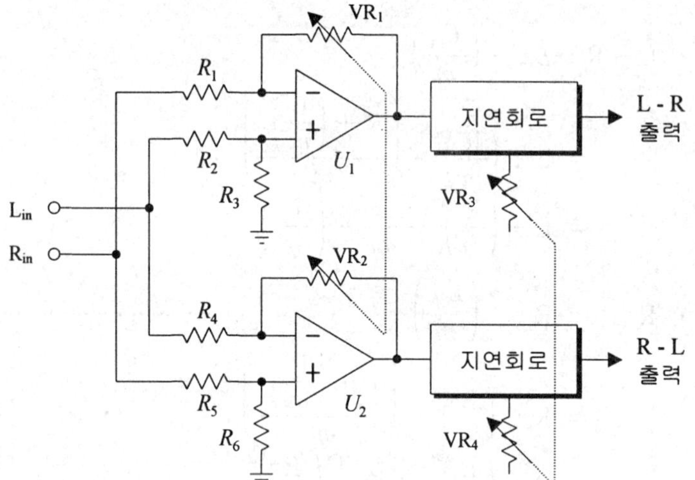

그림 2-176 • 2-2-4 서라운드 회로의 예

회로의 U_1, U_2에서 차동증폭기를 구성해 뺄셈연산을 수행한 후 지연회로에 의해 잔향효과를 부여한다. '지연회로'는 이후에 다룰 '에코 유닛'을 참조하라. VR_1, VR_2에서 뺄셈량을 조절해 순수 왼쪽, 오른쪽 신호의 추출량을 조절하고, 지연회로의 가

변저항들에서 지연량을 조절하면 이들의 조합에 의해 현장음의 효과를 조절할 수 있다.

② 스피커 네트워크에 의한 서라운드

앞서 살펴본 바와 같은 복잡한 회로를 동원한 서라운드 회로가 있는가 하면, 단순히 스피커들을 조합시켜 효과를 낼 수 있는 회로도 여러 종류가 있는데 이를 스피커 네트워크 서라운드라 하며, 이 중 대표적인 '후꾸다식 서라운드 회로'를 **그림 2-177**에 나타내었다.

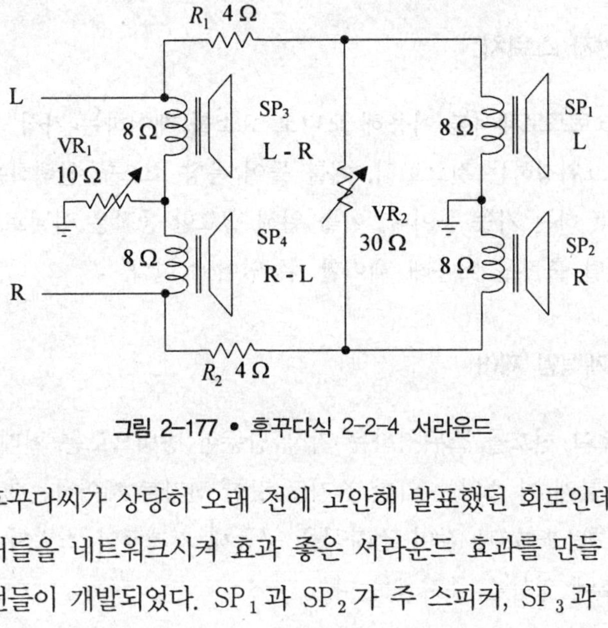

그림 2-177 • 후꾸다식 2-2-4 서라운드

이는 일본의 후꾸다씨가 상당히 오래 전에 고안해 발표했던 회로인데, 특별한 부가 회로 없이 스피커들을 네트워크시켜 효과 좋은 서라운드 효과를 만들 수 있고, 이후 여러 개선된 버전들이 개발되었다. SP_1과 SP_2가 주 스피커, SP_3과 SP_4가 서라운드 스피커이며 이 회로의 주요 핵심은 서라운드 스피커 단자가 만나는 지점의 VR_1 10Ω 저항이다.

정상적인 스피커 접속은 SP_1과 SP_2 같이 스피커의 한쪽이 접지되어야 하나 SP_3과 SP_4는 VR_1을 통과해 접지되므로 이 저항에는 양쪽에서 흘러온 L 신호와 R 신호가 합성되어 작은 크기의 $L+R$ 신호가 형성되며 이는 두 스피커의 (−)단자를 부트스트랩시키므로 양 스피커는 각각 $L-R$과 $R-L$ 연산이 된다. 특히 $L+R$ 신호는 스테레오 양쪽에 공통으로 존재하는 신호에 대해 2배의 크기를 가지므로 양 채널에 존재하는 공통신호가 제거되어 순수 양측 신호만이 남는다. 따라서 10Ω 가변저항을 조절하면 L+R 신호의 크기가 조절되므로 두 스피커의 공통신호제거량이 조절되어 서라운드의 좌우 펼침 넓이를 조절할 수 있다.

3 마이크로프로세서 접속

최근에는 오디오 기기를 디지털 회로와 결합해 컴퓨터 회로로 조절하는 경우가 많아졌고, 특히 리모컨에 의한 조절기능에서는 필수적이라 할 수 있다. 이에 따라 마이크로프로세서 출력으로 오디오의 각종 요소를 조절하는 방법이 필요하다.

(1) 전자 스위치

마이크로프로세서를 이용해 오디오 요소를 제어하는 가장 기본적인 단위는 원하는 기능을 스위칭하는 것으로서, 예를 들어 음향 소스를 선택하는 기능이나 라우드니스를 on/off 하는 기능 등이다. 이를 위해 필요한 동작은 아날로그 신호를 0과 1로 구성된 디지털 출력을 이용해 제어할 수 있어야 한다.

1) 기계적인 제어

아날로그 신호를 스위칭하는 가장 단순한 방법으로는 릴레이 소자를 이용하는 것으로서, 본래 이 소자는 약한 전기로 강한 전기를 제어하는데 사용되는 소자이다. 릴레이란 **그림 2-178**과 같이 전자석을 구동해 기계적인 스위치 접점을 on/off시키므로 교류신호에 영향을 주지 않는다.

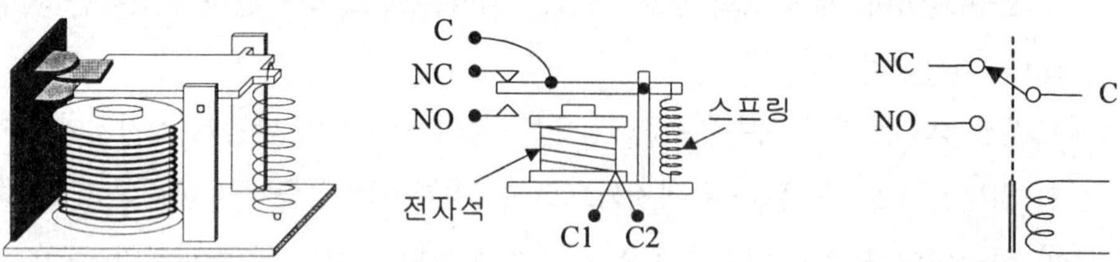

(a) 소자의 구조 (b) 각 부의 명칭 (c) 소자 기호

그림 2-178 • 릴레이 소자의 구조

그러나 이 소자는 부피가 크고 기계적인 구조로 인해 가격이 비싸 반도체 가격이 비쌌던 과거에 사용되었고 현재는 주로 강한 전력을 제어하기 위한 용도, 즉 전원 스위치나

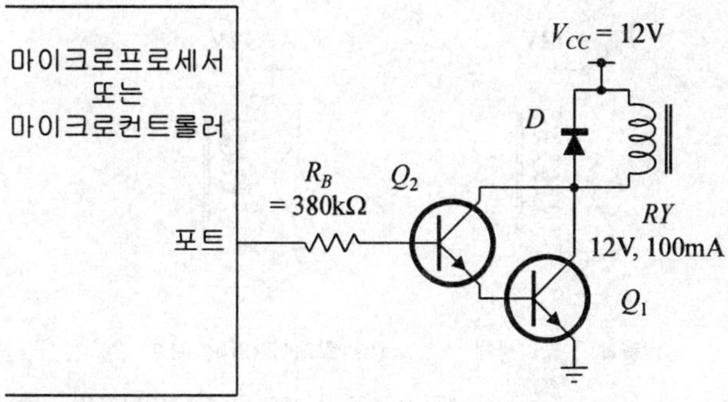

그림 2-179 • 프로세서 포트를 이용한 제어회로의 예

이후에 소개할 스피커 mute회로 등에서만 사용된다. **그림 2-179**에 마이크로프로세서나 마이크로컨트롤러의 출력 포트를 이용해 릴레이를 구동하는 회로의 예를 나타내었다.

만약 릴레이의 용량이 그림과 같이 12V, 100mA라면 이를 구동하는 트랜지스터 Q_1은 이 전류를 충분히 포화할 수 있도록 베이스에 최소 1mA 이상의 전류가 흘러야 하나, 대부분의 포트가 이러한 전류를 포트가 직접 공급하기 어려우므로 Q_2에서 한 번 더 증폭해 구동전류가 10μA 정도면 구동될 수 있도록 한다. 또한 포트의 출력은 일반적으로 +5V이므로 이 전압에서 두 트랜지스터의 오프셋 전압을 제외한 전압이 저항에 인가되고, 따라서 저항은 다음과 같이 계산된다.

$$R = \frac{5\text{V} - 0.6\text{V} \cdot 2}{10\mu\text{A}} = 380\text{k}\Omega$$

릴레이 소자 양단에 접속된 다이오드는 프리휠링(freewheeling)을 위한 것으로서, 이 소자를 부착하지 않으면 릴레이 off시 구동 트랜지스터가 파손된다. 릴레이가 on 상태에서는 **그림 2-180(a)**와 같이 전류가 흐르다가 릴레이가 off된 직후에는 그림 (b)와 같이 솔레노이드에 흐르던 전류의 관성에 의해 트랜지스터 쪽으로 강력히 밀고 나오므로 다음 식과 같은 큰 전압이 유기되어 트랜지스터가 파손된다.

$$v = L \cdot \frac{di}{dt}$$

따라서 **그림 2-180(c)**와 같이 전원의 역방향으로 다이오드를 접속하면 솔레노이드의 유도전압은 다이오드를 통해 다시 솔레노이드로 흡수되므로 트랜지스터가 보호된다.

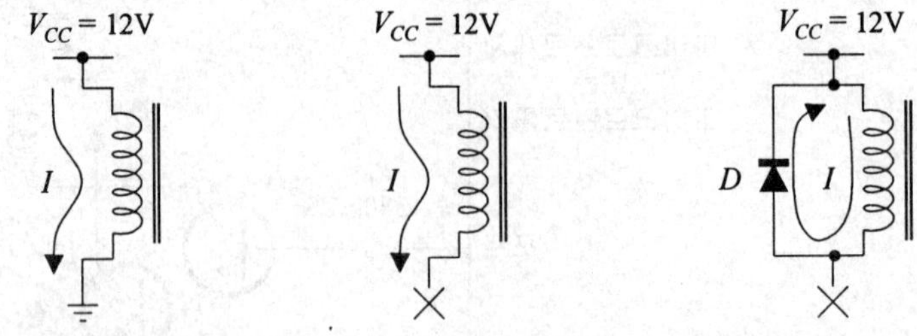

(a) 릴레이 on 상태 (b) 릴레이 off된 직후 (c) 다이오드의 역할

그림 2-180 • 프리휠링 다이오드의 역할

2) 다이오드에 의한 제어

디지털 전기신호로 교류신호를 스위칭하기 위해 다이오드를 이용할 수 있는데, 그림 2-181(a)에 스위칭 부분의 회로를 나타내었다.

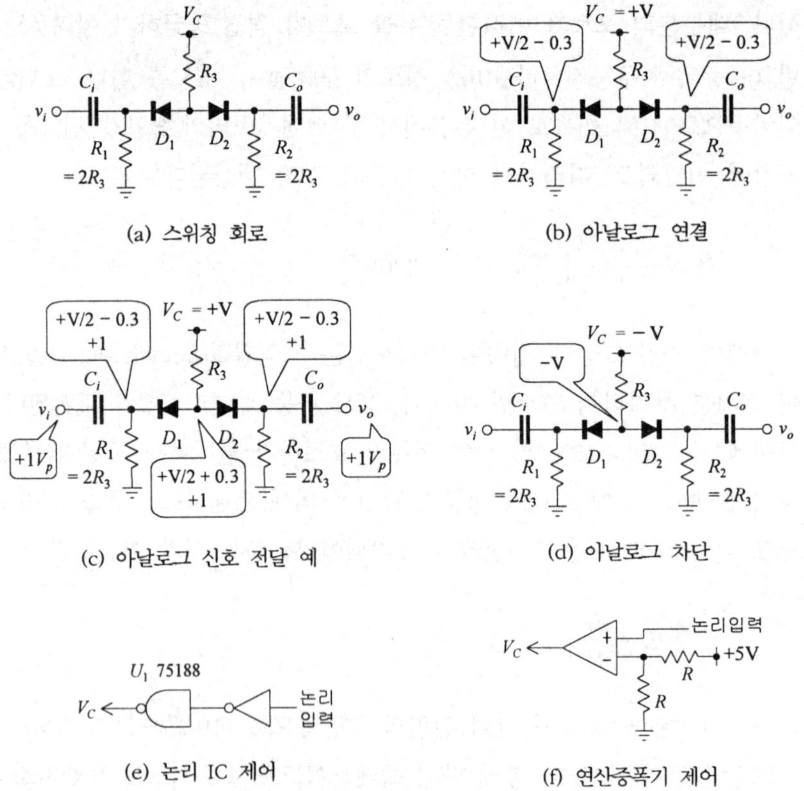

(a) 스위칭 회로 (b) 아날로그 연결 (c) 아날로그 신호 전달 예 (d) 아날로그 차단 (e) 논리 IC 제어 (f) 연산증폭기 제어

그림 2-181 • 다이오드에 의한 아날로그 스위칭 회로-1

그림 2-181(a) 회로에서 R_1과 R_2의 저항은 동일하면서 R_3보다 2배인 값으로 설정되며 C_i와 C_o는 바이어스 전류의 유출을 방지하는 커플링 커패시터들이다. 회로의 V_c 단자전압이 $+V$이면 아날로그 통과상태, $-V$이면 아날로그 차단상태로 제어가 되는데, $+V$일 경우를 그림 (b)에 나타내었다.

V_c가 $+V$이면 바이어스 전류는 저항 R_3를 경유해 D_1과 R_1, 그리고 D_2과 R_2로 흐르는데 회로의 조건에서 R_1과 R_2가 동일하므로 두 전류는 동일하고, R_3에는 2배의 전류가 흐르므로 두 다이오드의 캐소드와 커패시터가 만나는 지점은 다이오드 오프셋 전압 0.6V를 포함해 각각 $+V/2\ -0.3$의 바이어스 전압이 인가되며 이를 중심으로 교류신호가 동작한다.

만약 **그림 2-181(c)**와 같이 $+1\,V_p$의 신호가 입력되면 R_1 저항에 전류가 중첩되어 C_i쪽 바이어스 전압은 $+V/2\ -0.3$에서 1V 증가하며 따라서 다이오드 애노드도 1V 증가하고 최종적으로 1V의 출력이 나타난다. 이 회로는 단순히 신호가 다이오드를 통과시키는 것과 다르게 '아날로그-OR'이라는 회로로서 다이오드의 오프셋 영향이 없다. 아날로그-OR회로는 이후의 영상기기에서도 사용된다.

그림 2-18(d) 회로는 V_c에 $-V$를 인가한 경우로서 이때는 다이오드의 애노드가 강한 $(-)$전압이므로 D_1의 캐소드 전압이 이보다 더 $(-)$가 되지 않는 한 전류가 흐를 수 없어 아날로그 신호는 차단된다. 이 회로는 제어전압이 입력전압보다 최소한 2배 이상 커야 정상 동작하며, 커플링 커패시터에 의해 직류성분은 스위칭할 수 없다.

그림 2-181(e)와 그림 (f) 회로는 제어전압을 생성하는 회로의 예로서 그림 (e) 회로의 75188(또는 1488)은 RS-232C 제어용 소자이며 논리레벨 전압을 더 큰 전압의 $(+)$와 $(-)$로 변환한다. 그림 (f)는 여분의 연산증폭기가 있을 경우 저항에 의해 생성된 +2.5V와 논리전압을 비교해 제어전압을 생성한다.

만약 제어전압을 $\pm V$가 아닌 오픈과 $-V$로 제어하는 경우에는 **그림 2-182** 회로를 이용할 수 있다. 그림 (a) 회로에서 회로를 $+V$로 미리 바이어스 해 놓은 상태에서 V_c 단자를 오픈시켜 놓으면 회로는 정상 바이어스 상태로서 아날로그 신호를 통과시키고, V_c단자에 $-V$를 인가하면 역바이어스 상태가 되어 아날로그 신호는 차단된다. 이 회로를 제어하기 위한 회로의 예는 그림 (b)와 같다. 논리입력이 'L'이면 U_1의 출력이 0V이고, 따라서 트랜지스터 Q_1과 Q_2가 on되어 V_c에 $-V$가 출력된다.

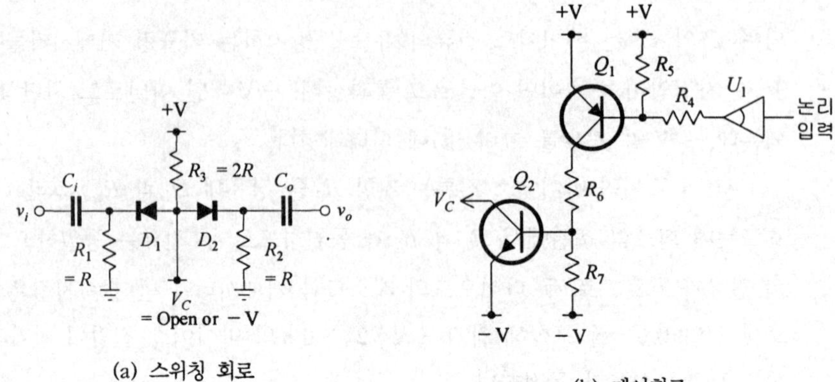

(a) 스위칭 회로 (b) 제어회로

그림 2-182 • 다이오드에 의한 아날로그 스위칭 회로-2

논리입력이 'H'이면 U_1의 출력은 플로팅 상태가 되어 Q_1은 +V에 의해 역바이어스되어 off되고 따라서 V_c는 플로팅 상태로 된다.

3) 브리지 다이오드에 의한 제어

앞서 다이오드에 의한 제어회로는 불평형(unbalanced) 회로로서 바이어스 전류의 유출을 방지하기 위해 커플링 커패시터를 사용하고, 이 때문에 직류에 가까운 신호는 스위칭할 수 없고 매우 낮은 주파수의 경우에도 영향을 받는다. 이러한 경우 브리지 다이오드를 이용해 평형(balanced)으로 제어하면 커플링 커패시터가 생략되어 매우 낮은 주파수 및 직류까지도 스위칭할 수 있는 회로를 구성할 수 있으며 이를 **그림 2-183(a)**에

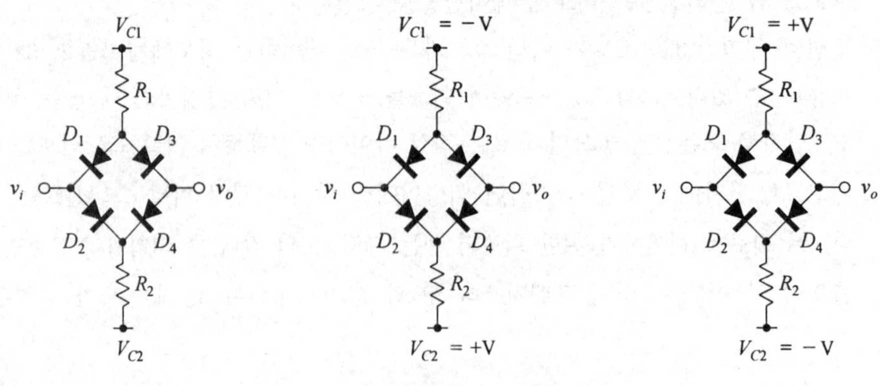

(a) 기본회로 (b) off 상태 (c) on 상태

그림 2-183 • 다이오드 스위치의 원리

나타내었다. 회로 위아래의 제어전압들(V_{C1} , V_{C2})이 그림 (b)와 같이 $V_{C1} = -\mathrm{V}$, $V_{C2} = +\mathrm{V}$ 상태라면 브리지 다이오드의 위와 아래는 이미 강한 역바이어스 상태이므로 입력전압이 D_1 과 D_2 를 통과할 수 없어 출력에 나타나지 않는다.

V_{C1} 에 $+\mathrm{V}$, V_{C2} 에 $-\mathrm{V}$ 가 인가되면 R_1 과 브리지 다이오드를 거쳐 R_2 로 바이어스 전류가 흐르며, 입력단자 v_i 와 출력단자 v_o 는 이들의 중점이므로 0V 로서 커플링 커패시터가 필요 없다.

만약 $+2V_p$ 의 전압이 입력되면 D_1 의 애노드 전압은 다이오드 오프셋 전압만큼 높은 $+2.6V_p$ 가 되고 D_2 의 캐소드 전압은 다이오드 오프셋 전압만큼 낮은 $+1.4V_p$ 가 되며, 따라서 출력전압은 D_3 과 D_4 의 분압에 의해 입력전압과 동일한 $+2V_p$ 가 나타난다. 이는 (−)전압이 입력되어도 동일한 과정을 거쳐 입력전압과 동일한 전압이 출력으로 나타나며, 따라서 입력전압이 출력전압으로 전달된다. **그림 2-184**에 논리회로 전압으로 제어전압을 제어하는 회로의 예를 나타내었다.

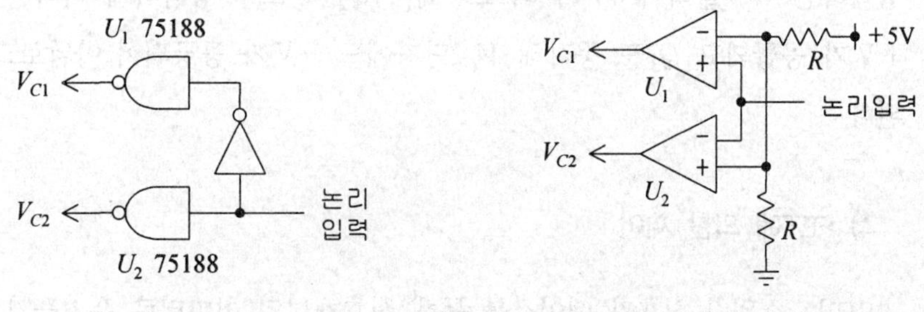

그림 2-184 • 전압 제어회로

그림 2-184(a) 회로는 RS-232C 제어용 소자인 75188(또는 1488)를 이용한 예로서 논리입력에 'H'를 입력하면 'L'이 U_1 에 입력되어 V_{C1} 에 $+\mathrm{V}$ 가 출력되고, V_{C2} 는 이와 반대로 $-\mathrm{V}$ 가 출력되어 아날로그 신호는 연결된다. 논리입력에 'L'을 입력하면 반대로 동작해 V_{C1} 에 $-\mathrm{V}$ 가, V_{C2} 에 $+\mathrm{V}$ 가 출력되어 아날로그 신호는 차단된다.

그림 2-184(b)는 연산증폭기를 이용한 예로서 저항에 의해 생성된 +2.5V 와 논리전압을 비교해 두 연산증폭기에서 다른 극성의 제어전압을 생성한다.

그림 2-185(a) 회로는 플로팅과 역바이어스 전압으로 제어하는 회로로서 그림 (b) 제어회로의 논리입력에 'H'를 입력하면 U_1 출력이 플로팅되므로 R_3 에 의해 pull-up되고, 이 때문에 PNP 트랜지스터 Q_1 과 Q_2 는 동작하지 않아 V_{C2} 는 플로팅되고 Q_3 도

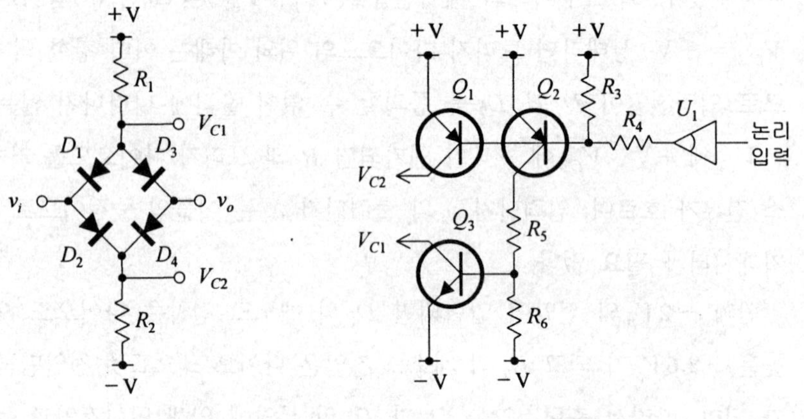

그림 2-185 • 플로팅 제어에 의한 스위칭 회로

R_6 에 의한 pull-down으로 플로팅되어 아날로그 신호는 연결된다. 논리입력에 'L'을 입력하면 U_1 출력이 0V가 되므로 Q_1, Q_2가 모두 동작하며 따라서 V_{C2}단자에는 +V가 공급되고 Q_3도 동작해 V_{C1}단자에도 −V가 공급되어 아날로그 신호는 차단된다.

4) FET에 의한 제어

BJT는 스위칭 신호가 베이스를 통해 신호채널인 이미터로 흘러들기 때문에 이 소자를 이용해 오디오 신호를 제어하려면 독립전원을 사용해야 하므로 회로가 매우 복잡해진다. 이에 비해 FET는 신호채널과 게이트 사이가 절연되어 있으므로 오디오 신호를 제어하기 매우 용이해 자주 사용된다. 이 소자는 단순한 스위치 용도로부터 가변저항 역할까지 할 수 있으므로 이를 응용하는 방법은 다음의 전자볼륨 부분에서 자세히 설명한다.

5) CMOS IC에 의한 제어

CMOS 계열의 IC는 기본소자가 FET로 구성되어 있으므로 아날로그 스위치를 쉽게 구성할 수 있는데, 특히 MOSFET를 사용하기 때문에 JFET에 비해 더 뛰어난 특성을 나타낸다. **그림 2-186**에 2종류의 아날로그 스위치를 나타냈는데, 그림 (a)는 4개의 개별 아날로그 스위치가 내장된 4066, 그림 (b)는 8채널 아날로그 멀티플렉서가 내장된 4051이다.

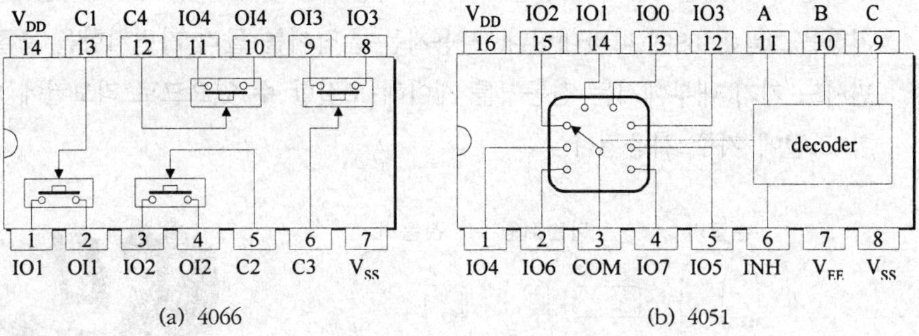

그림 2-186 • CMOS 아날로그 스위치의 예

데이터 시트에 의하면 이들은 +5V 전원 사용 시 약 470Ω, +15V 전원 사용 시 약 125Ω의 on 저항을 가지고, 최대 20 V_{pp} 까지의 교류를 다룰 수 있으므로 이러한 사항을 고려해 스위칭 회로를 설계한다.

그림 2-187은 그 예로서 제어신호가 'L'이면 SW_1이 off 되지만 혹시 유출된 신호는 SW_2에 의해 다시 접지로 빼내므로 입력신호는 두 스위치의 저항비만큼만 남는다. 제어신호가 'H'이면 SW_1이 on되면서 SW_2가 off되며 SW_1 on시 저항이 470Ω일 경우라도 회로에 영향이 없도록 연산증폭기를 20배 이상 큰 임피던스로 받는다.

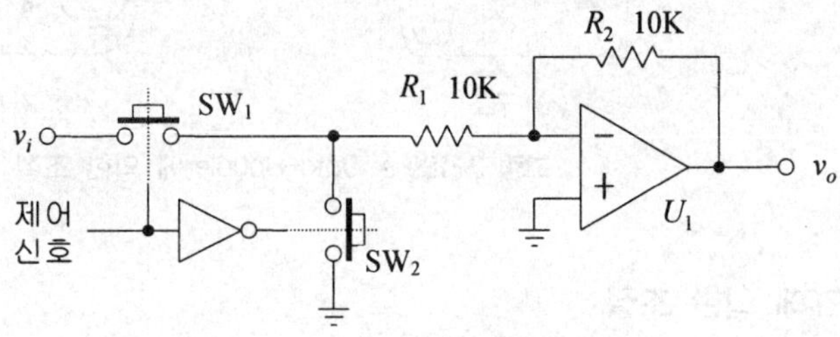

그림 2-187 • 아날로그 스위치 회로의 예

(2) 전자볼륨

전자볼륨은 오디오 신호를 on/off 하는 것이 아니라 크기를 조절하는 것으로서 이 기능을 이용하면 소리크기나 음질제어가 프로세서에 의해 가능해지므로 리모컨에 의한 음질제어 등이 가능해진다.

1) 기계적인 조절

고전적인 가변저항의 기능을 그대로 사용하면서 전자적으로 제어할 수 있는 가변저항을 **그림 2-188**에 나타내었다. 사용자는 손잡이를 돌려 가변저항을 조절할 수 있으면서도 기기 내부에서는 전동기를 제어해 조절할 수 있으므로 리모컨에 의한 가변저항 조절에 자주 사용된다.

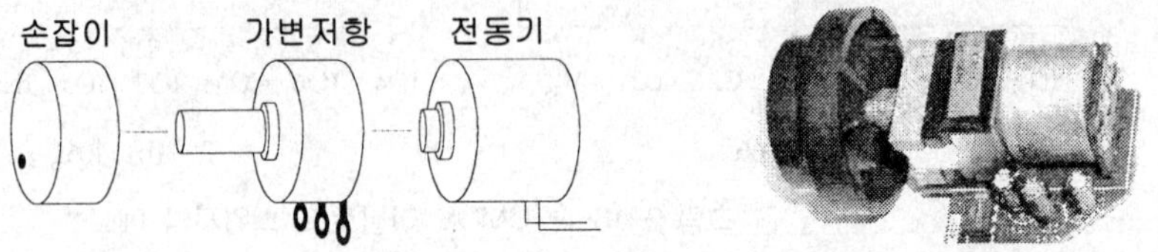

(a) 구조 (b) 실물사진

그림 2-188 • 기계적 가변저항 조절

2) Opto-coupler에 의한 조절

Opto-coupler는 **그림 2-189**와 같이 한쪽은 전구나 LED등으로, 반대쪽은 이 빛에 의해 저항이 조절되는 CdS 등이 내장되어 전압에 의해 저항값을 조절할 수 있다.

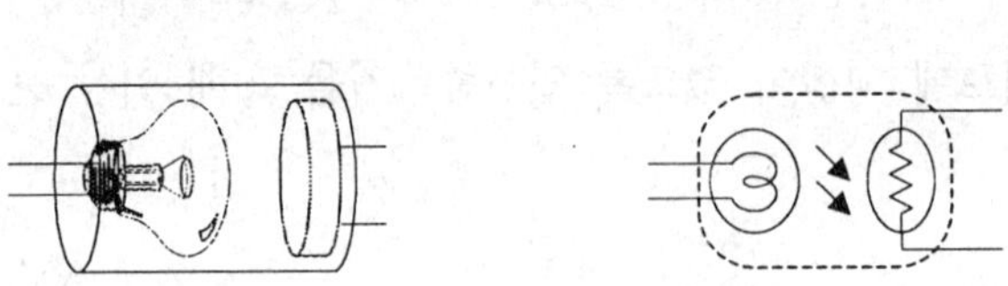

(a) 구조 (b) 기호

그림 2-189 • Opto-Coupler에 의한 조절

3) FET에 의한 조절

FET(Field Effector Transistor)류의 트랜지스터들은 채널의 크기를 조절해 전류를 제어하기 때문에 채널의 크기를 저항으로 생각할 수 있다. FET 중 JEFT(Junction FET)의 구조를 **그림 2-190**에 나타내었는데, **그림 2-191(b)**와 같이 게이트 단자에 역방향 전압을 인가하면 채널이 좁아져 저항이 커지는 효과가 있으며, 어느 정도 이상의 게이트 전압에서는 **그림 2-191(c)**와 같이 채널이 완전히 닫히는 '핀치오프(pinch-off)' 상태까지 도달한다.

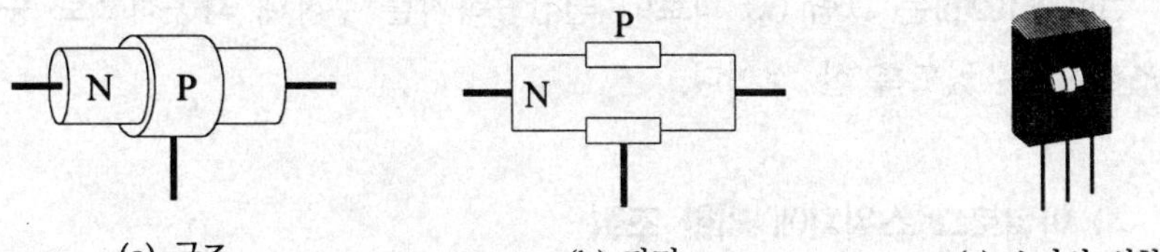

그림 2-190 • JEFT의 구조

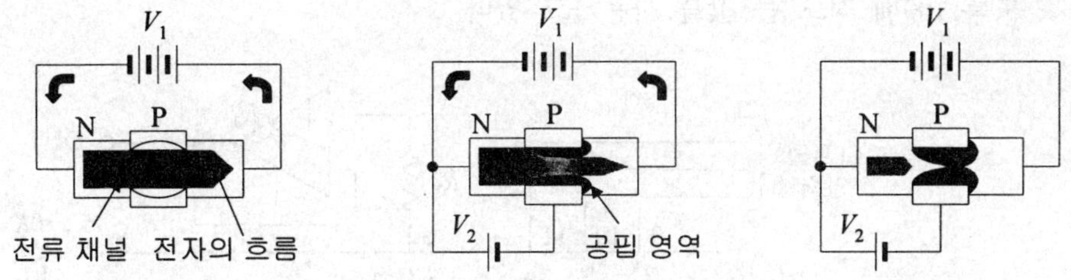

그림 2-191 • JEFT의 동작 예

이러한 FET의 저항조절 성질을 이용해 전압의 크기나 증폭기의 이득을 조절하는 예를 **그림 2-192**에 나타내었다.

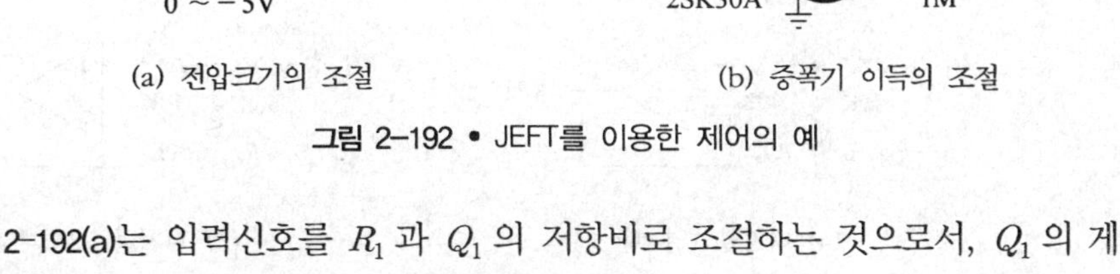

그림 2-192 • JEFT를 이용한 제어의 예

그림 2-192(a)는 입력신호를 R_1 과 Q_1 의 저항비로 조절하는 것으로서, Q_1 의 게이트에 0V 가 입력되면 채널이 완전히 열려 매우 작은 저항상태가 되므로 출력이 나타나지 않는다. 이때 설령 채널에 저항이 존재하더라도 이에 비해 R_1 이 매우 크므로 무시할 수 있다. Q_1 의 게이트에 점차 (−)전압을 인가하면 FET의 채널이 점점 좁아져 저항이 커지므로 출력전압은 점차 커지고, 핀치오프 상태에서 가장 큰 출력이 나타난다.

그림 2-192(b)는 그림 (a) 회로에 연산증폭기를 부착해 최종적으로 증폭기의 이득을 조절할 수 있도록 한 것이다.

4) 아날로그 스위치에 의한 조절

그림 2-193은 앞서 소개했던 CMOS 아날로그 스위치 4051을 이용한 증폭기 이득조절회로의 예로서 외부 저항들은 아날로그 스위치의 on 저항에 거의 영향을 받지 않도록 100배 정도 큰 값을 사용하고 있다.

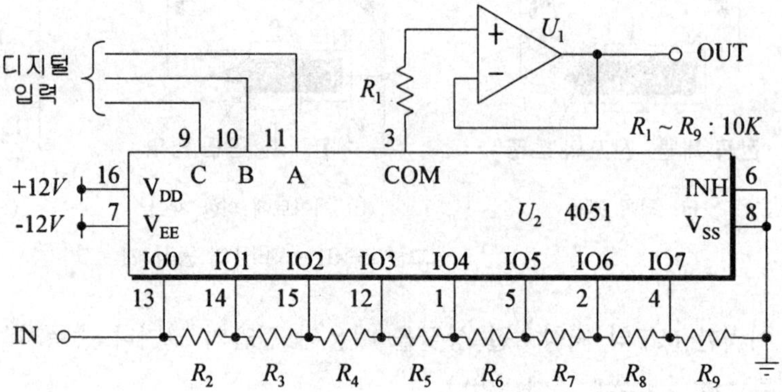

그림 2-193 • 아날로그 스위치를 이용한 이득조절회로의 예

이 회로는 그림 2-194에 나타낸 바와 같은 동작을 하는데, 디지털값이 1(001)이면 입력저항은 R_2 단독으로 10K 이고 나머지 저항들은 전압배분 저항이 되어 그림 (a)와 같이 나타낼 수 있다. 동일한 방법으로 디지털값이 5(101)일 경우는 그림 (b)와 같이 표현되며, 따라서 전체적으로는 그림 2-195와 같은 회로로 볼 수 있다.

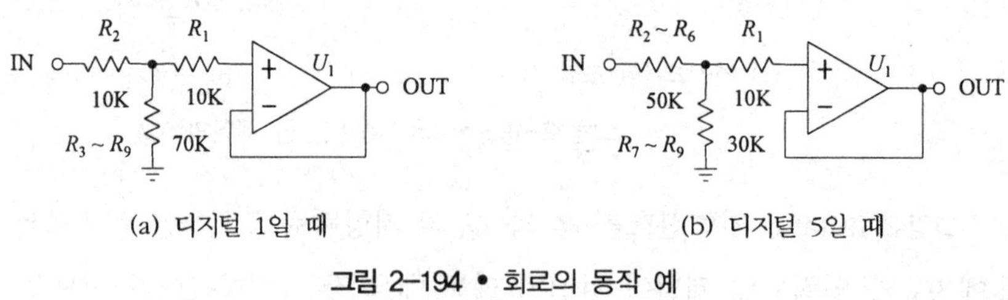

그림 2-194 • 회로의 동작 예

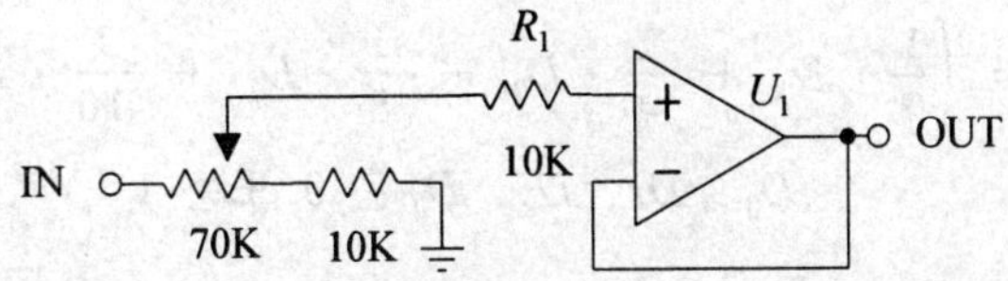

그림 2-195 • 등가회로

또한 4051의 INH 단자를 이용해 **그림 2-196**과 같이 확장이 가능하다.

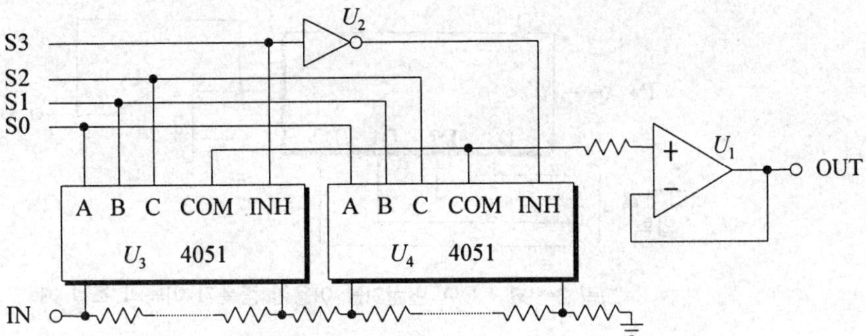

그림 2-196 • 확장된 회로의 예

5) D/A 변환기에 의한 조절

앞서 소개한 아날로그 스위치 회로는 4비트 제어 시 저항이 16개, 만약 8비트의 분해능으로 제어 시 저항이 256개나 필요로 하는데 비해 D/A 변환기를 이용하면 매우 쉽게 세분화된 제어가 가능하다. 4비트 전류모드 D/A 변환기는 **그림 2-197**과 같은 원리로 구성되며, 각 아날로그 스위치의 설정에 따라 식 (16)과 같이 제어된다.

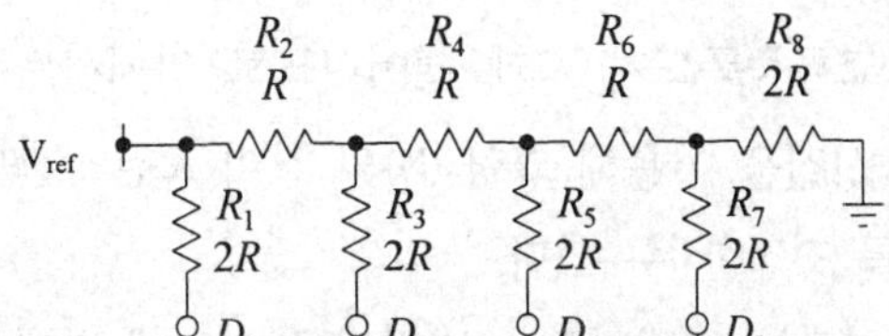

그림 2-197 • D/A 변환기의 내부 회로 예

$$I_o = \left(\frac{1}{2}\cdot D_3 + \frac{1}{4}\cdot D_2 + \frac{1}{8}\cdot D_1 + \frac{1}{16}\cdot D_0\right)\cdot \frac{V_{\mathrm{ref}}}{R} \quad \cdots\cdots (16)$$

D_0, D_1, D_2, D_3은 0 또는 1

따라서 만약 V_{ref}에 아날로그 신호를 입력하면 이 또한 식과 같이 제어될 수 있으며 이러한 회로의 예를 **그림 2-198**에 나타내었다.

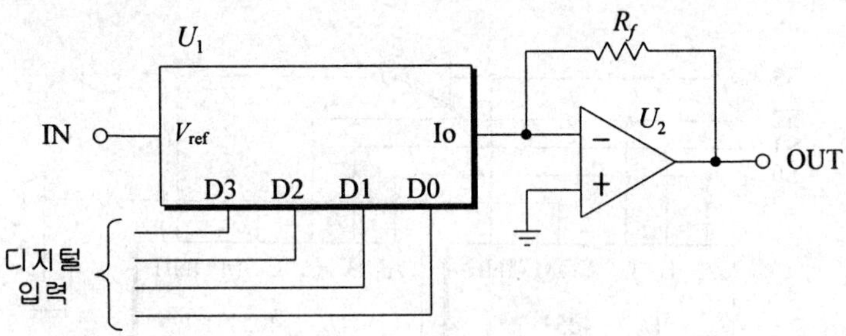

그림 2-198 • D/A 변환기를 이용한 증폭기 이득의 조절 예

회로에서 출력은 연산증폭기에 의해 식 (17)과 같이 전압으로 변환되어 나타난다.

$$V_o = I_o \cdot R_f \quad \cdots\cdots (17)$$

만약 8비트 D/A 변환기를 사용하면 256단계, 10비트 변환기를 사용하면 1024단계로 조절이 가능하다.

6) 스웸핑 효과에 의한 조절

그림 2-199(a)와 같은 이미터 접지 증폭기에서 이미터 저항 R_E만 사용하면 스웸핑 효과에 의해 교류증폭도가 크게 떨어지므로 커패시터 C_E를 삽입해 이를 방지하고 있다. 이러한 성질을 이용해 그림 (b)와 같이 오픈-컬렉터 게이트로 스웸핑값을 선택하면 증폭도를 조절할 수 있다.

그러나 이 회로는 스웸핑값이 변경되므로 인해 바이어스 전압에 큰 변동이 생기고 음질에 차이가 발생하므로 전화기 수화음량 조절 등 간단한 용도에서만 사용된다.

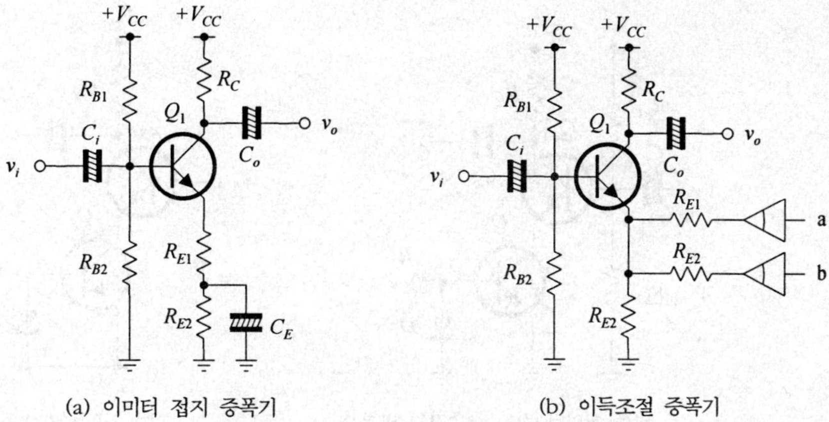

그림 2-199 • 이미터 접지 증폭기에 의한 이득조절

7) 차동증폭기에 의한 조절

BJT는 바이어스 전류, 즉 Q점에 따라 증폭률이 변화하는 특성을 가지고 있어 회로 설계 시 유의해야 하는 특징을 가지고 있다. 그러나 오히려 이 특징을 더욱 부각시켜 바이어스 전류 변화 시 증폭률이 크게 변화하도록 설계된 것이 있으며, 이를 이용하면 증폭기의 이득을 조절할 수 있다.

① 연속 이득제어의 방법

이미터 접지 증폭기 회로를 **그림 2-200(a)**와 같이 바이어스 전류를 제어할 수 있도록 변경하면 증폭기의 이득을 변경할 수 있는데, 예를 들어 V_C 단자에 큰 전압을 인가하면 R_3과 D_1을 통과하는 전류가 커지며 이는 미러(mirror)효과에 의해 Q_2의 전류도 커진다. 이는 결과적으로 Q_1의 스웸핑 저항이 작아진 것과 같아 v_i에 입력된 전압이 Q_1의 베이스와 이미터 사이에 충실히 작용하므로 증폭기 이득이 커진다.

이와 반대로 V_C 단자의 전압이 작으면 Q_2의 전류가 작아지고, 이는 Q_1의 스웸핑 저항이 커진 것과 같으므로 컬렉터 접지 증폭기같이 v_i에 입력된 전압이 Q_1의 베이스와 이미터 사이에 충실히 반영되지 않아 증폭기 이득이 작아진다.

그림 2-200(a) 회로를 그림 (b)와 같이 이미터 바이어스를 이용해 변경하면 바이어스 저항들과 커플링 커패시터들이 생략되어 회로가 간단해지지만 이득을 조절하기 위해 V_C를 조절하면 입력 바이어스 전압은 약간 변화하지만 출력 바이어스 전압은 크게

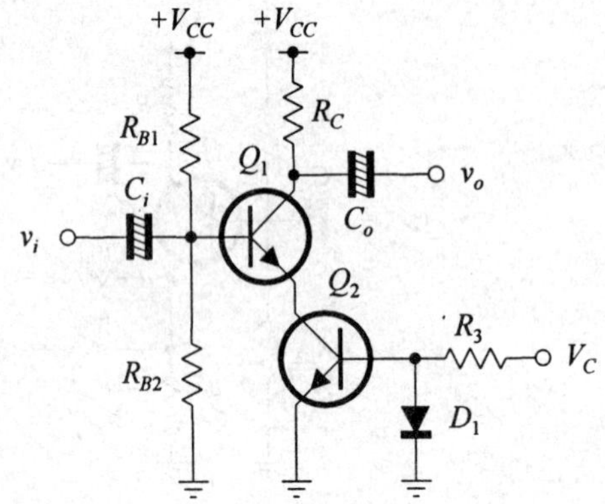

(a) 공통-이미터 접지 증폭기의 변형

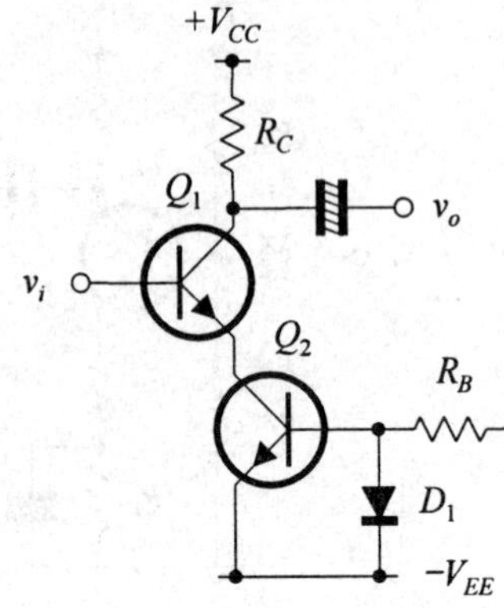

(b) 이미터 바이어스

그림 2-200 • 연속 이득제어의 원리

변동하므로 출력 커플링 커패시터까지는 생략할 수 없다.

② 출력 바이어스 전압의 유지

직류신호 영역까지 증폭을 하려면 출력 커플링 커패시터를 생략해야 하고 이를 위해서는 이득조절 전압이 변화하더라도 출력 바이어스 전압이 변화하지 않아야 하는데 차동출력을 생성해 유지하는 방법이 있다. 즉 정상신호에 대해서는 차동출력이 서로 다르게 변화하고, 이득조절 전압이 변화할 때는 차동출력이 동시에 변화한다면 이 출력을 이용해 출력 바이어스 전압을 일정하게 유지할 수 있다.

차동출력을 발생하려면 **그림 2-201(a)**와 같이 Q_1의 컬렉터에서 반전출력을 내보내고, 이미터에서 비반전 출력을 추출하면 되는데, 비반전 출력은 이미터 폴로워 형태이므로 전압증폭이 최대 1밖에 되지 않으므로 이를 Q_1 증폭기와 동일한 조건 하에서 증폭하기 위해 베이스 접지 증폭기 Q_3를 부가해 비반전 출력을 추출한다. 만약 Q_3를 이미터-접지 증폭기로 구성해 접속하면 출력은 비반전이 될지 모르나 이득조절 전압이 변화할 때 Q_1과 동일한 조건으로 동작하지 않아 두 출력 V_{O1}과 V_{O2}의 출력바이어스 전압이 동일하게 변화하지 않으므로 소용없게 된다.

이와 같이 베이스 접지 증폭기까지 추가한 회로를 다시 그리면 **그림 2-201(b)**와 같은 전형적인 차동증폭기가 구성된다. 단, 실제 차동증폭기는 바이어스가 변화하지 않도록 R_E와 D_1에 공급되는 전압이 정전압으로 되어 있고, Q_3도 입력전압을 인가할 수 있도록 구성되어 있다.

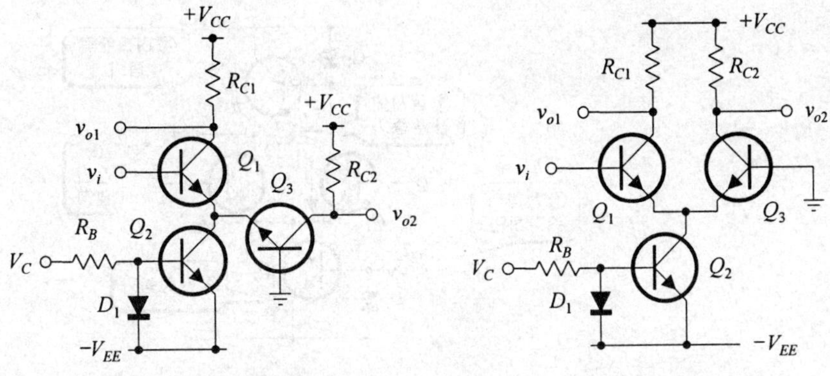

(a) 베이스 접지 증폭기의 추가 (b) 다시 그린 증폭기

그림 2-201 • 차동출력의 형성

이와 같이 생성한 차동출력은 이득조절 전압의 변화가 두 출력에 동시에 나타나므로 차동출력 사이의 상대전압은 변화하지 않으며, 이 성질을 이용해 바이어스 전압이 일정하도록 **그림 2-202**와 같이 구성할 수 있다.

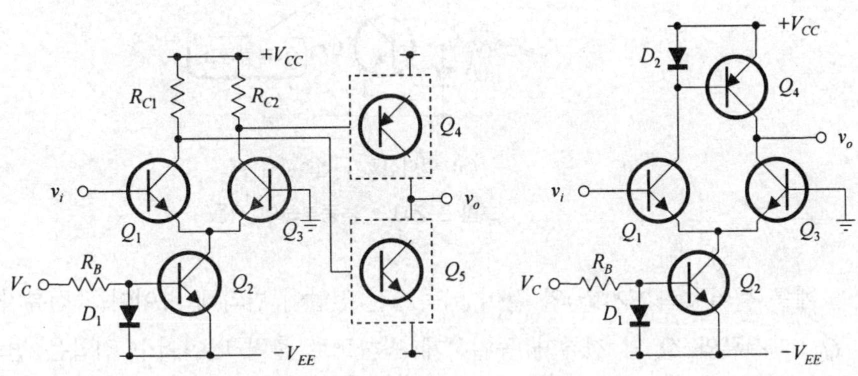

(a) 푸시-풀 출력 (b) 능동부하 출력

그림 2-202 • 바이어스 안정회로 구성 예

그림 2-202(a)는 차동출력을 이용해 푸시-풀 출력을 구동하는 방법으로서, 이득조절 전압이 변화해 Q_2의 바이어스 전류가 변화해도 이는 Q_1과 Q_3에 함께 영향을 미치므로 푸시-풀 두 트랜지스터가 함께 변화해 출력 바이어스 전압은 변화가 없다. 그림 (b)는 연산증폭기 이득을 크게 높이는데 사용되는 능동부하를 이용한 출력으로서 Q_1의 전류출력이 D_2와 Q_4의 전류미러에 의해 출력에 영향을 미치도록 구성되어 있다.

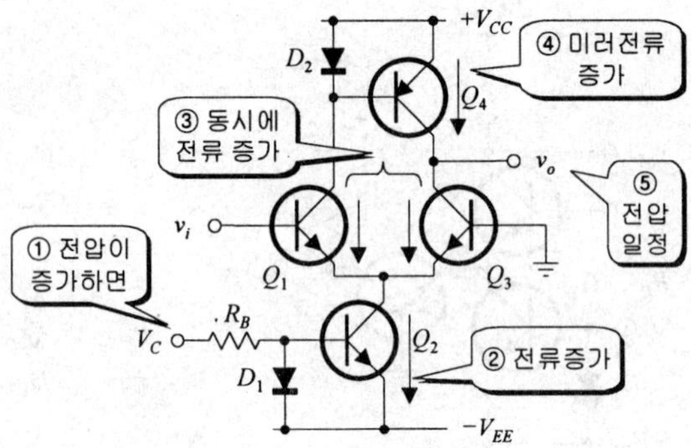

(a) 이득제어 전압이 변화했을 때

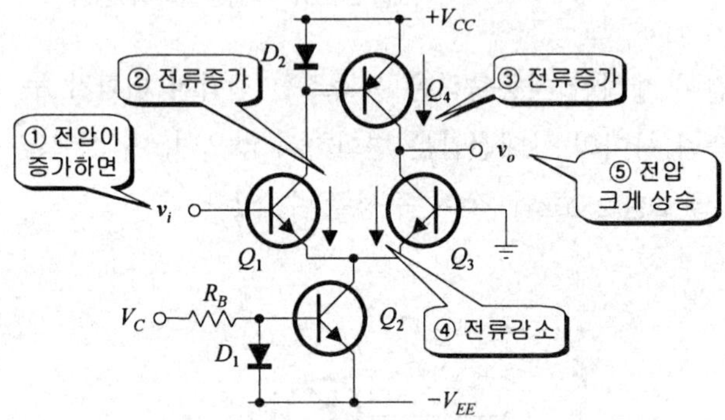

(b) 입력신호가 변화했을 때

그림 2-203 • 능동부하의 작용

예를 들어 **그림 2-203(a)**와 같이 이득조절 전압이 변화해 바이어스 전류가 변화해도 Q_3의 전류와 Q_4의 전류가 동일하게 변하므로 출력 바이어스 전압은 변화가 없다. 그림 (b)는 입력신호가 인가된 경우로서 Q_3과 Q_4의 전류가 서로 반대로 동작해 출력전압 이득이 크게 높아진다.

③ VCA 회로

일반적인 연산증폭기는 바이어스 전류나 온도 등의 변화에 대해 증폭률이 가급적 일정하도록 설계된다. 이에 비해 바이어스 전류에 의해 증폭률이 크게 변화하도록 설계해 사용자가 필요에 따라 조절할 수 있도록 한 연산증폭기를 OTA(Operational Transconductance Amplifier)라 하며 이 소자를 이용해 이득을 제어할 수 있는 증폭기를 VCA(Voltage Controlled Amplitude)라 한다.

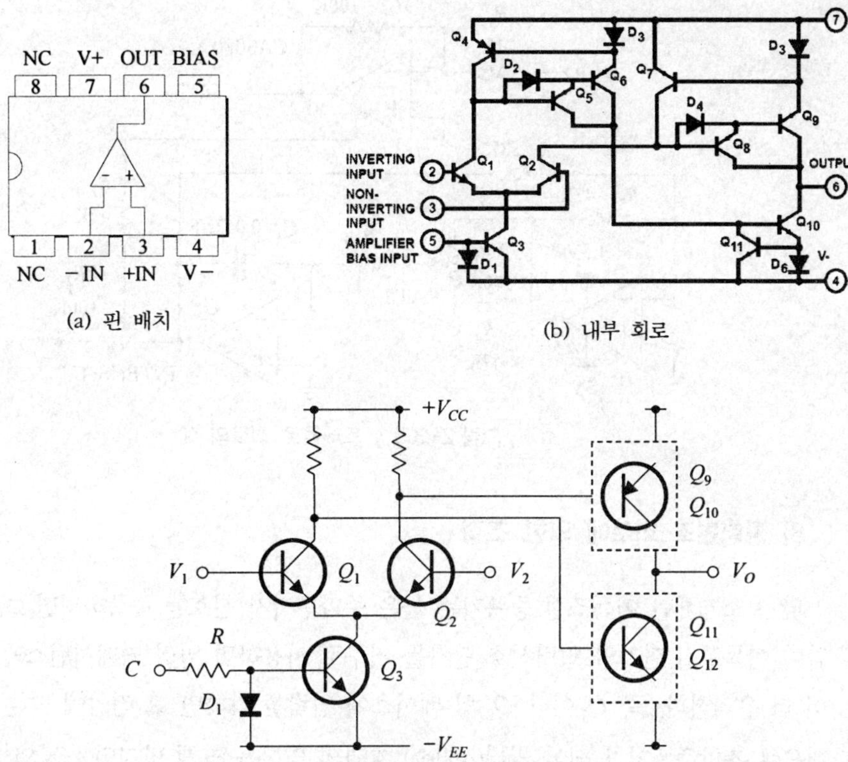

(a) 핀 배치

(b) 내부 회로

(c) 바이어스 변화에 대한 영향 제거

그림 2-204 • CA3080 OTA

자주 사용되는 OTA 중 하나인 CA3080의 핀 배치와 내부 회로를 **그림 2-204**에 나타내었다. 그림 (b)에 나타낸 바와 같이 5번 핀이 바이어스 조절단자이며 이곳 전류를 변화시키면 증폭기의 이득이 변화한다. 나머지 소자들($Q_4 \sim Q_{11}$, $D_2 \sim D_6$)은 이득을 조절하기 위해 초단 증폭기의 바이어스를 조절하더라도 출력전압의 중점이 일정하게 유지되도록 차동출력을 이용해 푸시-풀 증폭기를 형성한 것이다.

즉 바이어스 전류가 증가하면 초단 차동출력의 양쪽이 모두 증가하므로 그림 (c)와 같이 이 변화를 그대로 푸시-풀 트랜지스터들에 각각 인가하면 출력 트랜지스터들도 함께 전류가 변화해 출력전압의 중점은 그대로 유지된다.

그림 2-205는 이 소자를 이용해 음악 효과에 사용하는 트레몰로(tremolo) 회로를 구성한 예로서 U_1 이 전압에 의해 이득을 조절하는 VCA 부분이고, U_2, U_3 는 트레몰로 효과를 발생하기 위한 삼각파 발진회로이다.

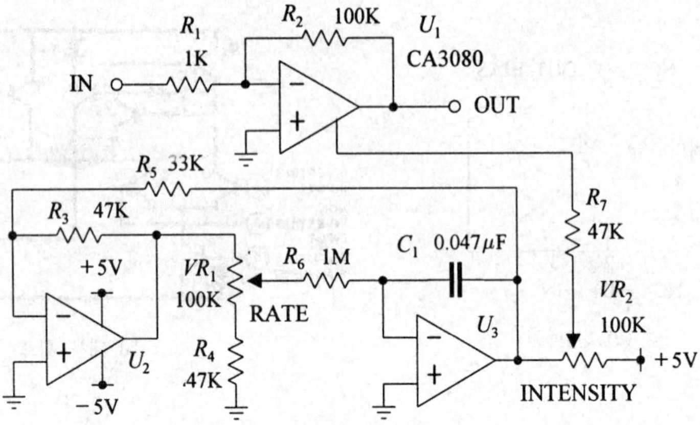

그림 2-205 • 트레몰로 회로의 예

8) 평형변조 회로에 의한 조절

앞서 소개했던 이득조절 증폭기는 높은 주파수까지 신호를 증폭하려면 **그림 2-206(a)**와 같이 이득조절 단자와 입력신호 단자를 거꾸로 사용하면 밀러 커패시턴스를 피할 수 있어 더 유리하다. 즉 Q_1이나 Q_2의 베이스에 입력을 가하면 그 전압에 따른 증폭동작을 하므로 전압증폭기가 되어 밀러(miller) 효과의 영향을 크게 받지만, Q_3의 베이스에 입력을 가하면 일단 전류로 변환되어 동작하므로 전류증폭기가 되어 밀러 효과가 나타나지 않는다. 이득조절 전압은 거의 직류로 동작하므로 밀러 효과의 영향을 받지 않는다.

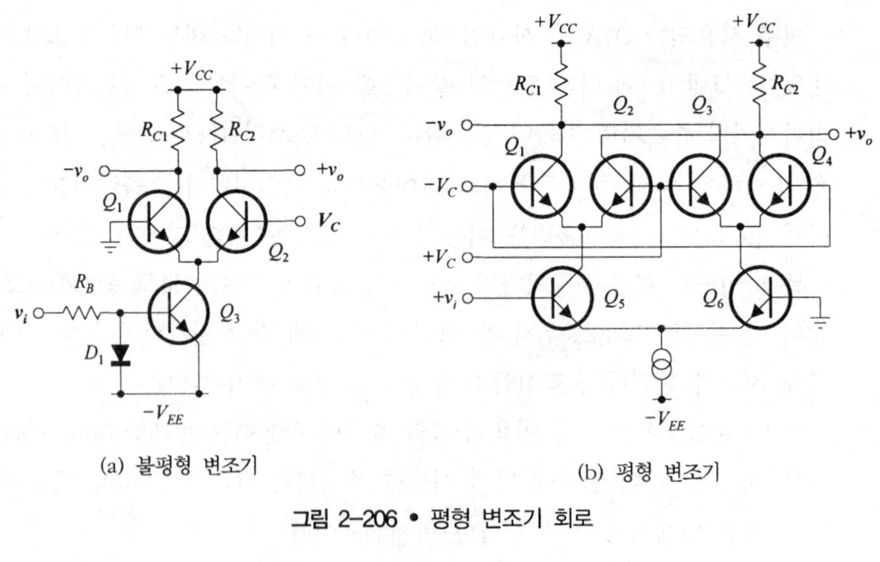

그림 2-206 • 평형 변조기 회로

그림 2-206(a) 회로는 이득제어 전압이 변화함에 따라 이득은 **그림 2-207(a)**와 같이 0부터 (+)방향으로 제어되므로 통신 분야에서는 이 회로를 불평형 변조기로 사용한다. 이에 비해 **그림 2-206(b)**와 같이 회로를 구성해 입력신호의 전류를 Q_5와 Q_6에 의해 차동으로 발생한 후 이들을 이득제어 전압의 상대적인 차에 의해 선택하면 이득은 **그림 2-207(b)**와 같이 (−)로부터 (+)까지, 즉 제어전압 $+V_C$가 $-V_C$보다 클 때는 입력과 출력이 동일한 위상으로 이득조절이 되고, $+V_C$가 $-V_C$보다 작을 때는 입력과 출력이 반전되면서 이득조절이 되어 평형 변조기가 구성된다.

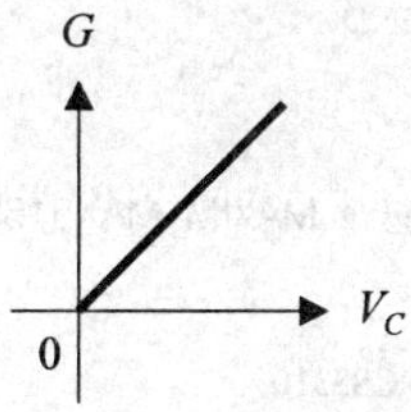

(a) 불평형 변조기

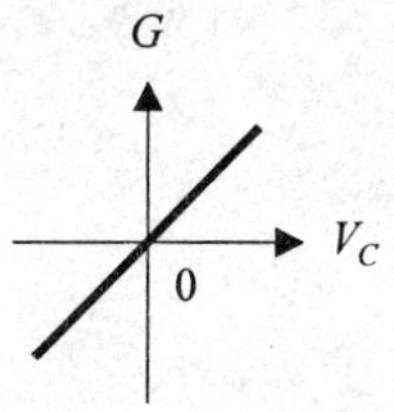

(b) 평형 변조기

그림 2-207 • 이득조절 범위

오디오 분야에서는 다음에 소개할 음질제어용 IC에 평형 변조기의 위상반전 성질을 이용해 고음조절, 저음조절의 증가와 감쇠 기능으로 활용하고 있다.

(3) 전용 IC의 이용

이상에서 살펴본 전자볼륨들은 각종 IC로 제작되어 있는데, 그 중 몇 종류를 살펴본다.

1) 가변저항 소자

그림 2-208(a)는 MAXIM MAX5160의 내부 블록도로서 업/다운 카운터와 클록 신호에 의해 32단계의 가변저항을 선택할 수 있고 소자 형번에 따라 단계마다 50K, 100K, 200K 등으로 구성되어 있다. 이 소자를 그림 (b)와 (c)와 같이 연산증폭기와 결합하면 이득을 가변할 수 있는 응용 등이 가능하고, 특히 제어단자들을 마이크로프로세서와 접속하면 프로그램에 의해 모든 제어가 가능하다.

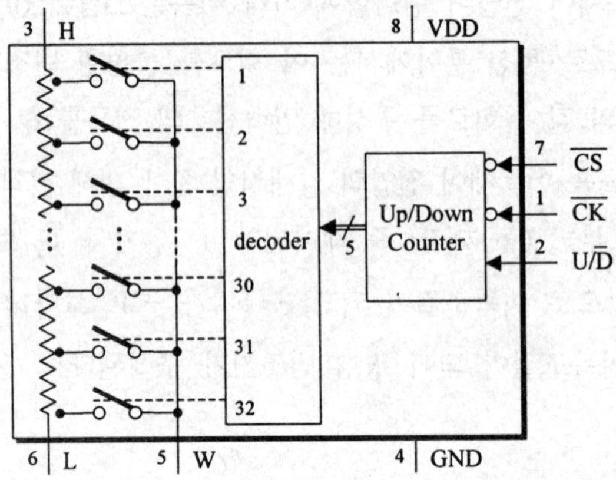

(a) 블록도

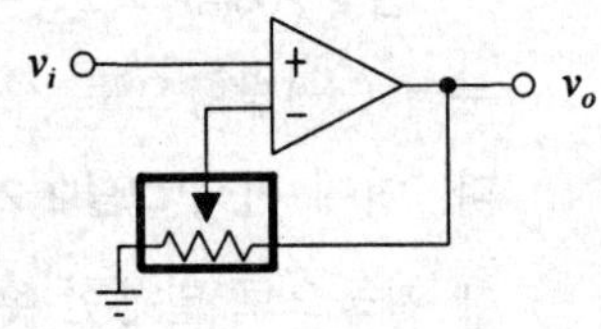

(b) 가변이득 비반전

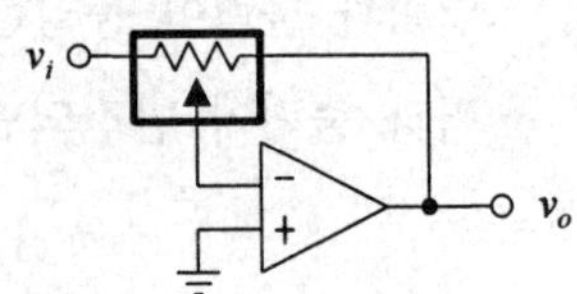

(c) 가변이득 반전

그림 2-208 • MAXIM MAX5160

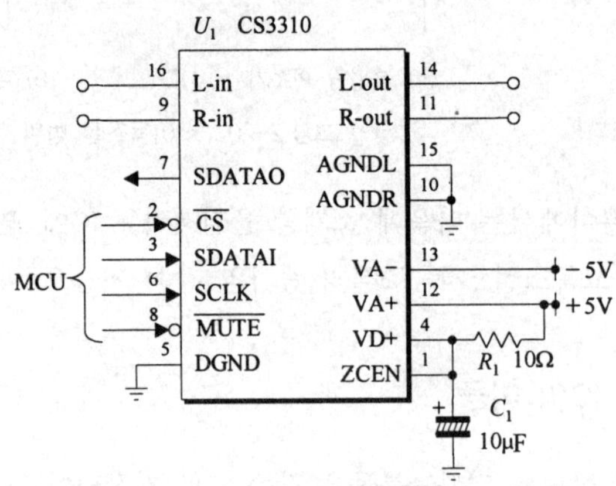

(a) 포트 접속용 소자의 예

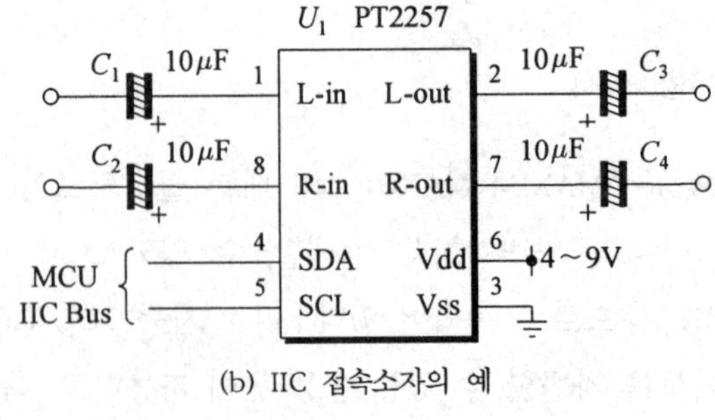

(b) IIC 접속소자의 예

그림 2-209 • 디지털 접속소자의 예

Cirrus Logic의 CS3310과 같은 종류는 **그림 2-209(a)**에 나타낸 바와 같이 프로세서와 직렬통신으로 음량을 조절할 수 있으며, Princepton의 PT2257 등은 표준 직렬 접속규격인 IIC(I^2C)로 인터페이스할 수 있도록 구성되어 있다.

2) 음질제어 소자

오디오의 여러 가지 사항들을 전압으로 제어하기 위한 기능들, 예를 들어 볼륨, treble, bass를 비롯해 balance, loudness 등을 제어할 수 있도록 구성된 전용 IC가 여러 종류 있는데, 그 중 삼성 KA2107의 내부 블록도 및 회로 예를 **그림 2-210**에 나타내었다.

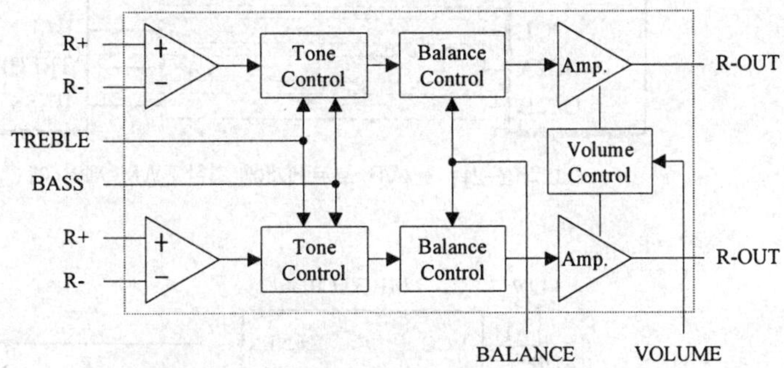

(a) 블록도

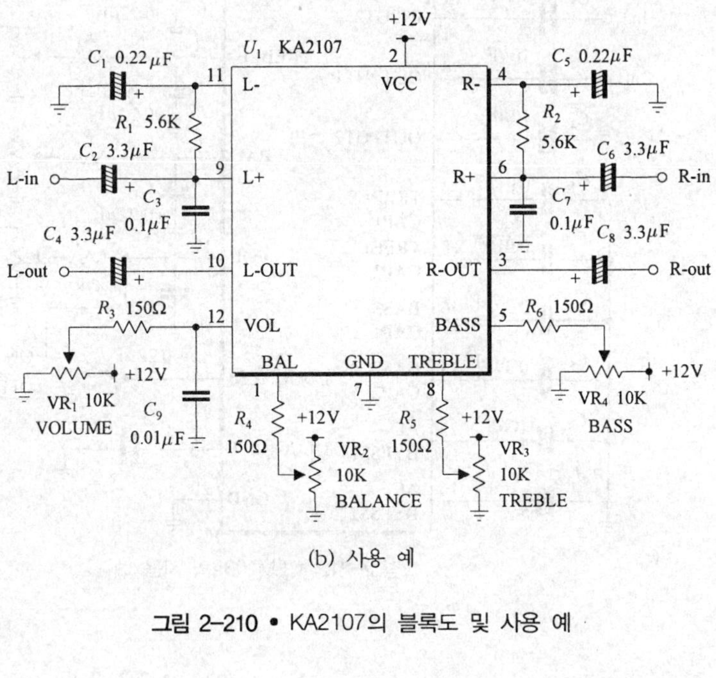

(b) 사용 예

그림 2-210 • KA2107의 블록도 및 사용 예

이 소자는 **그림 2-210(a)**에 나타낸 바와 같이 외부에서 전압으로 스테레오 양 채널의 볼륨, treble, bass, balance를 모두 제어할 수 있어 그림 (b) 회로의 가변저항 대신 **그림 2-211**과 같이 마이크로프로세서 등과 접속하면 오디오의 모든 사항이 디지털로 조절 가능하다.

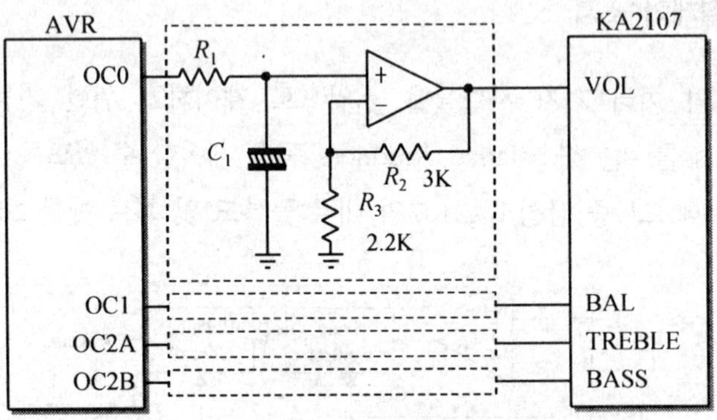

그림 2-211 ◦ AVR 프로세서에 의한 PWM 제어 예

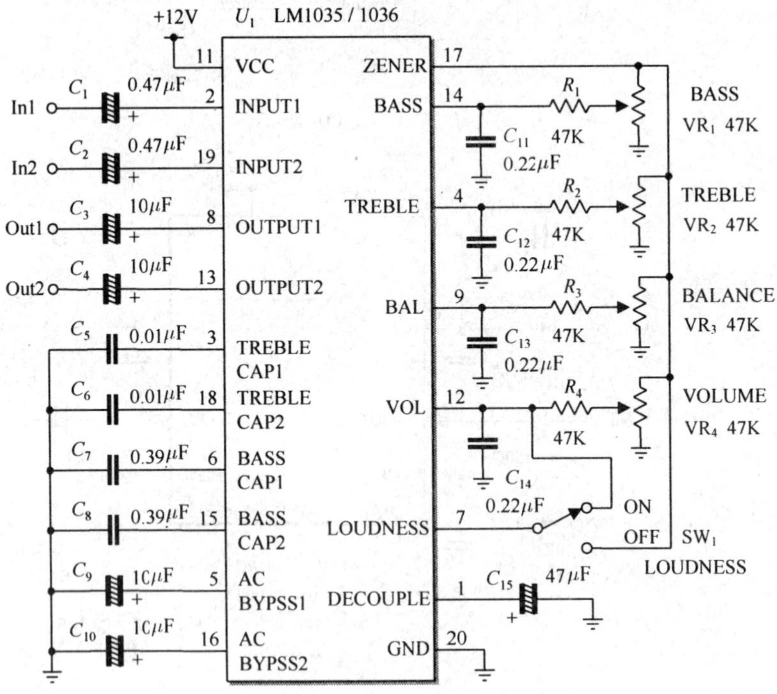

그림 2-212 ◦ LM1035의 사용 예

AVR 계열 프로세서, 예를 들어 ATmega8535 등은 하드웨어 PWM 출력이 4채널 가능하므로 이를 적분해 평균한 후 연산증폭기에서 2.36배 증폭해 최대 +5V를 약 +12V까지 변환한 후 입력한다. 이러한 응용은 소프트웨어에 의한 PWM으로도 충분히 가능하므로 어떤 마이크로프로세서에서도 사용 가능하다.

그림 2-212는 National Semiconductor LM1035의 예로서, 이 소자는 loudness 제어도 가능하도록 되어 있으며, 이 이외에도 오디오 믹스, 선택기능, 3D 시스템이나 서라운드 시스템 기능이 내장된 종류도 있다.

이 소자의 모든 조절부분은 앞서 설명한 평형 변조기회로를 이용하고 있는데, 특히 treble, bass 조절에서는 대상 주파수신호를 반전신호로 감쇠, 비반전신호로 증가되도록 사용하고 있다.

05 오디오 액세서리

오디오 시스템을 구성하는데 있어서 필수 요소는 아니지만 구비되어 있으면 편리한 보조기구들이 있는데, 그 중 자주 사용되는 몇 종류에 관해 살펴본다.

1 표시용 액세서리

표시용 액세서리는 오디오 신호를 시각적으로 전달하는 것으로서, 단순히 시각적 효과만을 위한 것이 있는가 하면 녹음작업 등에서 현재 오디오 상태를 나타내는 요긴한 기기도 있다.

(1) 미터기

오디오 상태를 표시하는 미터기(meter)는 오디오 표준신호에 대한 음량을 나타내는 VU 미터와 순간 피크값을 표시하는 피크레벨미터(PPM), 그리고 실제 출력을 나타내는 True Power Meter 등이 있다.

1) VU 미터

일반 미터기는 전압, 또는 전류 등에 의한 지시값을 가리키지만, 오디오 시스템 신호의 가장 핵심은 음량이다. VU(Volume Unit) 미터는 인간이 느끼는 음량을 오디오 표준신호를 기준으로 나타낸 것으로서, 현재의 음량이 오디오 표준신호와 일치하면 0을, 이보다 작으면 (−)값을, 크면 (+)값을 데시벨(dB)단위로 나타낸다. 이 미터기는 음향을 들을 때 보다는 녹음할 때 중요하게 사용되는데, 현재 녹음하는 음량이 표준신호보다 지나치게 크면 왜곡(distortion)이 발생하고, 지나치게 작으면 신호 대 잡음비(S/N 비)가 나빠지기 때문에 적당한 크기로 녹음해야 하기 때문이다. VU 미터의 표준규격은 **그림 2-213**과 같이 정의되어 있다.

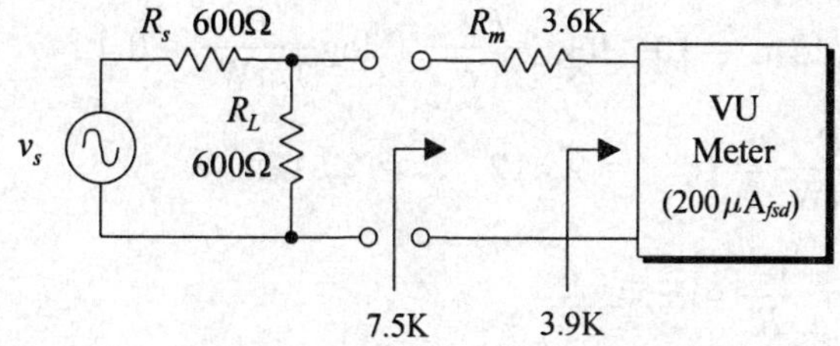

그림 2-213 • 표준 음량계의 회로

VU 미터기는 눈금의 끝을 가리키는 '최대편이전류' I_{fsd}가 200μA인 PMMC (Permanent Magnet Moving-Coil Mechanism) 미터를 사용하고, 미터기 자체의 임피던스는 1kHz에서 3.9kΩ, 여기에 직류 저항을 합쳐 총 7.5kΩ의 임피던스를 가지도록 규정되어 있다. 그 이유는 그림 좌측의 오디오 표준 신호망에 계기 임피던스가 영향을 미치지 않도록 하기 위해 신호망 등가저항인 300Ω보다 훨씬 큰 값을 취하도록 하면서도 미터기가 충분한 편이를 일으키도록 고려된 것이다. **그림 2-214(a)**에 VU 미터의 눈금형태를 나타내었다.

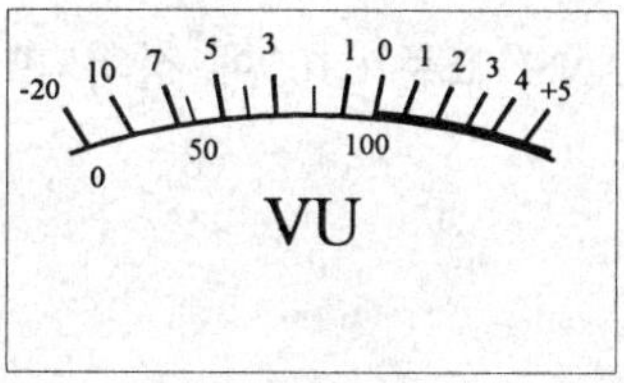

(a) VU 미터의 눈금

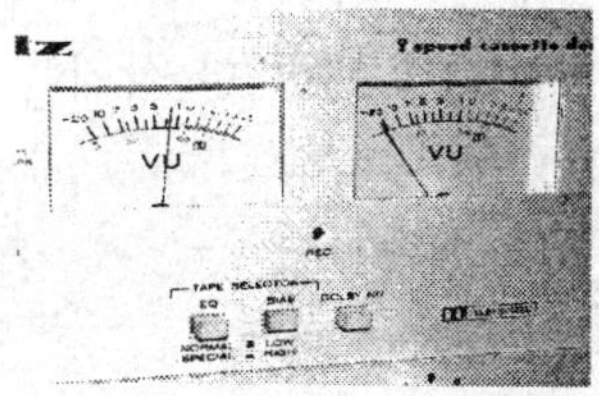

(b) 오디오의 VU 미터

그림 2-214 • VU 미터의 눈금 및 장치된 예

그림의 VU 미터 눈금에서 위쪽 숫자들은 VU 값을, 아래쪽 숫자는 퍼센트를 의미한다. 즉 0VU이면 이는 표준신호와 일치하는 크기의 음량이고, 이보다 작으면 (−), 이보다 크면 (+)로 표시한다. 퍼센트 숫자는 표준신호 크기를 100%로 보았을 때의 백분율 크기를 의미한다.

0VU는 주파수 1kHz의 신호가 600Ω의 부하에 +4dBm의 전력(dBm은 1mW와의 데시벨 비율, 즉 1mW일 때 0dBm이다)을 공급할 때를 의미하며, 나머지 숫자들은 +4dBm과의 데시벨 차를 나타낸 것이다. 만약 미터기가 0VU를 가리키고 있다면 이 때의 실제 전력과 전압은 다음과 같다.

$$+4\text{dBm} = 10 \cdot \log\frac{P}{1\text{mW}}, \quad \log\frac{P}{1\text{mW}} = 0.4$$

$$\frac{P}{1\text{mW}} = 10^{0.4} = 2.512, \; P = 2.512\text{mW}$$

$$P = \frac{V^2}{R} \text{ 이므로,}$$

$$v_L = \sqrt{2.512\text{mW} \cdot 600\Omega} = \sqrt{1.5072} = 1.228\text{V}$$

즉, 600Ω 부하에 1.228 V_{rms}의 전압이 인가되었을 때가 0VU이다. 일반 오디오 표준신호는 0dBm(−4VU)인 0.78 V_{rms} 또는 1.1 V_p를 최소로, +4dBm (0VU)인 1.23 V_{rms} 또는 1.74 V_p를 최대로 한다.

VU미터는 아주 빠른 움직임을 표시하는 것이 아니라 일정시간(일반적으로 약 0.3초)의 평균값을 표시하므로 약간 둔하게 움직이도록 되어 있으며, 규정에 의하면 미터기 지침이 300mS 동안에 눈금의 99% 지점까지 상승할 때 오버슈트가 1~15% 이내로 나타나도록 되어 있다. 이를 기술적 관점에서 기계적 공진주파수가 2.1Hz, $Q = 0.62$라 표현한다.

VU 미터에 관한 더 상세한 사항은 ANSI 표준 C165에 정의되어 있으므로 이를 참조하라.

① 아날로그 방식

VU 미터의 정의에서는 미터기를 표준신호 회로에 직접 접속해도 큰 지장이 없도록 구성되어 있다지만 영향이 완전히 없을 수는 없으므로 일반적으로 **그림 2-215**와 같이 간단한 버퍼 증폭기를 구성해 미터기를 구동한다.

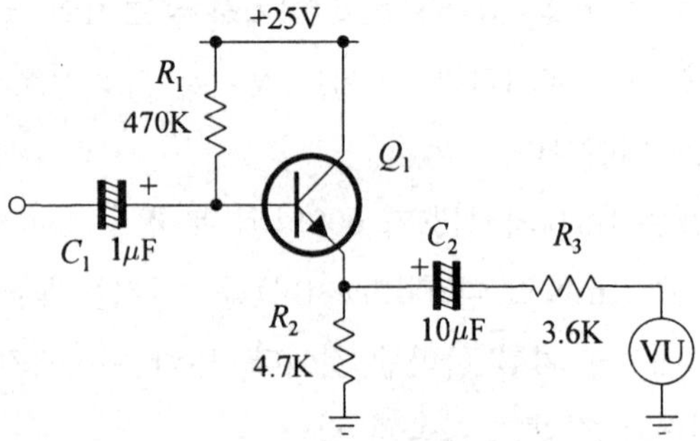

그림 2-215 • VU 미터 구동회로

연산증폭기의 버퍼를 구성해 사용하면 더욱 우수하기는 하나, 일반 오디오 시스템에 부착하는 VU 미터기는 대략적인 값만을 관찰하는 것이므로 아주 정확할 필요는 없다.

② 디지털 방식

PMMC로 구성하는 VU 미터는 기계적으로 정밀하게 구성되어 가격이 비교적 비싸고 고장 가능성이 많다. 이 때문에 최근의 오디오 시스템은 LED나 형광 방전관 등을 이용한 VU 미터를 많이 사용한다.

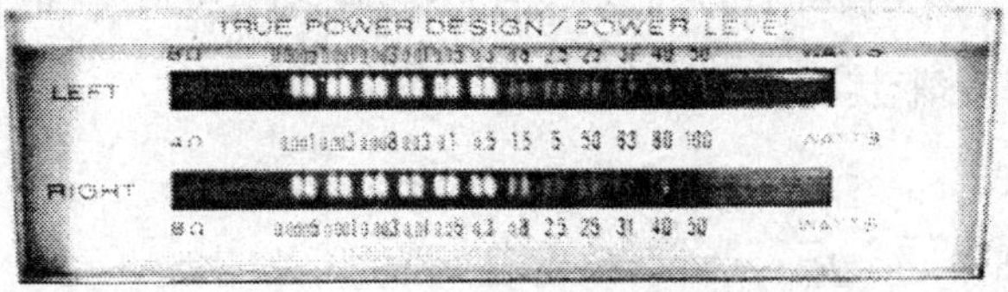

그림 2-216 • 디지털 미터기의 예

그림 2-217은 디지털 VU 미터의 원리회로로서 U_{C1}, U_{C2} 등으로 표시한 소자는 비교기(comparator)이다.

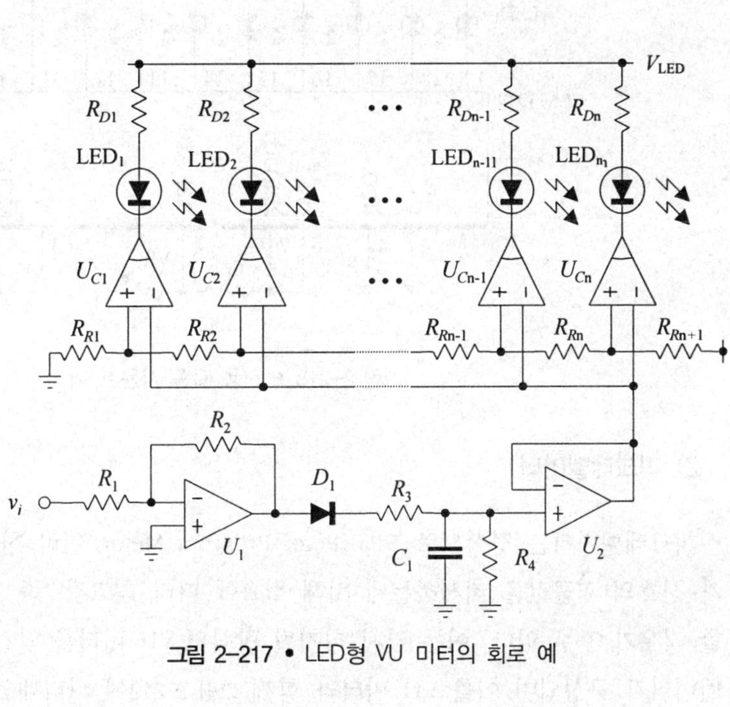

그림 2-217 • LED형 VU 미터의 회로 예

회로에서 U_1에 입력된 신호를 초기 증폭하고 D_1에서 정류한 후 R_3, C_1에 의해 평활시킨다. 입력된 신호에 대한 반응은 이들과 더불어 R_4에 의해 정해지는데, VU 미터는 아주 빠른 속도를 요하는 것이 아니라, 일정 시간에 대한 평균값을 표시하기 때문에(일반적으로 약 0.3초 사이의 평균값) 이들 소자에 의한 시정수도 이와 유사하도록 설정한다. 이와 같이 평균값이 구해진 전압은 U_2에 의해 버퍼링한 후 U_{C1} ~ U_{Cn} 비교기들에 입력되며, 비교할 전압은 R_{R1} ~ R_{Rn+1}에 의해 형성되는 전압과 비교되어 해당 LED가 점등한다.

이상과 같은 기능을 하나의 소자에 집적한 전용 소자의 사용 예를 **그림 2-218**에 나타내었다. 회로에서 LED 구동전류(I_{LED})와 입력비교 최대전압(REF OUT)은 다음 식에 의해 정해진다.

$$I_{LED} = \frac{12.5}{R_1}$$

$$\text{REF OUT} = 1.25 \cdot \left(1 + \frac{R_2}{R_1}\right)$$

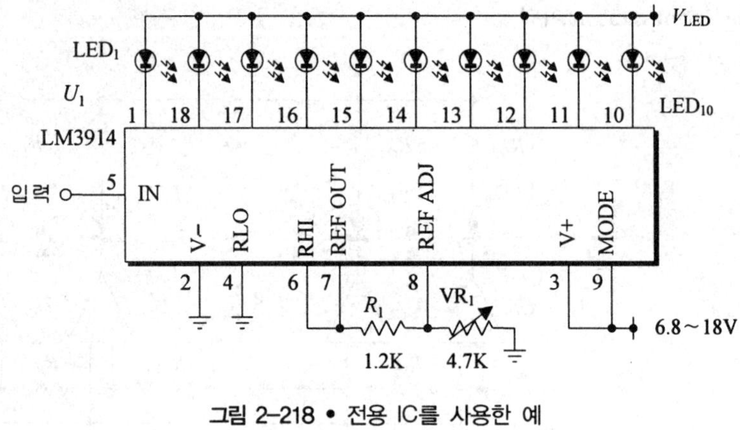

그림 2-218 • 전용 IC를 사용한 예

2) 피크레벨미터

피크레벨미터는 정식으로 'PPM(Peak Program Meter)'이라 하는 것인데, VU 미터가 신호의 평균값을 지시하는데 비해 필요에 따라 최고값, 즉 피크레벨을 관측해야 할 경우가 자주 있다. 이는 앞서 디지털 방식의 VU 미터를 약간만 개조하면 피크레벨미터가 구성되며 이를 VU 미터와 함께 **그림 2-219**에 나타내었다.

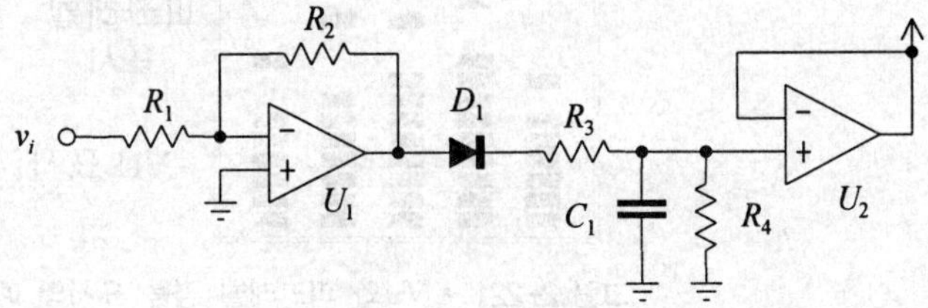

(a) VU 미터

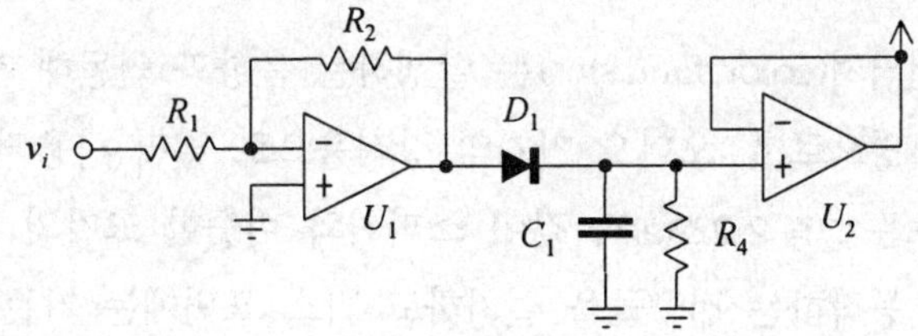

(b) 피크레벨미터

그림 2-219 • VU 미터와 피크레벨미터의 회로 차이

그림 2-220(a)의 VU 미터와 그림 (b)의 피크레벨미터는 정류과정을 거친 신호가 저항 R_3를 거쳐 적분할 것인지 아니면 직접 충전할 것인지 하는 점에 차이가 있다. 방전속도, 즉 표시의 감소속도는 두 회로 동일하게 R_4에 의해 결정된다.

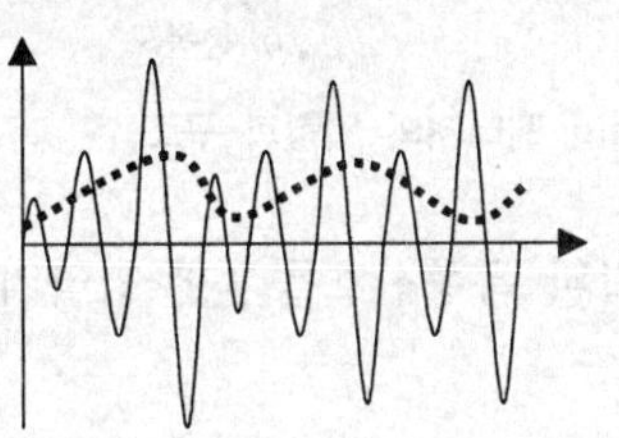

(a) VU 미터

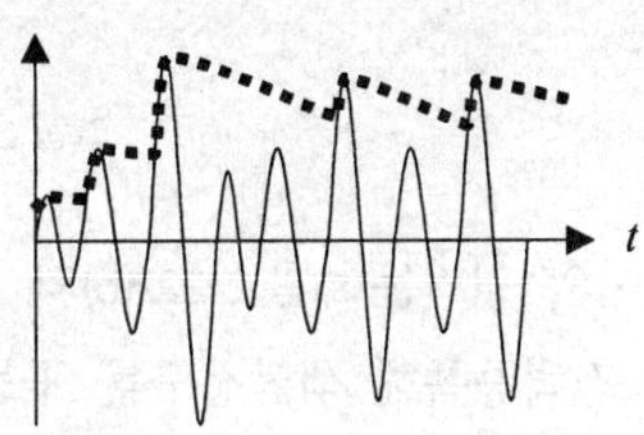

(b) 피크레벨미터

그림 2-220 • 입력신호의 처리 예

최근의 오디오 시스템에서는 **그림 2-221**에 나타낸 바와 같이 하나의 디지털 미터에 VU와 피크레벨을 동시에 표현할 수 있도록 구성되어 있다.

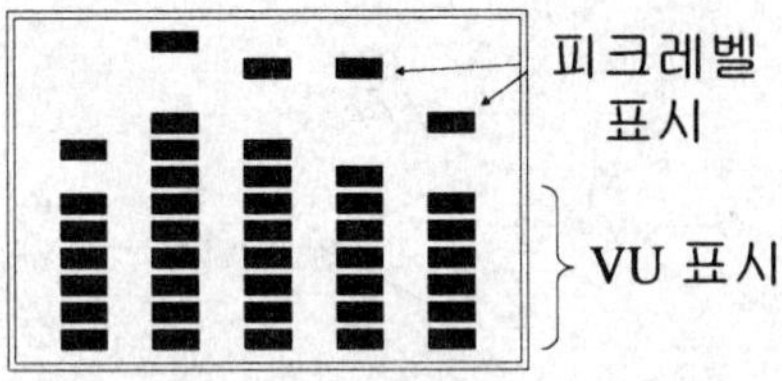

그림 2-221 • VU와 피크레벨 겸용 표시의 예

(2) 컬러 팬터져

컬러 팬터져(color fantasier)는 발생하는 음향과 연동해 시각적 효과를 발생시키는 일종의 조명으로서, 오디오 기기의 장식용으로 널리 사용되었다. 그 중 가장 고전적인 것으로는 **그림 2-222(a)**와 같이 스피커와 비슷한 크기의 박스 내에 음향에 연동해 색상별로 동작하는 전구들을 설치하고 박스 표면에는 가는 격자무늬의 유리를 설치해 다이아몬드 형태로 표시되도록 한 것이다.

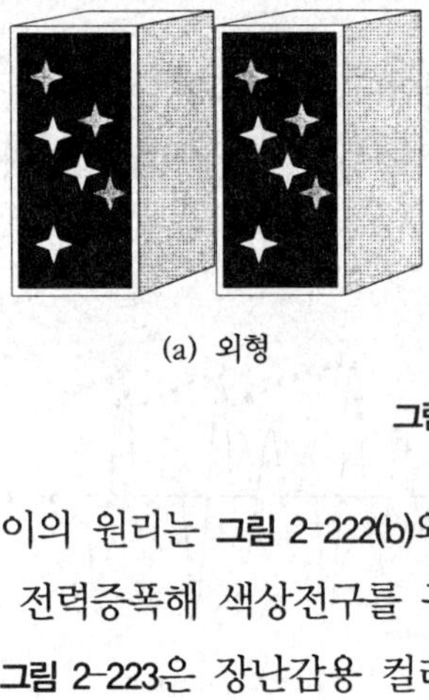

(a) 외형

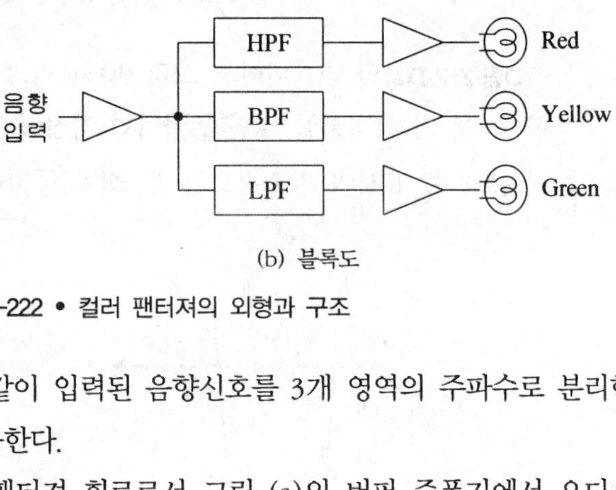

(b) 블록도

그림 2-222 • 컬러 팬터져의 외형과 구조

이의 원리는 **그림 2-222(b)**와 같이 입력된 음향신호를 3개 영역의 주파수로 분리한 후 전력증폭해 색상전구를 구동한다.

그림 2-223은 장난감용 컬러 팬터져 회로로서 그림 (a)의 버퍼 증폭기에서 오디오 신호를 입력받아 증폭한 후 각 음역별 처리부분으로 공급하면 그림 (b), 그림 (c), 그림 (d)의 초단 필터에 의해 해당 음역신호를 추출한 후 증폭해 전구를 구동한다. 회로의 마지막 부분에 부착된 가변저항은 전구의 특성에 따른 바이어스를 조절하는 것으로서 무신호 시 전구가 켜지기 직전 상태로 조정한다.

또한 이 회로를 응용해 더 많은 주파수 영역으로 분할할 수 있고, 전구 대신 고휘도 LED를 이용할 경우 저전력으로 더 화려한 효과를 낼 수도 있으며, 형광방전관 등으로 소형화해 오디오시스템의 액세서리로 부착하기도 한다.

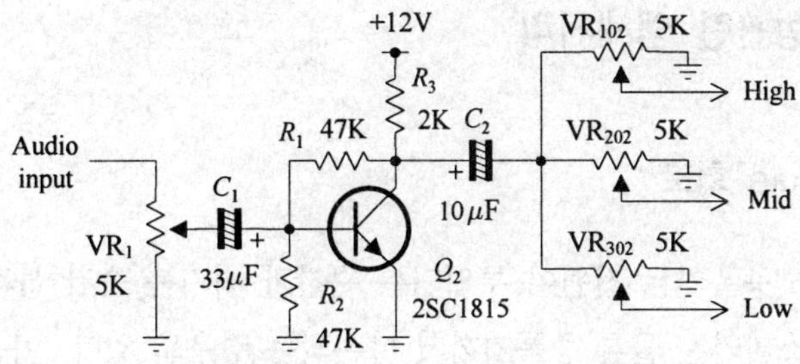

(a) 버퍼 증폭기 부분

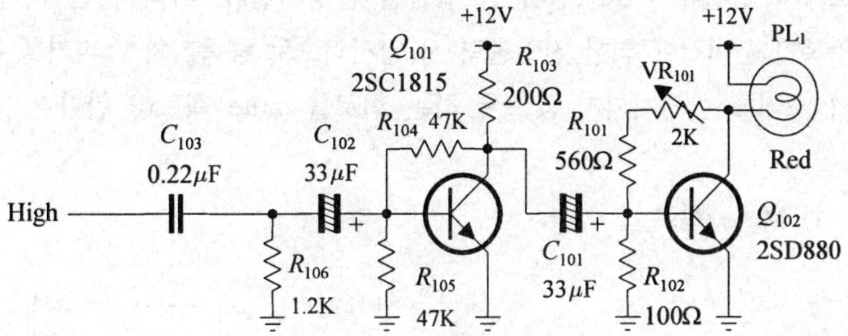

(b) 고음처리 부분

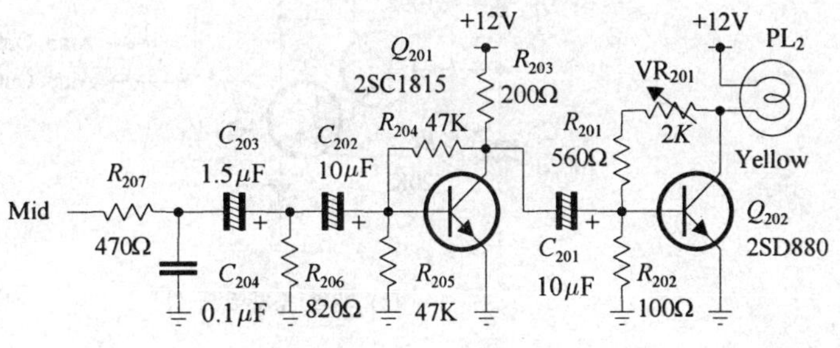

(c) 중음처리 부분

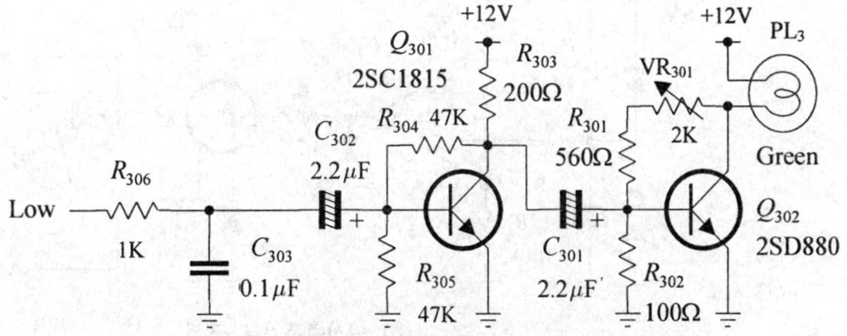

(d) 저음처리 부분

그림 2-223 • 장난감용 컬러 패턴져 회로

2 음향관련 액세서리

(1) Mute 회로

오디오 증폭기는 전원이 투입되는 순간과 꺼지는 순간 불쾌한 잡음이 발생하며 이 때문에 스피커는 물론 증폭기까지 파손되는 경우도 있다. 이는 전원이 급격히 변화함에 따라 바이어스 전압이 크게 흔들려 발생하는데, 특히 전원투입 시 커패시터들에 초기 충전전류가 흐르면서 큰 잡음을 발생시킨다. 따라서 전원투입과 제거, 그리고 증폭기의 이상에 의한 전압출력 시 일시적으로 증폭기와 스피커를 분리시키는, 즉 잠시 소리를 발생시키지 않도록 하는 회로를 mute 회로라 한다.

1) Mute 회로

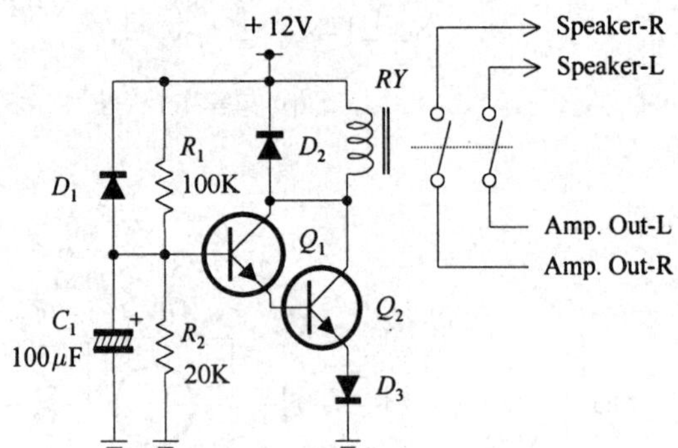

(a) 개별 소자로 구성

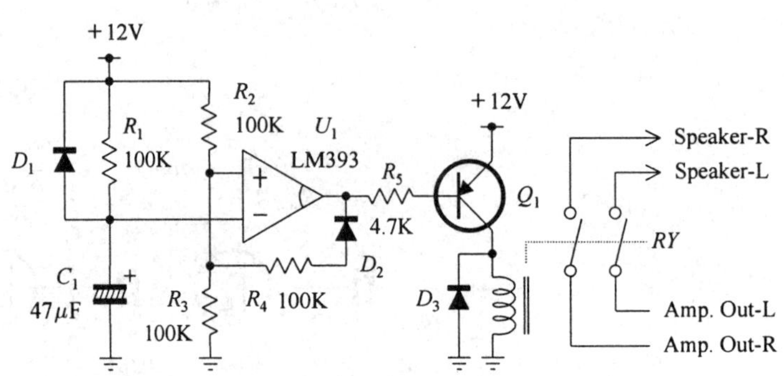

(b) 연산증폭기로 구성

그림 2-224 • 간단한 mute 회로의 예

그림 2-224(a)는 개별 트랜지스터를 이용한 가장 기본적인 기능을 가진 mute 회로를 나타낸 것으로서, 전원투입 시 잠시 동안(수 초) 증폭기와 스피커 사이를 단절시킨다. 전원투입 시 R_1과 C_1에 의해 충전되어 약 1.5V(Q_1, Q_2, D_3의 오프셋 전압들) 이하인 동안은 트랜지스터들이 동작하지 않아 증폭기와 스피커 사이를 단절시킨다.

그림 2-224(b)는 연산증폭기를 이용해 히스테리시스 특성을 부여한 타이머이다. 두 회로에서 D_1은 전원 off시 C_1에 충전된 전하를 급속히 방전시켜 곧바로 다시 전원을 투입했을 경우에도 정상적으로 동작하도록 한다.

2) 직류보호 겸용회로

전력증폭기, 특히 OCL 증폭기에서 스피커로 직류 출력이 나타나면 스피커의 직류

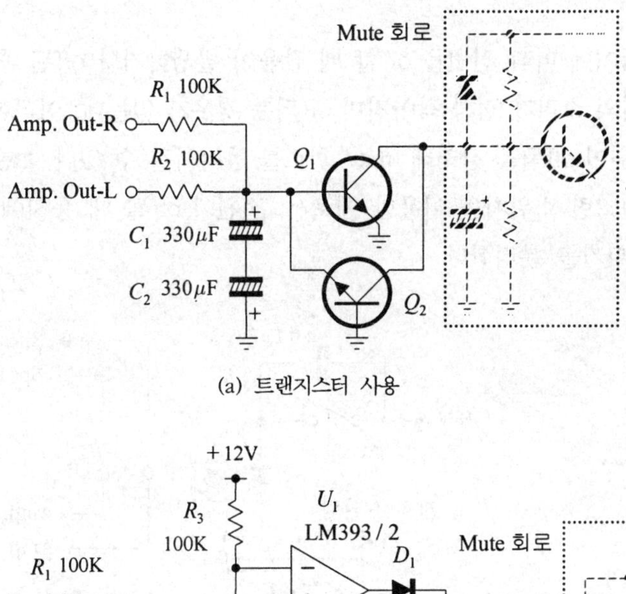

(a) 트랜지스터 사용

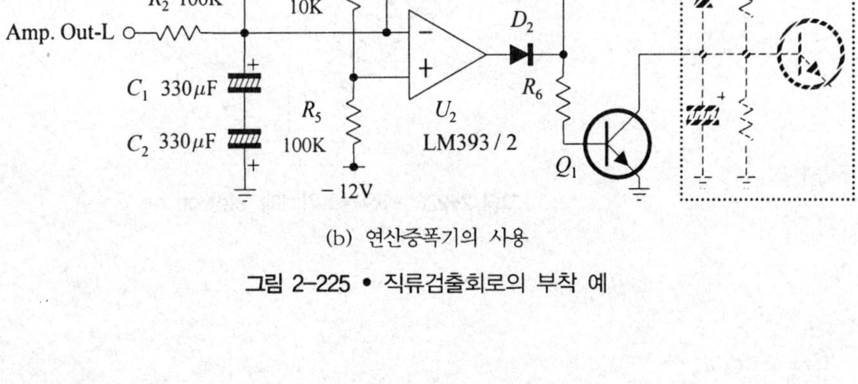

(b) 연산증폭기의 사용

그림 2-225 • 직류검출회로의 부착 예

저항은 거의 0이므로 큰 전류가 흘러 스피커를 파손시킨다. 따라서 앞서 타이머 기능만이 있는 mute 회로에 직류 검출회로를 추가하면 한층 안전한 오디오 시스템이 구성될 수 있으며, 회로의 예를 **그림 2-225**에 나타내었다.

정상적인 오디오 출력이 발생할 때는 교류의 평균은 0이므로 커패시터 C_1, C_2에는 전압이 나타나지 않는다. 그러나 증폭기의 이상에 의해 직류전압이 발생하면 **그림 2-225(a)**의 경우 (+)전압은 Q_1이, (−)전압은 Q_2가 검출해 mute 회로를 동작시킨다. 그림 (b)의 경우에는 R_3, R_4, R_5에 의해 발생되는 ±0.6V와 비교되어 mute 회로를 동작시키는 윈도우 컴퍼레이터이다. 회로에서 C_1, C_2를 역방향으로 직렬 접속한 것은 (+), (−) 직류전압에 관계없이 동작하도록 커패시터를 무극성화한 것이다.

3) 전원 off 겸용회로

증폭기에 따라 전원을 off할 때 잡음이 발생하거나 off된 후 남아있는 전력에 의해 증폭기의 소리가 점차 작아지며 off되는 경우가 있는데, 이러한 현상들을 제거하기 위해 전원이 off됨을 감지해 mute 회로를 동작시킬 수 있다. **그림 2-226**은 전원 스위치와 연동된 2련 스위치를 이용한 예로서, 전원이 off될 때 동시에 mute 릴레이를 단절시켜 스피커를 분리한다.

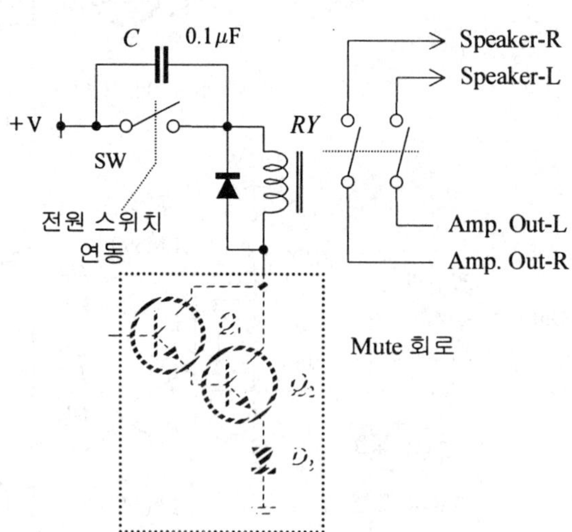

그림 2-226 • 전원스위치에 의한 off mute

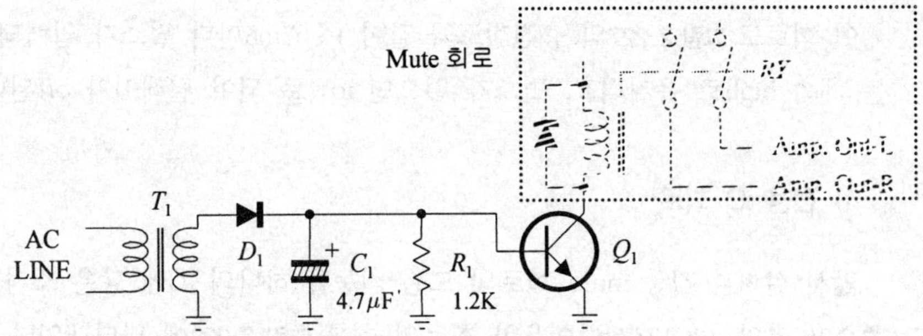

그림 2-227 • 교류검출에 의한 방법-1

전원 스위치와의 연동이 어려울 때는 **그림 2-227**과 같은 회로를 사용하며, 전원이 off되면 그 즉시 교류가 차단되므로 이를 검출해 mute 릴레이를 off시킨다.

회로의 정수는 다음과 같이 정해진다.

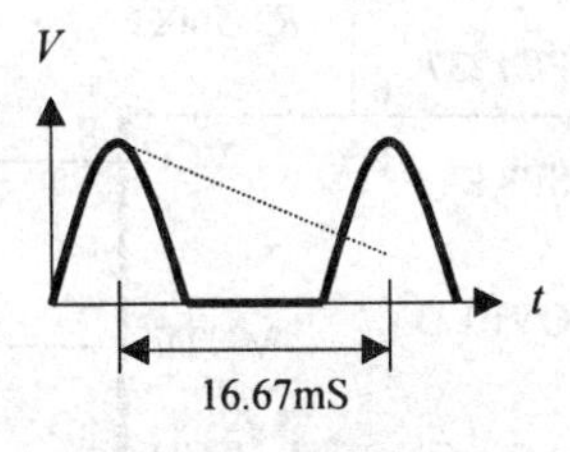

$V_m = 12\text{V}$ 라면,

$12\text{V} \cdot e^{-\frac{t}{\tau}} = 0.6\text{V}$

$\tau = 5.56\text{mS}$

$C = 4.7\mu\text{F}$ 일 때 $R \cong 1.2\text{K}$

즉 60Hz 전원을 반파정류시키면 16.67mS마다 반파 재충전이 이루어지는데, 만약 전원이 off되면 재충전이 이루어지지 않으므로 전압이 계속 하강해 트랜지스터 Q_1의 동작점 이하인 0.6V 이하까지 방전되면 릴레이는 off된다. 시상수를 더 정확히 설정하려면 **그림 2-228**과 같이 mono-stable multivibrator를 이용한다.

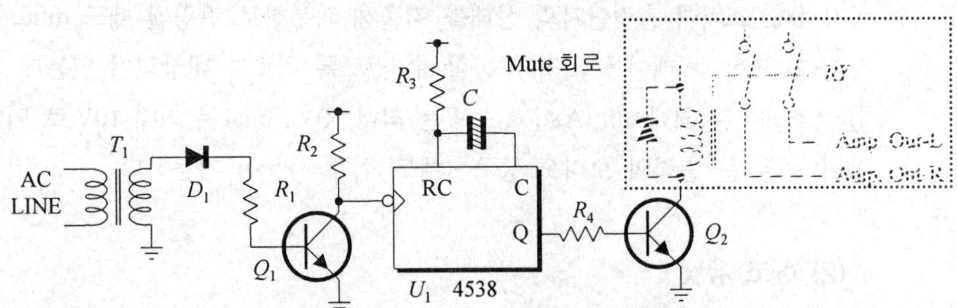

그림 2-228 • 교류검출에 의한 방법-2

이 회로도 **그림 2-227**의 충전회로와 같이 16.67mS마다 펄스가 입력되면 4538의 Q는 계속 high로 유지되고, 펄스가 없으면 low로 되어 릴레이가 off된다.

4) 전용 IC 회로

앞서 살펴본 각종 mute 회로의 모든 기능을 하나의 IC에 담은 소자가 있는데, 그 중 NEC사의 uPC1237을 이용한 회로의 예를 **그림 2-229**에 나타내었다.

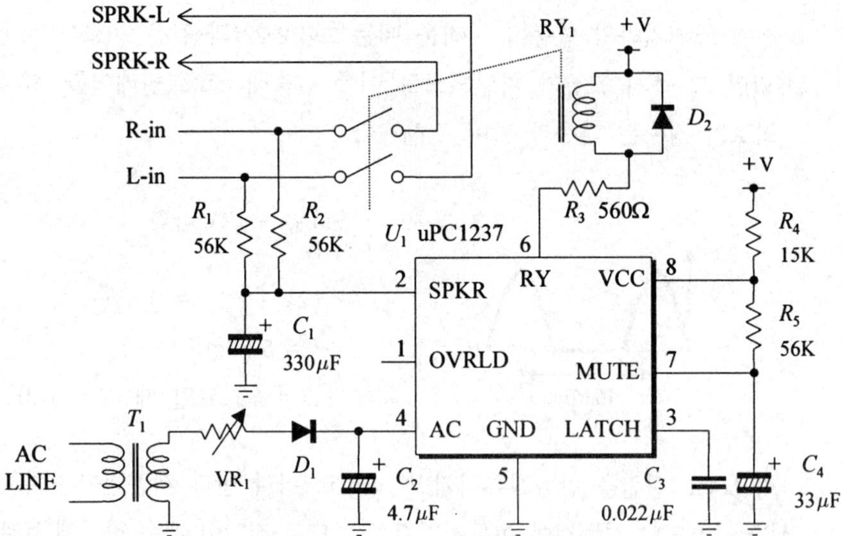

그림 2-229 • 전용 IC에 의한 회로 예

이 소자는 내부적으로 스피커 직류출력 및 전원 on과 off 시에 모두 mute 회로가 동작하며, 스피커 출력단자의 상태를 검출해 과부하로 판명될 때도 mute 회로가 동작한다. 또한, 릴레이를 직접 구동할 수 있도록 회로가 내장되어 있는데, 사용할 수 있는 릴레이는 최대 80mA이고 +V는 최대 60V, pin4는 최대 10V로 되어 있어 전압이 높은 큰 출력의 오디오 증폭기에도 쉽게 사용이 가능하다.

(2) 에코 유닛

에코(echo)효과란 지연(delay)의 반복(repeat)과 잔향(reverb)효과가 적절히 섞여있는 것을 의미한다.

지연(보통 '딜레이'라 부른다)이란 **그림 2-230**과 같이 어떤 신호가 입력되었을 때 일정 시간 후에 출력이 나타나는 것을 의미하고 이것이 **그림 2-231(a)**와 같은 회로에 의해 크기를 줄여가며 신호가 반복되면 그림 (b)와 같이 메아리 효과가 나타난다.

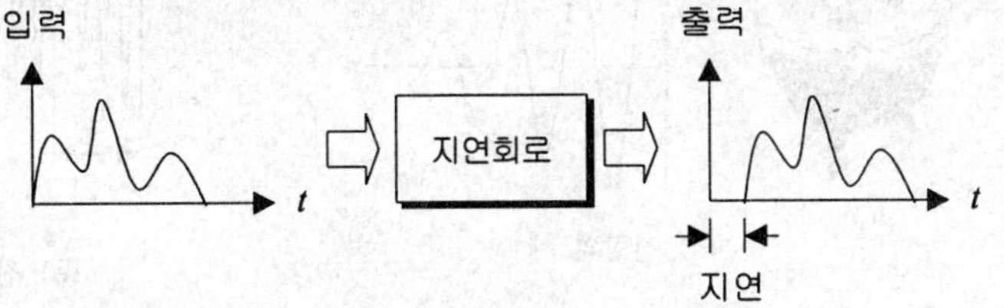

그림 2-230 • 지연(딜레이)의 개념

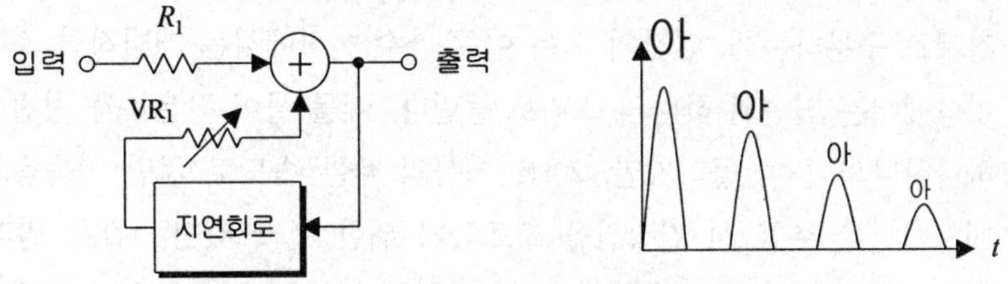

(a) 지연-반복 회로 (b) 지연-반복효과

그림 2-231 • 지연을 반복했을 경우의 예

이에 비해 잔향(보통 '리버브(reverb)'라 부른다)이란 어떤 소리가 발생했을 때 그 소리가 일정시간 유지되는 것을 의미하는데, 예를 들어 북을 치는 순간 큰 소리가 발생하지만 그 직후에도 잠시 동안 울림이 일어나는 것을 가리킨다.

즉, 지연은 특정단위 예를 들어 인간언어의 음절이나 북소리 등이 반복되는 것을, 잔향은 하나의 소리가 시간이 걸려 감쇠하는 것을 의미하는데, 만약 잔향이 있는 북소리를 앞서 지연-반복회로에 입력하면 **그림 2-232(b)**와 같이 여러 번의 북소리가 반복된다.

또 다른 예를 들어보면, 산이나 동굴 속에서 큰 소리로 외치면 음절 전체가 메아리치며 반복되어 이를 알아들을 수 있는데 이것이 지연-반복효과이고, 욕실 등에서 말을 하면 마지막 음성이 잠시 울리는 현상이 잔향효과이다. 즉 잔향효과는 특정소리 마지막 음의 공진(공명)효과라 할 수 있다.

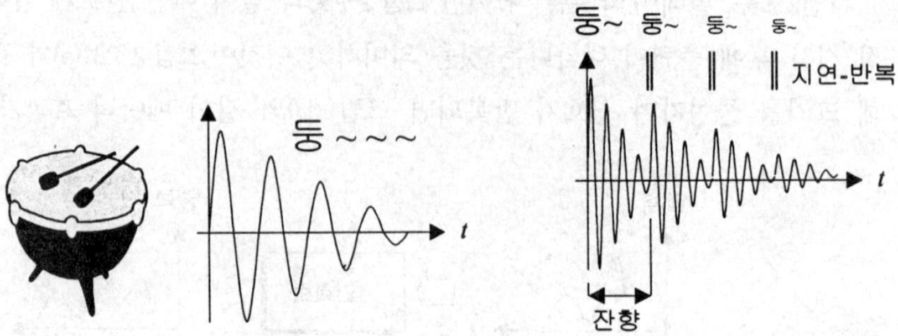

(a) 잔향의 예

(b) 잔향+지연+반복

그림 2-232 • 잔향과 지연-반복

엄밀한 의미의 지연과 잔향의 차이는 그 반복주기가 약 50mS(주파수로는 20Hz)를 경계로 구분하는데, 인간의 귀는 이 주파수 이하에서는 개별적인 소리로 들리지만 이 이상에서는 연속된 하나의 소리로 들린다. 예를 들어 작은북을 천천히 계속 두드리면 하나하나의 음이 들리지만, 20Hz 이상의 빠른 속도로 치면 연속음으로 들린다(국기 게양식이나 추첨 시 긴장감을 고조하기 위한 롤-드러밍). 같은 원리로 소리가 느린 속도로 반복되어 개별적으로 들리면 지연-반복이 되고(메아리) 빠른 속도로 반복되어 전체적으로 하나의 음이 들리면 잔향효과가 된다(욕실에서의 소리).

1) 에코 구성 예

에코 회로의 구성은 매우 다양한 방법들이 있는데, 그 중 가장 간단한 형태를 **그림 2-233**에 나타내었다.

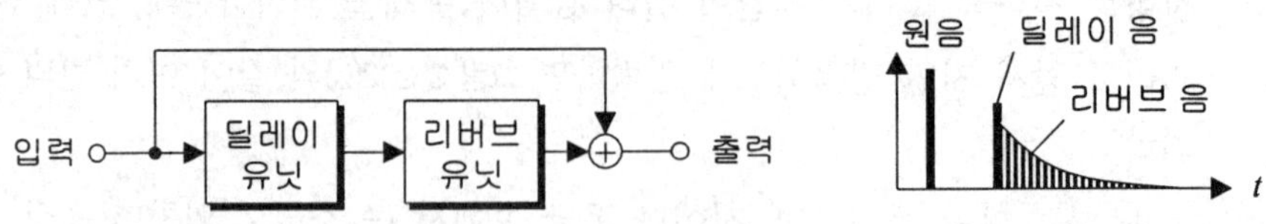

(a) 구성도

(b) 출력 형태

그림 2-233 • 기본형 에코의 구성

실내에서 발생하는 에코는 **그림 2-234**에 나타낸 바와 같이 원음과 딜레이 음, 그리고 잔향(리버브)음으로 구성되는데, **그림 2-232**는 원음 이외의 것을 모두 잔향음으로 처리한 것이다.

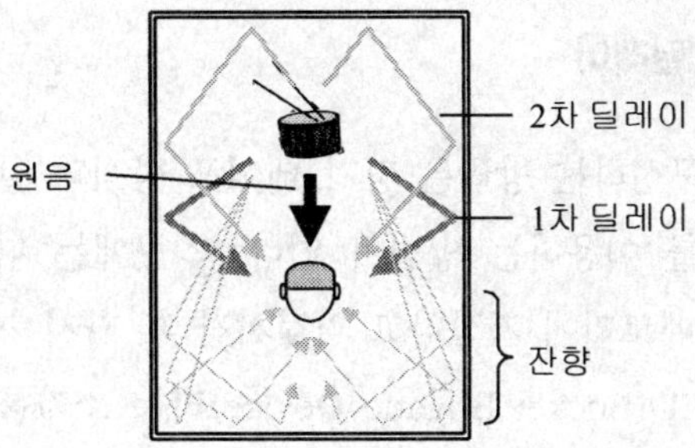

그림 2-234 ◦ 실내에서의 에코 발생

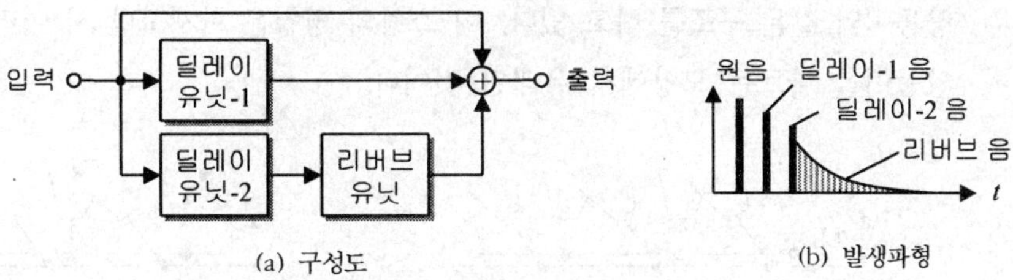

그림 2-235 ◦ 실내 효과의 구성 예

만약 실내 에코 효과와 더욱 유사하게 하려면 **그림** 2-235와 같이 구성한다.

스테레오 음원에 에코 효과를 부여하려면 **그림** 2-236과 같은 구성을 사용하는데, 이는 **그림** 2-235의 원리에서와 같이 딜레이 음은 방향이 명확하므로 회로의 딜레이 유닛-1과 3에 의해 각각 지연시켜 합성하고, 잔향음은 방향이 명확하지 않으므로 딜레이 유닛-2에 의해 지연 및 잔향효과를 넣은 후 양 채널에 공통으로 공급한다.

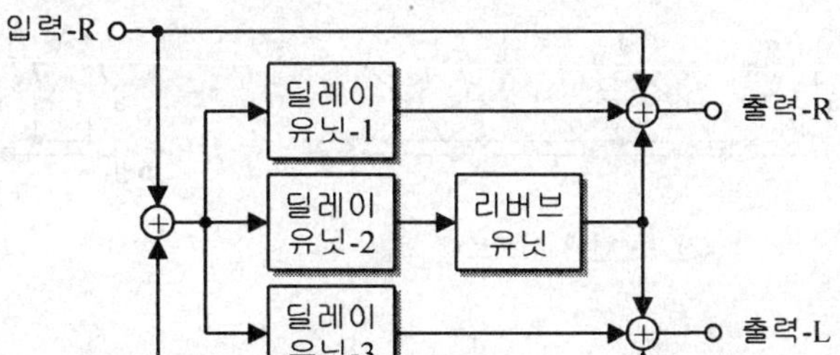

그림 2-236 ◦ 스테레오 에코의 구성 예

2) 반도체 딜레이

딜레이를 구성하는 방법은 자기 테이프 방식과 같은 기계적인 방법이 있는가 하면 반도체 소자를 이용하는 방법이 있다. 최근에는 디지털 소자의 발달로 소리신호를 A/D 변환해 메모리에 저장하고 일정시간 후 다시 꺼내 D/A 변환하는 방법이 사용되고 있지만 BBD(Bucket Brigade Device)라는 소자를 이용해 간단히 지연시키는 방법도 자주 사용된다.

BBD 소자는 일종의 '아날로그 시프트 레지스터'로서 **그림 2-237**과 같이 여러 개의 양동이와 같은 구조를 하고 있다. 이 소자의 명칭은 화재소방 시 여러 사람이 일렬로 양동이를 나르는 모양에서 유래된 것이다.

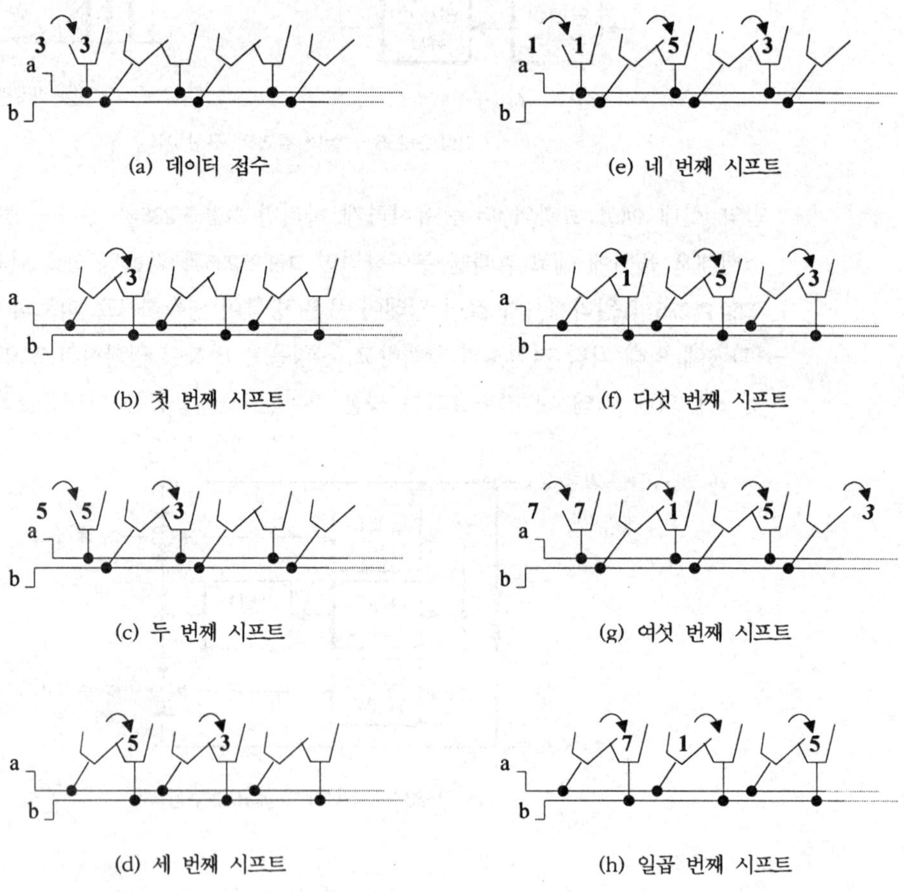

그림 2-237 • BBD의 동작원리

BBD는 이후에 영상기기에서 다룰 CCD와 유사한 원리이나 각 양동이들이 BJT나 CMOS 트랜지스터로 구성되어 있어 신호는 항시 한 방향으로만 진행되기 때문에 제어가 쉽다는 장점이 있다.

그림 2-237(a)에서 첫 양동이에 아날로그 전압이 인가되고 2상의 클록이 반복되면 양동이들은 한쪽 방향으로 기울어지며 차츰 오른쪽으로 내용이 이동해 **그림 2-237(g)**의 단계에서 출력되며, 인가되는 클록 주파수에 따라 지연시간이 달라진다.

그림 2-238은 MN3307 BBD를 이용한 회로의 예로서, 이 소자는 내부에 1024단 시프트 기능을 가지고 있다. 회로 아래의 MN3105는 지연시간을 정하는 클록 발생용 회로로서 일반 논리소자를 이용해도 무방하다.

회로의 R_1, R_2, R_3, C_2는 입력신호에 바이어스를 인가해 완전한 교류를 처리하기 위한 것이다.

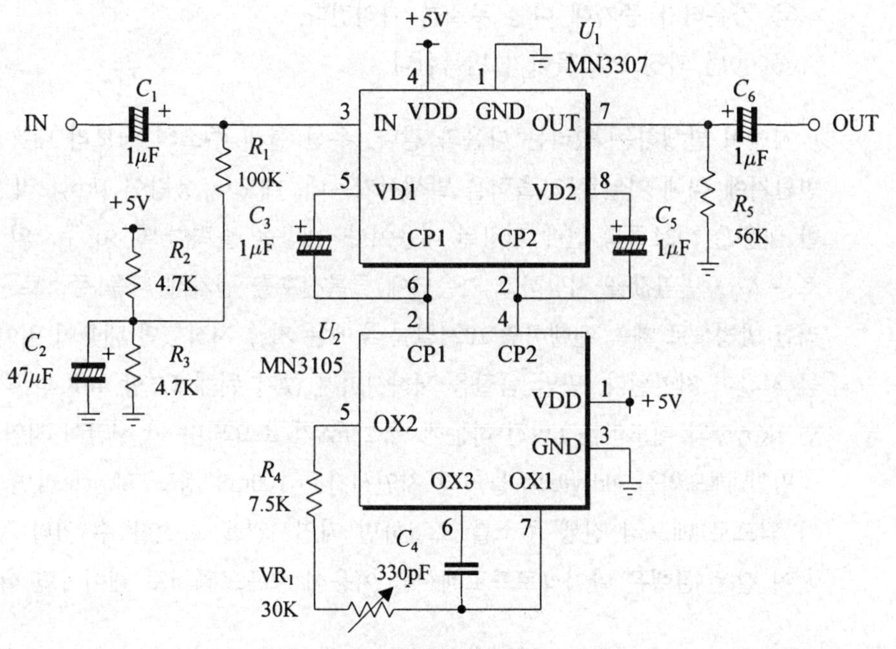

그림 2-238 • BBD 회로의 예

3) 디지털 회로에 의한 지연

음향신호를 지연시키기 위해 마이크로프로세서나 디지털 회로를 이용할 수 있는데, 디지털 회로를 이용한 지연회로의 블록도를 **그림 2-239**에 나타내었다.

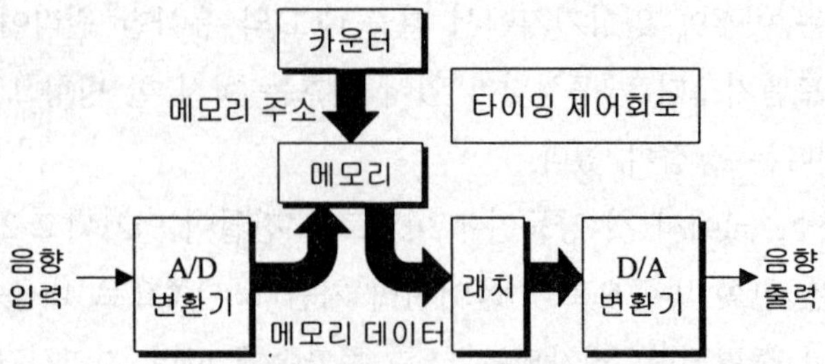

그림 2-239 • 디지털 지연회로 블록도

이 블록도는 다음과 같은 순서로 진행된다.

ⓐ 카운터(메모리 주소)에 해당하는 메모리 내용이 출력되어 래치에 보관되며, 따라서 D/A 변환기에 의해 이 내용에 해당하는 아날로그 출력이 발생한다.
ⓑ 입력된 음향신호는 A/D 변환기에 의해 디지털로 변환되어 메모리에 저장된다.
ⓒ 카운터가 증가해 다음 주소를 가리킨다.
ⓓ ⓐ번 과정으로 돌아가 반복한다.

지연이 발생하는 원리는 다음과 같다. 우선 현재 주소의 메모리 내용을 읽어 D/A 변환기에 의해 아날로그 출력을 발생시키는데, 메모리 용량이 1kbyte라면 현재 판독한 내용은 1024클록 전에 저장된 내용이다. 내용을 출력한 후 이 주소의 메모리에 새로운 A/D 변환값을 저장하고 카운터에 클록신호를 인가해 다음 주소로 진행한다. 이러한 방법으로 계속 진행하면 1024클록 후에는 지금 저장했던 내용이 읽어지므로 그만큼 시간이 지연된다. 만약 음질을 저하시키지 않기 위해 1초당 40K의 샘플링을 한다면 1kbyte의 메모리를 1회전 하는데 약 25mS가 소요되며 이 시간이 지연시간이 된다.

만약 메모리를 4kbyte로 늘리면 지연시간은 100mS 정도, 8kbyte라면 200mS 정도가 되므로 메모리 진행 주소를 조절하면 지연시간을 조절할 수 있다.

이 같은 실행은 마이크로프로세서를 이용해 소프트웨어로 제어하면 더 간단해지는

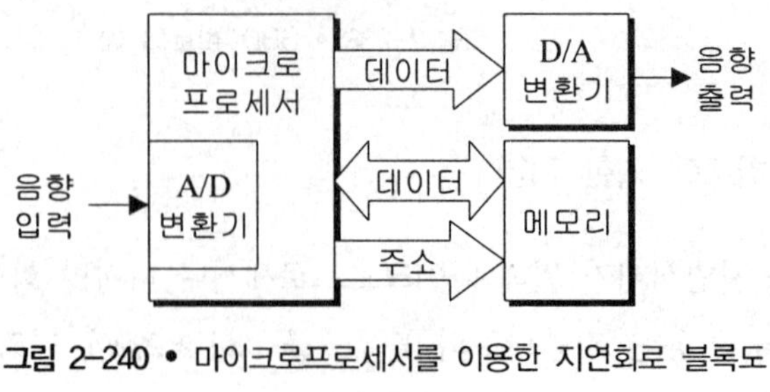

그림 2-240 • 마이크로프로세서를 이용한 지연회로 블록도

데, **그림 2-240**에 A/D 변환기가 내장된 마이크로프로세서, 예를 들어 모토롤라 계열의 68HC11이나 68HC05 시리즈, 또는 AVR 계열의 ATmega8535를 이용한 지연회로의 블록도를 나타내었다.

4) 스프링 리버브

잔향을 일으키는 소자는 주로 기계적인 장치에 의존하는데, 금속판이나 스프링의 한쪽 끝에 신호를 인가해 나머지 끝에서 다시 신호를 추출한다. **그림 2-241**은 스프링을 이용한 리버브 유닛을 나타낸 것으로서, 그림 (a)와 같이 전자석의 양극 사이에 영구자석이 위치하고 회전진동을 할 수 있도록 되어 있다.

전자석에 교류신호가 입력되면 영구자석은 그 크기에 비례해 회전진동하며, 이 진동이 스프링을 비틀고 탄성에 의해 반대편으로 전달된다. **그림 2-241(b)**에 나타낸 바와 같이 스프링의 반대편도 그림 (a)와 동일한 구조로 되어 있어 스프링에 의해 영구자석이 회전운동하면 전자석에 전압이 유기되어 출력이 나타나는데, 스프링의 탄성에 의한 규칙적 운동들이 중첩되어 잔향효과가 나타난다. 그림 (c)에 가로 약 8cm의 소형 스프링 리버브 유닛의 실물사진을 나타내었다.

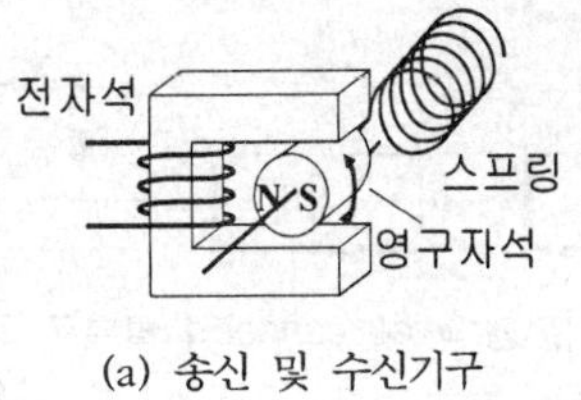

(a) 송신 및 수신기구

(b) 전체 구성도

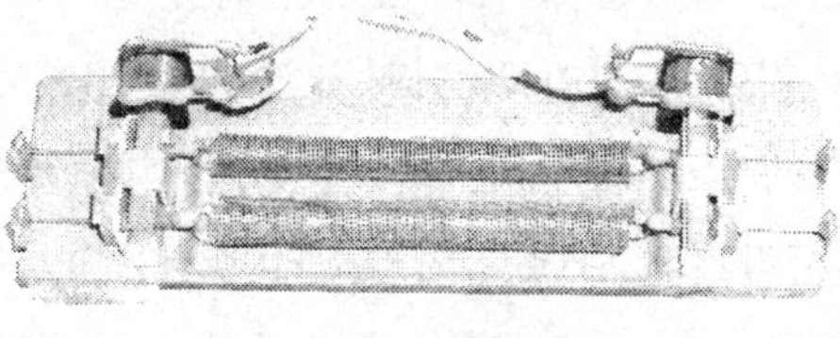
(c) 실물사진

그림 2-241 • 스프링 리버브 유닛

그림 2-242는 스프링 리버브 유닛의 구동 예를 나타낸 것으로서, 오디오용 전력증폭기 LM377에서 전력을 생성한 후 스프링 리버브 유닛을 구동하고, 유닛의 반대쪽에는 저잡음 오디오 증폭기 LM387을 이용해 증폭하고 있다.

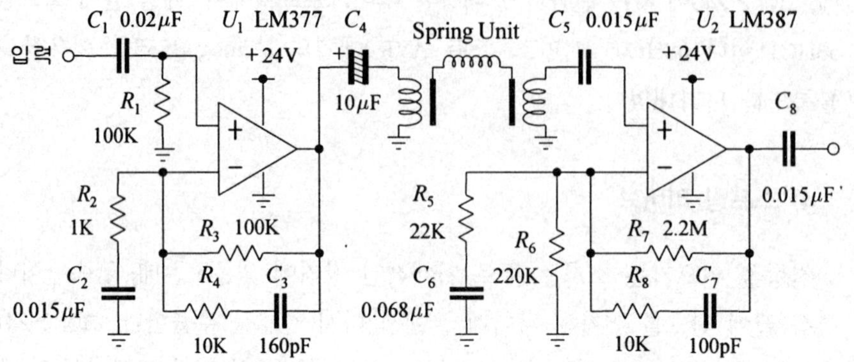

그림 2-242 • 스프링 리버브 유닛의 구동회로 예

(3) Vocal Cancel

Vocal cancel 기능이란 이미 녹음된 가수의 음반에서 음악소리만 남기고 가수 목소리를 제거해 청취자가 노래를 따라 부를 수 있도록 한 일종의 가라오케 시스템이라 할 수 있는데, 기본형의 블록도를 **그림 2-243**에 나타내었다.

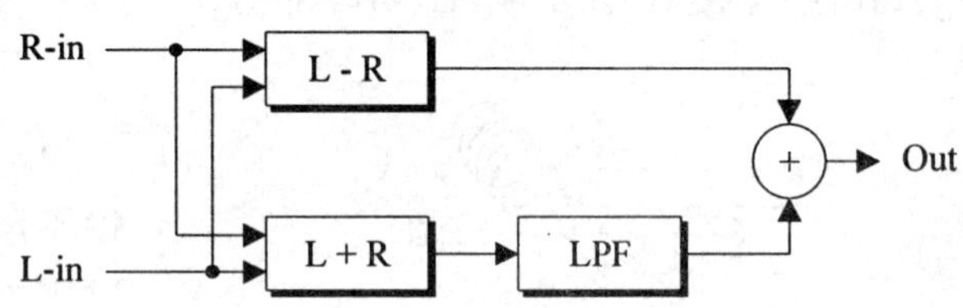

그림 2-243 • 기본형 voice cancel의 블록도

스테레오 녹음된 음악을 살펴보면 중앙에서 들리는 소리는 가수 목소리와 베이스 드럼 및 베이스 기타 소리이고, 나머지 소리는 좌우에서 스테레오로 잔향되며 들린다. 따라서 그림에서와 같이 'L－R' 연산을 행하면 중앙의 소리, 즉 가수 목소리와 베이스 소리가 사라지고 나머지 악기소기만 남는다. 사라진 베이스 소리를 추가하기 위해 'L＋R' 연산에 의해 양 채널에서 동시에 발생하는 소리를 추출해 LPF에 의해 저음만 통과시킨 후 앞서 악기소리와 합성하면 목소리만 제거된다.

이 블록도를 구현한 회로를 **그림 2-244**에 나타내었다. 회로의 연산증폭기 U_1은 L－R 연산을 위해 차동증폭회로를 구성한 것이며, U_2는 L＋R 연산을 위해 가산기 회로를 구성한 것이다.

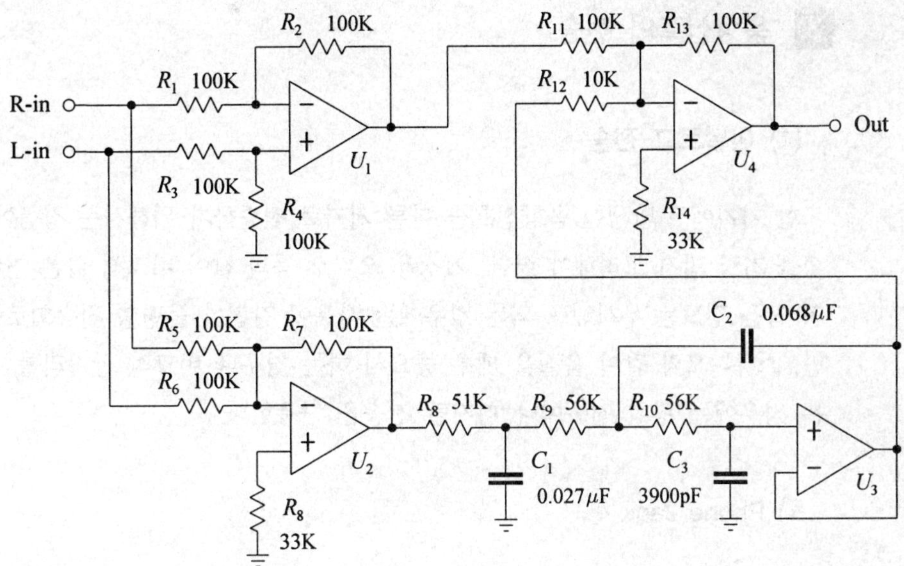

그림 2-244 • 기본형 voice cancel의 회로

U_3는 저역 주파수를 추출하기 위해 3차 LPF를 구성한 것이며, U_4는 최종적인 음향신호들을 합성하기 위해 가산기 회로를 구성한 것이다.

기본형 회로는 스테레오 음악이 모노럴로 변환되므로 **그림 2-245**와 같이 구성해 스테레오 상태를 유지하면서 목소리만을 제거할 수 있다.

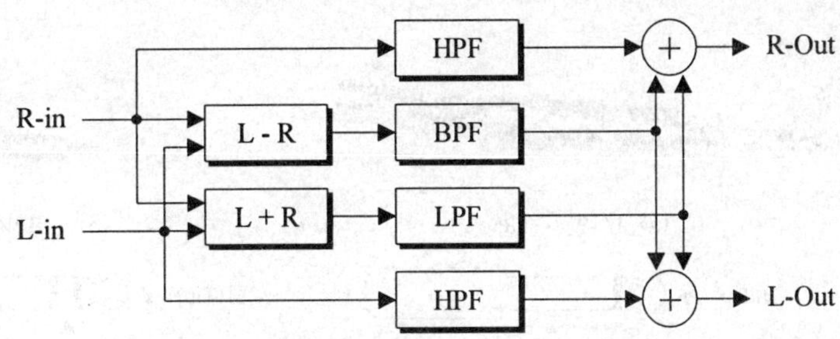

그림 2-245 • 스테레오 voice cancel의 블록도

양 채널에서의 고유한 스테레오 음향 중 목소리보다 높은 주파수 성분은 HPF를 통해 스테레오 출력되고, 저음 성분은 양쪽에 공통으로 공급되며, 'L − R'에 의해 목소리가 제거된 음 중 이미 스테레오 양측으로 공급된 고음역과 저음역을 제외한 중음역(예를 들어 스네어 드럼, 트럼펫 소리 등)을 추가한다.

3 음향신호의 전송

(1) 아날로그 전송

한 기기에서 발생한 음향신호를 다른 기기로 전송하기 위해서는 잡음에 대한 안정성을 가장 먼저 고려해야 한다. 가정용 오디오 등과 같이 비교적 짧은 거리에서 약간의 잡음 정도는 무시해도 되는 경우에는 사용이 간편한 불평형 전송회로를 사용하지만, 스튜디오와 같이 음질을 매우 중요시 하는 경우나 비교적 장거리를 전송해야 하는 경우에는 평형 전송이나 디지털 전송을 사용한다.

1) Phone Jack

시끄러운 환경이나 또는 타인에게 방해를 주지 않으면서 음악을 듣기 위해 헤드폰을 이용할 수 있는데, 이를 위해 오디오 시스템에 헤드폰 잭을 설치하고 있다. 헤드폰을 접속하는 커넥터는 **그림 2-246**에 나타낸 바와 같은 폰 플러그(phone plug)를 사용하는데, 그림 (a)에 나타낸 1/4인치(6.35mmϕ)의 것과 그림 (b)에 나타낸 1/8인치(3.5mmϕ)의 것이 자주 사용되며, 휴대폰 등에서는 이보다 더 작은 구경의 것도 사용된다. 또한 폰 플러그는 각 구경마다 TS와 TRS 형식의 것이 있는데, TS는 그림 (c)에

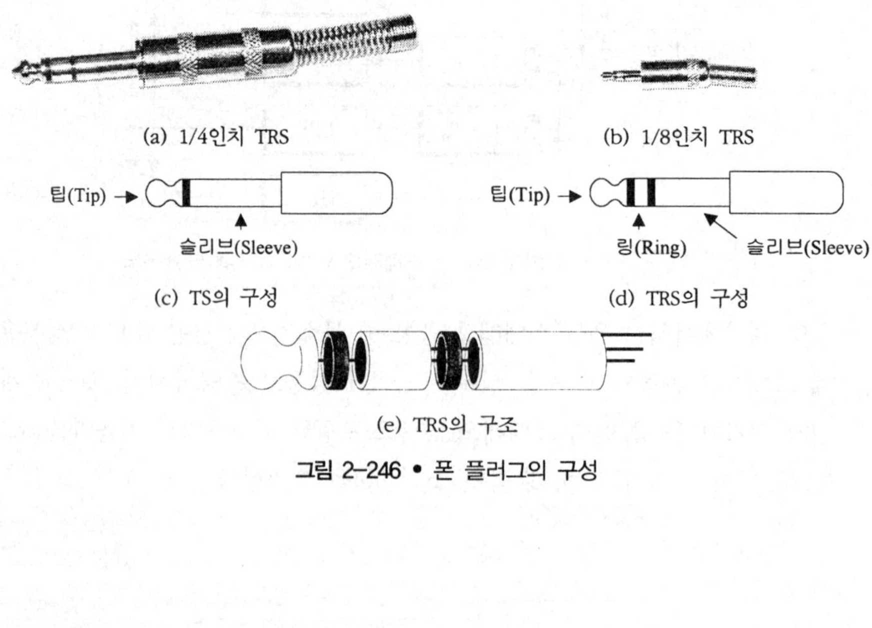

(a) 1/4인치 TRS (b) 1/8인치 TRS

(c) TS의 구성 (d) TRS의 구성

(e) TRS의 구조

그림 2-246 • 폰 플러그의 구성

나타낸 바와 같이 팁(Tip)과 슬리브(Sleeve)로 구성된 것으로서 슬리브는 접지, 팁은 신호선으로 사용하며 주로 모노럴 신호, 예를 들어 마이크의 커넥터 등에서 사용된다.

이에 비해 그림 (d)와 같은 TRS는 팁과 슬리브 가운데에 링(Ring)이 삽입된 것으로서 주로 스테레오 신호나 차동신호를 전송하는데 사용된다. TRS의 내부구조는 그림 (e)와 같이 팁, 링, 그리고 슬리브를 접속하는 각 핀들이 3개 인출되어 있으며 이곳에 전선을 접속해 사용한다.

헤드폰 잭(phone jack)은 플러그 삽입 시 자동으로 스피커음이 중단되는 것과 스위치로 절환하는 것이 있는데, 자동 절환식에 사용되는 잭의 구조를 **그림 2-247**에 나타내었다. **그림 2-247(a)**는 폰 잭의 내부구조로서 그림 (b)와 같이 폰 플러그가 삽입되면 내부 스위치가 open되도록 구성되어 있다.

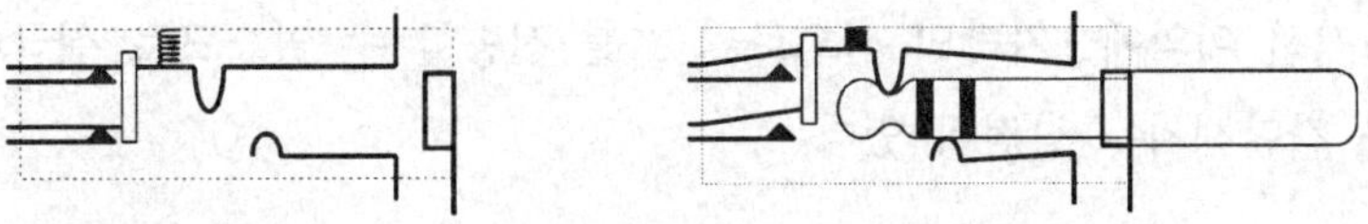

(a) 폰 잭의 구조　　(b) 폰 플러그 삽입 시

그림 2-247 • 폰 잭의 구조

따라서 **그림 2-248(a)**와 같이 접속하면 플러그 삽입 시 자동으로 스피커음이 중단되고, 그림 (b)와 같이 별도의 스위치를 부착하면 수동식으로 스피커음을 중단시킬 수 있다.

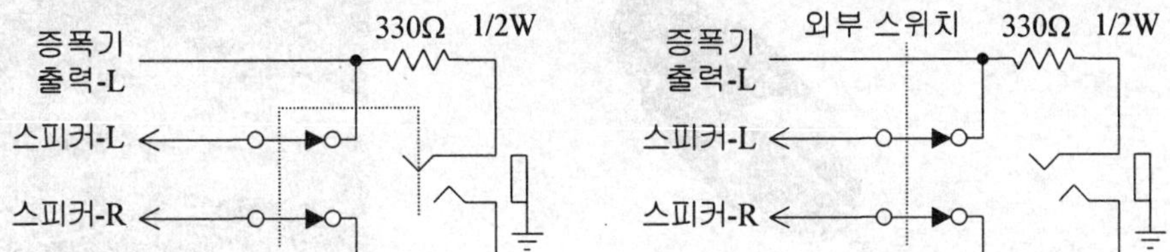

(a) 자동 절환식 배선　　(b) 스위치식 배선

그림 2-248 • 폰 잭 회로의 예

회로에서 330Ω 저항은 헤드폰 음량을 줄이는 것으로서, 헤드폰의 특성상 귀에 밀착시키는 형태이므로 모든 스피커 음량이 직접 귀에 방사되면 스피커로 들을 때 보다 훨씬 크기 때문에 스피커로 들을 때와 비슷한 음량으로 줄일 필요가 있다. 또한 스피커로 들을 때는 들리지 않던 작은 잡음 등이 헤드폰에서는 모두 들리게 되므로 이를 줄이는 효과도 있다.

2) 불평형 오디오 전송

불평형(unbalanced) 전송회로는 접지선과 한 개의 신호선을 이용해 전송하는 것으로서, 신호는 접지점에 대한 전압으로 나타낸다. 이는 접지점에 대한 절대전압으로 신호를 전송하기 때문에 잡음 유입에 취약해 반드시 시일드선으로 차폐해야 하지만 접지선 이외에 1가닥의 선으로 신호를 전송할 수 있으므로 취급하기 용이하고 회로가 간단해지는 장점이 있다.

① RCA 케이블

RCA 커넥터의 정식 명칭은 '핀 커넥터'라는 것으로서 **그림 2-249(a)**와 같은 외형에서 외부 금속이 접지, 내부 핀이 신호용으로 구성되며 그림 (b)와 같이 오디오나 비디오 신호의 전송용으로 널리 사용되고 있다.

(a) 커넥터 형상

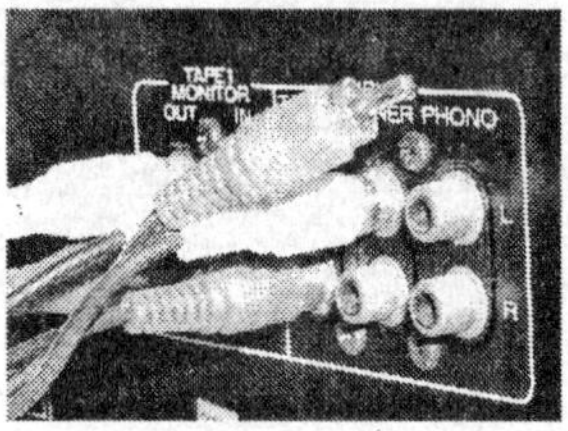

(b) 오디오에서의 사용 예

그림 2-249 • RCA 커넥터와 사용 예

이를 이용해 접속하는 음향기기들은 신호의 호환이 가능하도록 표준이 정해져 있는데, LP 레코드플레이어 신호의 표준과 일반 오디오 신호의 표준이 사용된다. 이들에 관해서는 앞서 LP 레코드플레이어와 VU 미터기 부분을 참조하라.

즉 일반 오디오 신호는 1kHz 주파수에서 600Ω의 부하에 +4dBm의 전력을 공급하도록 되어 있으며, 전선은 **그림 2-250**과 같은 구조의 시일드선을 사용해 신호를 잡

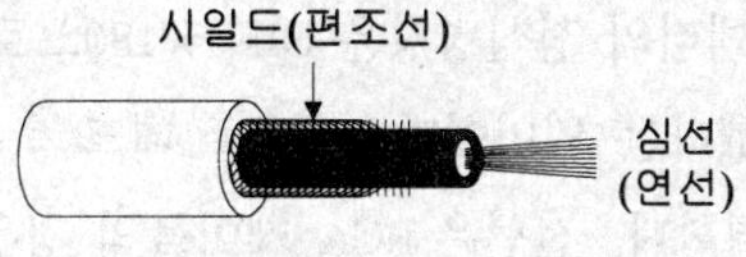

그림 2-250 • 시일드선의 구조

음으로부터 보호하도록 구성한다. 이 선은 동축케이블과는 달리 심선이 연선으로 구성되고 피복들이 얇아 전체적인 굵기가 가늘고 유연성이 매우 좋다.

② DIN(DIN 5/180) 케이블

앞서 소개한 RCA 케이블을 이용해 메인 앰프와 카세트 데크 사이를 접속할 경우, 메인앰프로부터 녹음신호가 출력되고 테이프 데크로부터는 재생신호가 출력되기 때문에 이들 사이에는 모두 4개의 케이블이 접속되어야 한다. 즉 앰프로부터 데크로의 녹음신호 왼쪽과 오른쪽, 데크로부터의 재생신호 왼쪽과 오른쪽이다.

따라서 커넥터도 양쪽 합쳐 8세트나 필요하고 카세트 데크가 처음 사용되었던 당시(약 1960년대)에는 사용자의 수준도 낮았기 때문에 이러한 접속이 매우 어려운 작업이었고, 이에 따라 입출력 신호선이 바뀌어 앰프가 파손되는 등의 문제가 있었다.

DIN 케이블은 이 같은 문제점들을 고려해 메인앰프와 카세트 데크 사이를 접속할 때 사용하던 규격으로서, **그림 2-251(a)**와 같은 5핀 DIN 커넥터를 이용해 스테레오 입력과 출력신호를 모두 전송한다. 이 때문에 배선이 매우 간편한 특징이 있지만 음질면에서 크로스토크 및 다음에 설명할 임피던스와 전압특성 등이 좋지 않아 요즈음은 사용하지 않는다.

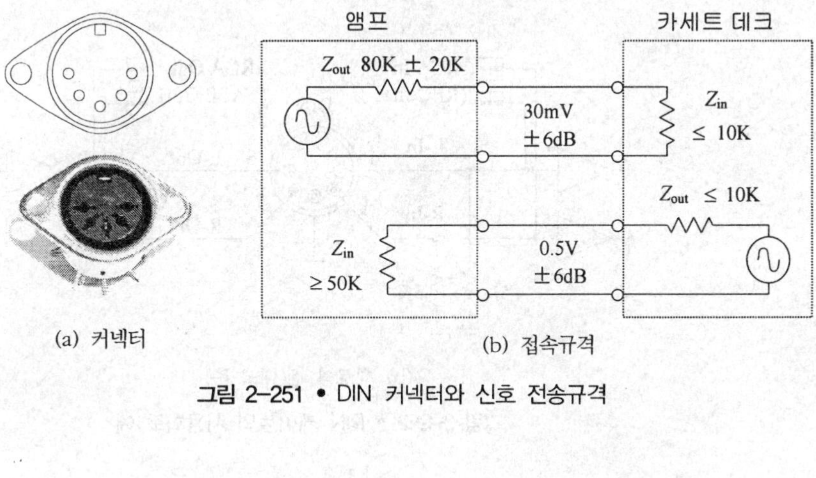

(a) 커넥터

(b) 접속규격

그림 2-251 • DIN 커넥터와 신호 전송규격

DIN 케이블용 커넥터의 정식명칭은 DIN 5/180으로서, 이는 커넥터의 180도 구간을 5개의 핀으로 구성했다는 의미이며, 카세트 데크 측은 입출력이 반대로 구성되어 케이블은 1대 1로 직결한다. 전선은 RCA 케이블의 경우와 마찬가지로 시일드선을 사용해 신호를 잡음으로부터 보호하고 있다. **그림 2-251(b)**는 DIN 케이블을 이용한 신호 전송규격을 나타낸 것으로서 앰프에서 카세트 데크로의 규격과 데크에서 앰프로의 규격이 서로 다른 비대칭형이다. 이는 과거에는 반도체 소자가 매우 비쌌기 때문에 나타난 결과인데, 앰프에서 카세트 데크로 전송할 출력을 구성하기 위한 별도의 증폭기를 설치하지 않고 앰프의 라인 출력신호(RCA 출력)로부터 분리해 신호를 생성했다.

따라서 본래의 라인신호에 영향을 작게 주면서 DIN 출력을 생성하기 위해 **그림 2-252(a)**와 같이 큰 저항(보통 약 470K 정도)을 경유하고, 이 때문에 DIN 라인의 임피던스가 매우 커지므로 임피던스를 줄이기 위해 80~100K 정도의 병렬저항을 삽입한 결과 신호크기가 30mV로 극히 작아졌다. 이에 비해 카세트 데크의 출력은 오직 앰프로만 입력되기 때문에 이러한 문제없이 큰 출력으로 전송한다.

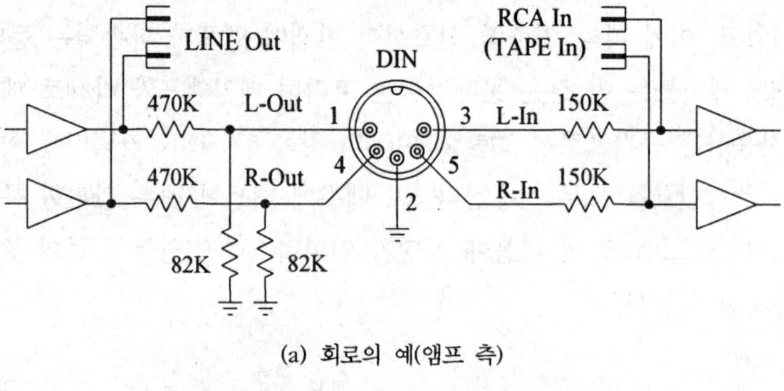

(a) 회로의 예(앰프 측)

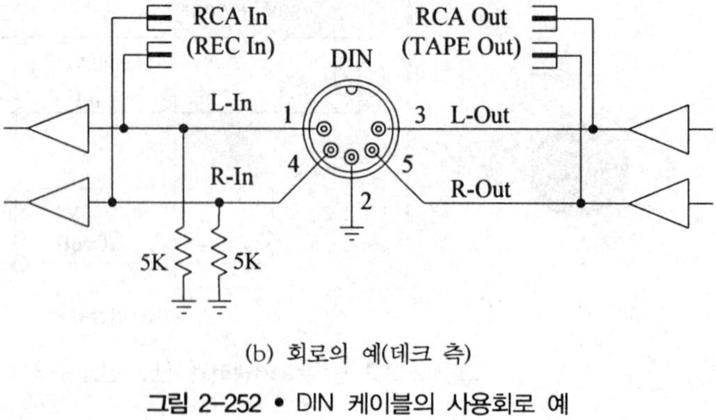

(b) 회로의 예(데크 측)

그림 2-252 • DIN 케이블의 사용회로 예

이상에서 살펴본 바와 같이 DIN 케이블을 이용한 접속은 RCA 케이블에 비해 특성이 현저히 떨어지지만, 이를 개발할 당시만 해도 커넥터 가격과 사용자의 수준으로 볼 때 음질저하의 문제보다는 비용과 설치의 간편함이 앞섰던 것 같다.

3) 평형 오디오 전송

앞서 살펴본 불평형 전송회로는 비록 시일드선을 사용한다 하더라도 잡음의 영향을 비교적 크게 받는다. 따라서 스튜디오 등에서 사용하는 고급 오디오 기기들은 이론적으로 잡음의 영향을 전혀 받지 않는 평형(balanced) 전송회로를 사용한다. 이는 디지털 전송규격 중 RS-422 차동 전송방식의 원리와 동일한 것으로서 하나의 신호를 전달하기 위해 2개의 전선을 이용한다. 평형 전송회로가 잡음에 강해지는 원리를 디지털 전송의 RS-422 규격을 이용해 **그림 2-253**에 나타내었다.

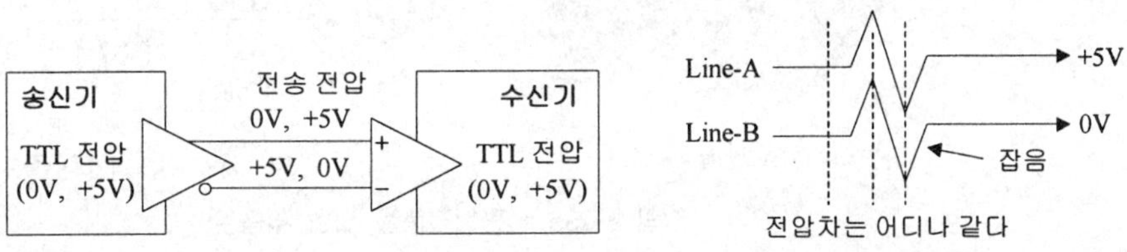

(a) 신호 전송원리 (b) 잡음 유입상태

그림 2-253 • RS-422 전송의 기본원리

그림에 나타낸 바와 같이 RS-422 규격은 2가닥의 전선을 이용해 하나는 정상신호를, 나머지 하나는 반전신호를 동시에 전송하며 이들 신호를 '차동신호'라 한다. 수신기는 두 전선의 절대전압을 검출하지 않고 상대적인 전압차를 검출한다.

만약 데이터 전송 중 라인에 잡음이 혼입되면 **그림 2-253(b)**와 같이 2개 전선에 동시에 잡음이 섞이지만, 라인간의 전압차는 그대로 유지되므로 데이터에 영향을 주지 않는다. 이와 같은 차동 라인의 원리에 의해 2개 라인의 조건이 유사하도록 전선을 서로 꼬아 놓은 형태로 사용하며, 이를 '트위스트 페어(twisted pair)' 라인이라 한다.

그림 2-254(a)는 이더넷에 사용되는 UTP(Unshielded Twisted Pair)의 외형이며, 이 라인은 그림 (b)과 같이 잡음이 발생하는 근처에 전선이 지날 때 2개 라인이 잡음을 받더라도 골고루(?) 받도록 하는 원리이다.

이와 같은 차동라인에 의한 잡음특성의 향상원리는 아날로그에서도 그대로 적용되

(a) 트위스트 페어 사진

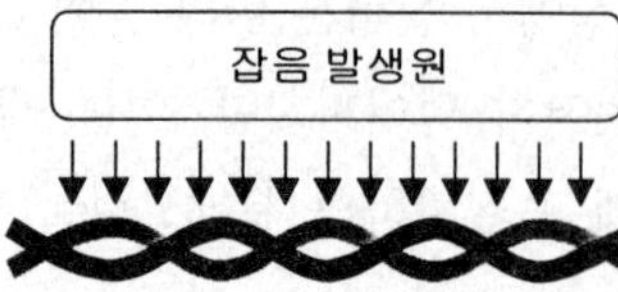

(b) 트위스트 페어의 원리

그림 2-254 • 트위스트 페어 라인

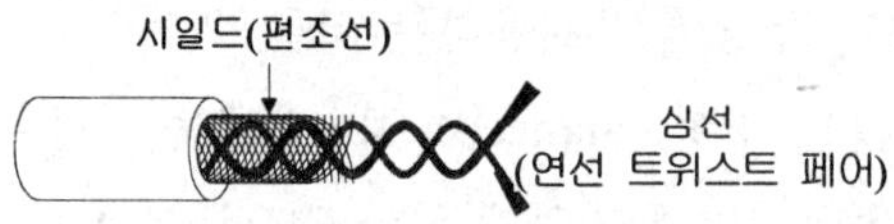

(a) 시일드된 트위스트 페어 선

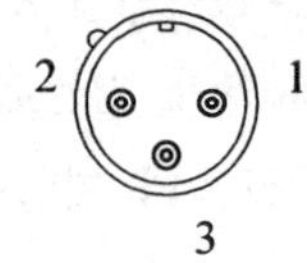

(b) XLR 커넥터

(c) 마이크의 XRL 커넥터

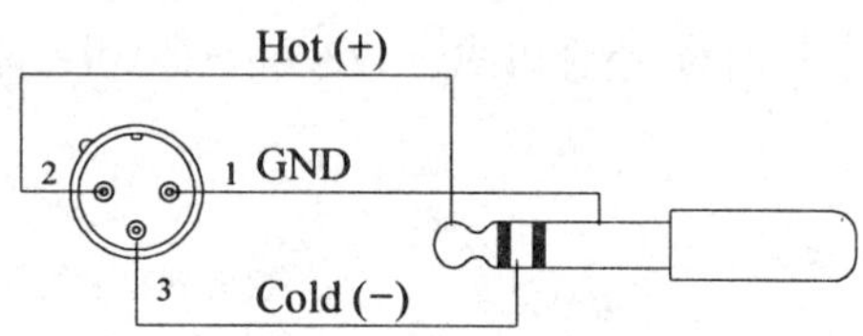

(d) TRS 커넥터와의 접속

그림 2-255 • 평형전송을 위한 부품들

는데, 그러나 역시 아날로그 전송은 디지털 전송에 비해 잡음에 여전히 약하므로 **그림 2-255(a)**와 같이 시일드된 트위스트 페어 선을 사용한다.

평형전송은 이와 같이 차동신호 2개와 시일드(접지)신호의 3개 선이 사용되므로 이를 접속하기 위한 커넥터도 최소 3핀이 필요하며, 이 때문에 **그림 2-255(b)**와 같은 XLR 커넥터(캐논(cannon)사에서 개발했기 때문에 '캐논 커넥터'라고도 한다)를 사용한다. 이 커넥터는 중앙에 3개 핀과 주위의 시일드 케이스로 구성되어 있고, 커넥터끼리 잠금장치가 있어 쉽게 빠지지 않는 특징이 있어 그림 (c)와 같이 마이크 커넥터로도 많이 사용된다. 평형전송을 위해 간이형으로 TRS 폰 잭을 사용할 수 있는데 이때는 그림 (d)와 같이 접속하며, 불평형 전송 마이크인 경우도 이와 호환을 이룰 수 있도록 1번 핀과 2번 핀을 사용한다.

① 트랜스포머

차동신호를 발생하기 위한 가장 단순한 방법으로서 트랜스포머를 이용할 수 있는데, 이는 **그림 2-256**과 같이 증폭기의 출력을 트랜스포머를 경유해 차동으로 추출하는

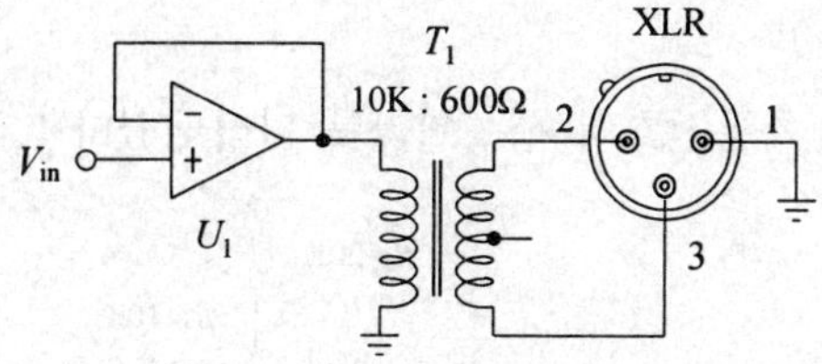

(a) 공통 접지

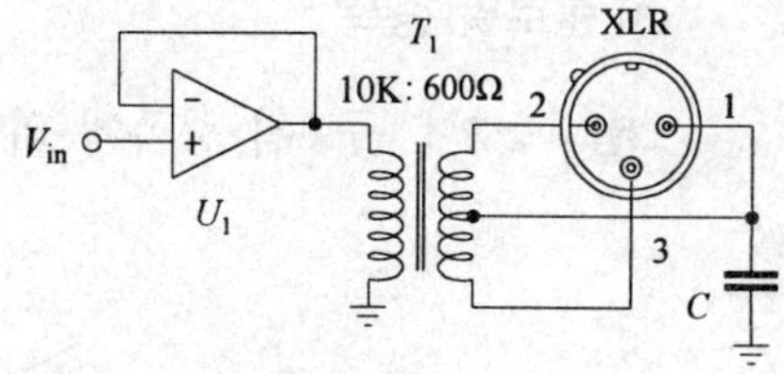

(b) 접지 절연

그림 2-256 • 트랜스포머에 의한 차동신호의 생성

방법이다. 필요에 따라 그림 (b)와 같이 송신기와 수신기를 전기적으로 절연하는 접속방법도 사용되지만 기기 간 접지가 완전히 절연됨에 따른 접지 전위차가 크게 형성되어 다른 경로로 두 기기의 접지가 이어질 때 매우 큰 쇼크 노이즈가 발생할 수 있어 큰 전압 용량의 커패시터(보통 약 1kV 이상)를 접속해 최소한 교류적으로는 접지되어야 한다.

트랜스포머를 이용하는 방법은 구현이 간단하고 임피던스 매칭이 쉽게 이루어지며 송신기와 수신기의 절연이 용이하다는 장점이 있지만, 트랜스포머의 특성에 의해 저음과 고음의 음질이 저하되는 단점이 있어 간단한 용도로만 사용된다.

② 2조 차동증폭

트랜스포머에 의한 음질저하를 방지하기 위해 **그림 2-257**과 같이 2개의 차동증폭기를 이용해 서로 반대의 증폭을 행하면 차동출력을 얻을 수 있다.

그러나 이 회로는 입력 임피던스가 비교적 작고 두 연산증폭기에 차이가 발생하면 이는 차동출력의 불균일로 나타나기 때문에 실제로 그다지 사용되지 않는다.

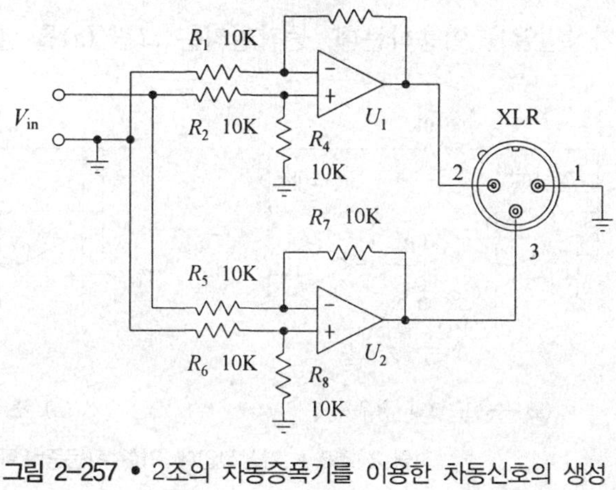

그림 2-257 • 2조의 차동증폭기를 이용한 차동신호의 생성

③ 폴로워 증폭

그림 2-258에 폴로워 증폭에 의한 차동신호의 생성원리를 나타내었다.

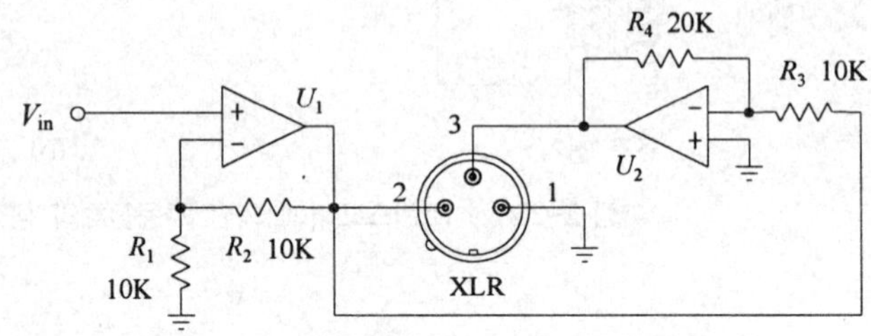

그림 2-258 • 폴로워 증폭에 의한 차동신호의 생성원리

회로에서 연산증폭기 U_1 은 비반전 증폭기로 구성되어 있으므로 입력 임피던스가 매우 크고 비반전 출력을 생성하는데, 그림의 경우 2배의 증폭을 하고 있다. 연산증폭기 U_2 는 반전증폭기로서 앞서 비반전 증폭기의 출력을 입력신호로 다시 반전증폭하기 때문에 XLR의 출력은 차동신호가 형성된다.

이 회로는 비반전 출력부분에 반전증폭기의 입력이 접속되므로 비반전 출력과 반전 출력 사이에 약간의 임피던스 차이가 발생하지만 트위스트-페어의 전송 라인 임피던스는 약 110Ω 정도로 작기 때문에 큰 지장은 없다. 그러나 만약 비반전 라인이 외란에 의해 전압이 흔들릴 경우 이는 반전 증폭기의 입력으로 작용하기 때문에 비반전 라인이 함께 영향을 받을 우려가 있다.

④ 가상전압 차동증폭

그림 2-259는 가상전압을 이용한 차동신호 생성회로로서 두 연산증폭기는 서로 상대 증폭기의 가상전압을 이용하는데, 동작원리는 그림 (a)를 대상으로 설명한다.

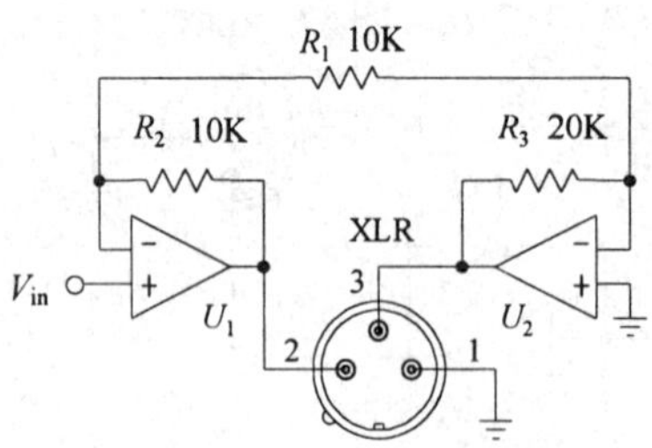

(a) 증폭도 2인 경우

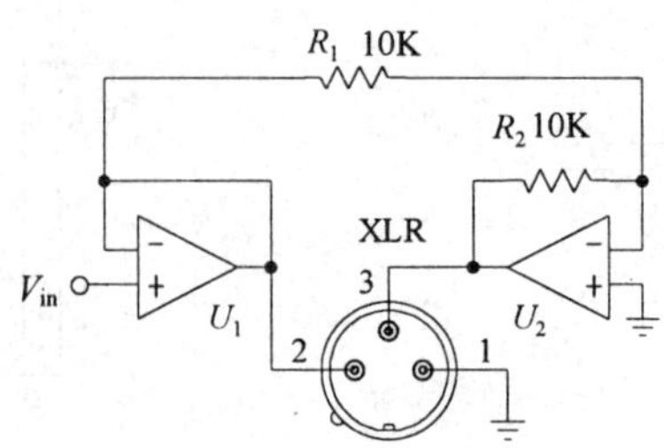

(b) 증폭하지 않는 경우

그림 2-259 • 가상전압에 의한 차동증폭회로

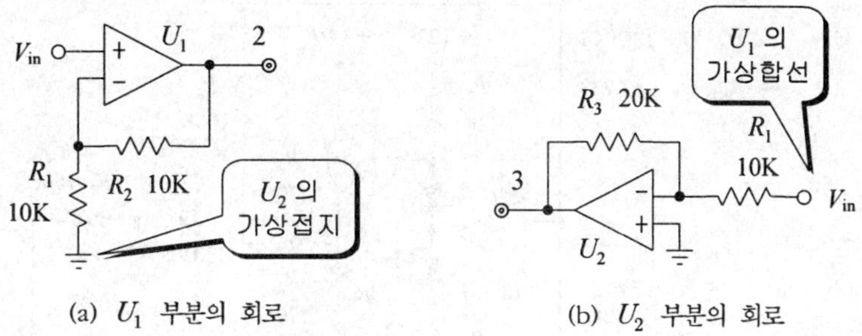

그림 2-260 • 각 연산증폭기의 동작원리

그림 2-259(a)의 연산증폭기 U_1 입장에서는 R_1 저항의 끝이 반전증폭기 U_2의 가상접지에 해당하므로 **그림 2-260(a)**와 같은 증폭도 2의 비반전 증폭기가 형성된다.

연산증폭기 U_2의 입장에서는 R_1 저항의 끝이 비반전 증폭기 U_1의 가상합선에 해당되므로 **그림 2-260(b)**와 같은 증폭도 2의 반전증폭기가 형성된다. 따라서 각 증폭기의 출력들에서는 차동신호가 발생한다. 이 방식은 회로의 입력 임피던스는 앞서 폴로워 증폭과 동일하게 매우 크며, 출력 임피던스는 두 연산증폭기 모두 출력만이 접속되므로 동일하게 유지되고, 회로 전체적으로는 저항이 한개 줄어들어 그만큼 잡음에 유리하다.

특히 증폭을 하지 않고 출력을 전송하는 경우에는 **그림 2-259(b)**와 같이 저항이 하나 더 줄어들기 때문에 잡음이 더욱 줄어든다. **그림 2-261**에 이러한 원리를 이용해 스튜디오 현장에서 실제로 사용되는 장거리용 차동신호 전송회로를 나타내었다. 일반적으로 연산증폭기의 출력은 강한 전류를 출력하지 못하는데, 이는 거꾸로 말하면 외부에서 출력 쪽으로 어떤 충격이 인가되면 이에 강하지 못하다는 의미가 된다.

신호를 장거리로 전송하는 경우 전송 라인에 유입되는 잡음은 그만큼 커지며 경우에 따라 강한 전기충격이 유입될 수 있다. 따라서 이러한 경우에도 안전하게 동작하기 위해서는 **그림 2-261**과 같이 연산증폭기들의 출력에 전류 부스터 회로를 부착해 회로를 더 강하게 한 후 출력한다.

참고로, 스튜디오 현장에서 녹음장비까지는 수 미터에서 수십 미터의 거리가 되며, 전송 라인은 대형 앰프, 조명장비 등을 통과하기 때문에 앰프의 On/Off 등의 순간에 매우 큰 잡음이 유입된다.

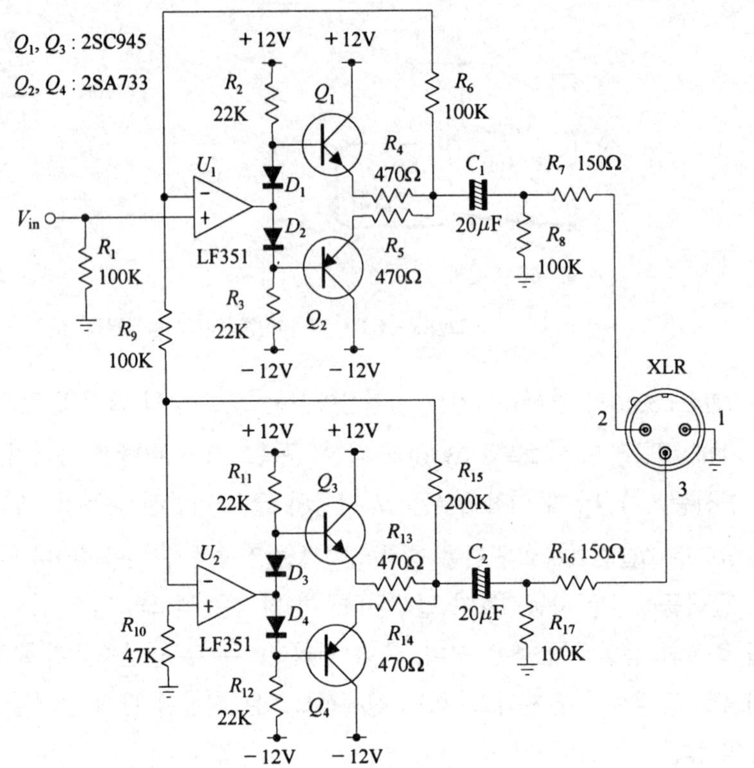

그림 2-261 • 장거리용 차동신호 발생회로

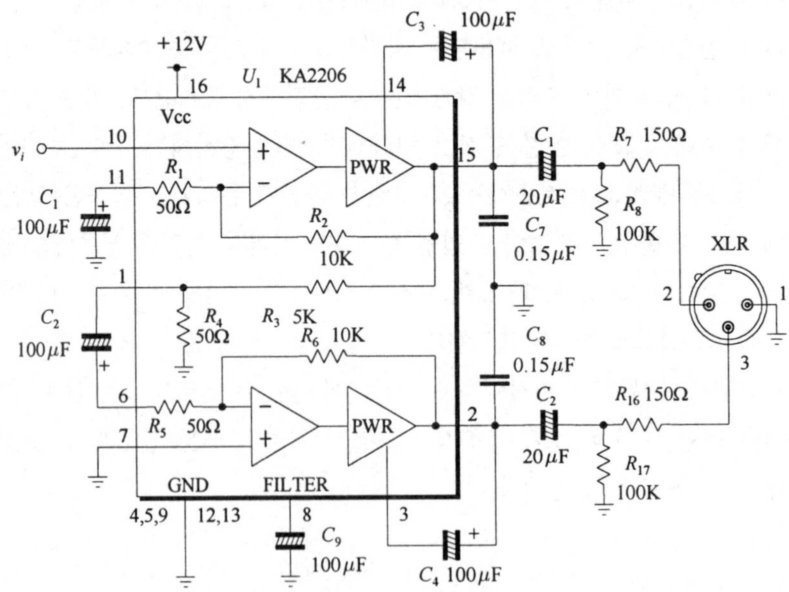

그림 2-262 • 전력증폭기를 이용한 장거리용 차동신호 발생회로

이 회로는 원리를 이해하기 위해 개별소자로 구현된 것을 소개한 것이고, 회로를 간단히 하기 위해 **그림 2-262**와 같이 전력증폭기 부분에서 소개한 브리지 앰프를 이용해 차동신호를 출력할 수 있다.

4) 평형 수신회로

평형신호를 수신하기 위한 가장 단순한 방법으로는 **그림 2-263**과 같이 트랜스포머를 이용하는 것인데, 이 또한 그림 (a)와 같이 접지점을 연결하는 것과 그림 (b)와 같이 절연을 하는 방법이 있으며 특징은 송신회로에서의 경우와 동일하다.

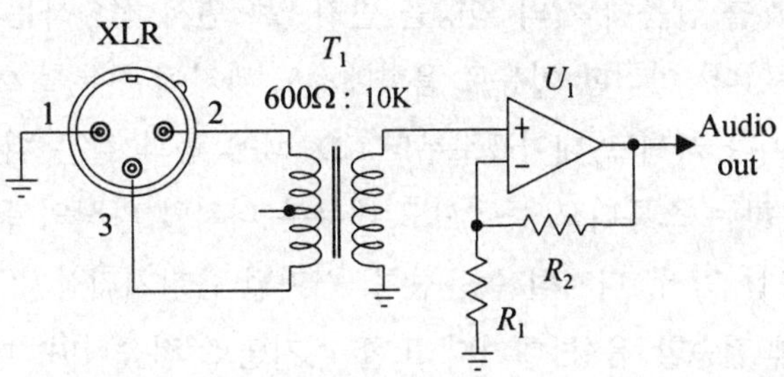

(a) 접지 접속

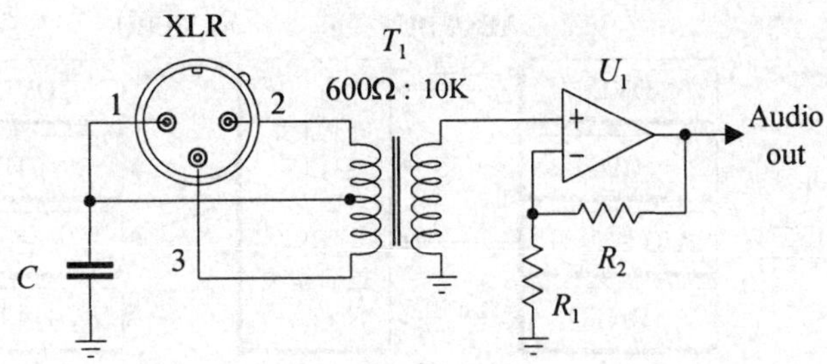

(b) 접지의 절연

그림 2-263 • 트랜스포머에 의한 평형 수신회로

트랜스포머를 이용하는 방법은 음질특성도 송신회로의 경우와 마찬가지로 트랜스포머에 의해 다소 떨어지는 단점이 있기 때문에 고급 음질이 요구될 때는 **그림 2-264**와 같은 연산증폭기에 의한 차동증폭회로를 사용한다.

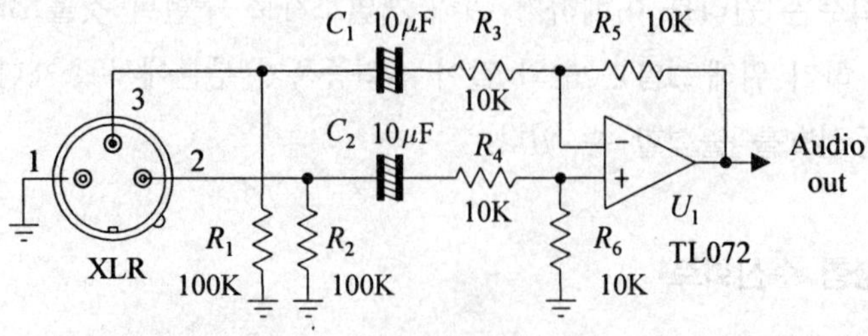

그림 2-264 • 연산증폭기에 의한 평형 수신회로

(2) 디지털 전송

음향신호를 잡음에 거의 영향을 받지 않으면서 전송하는 가장 적극적인 방법은 디지털 전송이다. 이러한 이유로 음향매체도 과거에 주류를 이루던 아날로그 방식인 LP 레코드판이나 카세트 테이프로부터 CD, MP3 등과 같은 디지털 매체를 이용하고, 음향을 녹음하는 스튜디오 등에서도 대부분 디지털 방식의 음향기기들을 사용한다. 즉 디지털 음향 믹서, 디지털 녹음장치, 디지털 음향처리장치 등을 이용하는데, 이들 기기 사이에 전송할 음향 데이터 또한 디지털로 전송되며, 대부분은 AES/EBU 규격과 S/PDIF, 토스링크 규격을 사용한다.

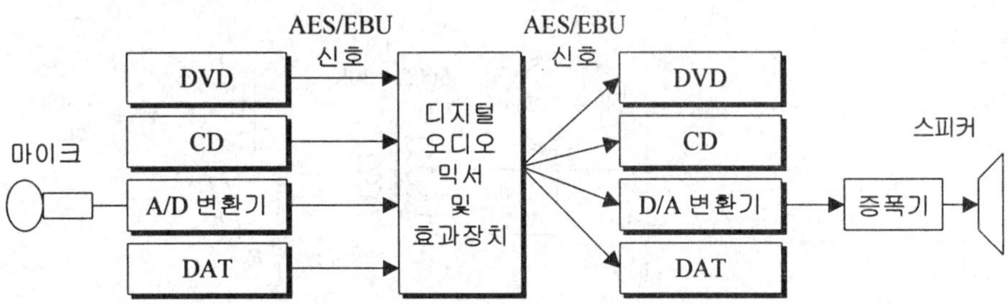

그림 2-265 • AES/EBU 규격의 사용 예

1) 디지털 전송규격의 종류

① AES/EBU

AES/EBU(Audio Engineering Society/European Broadcasting Union) 규격은 오디오 기기 간 신호전송을 잡음에 강한 디지털로 행하기 위해 제정되었으며, 전문 오디오 분야의 표준으로 되어 있다. 따라서 오디오 전문가들이나 전문 스튜디오 등에서 사

그림 2-266 • 오디오 전문가용 기기의 AES/EBU 단자들

용하는 기기들은 AES/EBU 규격으로 모든 신호가 전송되며, 오디오 믹서, 효과장치(effector), 녹음장치 등도 모두 이 신호를 이용할 수 있도록 되어 있다.

② S/PDIF, 토스링크

최근에는 전문가가 아닌 일반인들도 오디오에 관한 요구가 고급화되어 이와 같은 디지털 전송에 대한 필요성이 증가했으나, AES/EBU 규격은 전문가용 고급 사양이기 때

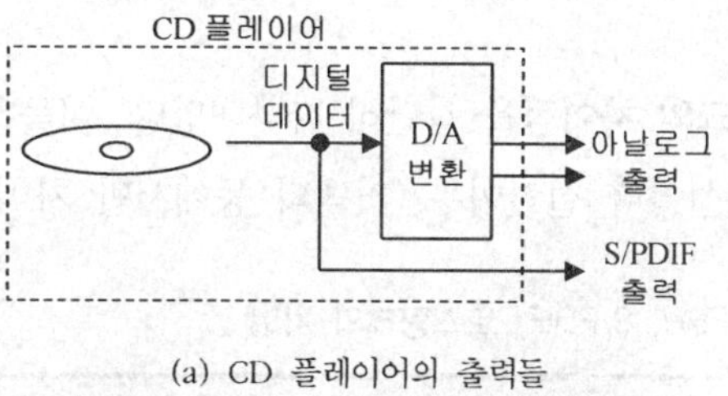

(a) CD 플레이어의 출력들

(b) CD 플레이어의 S/PDIF 단자

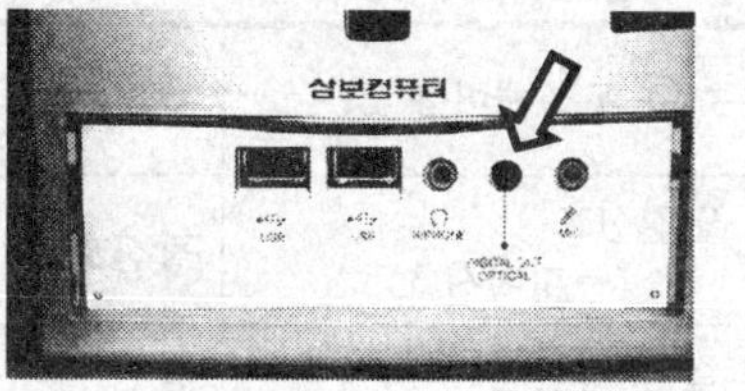

(c) 컴퓨터의 토스링크 단자

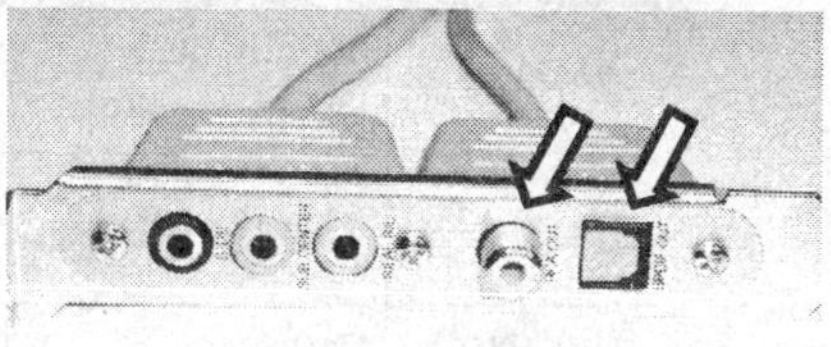

(d) 사운드카드 인터페이스 단자

(e) 컴퓨터 보드의 단자

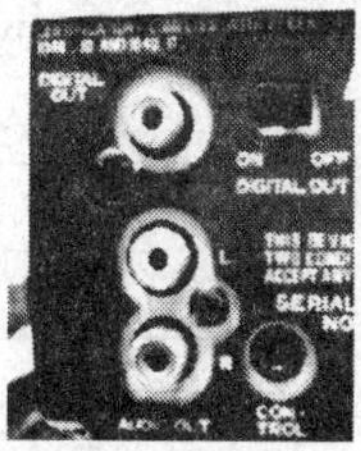

(f) DVD 플레이어

그림 2-267 • 각종 DIF 단자들

문에 가격이 비싸고 복잡해 이를 간소화시킨 S/PDIF(Sony/Philips Digital Interface), 토스링크(TOSLINK : Toshiba Link) 규격 등이 제정되었고, CD 플레이어나 DVD 플레이어, 컴퓨터 사운드 카드 등에는 대부분 S/PDIF나 토스링크를 지원하고 있다. 이와 같이 디지털 신호를 이용한 인터페이스들을 통틀어 DIF(Digital Interface)라 한다. **그림 2-267**에 각종 기기에 부착된 디지털 출력단자의 예를 나타내었다.

S/PDIF, 토스링크 규격은 기본적으로 AES/BEU 규격을 간소화한 것이기 때문에 데이터 프레임이나 변조방법 등은 거의 동일하고 접속하는 커넥터 종류, 전선 종류나 전기적 규격 등에서 차이가 있다. S/PDIF 규격은 RCA 커넥터와 동축케이블을 이용하는 것이 표준이며, 토스링크는 광케이블을 이용해 데이터를 전송한다. 참고로, 토스링크는 일본 도시바사의 상표이며 표준명칭은 EIAJ(Electronics Industries Association of Japan)라 한다.

③ 디지털 전송규격 간의 차이

표 2-5에 AES/EBU, S/PDIF, 토스링크의 차이점을 간단히 나타내었다. 이들은 기본적인 변조방식은 동일하고 사용하는 전선이나 절연여부, 커넥터 등에서만 차이가 있다.

표 2-5 • AES/EBU, S/PDIF, 토스링크의 차이

	AES/EBU	S/PDIF(IEC-958)	토스링크(EIAJ)
케이블	110Ω시일드 트위스트 페어	75Ω 동축케이블	광케이블
신호전송	차동신호(평형신호)	단일신호 (불평형신호)	광신호
기기 절연	절연	절연/비절연	절연
커넥터	3핀 XLR 커넥터	RCA 커넥터	TOS 광커넥터
신호크기	3~10V	0.5~1V	
변조방식	biphase-mark-code	biphase-mark-code	biphase-mark-code
부속 정보	ASCII ID 텍스트 방식	SCMS 복사방지	SCMS 복사방지
최대 분해능	24비트	20/24비트 선택	20/24비트 선택

2) 사용 부품들

AES/EBU, S/PDIF, 토스링크 규격에서 사용하는 부품들에 관해 간단히 살펴본다.

① 캐논 커넥터

캐논 커넥터(XLR 커넥터)는 아날로그 평형전송에서 소개한 것으로서 AES/EBU 규격에서 사용한다.

(a) XLR 커넥터 (b) 마이크의 XRL 커넥터

그림 2-268 • 평형전송을 위한 부품들

② RCA 커넥터

RCA 커넥터(Pin 커넥터)는 아날로그 불평형전송과 컴퍼지트 영상신호 전송에 주로 사용되어왔기 때문에 많이 보급되어 저렴하고 사용법이 쉬워 S/PDIF에서 사용한다.

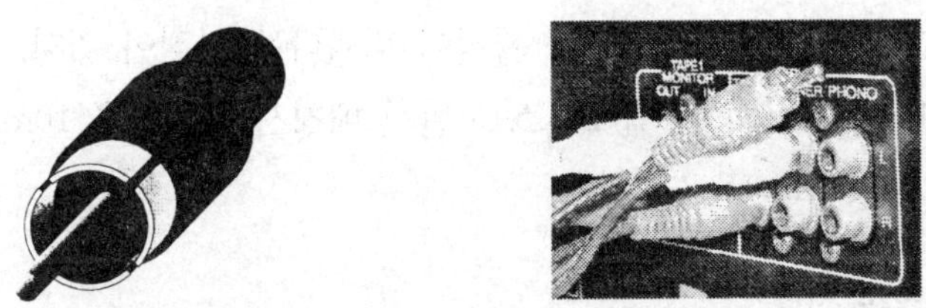

(a) 커넥터 형상 (b) 오디오에서의 사용 예

그림 2-269 • RCA 커넥터와 사용 예

③ 트위스트 페어 케이블

트위스트 페어 케이블(Twisted pair cable)은 아날로그 평형전송에서 사용하는 것으로서 AES/BEU 방식에서 사용된다.

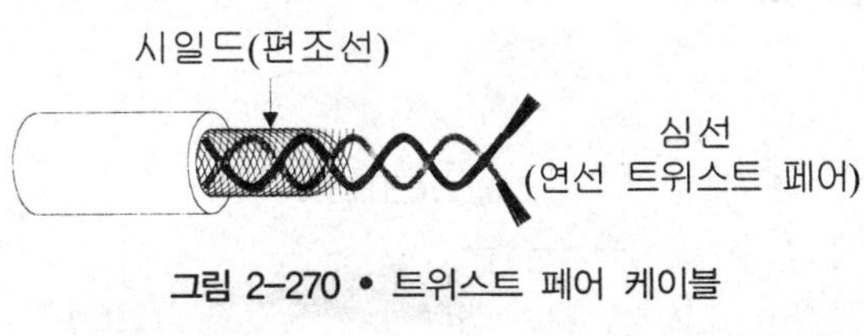

그림 2-270 • 트위스트 페어 케이블

④ 동축케이블

동축케이블(co-axial cable)은 **그림 2-271(a)**에 나타낸 바와 같이 중앙의 심선과 겉의 절연체, 그 겉에 망사 구조로 된 도체인 편조, 그리고 외피로 구성되어 있는데, 이들 모두가 동심축을 이루고 있어 동축케이블이라는 명칭이 붙었다.

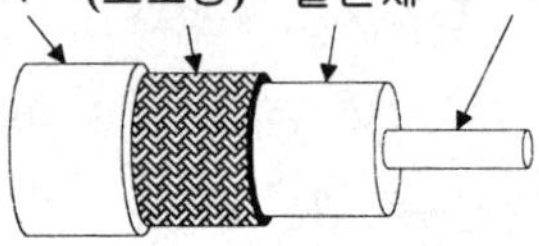

(a) 케이블 구조

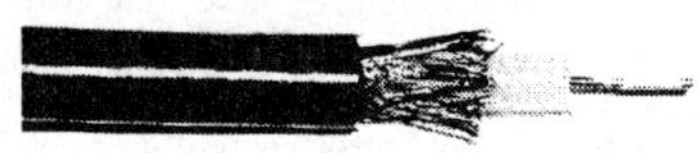

(b) 케이블 사진

그림 2-271 • 동축케이블의 구조 및 사진

이 케이블은 특성이 뛰어나기 때문에 잡음의 영향을 거의 받지 않으면서 장거리 신호전송이 가능하므로 케이블 방송이나 BNC LAN 케이블 등에서 사용되고 있으나, 유연성이 없어 다루기가 어렵고 가격이 비싸다는 단점이 있다. S/PDIF에서는 이 케이블을 이용해 10m까지, 임피던스를 완전 매칭시켰을 경우 10m 이상까지 신호를 전달하는데 사용한다.

⑤ 시일드선

시일드선(shielded cable)은 동축케이블의 단점인 고가격과 유연성이 떨어지는 것을 보완한 것으로서, **그림 2-272**에 나타낸 바와 같이 심선은 부드러운 연선을 사용하고, 외부의 차폐선은 편조를 구성하거나 또는 알루미늄 호일 등으로 시일드 처리를 한다. 이는 동축케이블에 비해 비록 전송거리는 짧지만 전선의 유연성이 우수하고 저가격이므로 다양한 용도에 사용되고 있는데, 아날로그 불평형전송, 컴퍼지트 영상신호전송에서 사용되고, 짧은 거리의 S/PDIF 신호전송 때는 동축케이블 대신 이 케이블을 사용한다.

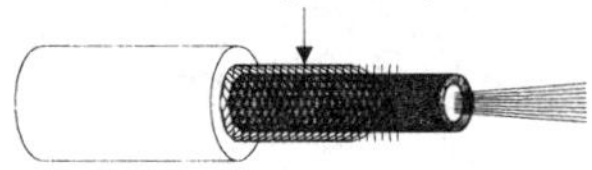

그림 2-272 • 시일드선의 구조

⑥ 광케이블

광케이블(optical fiber)은 **그림 2-273(a)**에 나타낸 바와 같이 광섬유에 피복을 입힌 것으로서 이는 전기신호가 아닌 광신호를 전달하기 때문에 전기적 잡음에는 전혀 영향을 받지 않는다.

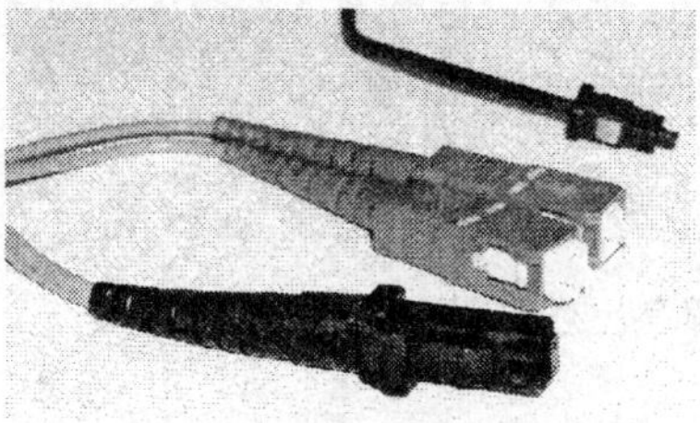

(a) 광케이블

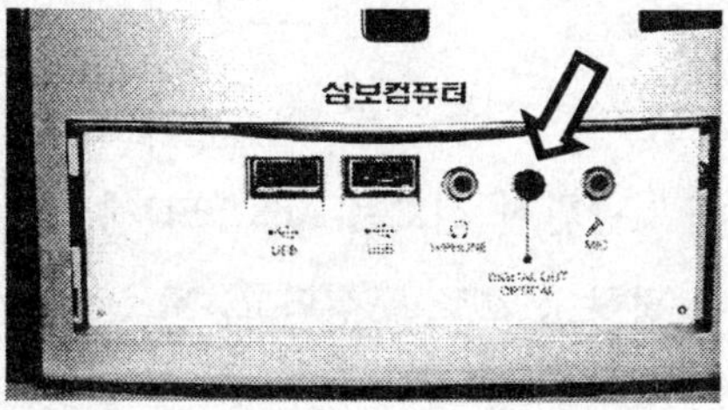

(b) 광케이블 접속단자

그림 2-273 • 광케이블의 외형

광케이블은 토스링크에서 사용되고 있으며 앞서 동축케이블에 비해 가격이 저렴하지만, 끊어졌을 경우 연결이 매우 어렵고, 커넥터 작업도 쉽지 않아 일반적으로 완제품 형태로 사용한다.

3) 데이터 형식

AES/BEU, S/PDIF, 토스링크는 데이터 형식면에서는 거의 차이가 없기 때문에 설명 명칭을 AES/BEU로 하고, 차이점이 있을 경우에만 별도로 설명한다.

① 비트 변조

AES/BEU는 동기식으로 비트 데이터를 전달하기 때문에 클록과 데이터를 동시에 전달하기 위해 BMC(Biphase Mark Code)라는 변조를 사용하고 있으며, 이의 변조 규칙은 다음과 같다.

- 매 클록마다 신호를 반전시킨다.
- 데이터가 1인 경우는 클록의 중앙에서 신호를 반전시킨다.

이러한 규칙을 적용한 비트 변조의 예를 **그림 2-274**에 나타내었다.

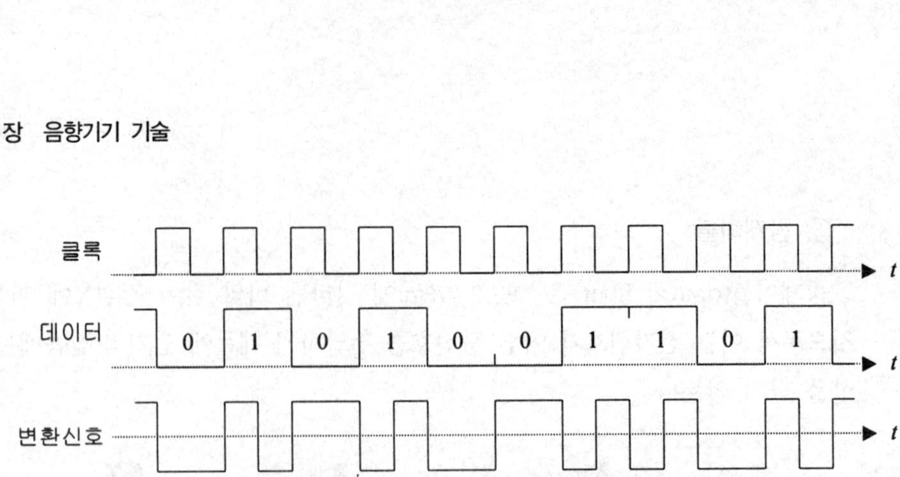

그림 2-274 • AES/BEU의 비트 변조 예

변환된 신호는 AES/BEU에서는 3 ~ 10 V_{pp} 의 차동신호로, S/PDIF는 0.5 V_{pp} 의 불평형 신호로 구성되고, 토스링크는 적색 광으로 변환된다.

② 부프레임(sub-frame)

앞서 설명한 방법에 의해 변조된 비트들은 **그림 2-275**와 같이 전체 32비트 길이의 부프레임을 형성하고, 내부에는 4비트 길이의 헤더와 24비트의 데이터 영역, 그리고 4비트의 상태 워드를 포함한다.

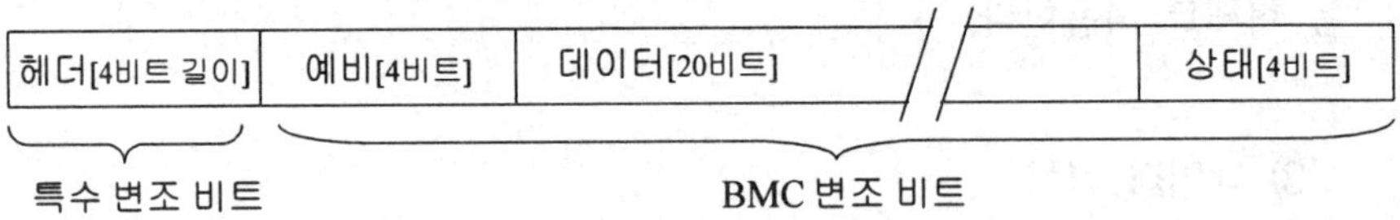

그림 2-275 • AES/BEU의 부프레임 구조

헤더는 일반 데이터 비트와 비교했을 때 '4비트 길이'에 해당되지만 그 구조는 매 클록 시점에서 반전되는 BMC 변조규칙에 따르지 않는 특수한 구조를 하고 있어 일반 데이터와 헤더를 구분할 수 있다. 따라서 헤더는 부프레임의 시작을 검출할 수 있는

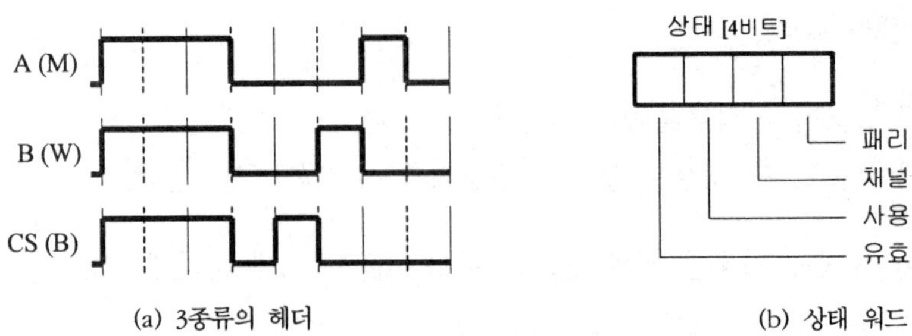

(a) 3종류의 헤더 (b) 상태 워드

그림 2-276 • 부프레임의 구성요소들

동기신호로 활용되는데, 헤더의 구조에 따라 **그림 2-276(a)**와 같이 A, B, CS (또는 M, W, B라고도 한다) 3종류가 있으며 이들의 용도는 이후의 블록 구조에서 설명한다.

상태 워드는 **그림 2-276(b)**와 같이 4개 비트로 이루어지며, '유효 플래그'는 24비트 데이터 영역의 내용이 음악 데이터인지 기타 데이터인지를 구분한다. 사용자 데이터는 다른 부프레임들에 있는 모든 비트들이 모여 192비트의 데이터를 이루며, 채널 상태 또한 다른 부프레임의 비트들이 모여 192비트의 데이터를 이룬다. 패리티 비트는 부프레임의 오류를 검출하는 목적도 있지만, BMC 변조에 의해 부 프레임의 끝이 '0'이나 '1'로 불규칙하게 종료되기 때문에 패리티 비트를 활용해 부 프레임의 끝이 항상 동일하게 종료하도록 유지한다.

③ 블록 구조

앞서 설명한 부프레임들은 2개가 모여 1개의 프레임을 형성하고, 이러한 프레임이 총 192개 모여 하나의 블록을 형성하는데, 각 부-프레임들은 **그림 2-277(a)**와 같이 스테레오 2개 채널 데이터가 시분할로 번갈아 전송되며, 이때 각 부프레임들이 어떤 채널의 데이터인지를 구분하기 위해 부프레임의 헤더를 다르게 사용한다. 즉, 부-프레임이 채널 1(왼쪽)일 경우는 A형 헤더를 사용하고, 채널 2(오른쪽)일 경우는 B형 헤더를 사용한다.

그러나 **그림 2-277(b)**와 같이 0번 프레임이 시작될 경우, 즉 블록이 시작될 경우에는 예외적으로 A형 헤드 대신 CS(Channel Status)형 헤드를 사용해 이곳부터 0번 프레임

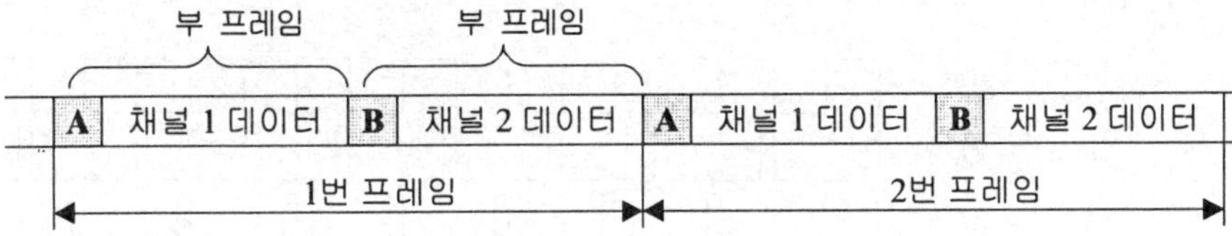

(a) 헤더에 의한 시분할 데이터 구분

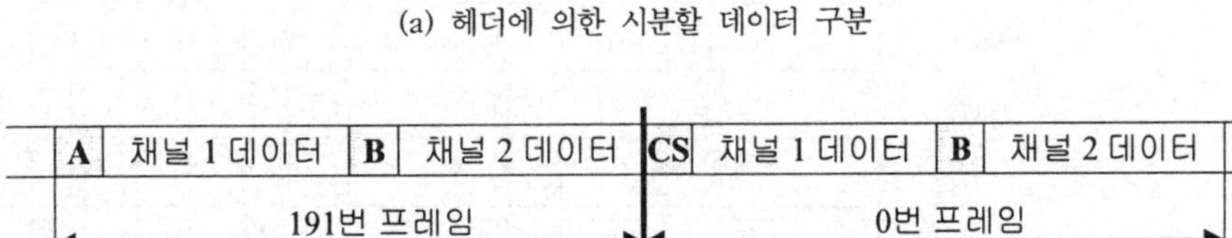

(b) 0번 프레임 시작 부분(블록 시작 부분)

그림 2-277 • AES/EBU 데이터 블록의 구조

이 시작됨을 나타낸다. 이때 각 채널 데이터마다 사용자 데이터 비트 1개와 채널 상태 비트 1개씩이 존재하므로 0번 프레임부터 191번 프레임까지의 이 비트들을 모두 수집하면 사용자 데이터 384비트(48바이트)와 채널 상태 비트 384비트(48바이트)가 된다. 사용자 데이터 영역에는 현재 진행중인 곡의 연주시간, 트랙 번호 등이 기록되고, 채널 상태 비트에는 샘플링 주파수(48kHz, 44.1kHz, 32kHz 등), 스테레오/모노/멀티 채널 모드 등을 기록한다.

4) BMC 변조/복조회로

① BMC 변조회로

AES/EBU, S/PDIF, 토스링크에서 사용하는 BMC 변조의 원리회로와 동작파형을 **그림 2-278**에 나타내었다.

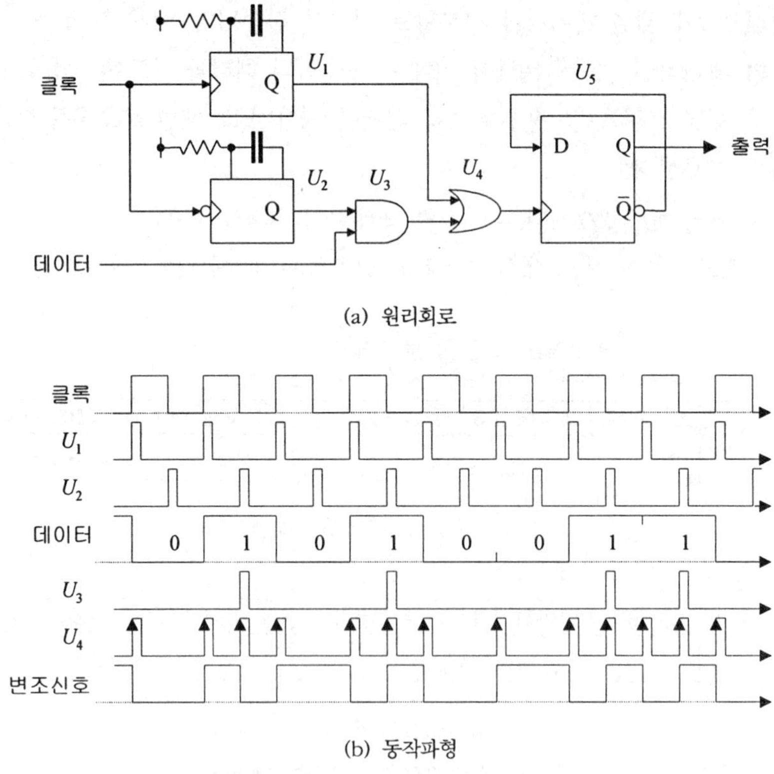

그림 2-278 • BMC 변조의 원리회로

BMC 변조는 매 클록마다 무조건 반전이 일어나므로 U_1에서 클록의 상승 엣지마다 반전 펄스를 발생시킨다.

그리고 데이터가 1일 때도 반전이 일어나므로 U_2와 U_3에 의해 데이터 '1'에 의한 반전펄스를 발생시키고 이를 U_4에서 혼합해 D-플립플롭으로 구성된 T-플립플롭 U_5를 반전시킨다.

이와 같이 발생된 변조펄스는 AES/BEU와 S/PDIF, 토스링크에 따른 매체 구동회로를 동작시키는데 이는 이후의 구동회로들에서 다룬다.

② BMC 복조회로

BMC 복조회로의 원리회로와 동작파형을 **그림 2-279**에 나타내었다. AES/BEU, S/PDIF, 토스링크 수신회로에 의해 수신된 변조신호가 회로에 입력되면 U_1에 의해 수신신호의 상승 엣지와 하강 엣지 모두에서 펄스를 발생시키고, 이를 Q_1로 구성된 공진회로에 입력하면 PLL과 같은 효과로 인해 수신신호의 2배에 해당하는 기준펄스를 얻을 수 있다(동작파형의 U_2).

그런데, 수신된 U_1파형 중 펄스가 없는 부분은 클록이 아니고 데이터 '0'이 존재하는 부분이므로 이를 U_3와 U_4에 의해 검출해 만약 U_5에서 클록펄스를 잘못 검출한 경우 이를 보정하도록 한다.

이와 같이 생성한 클록펄스의 'H'일 때와 'L'일 때를 각각 U_8, U_9, U_{10}에서 샘플링하여 하나의 클록 사이클 중에 변화가 없을 경우는 데이터 '0'으로, 변화가 있을 경우는 '1'로 환원시켜 최종적으로 **그림 2-279(b)**의 U_{11} 파형과 같이 본래의 데이터가 검출된다.

단, 이 회로는 단순한 원리회로로서 AES/EBU의 헤더는 검출하지 못하기 때문에 이에 관한 회로는 별도로 부착해야 한다.

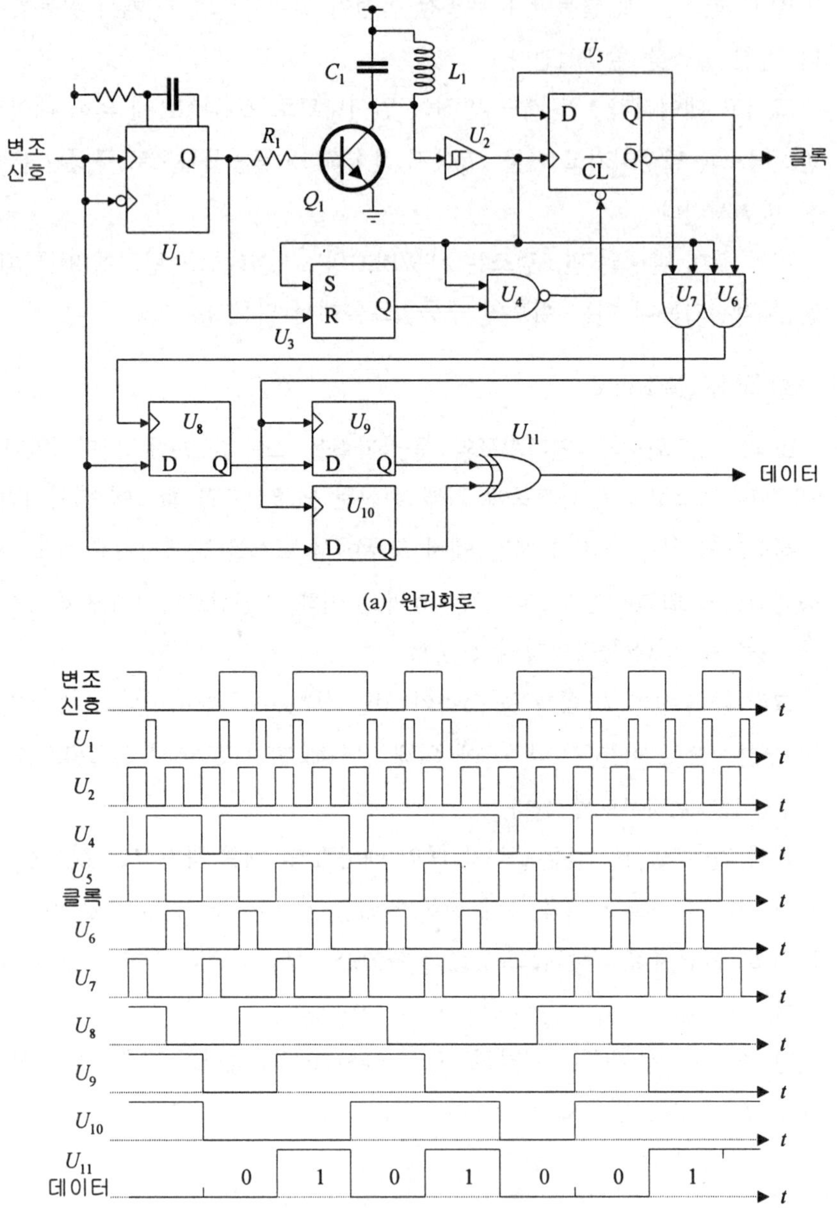

(a) 원리회로

(b) 동작파형

그림 2-279 • BMC 복조의 원리회로와 동작파형

5) AES/EBU 구동회로, 수신회로

① AES/EBU 구동회로

AES/EBU 송신측의 회로조건은 다음과 같다.

• XLR 커넥터를 이용한 평형출력	• 신호 크기 : 110Ω 부하에서 2～7 V_{pp}
• 출력 임피던스 : 110Ω±20%	• 상승/하강 시간 : 5～30nS
• 평형조건 : 6MHz에서 －30dB 이하	• 지터(Zitter) : 20nS_{pp} 이하

이상의 조건을 만족하는 AES/EBU 표준구동회로를 **그림 2-280**에 나타내었다.

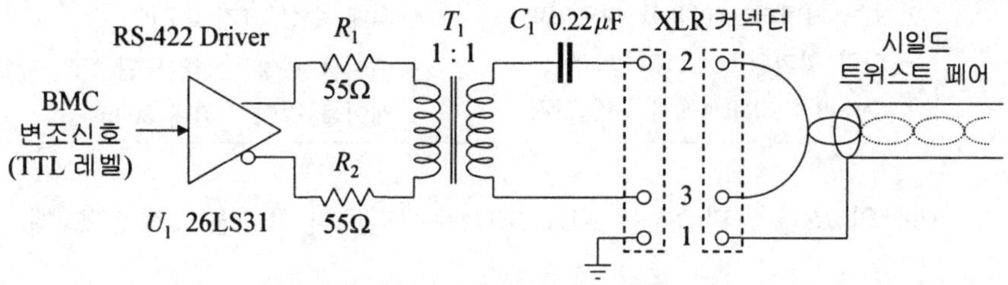

그림 2-280 • 표준형 AES/EBU 구동회로

그림에서 U_1은 RS-422용 드라이버이고, 트랜스포머 T_1은 전기적 절연을 위한 것이며, C_1은 직류차단용 커플링 커패시터이다. 아주 짧은 거리이면서 전기적 절연이 필요하지 않은 경우에는 **그림 2-281**과 같은 간이회로를 사용할 수 있다.

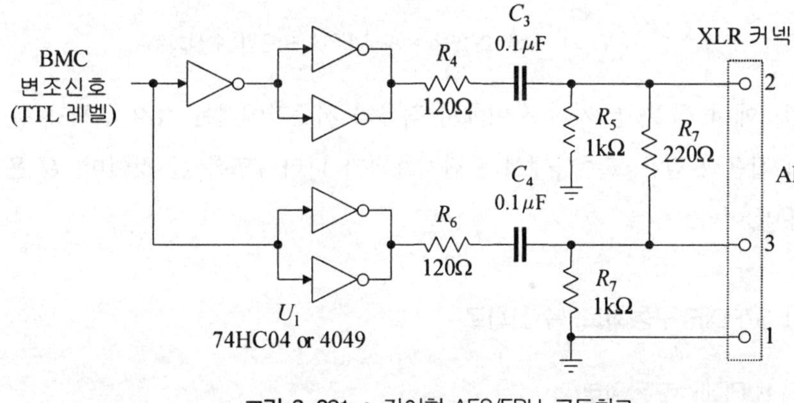

그림 2-281 • 간이형 AES/EBU 구동회로

입력된 신호는 첫 단의 인버터에 의해 반전신호와 비반전 신호로 나뉘며, 이들을 병렬로 접속된 인버터들로 전류를 강화한 후 임피던스 매칭 및 직류차단용 커패시터를 거쳐 출력한다. 단, 회로에서 전류출력을 증강시키기 위해 2개의 인버터들을 병렬로 접속해 사용하고 있는데, 이는 CMOS 계열 IC에서만 가능한 접속방법이다. 이때 회로의 출력은 4.52 V_{pp}가 차동으로 발생하고, 신호선 양단의 임피던스는 108.6Ω으로서 AES/EBU 조건인 110Ω±20%, 2～7 V_{pp}에 부합한다.

② AES/EBU 수신회로

AES/EBU 수신측의 회로조건은 다음과 같다.

• XLR 커넥터를 이용한 평형입력	• 최대 수신 크기 : 7 V_{pp}
• 입력 임피던스 : 110Ω±20%	• 케이블 사양 : 시일드된 트위스트 페어
• CMMR : 20MHz에서 7 V_{pp}까지	• 케이블 길이 : 최대 200m

이상의 조건을 만족하는 AES/EBU 수신회로의 표준을 **그림 2-282**에 나타내었다.

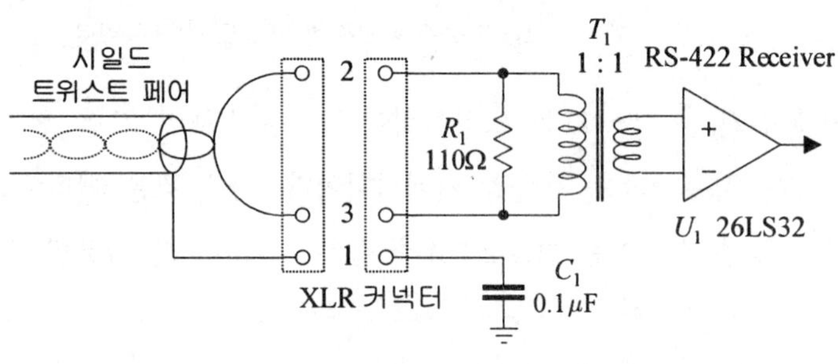

그림 2-282 • AES/EBU 표준형 수신회로

회로에서 C_1은 양 기기 사이에서 직류와 저주파에서는 접지 루프가 형성되지 않으면서 잡음과 같은 고주파에서는 접지효과가 나타나도록 한 것이며, U_1은 RS-422 수신용 IC이다.

6) S/PDIF 구동회로, 수신회로

① S/PDIF 구동회로

S/PDIF 송신측의 회로조건은 다음과 같다.

• RCA 커넥터를 이용한 불평형 입력	• 직류 오프셋 : 0.0 V± 10%
• 출력 임피던스 : 75Ω±5%	• 상승/하강 시간 : 30∼44nS
• 신호크기 : 75Ω 부하에서 1 V_{pp}	• 지터(Zitter) : 20nS_{pp} 이하

이상의 조건을 만족시키는 구동회로는 앞서 AES/EBU 구동회로를 변형해 **그림 2-283**과 같이 구성할 수 있다.

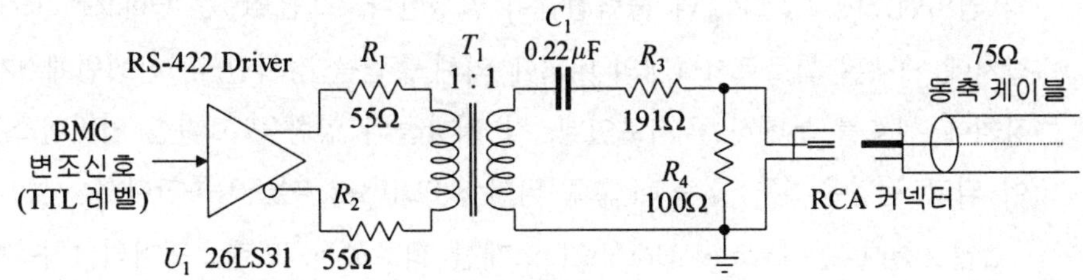

그림 2-283 • S/PDIF 표준형 구동회로

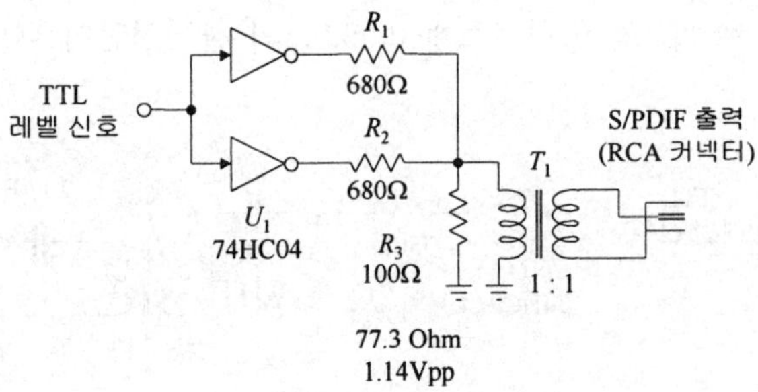

(a) CD 플레이어 출력 변환회로

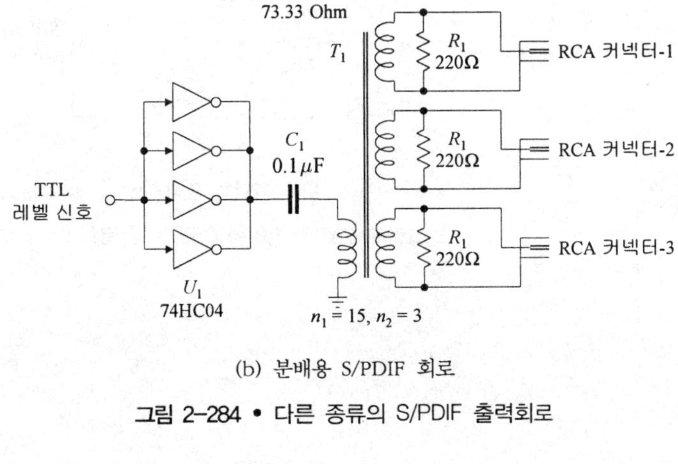

(b) 분배용 S/PDIF 회로

그림 2-284 • 다른 종류의 S/PDIF 출력회로

즉, AES/EBU 출력에 저항 R_3, R_4를 이용해 임피던스 변환 및 전압변환을 행하며, 이때 회로의 임피던스는 $R_4 \,||\, (110\Omega + R_3) = 75.06\Omega$ 이고, 전압은 $1.2\,V_{pp}$이다. S/PDIF는 일반용 기기에 다양하게 사용되기 때문에 **그림 2-284**와 같이 간단한 회로를 이용해 사용이 가능하다.

그림 2-284(a)는 어느 웹 사이트에 소개된 회로로서 CD 플레이어에서 출력되는 TTL 레벨의 BMC 신호를 S/PDIF 레벨로 변환하는 회로이며, 저항 네트워크에 의해 77.3Ω의 임피던스에 $1.14\,V_{pp}$의 출력전압이 발생한다. 그림 (b)는 Elektor Electronics라는 잡지에 게재된 회로로서 4개의 버퍼에 의해 출력을 강화한 후 한꺼번에 3개의 S/PDIF 장치에 신호를 분배하는 회로인데, 각 저항들의 영향을 고려한 임피던스는 77.33Ω이 되고 전압은 $5\,\text{V} / 5 = 1\,V_{pp}$로 되어 S/PDIF 규격을 만족한다.

그림 2-285(a)는 Enland Unruh가 소개한 회로로서, 트랜스포머의 1차측이 299.6Ω의 임피던스에 $2\,V_{pp}$의 전압이므로 2차측은 $299.6\Omega / 4 = 75\Omega$ 의 임피던스에 $1\,V_{pp}$의 출력전압이 나타난다. 그림 (b)는 Crystal Semiconductor의 데이터 시트에 소개된 것으로서, 73.1Ω 의 임피던스에 $0.98\,V_{pp}$의 출력전압이 나타나도록 설계되어 있다.

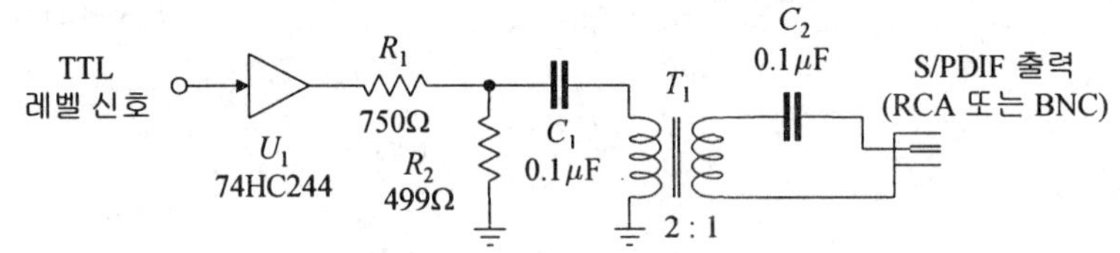

(a) 간이형 S/PDIF 출력회로

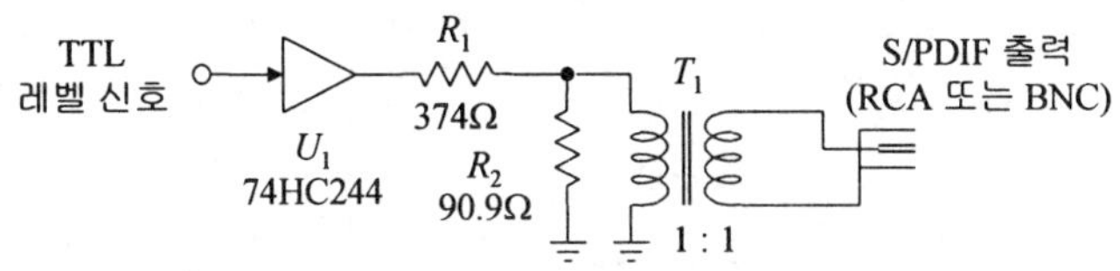

(b) 더욱 간단한 출력회로

그림 2-285 • 간이형 S/PDIF 출력회로

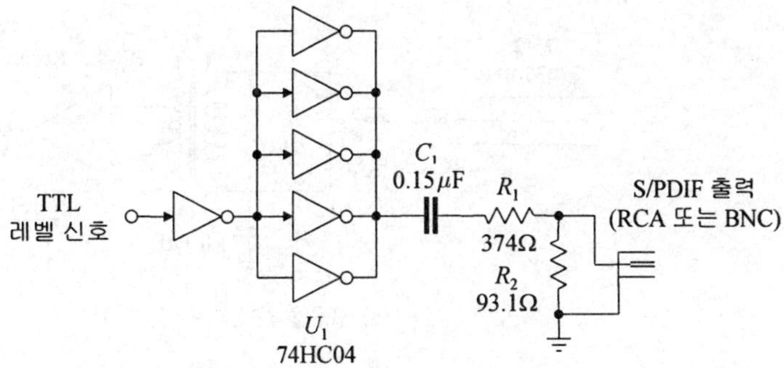

(a) 버퍼가 부착된 회로

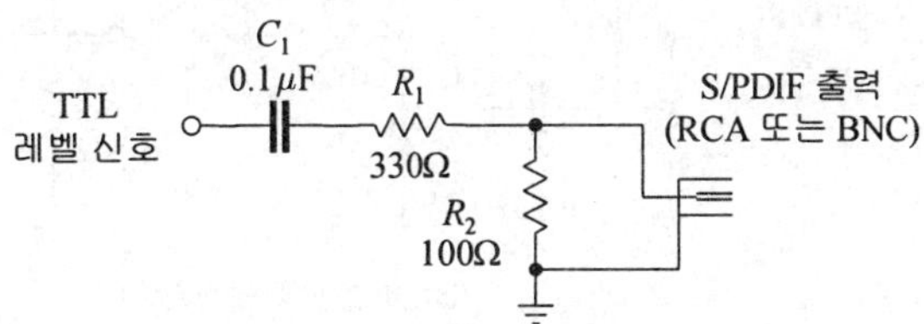

(b) 버퍼 없는 회로

그림 2-286 • 비절연형 S/PDIF 출력회로

그림 2-286(a)는 Elektor Electronics 잡지에 소개된 비절연형 회로로서, 접속되는 기기 간에 특별히 절연을 필요로 하지 않는 경우, 예를 들어 대형기기에 부속된 소형기기 등에서 간편히 사용할 수 있는데, 출력은 74.544Ω의 임피던스에 1 V_{pp}의 전압으로 나타난다. 그림 (b)는 CD 플레이어 출력을 직접 음향기기에 접속할 수 있는 것으로서, 76.744Ω의 임피던스에 1.16 V_{pp}의 전압으로 나타난다. 단, 이 회로는 자체에 버퍼 작용이 없기 때문에 TTL 신호원의 전류 구동능력이 뛰어난 경우에만 사용할 수 있다.

② S/PDIF 수신회로

S/PDIF 수신측의 회로조건은 다음과 같다.

• RCA 커넥터를 이용한 불평형 입력	• 최소 입력감도 : 100mV
• 입력 임피던스 : 75Ω	

이상의 조건을 만족하는 S/PDIF 수신회로의 예를 **그림 2-287**에 나타내었다.

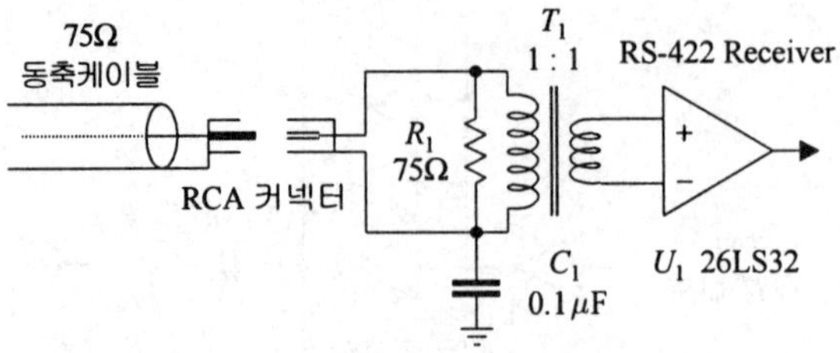

(a) 표준형 수신회로

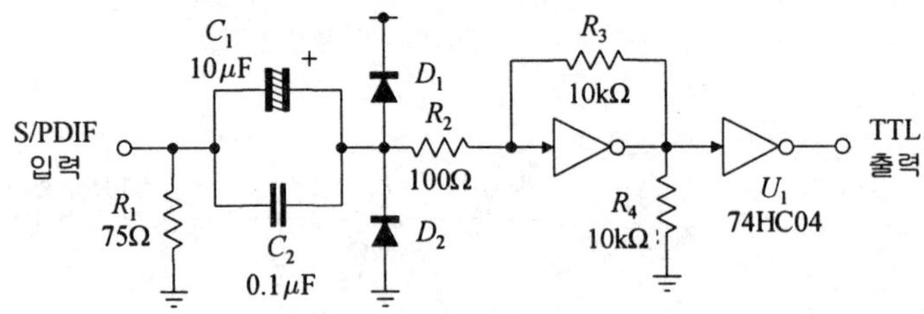

(b) 비절연형 수신회로

그림 2-287 • S/PDIF 수신회로 예

그림 2-287(a)의 회로는 앞서 AES/EBU 수신회로와 거의 동일하며 단지 전송매체에 따른 임피던스 수치만 다를 뿐이다. 그림 (b)는 기기 사이를 절연시키지 않고 신호를 수신하는 회로 예로서, R_2, R_3와 인버터에 의해 증폭기를 구성해 본래의 TTL 전압으로 복원하고 있다.

7) 토스링크 송/수신 회로

광을 이용하는 토스링크의 조건은 다음과 같다.

• 최대 전송속도 : 6Mb/S	• 지터(Zitter) : 20nS_{pp} 이하
• 최대 전송거리 : 10m	• 광파장 : 660nm

토스링크는 1mm 굵기의 플라스틱 광섬유를 이용하기 때문에 일반 전선과는 달리 특수한 커넥터를 필요로 하며, 커넥터와 회로가 일체형으로 되어 있는 토스링크 전용 IC인 Toshiba사의 TOT, TOR 시리즈가 있는데, 그 중 TOTX173, TORX173의 규격 및 회로 예를 **그림 2-288**과 **2-289**에 나타내었다.

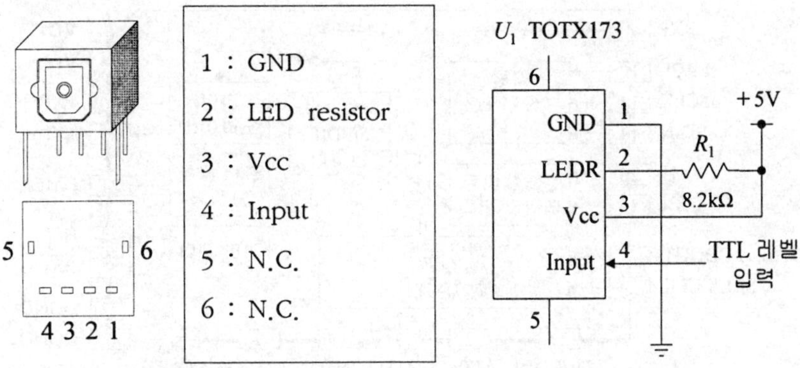

(a) 외형 및 핀 배치 (b) 회로 예

그림 2-288 • 토스링크 송신기 TOTX173

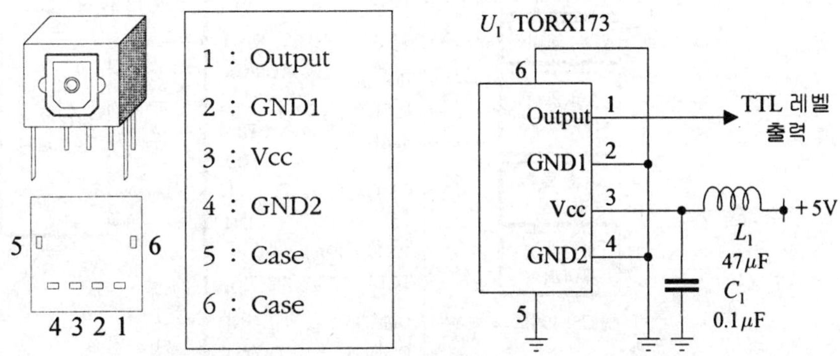

(a) 외형 및 핀 배치 (b) 회로 예

그림 2-289 • 토스링크 수신기 TORX173

또한 TOTX141, TORX141은 Vcc, GND, 신호선의 3핀으로 구성되어 있어 사용법이 더 단순하다.

8) 전용 IC의 사용예

① AES/EBU 송신소자

AES/EBU 송신용 제어소자는 오디오용 직렬 데이터를 입력받아 송신하는 것, 마이크로프로세서로부터 데이터를 받아 송신하는 것 등 그 형태에 따라 여러 종류의 것이 개발되어 있는데, 이 중 Crystal 반도체사의 CS8405의 내부 블록도 및 사용 예를 **그림 2-290**에 나타내었다.

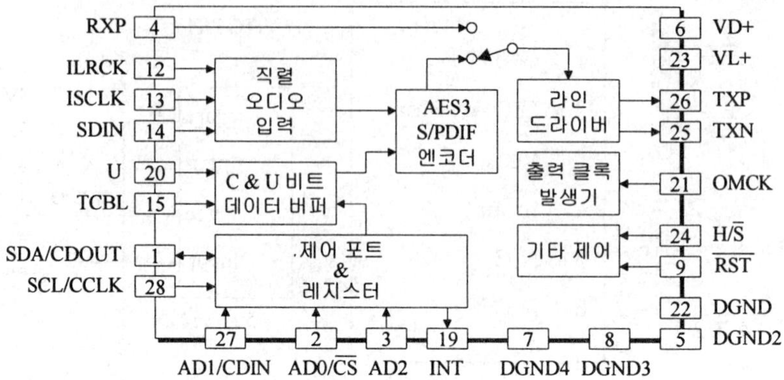

(a) 내부 블록도

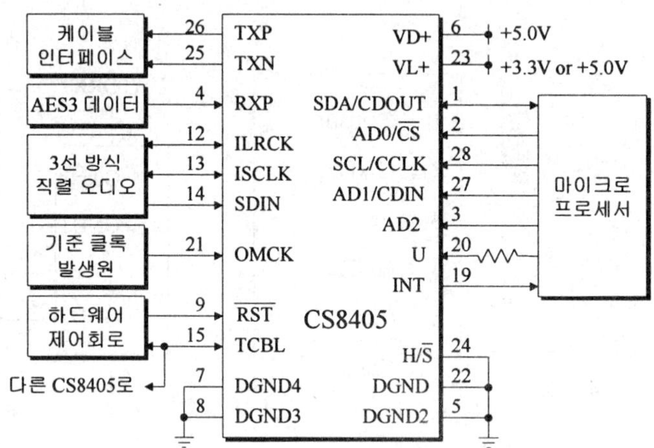

(b) 접속 예

그림 2-290 • AES/EBU 송신소자 CS8405

이 소자는 그림에 나타낸 바와 같이 AES3 데이터와 3선 방식 직렬 오디오를 입력받아 마이크로프로세서의 제어 하에 AES/EBU 출력으로 전송할 수 있는데, 소자의 설정에 따라 마이크로프로세서를 부착할 수 있도록, 또는 마이크로프로세서 없이 독자적인 하드웨어 모드로도 동작할 수 있다.

② AES/EBU 수신소자

AES/EBU 수신용 제어소자도 수신 데이터를 오디오용 직렬 데이터로 변환하는 것, 마이크로프로세서와 접속할 수 있는 것 등 여러 종류의 것이 개발되어 있는데, 이 중 Crystal 반도체사의 CS8411 내부 블록도 및 사용 예를 **그림 2-291**에 나타내었다.

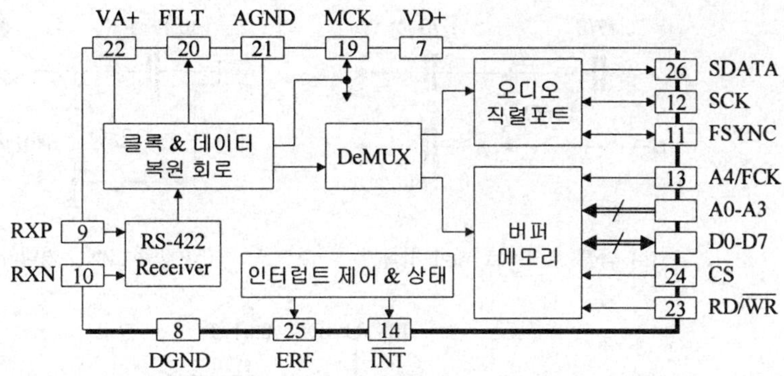

(a) 내부 블록도

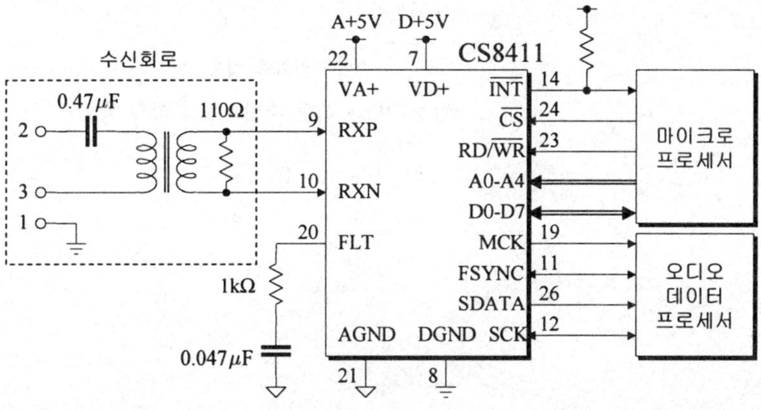

(b) 접속 예

그림 2-291 • AES/EBU 수신소자 CS8411

이 소자는 AES/EBU와 마이크로프로세서 사이를 인터페이스하는데 사용하는 것으로서, 내부에는 데이터 버퍼 메모리를 가지고 있으며 수신되는 데이터를 오디오 데이터 프로세서 또는 마이크로프로세서로 입력받을 수 있다.

그림 2-291(b)의 '수신회로' 부분은 사용 인터페이스에 따른 회로를 사용하고, 그 중 CS8411에서 권장하는 접속 예를 **그림 2-292**에 나타내었다.

그림 2-292(a)와 그림 (b)의 47μF 커패시터는 없어도 되는 것이지만, 뜻하지 않는 직류 루프가 형성될 경우 회로에 영향을 미치므로 이를 차단하기 위한 것이다.

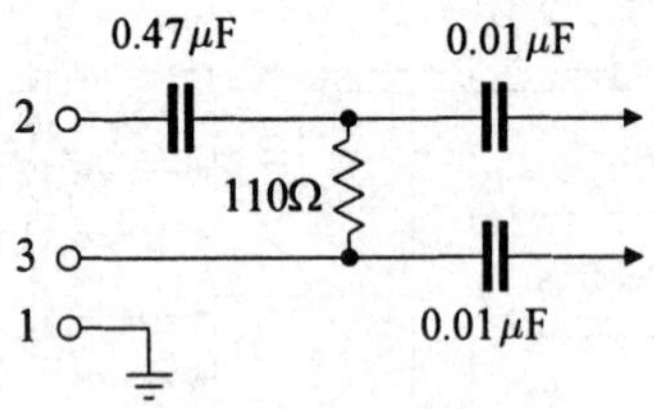

(a) 다른 트위스트 페어 접속

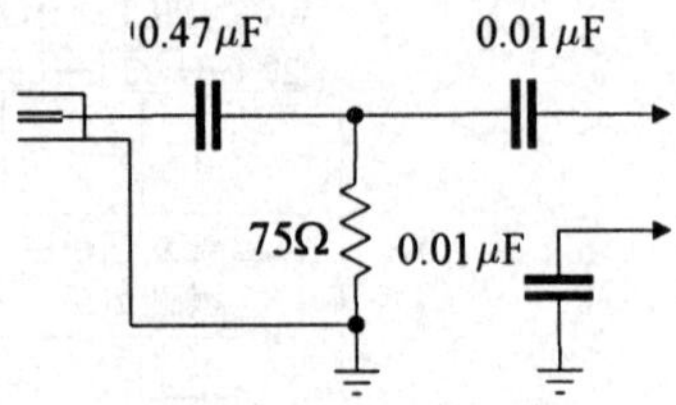

(b) 동축, BNC 커넥터 접속

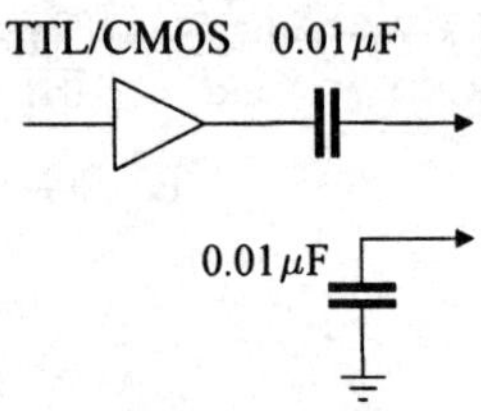

(c) 논리회로 접속

그림 2-292 • 다른 수신회로의 접속 예

제3장

영상기기 기술

이 장에서는 멀티미디어의 시각적 요소에 관련된 각종 기기에 관한 기술들을 다룬다. 시각적 정보를 표시하는 기기로는 LED, 브라운관(흑백 및 컬러)과 LCD 및 기타 기기 등을 다루는데, 브라운관은 컴퓨터용 모니터, 텔레비전 등에서 사용하는 대표적인 기기이고, LCD와 이를 개량한 TFT LCD, 플라스마 디스플레이 등은 벽걸이형 TV, 노트북-PC, 휴대폰이나 PMP 등의 화면용으로 사용된다. 시각 정보 입력기기로서 촬상관과 CCD 등을 다루는데 이들은 비디오카메라, 디지털 카메라 등에서 사용되는 소자들이다.

01 영상표시기기

영상표시기기는 그 원리와 용도에 따라 많은 종류가 있는데, 그 중 멀티미디어 분야에 자주 사용되는 LED, CRT, LCD, PDP 등에 관해 살펴본다.

1 발광 다이오드

발광 다이오드(LED : Light Emitting Diode, 이후로는 LED라 한다)는 작은 규모로는 컴퓨터의 전원표시, 하드디스크 동작표시, 커피자동판매기의 동작표시로부터 큰 규모로는 건물 위에 세워져 있는 대형 전광판에 이르기까지 우리 주변에서 흔히 볼 수 있는 표시장치이다. 고휘도 LED는 자동차 브레이크, 방향지시등이나 도로의 신호등에도 사용된다.

(1) LED의 구조 및 특성

1) 일반 LED

LED는 다이오드에 순방향 전류가 흐르면 빛이 발생하는 소자로서, 일반 전구와 달리 열이 거의 발생하지 않고 소비전력이 작으며, 수명이 반영구적인 특성 때문에 다양한 용도에 사용되고 있다. **그림 3-1(a)**에 LED의 내부구조를, 그림 (c)에 여러 가지 외형의 예를 나타내었다. LED는 그림 (a)에 나타낸 바와 같이 실제 빛을 발생하는 소자는 매우 작은 반도체 칩이며, 여기서 발생되는 빛을 크게 보이도록 일반적으로 구형 렌즈 형태의 플라스틱으로 몰딩해 놓았다.

LED 색상은 플라스틱 케이스에 의해 정해지는 것이 아니고 반도체 구성물질에 의해 정해지며, 플라스틱 케이스는 이 빛을 증폭하기 위해 동일한 색상으로 사용한 것 뿐이다.

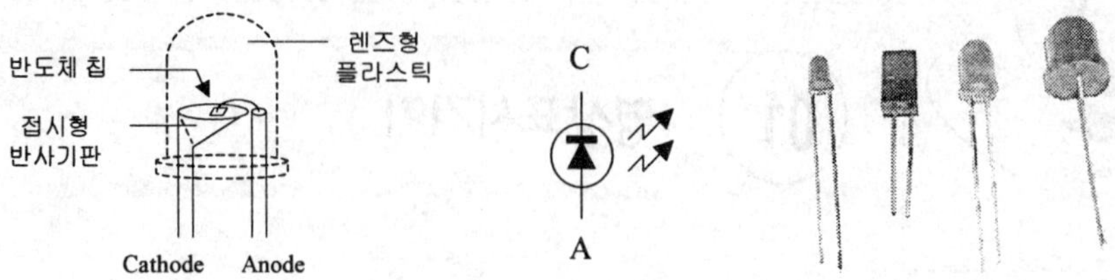

(a) LED의 구조 (b) 기호 (c) 외형

그림 3-1 • LED의 구조 및 외형

LED의 색상은 주로 백색, 녹색, 황색, 적색, 오렌지색, 청색의 가시광선용과 적외선 및 레이저용이 있고 특정 LED를 지칭할 때는 고유 생산번호를 사용하지만(TLR-103 등) 일반적으로 색상과 구경만을 이용해 '적색 3mmϕ, 녹색 5mmϕ' 등과 같이 지칭하기도 한다.

LED는 다이오드의 일종이므로 **그림 3-1(b)**에 나타낸 바와 같이 항상 한쪽 방향으로만 전류가 흐르는 성질이 있으며, 이때 (+)극성을 다이오드와 동일하게 '애노드(Anode)', (-)극성을 '캐소드(Cathode)'라 한다. LED를 구성하는 반도체 물질은 실리콘이나 게르마늄이 아니고, 대부분 GaAs(갈륨비소)나 GaP(갈륨인)을 사용하는데, 이들 물질에 따라 특성에 차이가 있다.

또한 LED는 형태와 색상, 밝기 등에 따라 오프셋 전압이 모두 다르며, 일반적인 LED는 보통 약 1.2V 정도이다. 빛의 밝기는 흐르는 전류에 의해 결정되는데, 일반적인 LED는 보통 약 5mA 정도면 빛이 발생하기 시작하며 약 15~20mA 정도이면 일반적인 밝기가 나타나고, 약 50mA 정도가 최대 전류로 되어 있다. 그러나 종종 디지털 표시용으로 제작된 LED는 정해진 전류(3mmϕ 에서는 약 5mA 정도)에서 빛이 완전히 발생하고 그 이상의 전류에서는 거의 밝기 변화가 없는 것도 있다. 따라서 실제 LED를 이용해 회로를 설계할 때는 정확한 오프셋 전압과 전류특성을 감안해야 한다.

2) 다색 LED

LED는 필요에 따라 여러 색상을 표시할 수 있도록 제작이 가능한데, **그림 3-2(a)**와 같이 하나의 LED에 발광소자를 2개 내장해 한 쪽은 적색, 한 쪽은 녹색을 켜도록 하며, 양쪽을 모두 켜면 합성 색으로 오렌지색과 유사한 색상이 되어 도합 3색을 표시할 수 있으므로 이를 '3색 LED'라 한다. 이는 내부 배선에 따라 그림 (b)와 (c)와 같이 구성된다.

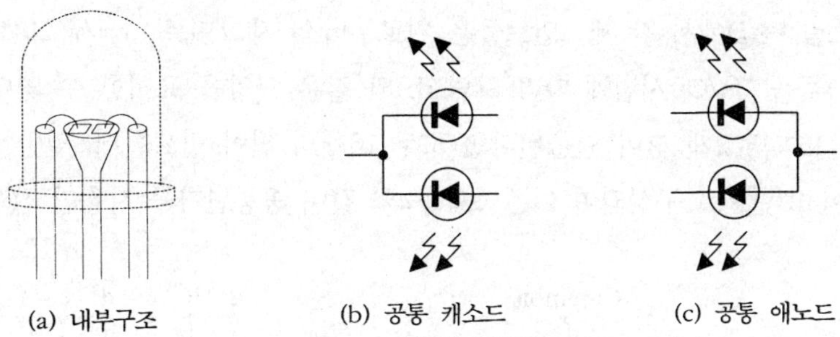

그림 3-2 • 다색 LED의 구조

즉 **그림 3-2(b)**의 공통 캐소드(common cathode)는 캐소드를 공통으로 사용하므로 공통단자에 0V를 접속하고 원하는 LED측에 전류를 주입하는 방법으로 사용하고, 그림 (c)의 공통 애노드(common anode)는 애노드를 공통으로 사용하므로 공통단자에 미리 전압을 인가하고 원하는 LED측에서 전류를 빼내는 방법으로 사용한다. 이에 관해서는 이후에 설명할 7-Segment LED를 참조하라. 또한 3원색 고휘도 발광소자를 하나의 케이스에 조립해 총천연색을 발생시킬 수 있으며, 이러한 소자는 주로 대형 컬러 전광판 등에 사용된다.

3) 7-Segment LED

7-Segment LED(앞으로는 약해서 '7-Seg. LED'라 한다)는 7개의 사각형 LED와 1개의 원형 LED(이 LED는 선택사항)를 **그림 3-3**에 나타낸 바와 같이 배열한 것으로서, 일명 FND(Fairchild Numeric Display)라고도 한다. 참고로, 'Fairchild'는 이 소자를 처음 개발한 반도체 제조회사명이다.

그림 3-3 • 7-Segment LED

그림 3-3(a)에서 각 세그먼트들은 위로부터 'a-세그먼트', 'b-세그먼트'라 명명하며 이 LED들을 On/Off시킴에 따라 그림 (b)와 같은 모양을 표시할 수 있다. 7-Seg. LED는 각 LED 당 2개 핀이 인출된다면 모두 16개의 핀이 필요한데, 일반적으로 그림 (a)와 같이 10핀으로 구성되며 이는 **그림 3-4**와 같이 공통단자를 사용한 접속으로 되어 있다.

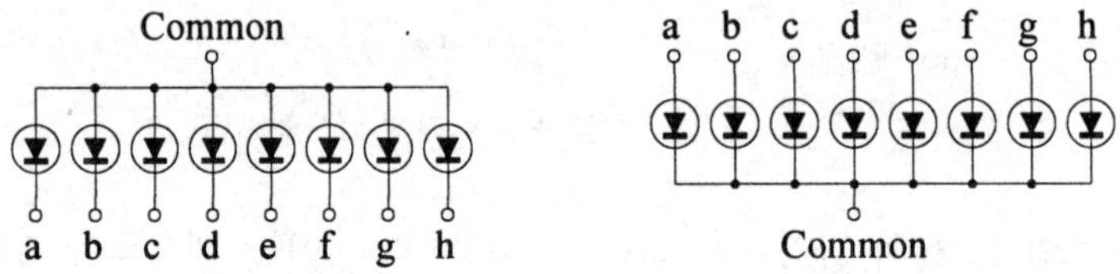

(a) 공통 애노드(CA)형 (b) 공통 캐소드(CC)형

그림 3-4 • 7-Seg. LED의 핀 접속

그림 3-4(a)의 공통 애노드(Common Anode(약자로 C.A))형은 애노드측이 공통으로 접속돼 있는 형태로서, **그림 3-5(a)**와 같이 공통단자에 전원이 미리 인가하고 캐소드 단자에서 전류를 끌어내 원하는 LED를 점등한다. 이에 비해 공통 캐소드(Common Cathode(약자로 C.C))형은 **그림 3-4(b)**와 같이 캐소드측이 공통으로 접속돼 있는 형태로서, **그림 3-5(b)**에 나타낸 바와 같이 공통단자는 접지와 접속하고, 애노드에 전원을 공급해 원하는 LED를 점등한다. 이 소자의 사용 예는 이후의 구동회로 부분에서 자세히 다룬다.

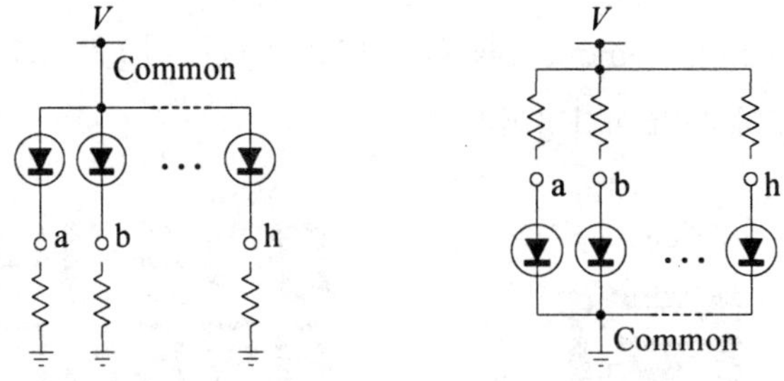

(a) CA형의 사용법 (b) CC형의 사용법

그림 3-5 • 7-Seg. LED의 사용 예

4) LED 모듈

LED는 플라스틱으로 외형을 구성하기 때문에 **그림 3-6**의 예와 같이 자유롭게 모듈을 구성할 수 있다.

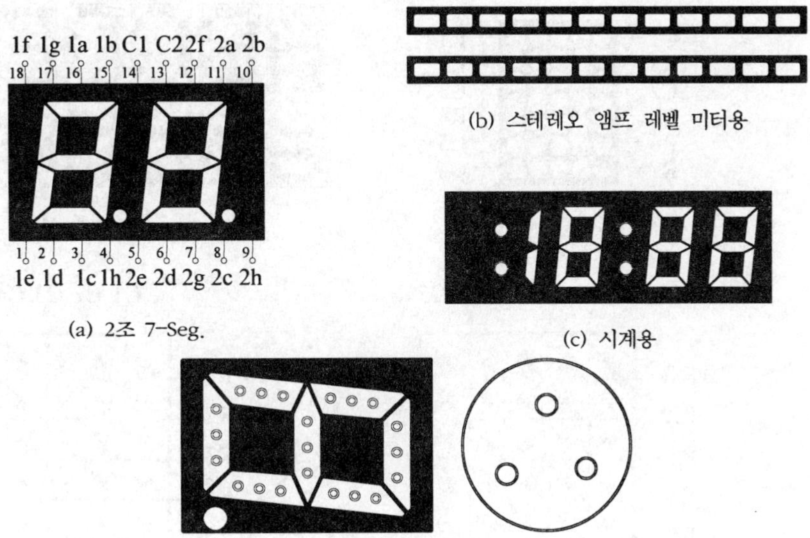

(a) 2조 7-Seg.

(b) 스테레오 앰프 레벨 미터용

(c) 시계용

(d) 대형 표시용

그림 3-6 • 여러 가지 LED 모듈의 예

그림 3-6(a)는 2개의 7-Seg.를 한 개로 구성한 것이고, 그림 (b)는 사각형 LED를 일렬로 배치해 스테레오 앰프의 레벨 미터 등에 사용하는 모듈이다. 또한 그림 (c)는 시계에 필요한 세그먼트들을 모아 하나의 모듈로 구성한 것이고, 그림 (d)는 여러 개의 LED 소자를 내장시켜 대형 디스플레이를 구성해 엘리베이터 층수 표시 등에 사용한다. 그림 (d)와 같은 대형 디스플레이용은 내부의 LED들이 대부분 직렬로 접속되어 있으므로 큰 전압으로 구동해야 하며, 따라서 일반적인 TTL로는 구동되지 않고 이후에 설명할 고전압 구동회로를 이용한다.

그림 3-6에서 살펴본 LED 모듈이 있는가 하면 **그림 3-7(a)**와 같이 5×7 매트릭스의 많은 LED를 하나의 케이스에 수납해 그림 (b)와 같이 글자를 표시할 수 있는 모듈도 있는데, 이 또한 외부에 인출되는 핀을 줄이기 위해 그림 (c)와 (d)처럼 공통단자를 이용해 배선하며, 핀 번호 중 'R'은 행(Row)을, 'C'는 열(Column)을 의미한다. 이 소자의 사용법은 이후의 다이나믹 구동에서 설명한다.

또한 **그림 3-8(a)**와 같이 3색 LED를 매트릭스로 구성해 컬러 전광판을 구성할 수 있는 모듈도 있으며, 이의 배선 예는 그림 (b)와 같다. 이는 C1-C8이 공통 열선택 라인이고, RR1-RR8은 적색 행선택 라인, RG1-RG8은 녹색 행선택 라인이다. 이 소자의 구동 예 또한 다이나믹 구동에서 설명한다.

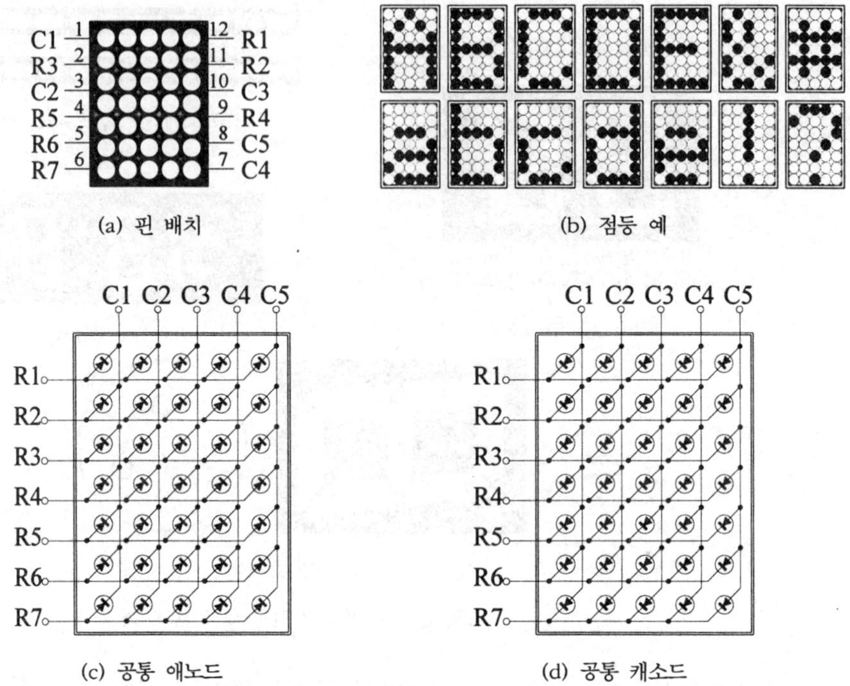

(a) 핀 배치 (b) 점등 예

(c) 공통 애노드 (d) 공통 캐소드

그림 3-7 • 5×7 매트릭스 LED 모듈

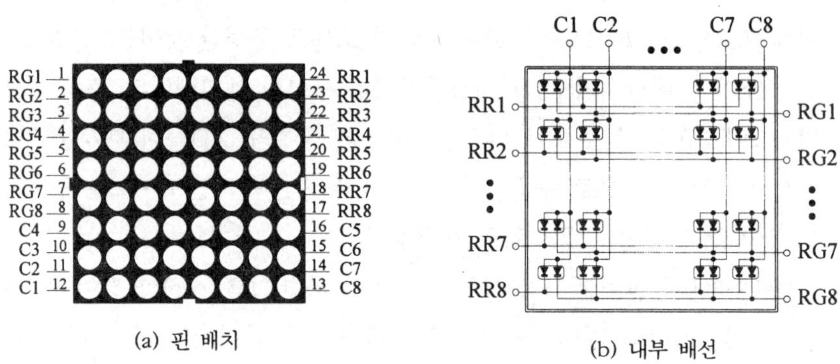

(a) 핀 배치 (b) 내부 배선

그림 3-8 • 컬러 도트 매트릭스

(2) LED 구동회로

LED는 구동전압이 낮기 때문에 TTL 전압으로 구동이 가능해 마이크로프로세서 등을 이용하면 쉽게 사용할 수 있다. 그러나 종류에 따라서는 큰 전압이나 큰 전류, 또는 정전류로 구동해야 하는 경우도 자주 있으므로 우선 TTL 전압레벨에 의한 구동회로를 살펴본 후 기타 사항에 관해 살펴본다. 또한 LED는 우리 주변에서 아주 빈번히 사용하고, 특히 마이크로프로세서와 연동해 가장 많이 사용되는 소자이므로 비교적 자세히 살펴보려 한다.

1) LED 오프셋 전압

LED는 다이오드의 한 종류이므로 오프셋 전압이 존재하지만 다이오드와 달리 LED의 색상을 결정하는 요소가 반도체 물질의 차이에 의한 것이므로 LED 색상마다, 밝기마다 오프셋 전압에 차이가 있으며, 특히 고휘도 LED 등은 큰 차이가 있으므로 올바른 오프셋 전압을 확인한 후 이에 맞는 회로를 설계할 필요가 있다.

그림 3-9는 LED의 오프셋 전압을 측정하는 회로로서, 그림 (a)는 가변 가능한 전압원이 있을 때 편리한 방법이고, 가변전원이 없다면 그림 (b)와 같이 고정전원과 가변저항을 이용할 수 있다.

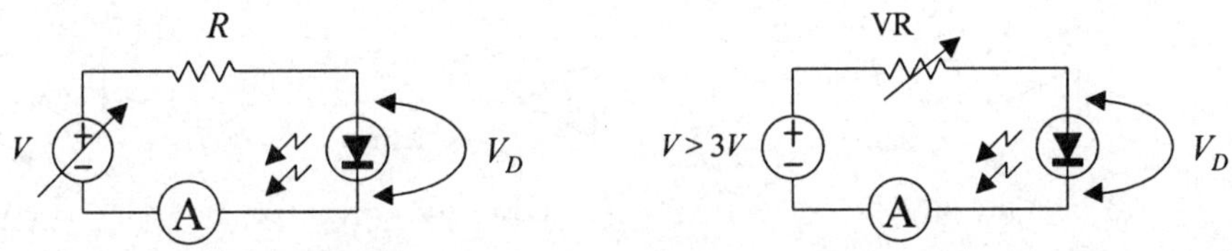

(a) 가변전압에 의한 측정　　(b) 가변저항에 의한 측정

그림 3-9 • LED 오프셋 전압의 측정

그림 3-9(a) 회로에서 사용하려는 LED와 임의의 저항 R(보통 약 100Ω～1K 사이)을 이용해 회로와 같이 구성하고 전압을 점차로 높이면 LED에 전류가 흐르기 시작하는데, 전류계에 약 10～15mA 정도의 전류가 측정되면 그 때의 LED 양단 전압이 오프셋 전압이다.

그림 3-9(b) 회로도 원리는 동일하며, 전압을 변화시키는 것이 아니라 이번에는 가변저항을 큰 값에서 작은 값 쪽으로 변화시켜 가며 그림 (a)와 동일한 방법으로 측정할 수 있다. 디지털 테스터가 있는 경우에는 다이오드 오프셋 측정기능이 있으므로 이를 이용하면 가장 간단히 측정할 수 있고, 아날로그 테스터가 있는 경우 저항의 ×10 레인지에서 약 10～15mA의 전류가 발생하므로 이를 이용해 LED를 점등시키고 이때의 전압을 측정해도 무방하다.

필자가 실험한 바로는 3mmϕ 적색은 약 1.4V, 3mmϕ 녹색은 약 1.7V, 5mmϕ 적색은 약 1.5V, 5mmϕ 녹색은 약 1.9V 정도였다.

2) TTL에 의한 구동회로

앞서 설명한 방법에 의해 LED의 오프셋 전압을 알면 TTL을 이용한 구동회로의 설계는 매우 단순하다.

① 일반 TTL의 전류특성

일반적인 LS-TTL, 예를 들어 74LS08 AND 게이트나 74LS04 NOT 게이트, 74LS32 OR 게이트, 74LS86 XOR 게이트 등의 출력은 **그림 3-10(a)**에 나타낸 바와 같은 전기적 특성을 가지고 있다.

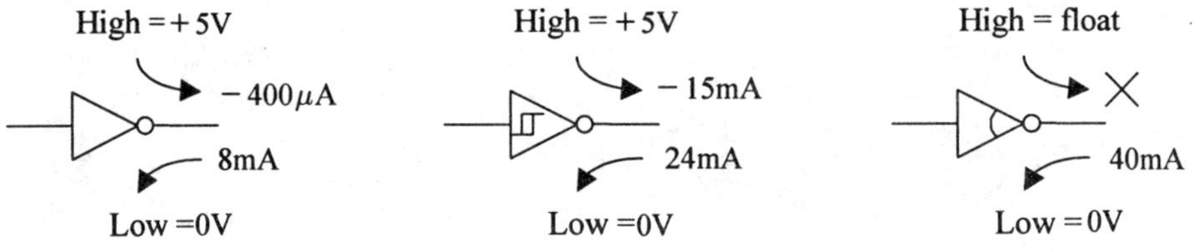

(a) 일반 LS-TTL (b) 라인-드라이버 (c) 오픈-컬렉터

그림 3-10 • 여러 TTL의 전류특성

일반 LS 게이트의 출력이 'H', 즉 +5V 상태일 때 허용 전류출력은 약 400μA로 ('유출'의 뜻으로 '−400μA'로 표기한다), 게이트의 출력이 'L', 즉 0V 상태일 때 허용 흡입전류는 약 8mA로 되어 있는데, 허용전류란 이 게이트와 접속된 다른 게이트에서 'H'나 'L'로 정확히 인식할 수 있는 최대 전류이다.

일반적으로 출력이 'L'일 때 흡입전류가 약 8mA라면 이때의 출력전압은 정확히 0V가 아니라 내부 임피던스에 의해 약 0.6V 정도까지 상승하며, 만약 16mA의 전류가 흡입되면 출력전압은 약 1.2V까지 상승하기 때문에 이 출력과 접속된 다른 게이트에서는 이를 'L' 신호로 인식할 수 없다. 동일한 원리로, 유출 전류 또한 −400μA를 넘어서면 출력전압이 지나치게 하강해 다음에 접속되는 게이트에서 'H'로 인식할 수 없는 전압에 이른다. 이와 같이 논리 게이트의 허용전류란 논리 레벨의 인식 범위 내에서의 전류를 의미하는 것이지 소자가 파괴되는 최대 전류를 의미하는 것은 아니다.

만약 게이트의 출력을 다른 논리소자와 접속하는 것이 아니라 LED를 켜는 것과 같은 목적에서라면 중요한 것은 소자가 파괴되는 전류인 최대전류이다. 정확한 최대전류는 데이터시트에 밝혀져 있지만, 일반적으로 허용전류의 약 2배 정도로 되어 있다.

즉 앞서 일반 LS-TTL의 허용전류가 'H'에서 약 $-400\mu A$, 'L'에서 약 8mA이었으므로 최대 전류는 'H'에서 약 $-800\mu A$, 'L'에서 약 16mA 정도라 볼 수 있는데, 그러나 안전을 위해서 허용전류 근처에서 사용하는 것이 바람직하다. 따라서 일반 LS-TTL을 이용해 LED를 직접 구동하기에는 전류용량이 부족하기 때문에 라인 드라이버나 오픈-컬렉터 타입을 사용한다.

② 라인-드라이버, 오픈-컬렉터의 전류특성

74LS240, 244 등과 같은 라인-드라이버들은 본래 버스를 드라이브하기 위한 것이므로 **그림 3-10(b)**와 같이 유출전류가 $-15mA$, 흡입전류가 24mA로 크게 되어 있어 LED를 구동하기 충분하며, 마찬가지로 74LS06, 07과 같은 오픈-컬렉터 형식 게이트들은 그림 (c)와 같이 비록 유출전류는 없지만 흡입전류가 40mA로 매우 크게 되어 있다. 따라서 LED를 구동하는 회로에는 라인-드라이버나 오픈-컬렉터 형식을 사용하는 것이 바람직하다 할 수 있다.

③ TTL에 의한 LED 구동회로

TTL에 의한 LED 구동방법으로는 **그림 3-11(a)**와 같이 전류를 유출시키는 것과 그림 (b)와 같이 전류를 흡입하는 것이 있는데, 앞서 살펴본 바와 같이 TTL은 일반적으로 유출전류보다 흡입전류가 크고, 특히 오픈-컬렉터에서도 사용할 수 있는 이유 때문에 그림 (b)와 같은 형태로 사용한다.

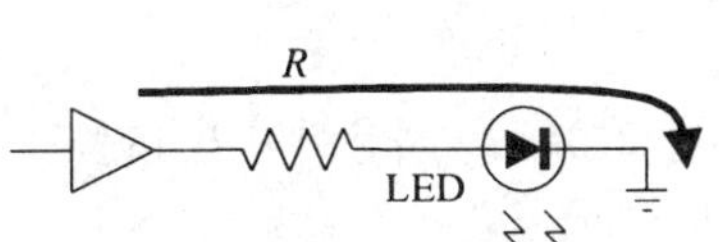

(a) 전류유출형

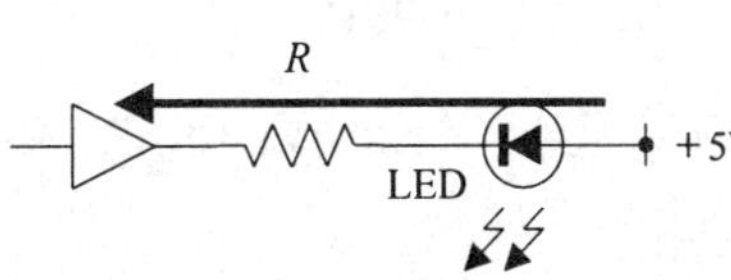

(b) 전류흡입형

그림 3-11 • LED 구동의 방법

이 회로에서 논리 극성과 LED on/off 상태를 일치시키려면, 즉 논리 'H'이면 켜지고 'L'이면 꺼지도록 하려면 **그림 3-12**와 같이 라인-드라이버라면 74LS240, 오픈-컬렉터라면 74LS06과 같은 반전 게이트를 사용한다.

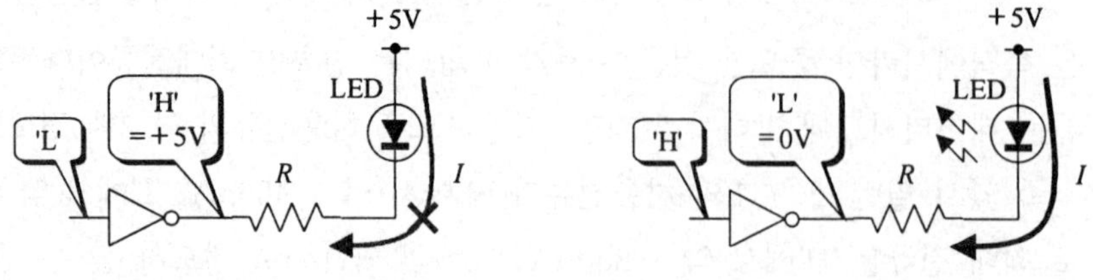

그림 3-12 • 전류흡입형의 동작원리

논리 입력이 'L'이면 **그림 3-12(a)**와 같이 반전되어 게이트 출력은 'H', 즉 LED 양단이 모두 +5V가 되므로 전류는 흐르지 않아 off된다. 반대로 논리 입력이 'H'이면 그림 (b)와 같이 반전되어 게이트 출력은 'L', 즉 0V가 되어 LED로 전류가 흐르므로 on된다. 라인-드라이버를 이용한 LED 구동회로를 설계하기 위해 **그림 3-13**에 설계회로를 나타내었다.

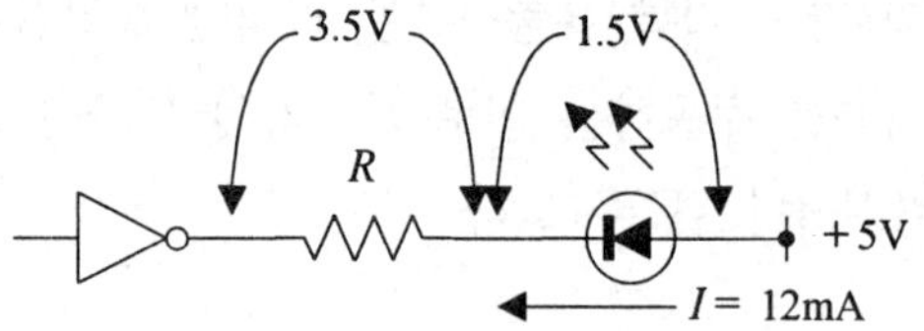

그림 3-13 • LED 구동회로의 설계

저항 R의 값을 결정하기 위해 LED의 offset을 1.5V, LED 전류를 12mA로 가정하면 저항 양단에는 3.5V가 인가되므로

$$R = \frac{3.5\text{V}}{12\text{mA}} = 291.7\Omega$$

즉, 저항은 약 290Ω 내외로 사용하며, 270Ω을 사용한다면 다음과 같은 전류가 흐른다.

$$I = \frac{3.5\text{V}}{270\Omega} = 12.97\text{mA}$$

라인-드라이버 74LS240의 전류 흡입능력은 약 24mA이므로 이 전류를 구동하기에 충분하다. 또한 이때 저항에서 소비되는 전력은 다음과 같다.

$$P = I \times V = 12.97\text{mA} \times 3.5\text{V} = 45.3\text{mW}$$

즉, 일반 저항인 1/4W 를 넘어서지 않는다. **그림 3-14**는 이 결과를 바탕으로 7-Seg. LED 구동회로를 나타낸 것으로서, 74LS240 내에는 라인-드라이버가 8개 내장되어 있으므로 하나의 IC로 하나의 7-Seg. LED를 구동할 수 있다. 단, 이 회로는 전류흡입형이므로 7-Seg. LED는 공통 애노드형이어야 한다. 만약 조금 더 밝은 밝기를 원할 경우 저항을 240Ω 정도로 줄이면 약 15mA 정도의 전류가 흘러 더 밝아지지만 LED에 따라서는 최대 전류를 넘어 소자가 열화될 수 있으므로 유의해야 한다.

회로의 입력으로는 마이크로프로세서로부터 출력되는 신호나 컴퓨터 프린터 포트 등에서 출력되는 신호 등 TTL 레벨이면 어떤 것이나 가능하다.

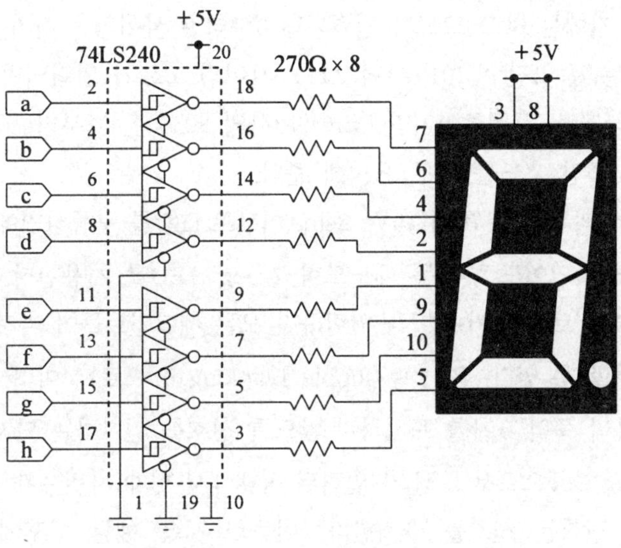

그림 3-14 • 7-Seg. LED 구동회로의 예

3) 전용소자에 의한 구동

7-Seg. LED를 구동하는 전용소자는 일반 논리회로 소자에도 많이 있는데, 대표적으로 TTL 계열에서는 74LS47, 74LS247, CMOS 계열에서는 4511, 4513 등이다.

그림 3-15는 74LS47을 이용한 7-Seg. LED의 구동 예로서, 입력단의 $D0 \sim D3$ 에 10진 코드가 입력되면 회로 내부에서 해당 세그먼트를 구동하도록 디코드되므로 이 소자를 '7-Segment Decoder/Driver'라 한다.

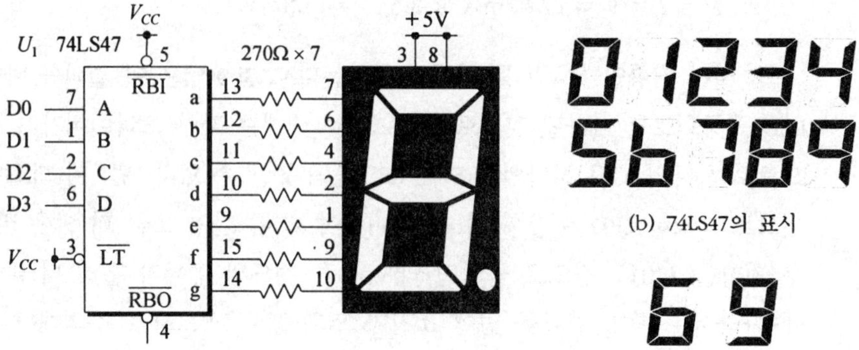

(a) 접속회로 (b) 74LS47의 표시 (c) 74LS247의 표시

그림 3-15 • 74LS47에 의한 7-Seg. LED 구동 예

이 소자에는 BCD 코드가 입력되면 0부터 9 사이의 숫자가 표시되고, BCD 코드를 벗어나는, 즉 2진수 '1010'부터 '1111' 사이의 코드가 입력되면 엉뚱한 세그먼트가 켜진다. 참고로, 구품종이지만 FairChild사의 F9368은 '0'부터 '9'까지는 물론 'A'부터 'F'까지의 16진 코드를 모두 표시해 준다.

74LS47의 출력은 최대 15V, 24mA이므로 LED를 구동하기에 충분하며 출력이 오픈-컬렉터 타입이므로 공통 애노드형 7-Seg. LED를 사용한다. 회로에서 $\overline{\mathrm{LT}}$ 입력은 'Lamp Test'로서 여기에 'L'을 입력하면 모든 세그먼트들이 켜져 세그먼트의 고장 유무를 확인할 수 있다. $\overline{\mathrm{RBI}}$는 'Ripple Blanking In'으로서 여러 자리 숫자를 표시할 때 높은 자리 쪽의 '0'자를 표시하지 않도록 신호를 인가하는 단자이고, $\overline{\mathrm{RBO}}$는 'Ripple Blanking Out'으로서 $\overline{\mathrm{RBI}}$가 입력된 상태에서 현재 자릿수가 '0'일 때 하위 자리에 표시하지 말라는 신호를 출력한다. 이들의 사용 예는 이후에 설명한다. 74LS247은 74LS47과 동일하고 단지 '6'자와 '9'자의 모양이 **그림 3-15(c)**와 같이 표현된다.

CMOS 계열의 4511이나 4513은 기본 기능은 74LS47과 유사하나 이들은 전류유출형이므로 공통 캐소드형 7-Seg. LED를 사용하거나 이후에 소개할 다알링턴 어레이를 사용할 수 있어 매우 큰 전류, 전압으로 LED 이외의 것(예를 들어 전구 등)도 구동할 수 있다. 또한 이들은 자체에 래치 기능을 가지고 있기 때문에 마이크로프로세서 등과 접속할 때 매우 편리하게 사용할 수 있다. 그리고 BCD 이외의 코드가 입력되면 74LS47과 달리 아무것도 표시되지 않는다.

그림 3-16에 CMOS 계열 4513을 이용해 여러 자리의 숫자표시를 위한 회로 예를 나타내었다. 회로에서 LED_1은 1의 자리, LED_{10}은 10의 자리, LED_{100}은 100의 자리

를 표시하고 100자리의 $\overline{RBI}$ 가 'L'로 접속되어 있으므로 이 자리가 0일 때는 아무것도 표시하지 않으면서 $\overline{RBO}$ 를 'L'로 출력해 다음 자리에 알린다. 만약 10자리에도 0이라면 10자리도 켜지지 않는다. 1의 자리는 0일 때는 '0'자가 켜져야 하므로 $\overline{RBI}$ 를 입력하지 않는다. 만약 소수점 이하를 표시하는 경우라면 이들을 거꾸로 접속해 소수점 아랫자리부터 0일 때 표시하지 않도록 한다.

이와 같이 여러 자리의 숫자를 표시할 때, 각 LED마다 구동회로를 사용해 모든 LED들이 항상 켜져 있도록 하면 가장 밝은 상태로 유지되며, 이러한 표시방법을 스태틱 구동(static display drive, 정적 구동)이라 한다. 그러나 이 방법은 숫자 자릿수가 많아지면 부품이 매우 많아져 회로의 복잡성이 증가하고 비용 또한 크게 증가하므로 마이크로프로세서 등을 이용할 때는 이후에 설명할 다이나믹 구동(dynamic display drive, 동적 구동)을 사용한다.

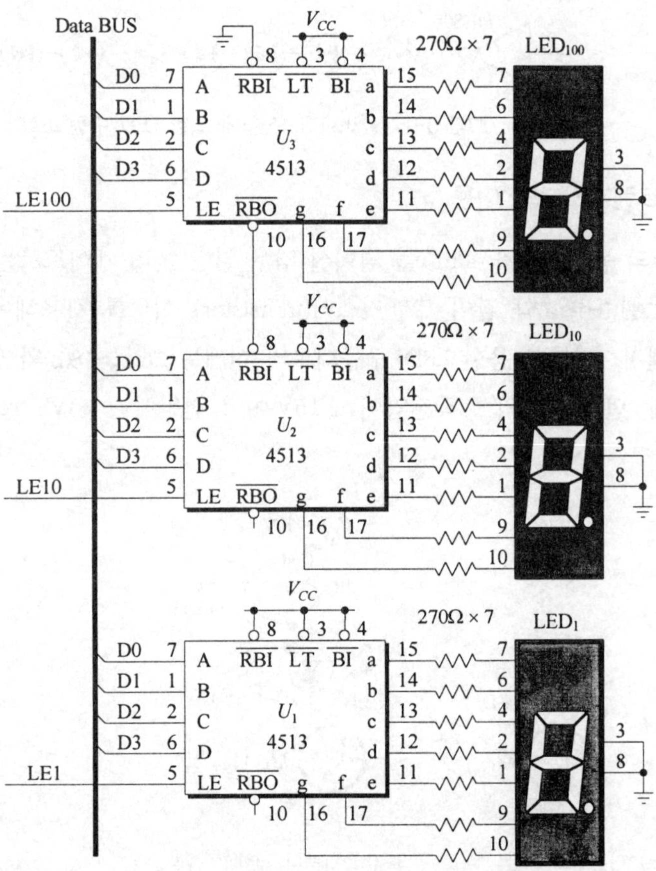

그림 3-16 • 4513에 의한 스태틱 구동의 예

4) 비 TTL 전압의 구동

① 오픈-컬렉터형의 이용

지금까지는 TTL 전압보다 낮은 전압을 제어하는 경우를 다루었는데, 이보다 큰 전압으로 구동하는 LED일 때는 다른 방법을 사용해야 한다. 예를 들어 30mmϕ의 대구경 LED는 동작전압이 9V 이상이며 대형 7-Seg.의 경우 한 세그먼트 내에 3개에서 6개의 LED가 직렬로 접속되어 9V 이상의 전압에서 동작한다. 이와 같이 비 TTL 전압일 경우 앞서 소개한 74LS47은 내압이 15V이므로 이를 사용하거나 74LS06, 07과 같은 30V 내압을 가진 게이트를 사용한다. CMOS의 경우에는 본래부터 동작전압이 +15V까지 가능하므로 동작전압을 높여 사용할 수 있다. **그림 3-17**에 오픈-컬렉터 게이트를 이용한 비 TTL 전압 구동의 예를 나타내었다.

그림 3-17 • 비 TTL 전압에 의한 LED 구동회로의 예

② 트랜지스터의 이용

LED의 동작전류가 40mA를 넘어설 경우 일반 논리 게이트로는 제어할 방법이 없으므로 **그림 3-18(a)**와 같이 트랜지스터(transistor) 회로를 사용해야 한다.

트랜지스터를 이용한 LED 구동회로의 설계는 **그림 3-18(b)**와 (c)의 두 단계로 진행되는데, 만약 LED의 동작전압이 +15V이고 전원이 +50V, 트랜지스터의 포화전압

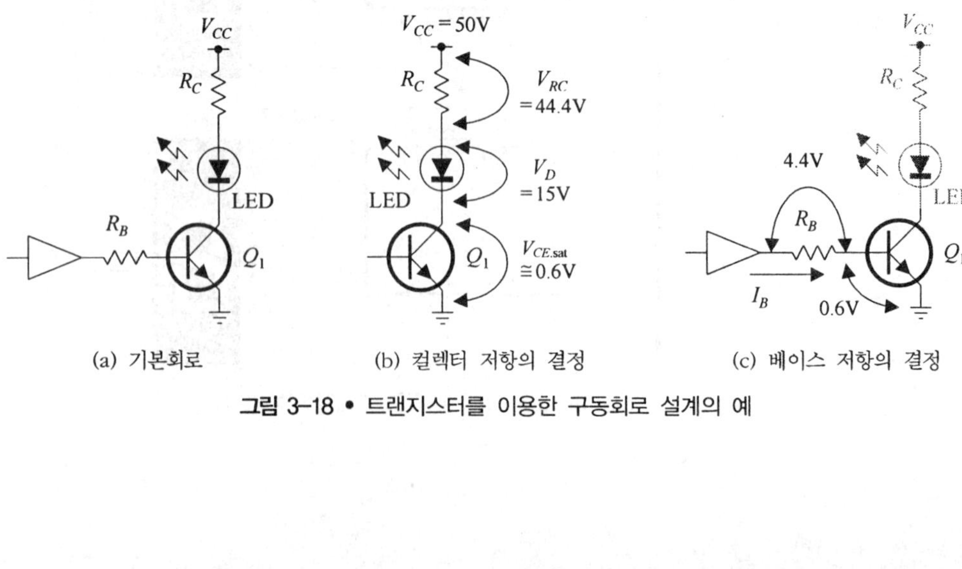

(a) 기본회로 (b) 컬렉터 저항의 결정 (c) 베이스 저항의 결정

그림 3-18 • 트랜지스터를 이용한 구동회로 설계의 예

이 0.6V 정도라면 **그림 3-18(b)**와 같이 전압이 분포되어 컬렉터 저항 양단에는 44.4V의 전압이 인가된다. 그러므로 LED의 동작전류를 결정하면 컬렉터 저항값을 산출할 수 있다. 또한 LED 동작전류가 결정되면 이 전류는 트랜지스터가 증폭한 후의 전류이므로 트랜지스터 전류증폭률(β 또는 h_{FE})로 나누면 그림 (c)의 베이스 전류 I_B가 되는데, 일반적으로 트랜지스터의 전류증폭률은 변화폭이 심하므로 아주 낮게 100 정도로 가정하면 트랜지스터는 충분히 포화될 수 있다. 따라서 베이스 전류는 다음과 같이 정해진다.

$$I_B \geq I_{\mathrm{LED}} \ / \ 100 \quad \cdots\cdots (1)$$

이와 같이 베이스 전류가 계산되면 **그림 3-18(c)** 회로에 나타낸 바와 같이 게이트 출력전압이 5V라면 트랜지스터 오프셋 전압 0.6V를 제외한 나머지 전압인 4.4V가 베이스 저항 양단에 인가되고, 전류는 앞서 계산한 I_B가 흐르므로 베이스 저항을 계산할 수 있다.

③ 다알링턴 트랜지스터의 이용

이상에서 설명한 바와 같은 방법으로 트랜지스터를 이용해 고전압, 대전류 LED를 구동할 수 있으나 모든 경우에 이와 같이 되는 것은 아니고 **그림 3-19(a)**와 같은 경우에는 구동할 수 없다.

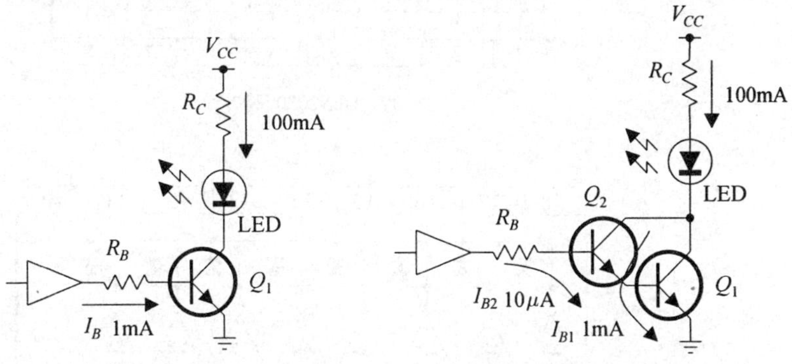

(a) 구동 불가 회로 (b) 다알링턴을 이용한 회로

그림 3-19 • 큰 전류의 구동방법

그림 3-19(a)와 같이 만약 어떤 LED의 구동전류가 100mA일 경우 이 전류를 구동하기 위한 베이스 전류는 1mA가 되어야 하나 일반 TTL 게이트의 출력은 400μA 정도

밖에 안되므로 라인-드라이버를 사용하거나 그림 (b)와 같이 한 번 더 증폭하는 '다알링턴(Darlington)'회로를 이용해야 한다. 그림 (b)의 경우 첫번째 트랜지스터 Q_1 을 구동하기 위한 베이스 전류는 1mA가 필요하고, 이 전류는 두번째 트랜지스터 Q_2 에서 공급하므로 논리 게이트는 Q_2 의 베이스를 구동하는 10μA 의 전류만 있으면 된다. 단, 이때 트랜지스터들의 오프셋 전압은 2배가 되므로 베이스 저항은 다음과 같이 계산한다.

$$R_B = \frac{V_{CC} - 2 \cdot 0.6\text{V}}{I_{B1}} \qquad \cdots\cdots (2)$$

④ 다알링턴 트랜지스터 어레이

다알링턴 트랜지스터(Darlington TR)를 이용한 LED 구동회로는 소수의 LED를 구동할 때는 관계없으나 많은 수의 LED를 구동하려면 소자의 수가 많아져 매우 복잡해진다. 이러한 경우에는 **그림 3-20**과 같은 다알링턴 트랜지스터 어레이(array)를 이용하면 간단히 구성할 수 있다.

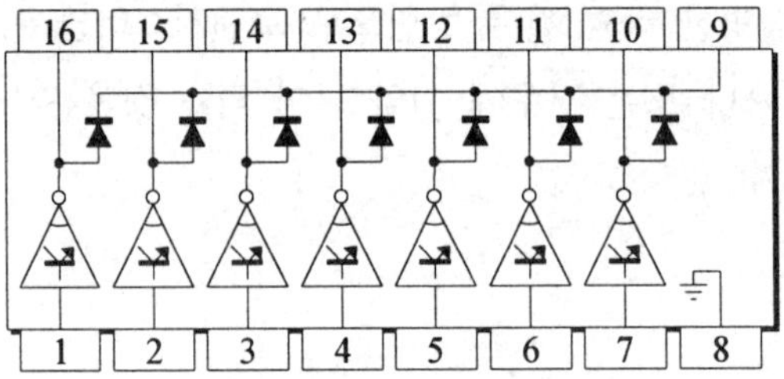

(a) ULN2000 시리즈

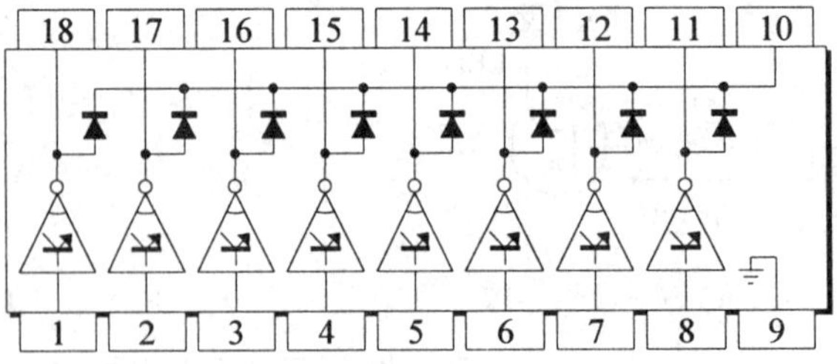

(b) ULN2800 시리즈

그림 3-20 • 다알링턴 어레이 ULN 시리즈

그림 3-20(a)는 ULN2000 시리즈의 내부구조로서 예를 들어 ULN2003A는 50V, 500mA 용량의 다알링턴이 7회로 내장되어 있고, 그림 (b)의 ULN2803A는 8회로가 내장되어 있다. 이 소자는 회로에 필요한 저항은 물론 솔레노이드 구동에 대비한 프리-휠링 다이오드까지 모두 내장되어 있으며, TTL과 CMOS 출력 모두를 직접 접속해 사용할 수 있다. 이 소자는 이후에 설명할 다이나믹 구동회로에서 자리선택용 소자로 사용하면 매우 편리하다.

5) 정전류 구동

LED의 밝기는 흐르는 전류에 영향을 받기 때문에 동일한 LED라 할지라도 오프셋 전압에 차이가 있다면 저항에 의해 공급되는 전류가 달라져 밝기가 달라진다. 일반적인 경우에는 큰 관계가 없지만 많은 수의 LED를 이용해 전광판이나 표시장치를 구성하는 경우에는 LED간의 밝기 차가 현저히 눈에 띄고 색 얼룩으로 보여 좋지 않은 느낌을 준다. 이러한 경우 LED에 흐르는 전류를 일정하게 유지하면 밝기가 일정해져 얼룩이 나타나지 않도록 할 수 있으며, 이를 정전류 구동이라 한다.

① 전압과 저항에 의한 정전류

그림 3-21(a) 회로는 LED를 켜는 단순한 회로인데 '출력 임피던스가 무한대에 가까울수록 이상적인 정전류에 가깝다'는 조건을 적용하면 정전류에 가깝도록 할 수 있다. 이상적 정전류 조건에 의하면 그림 (a)의 LED에 전류를 공급하는 저항 R의 값이 클수록 좋다는 뜻이며, 이는 동일한 전류를 흘리더라도 큰 전압에 큰 저항으로 인한 전류가 더 정전류에 가깝다는 것이다.

예를 들어 오프셋 전압이 1.5V 인 LED에 10mA 의 전류가 흐르도록 그림 (b)와 같

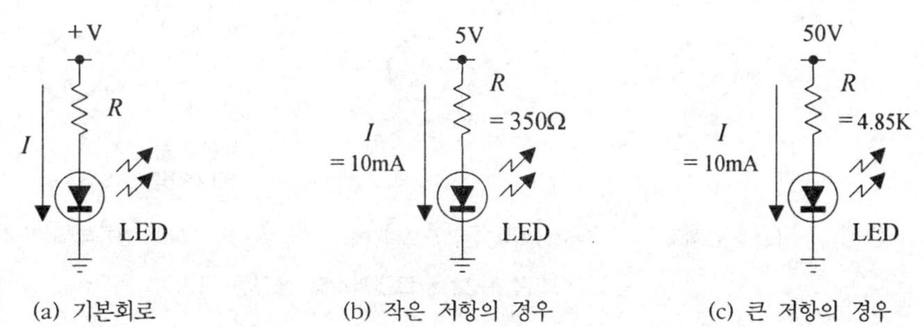

(a) 기본회로 (b) 작은 저항의 경우 (c) 큰 저항의 경우

그림 3-21 • 저항에 의한 정전류 구동의 예

이 +5V 전원과 350Ω의 저항을 사용했을 경우와 그림 (c)와 같이 +50V 전원과 4.85K의 저항을 사용했을 경우 후자 쪽이 더 정전류에 가깝다. 만약 LED의 오프셋이 1.2V로 심하게 변화한 경우 그림 (b)는 다음과 같이 전류가 변화한다.

$$I_{(b)} = \frac{5V - 1.2V}{350\Omega} = 10.86mA \quad [8.6\% \ 변화] \cdots\cdots (3)$$

이에 비해 **그림 3-21(c)**는 다음과 같이 전류가 변화한다.

$$I_{(b)} = \frac{50V - 1.2V}{4.85K} = 10.06mA \quad [0.6\% \ 변화] \cdots\cdots (4)$$

즉, 동일한 전류를 생성할 때 큰 전압과 큰 저항에 의해 생성하는 것이 정전류에 가까워진다.

② 트랜지스터에 의한 정전류

큰 전압과 큰 저항에 의한 정전류는 회로는 단순하지만 전압이 커짐에 따라 이를 제어하기 위한 트랜지스터의 내압과 저항의 전력용량 또한 커져야 한다. 이와 같이 트랜지스터를 사용해야 한다면 트랜지스터의 보상성질을 이용해 저전압으로 쉽게 정전류를 구성할 수 있으며 기본회로를 **그림 3-22(a)**에 나타내었다.

회로의 논리 게이트 출력이 V_O일 때 전압은 **그림 3-22(a)**와 같이 분포되기 때문에 이미터 저항에는 항상 $(V_O - V_{BE})$가 인가되고, 따라서 회로의 전류는 다음과 같이 정해진다.

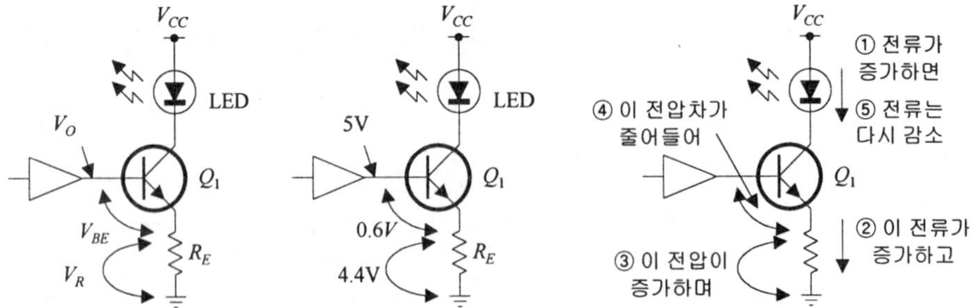

(a) 기본회로 (b) 전압분포의 예 (c) 전류의 귀환작용

그림 3-22 • 트랜지스터 정전류 구동

$$I_E \cong I_{LED} = (V_O - V_{BE}) / R_E \quad \cdots\cdots (5)$$

만약 논리 전압이 +5V 라면 전류는 다음과 같다.

$$I_E \cong I_{\mathrm{LED}} = 4.4\mathrm{V} / R_E \quad \cdots\cdots (6)$$

따라서 10mA 의 정전류를 얻으려면 440Ω의 저항을 사용한다. LED용 V_{CC} 전압은 논리 전압보다 크다면 어떤 값이라도 상관없으며 전류는 오직 트랜지스터의 V_{BE} 변화에만 영향을 받는다. 회로가 어떤 요인으로(전원 전압, LED 오프셋 전압 등) LED 전류가 증가하면(**그림 3-22(c)**의 ①) 트랜지스터의 이미터 전류가 증가하고(②) 이에 따라 이미터 전압이 증가하며(③), 이는 트랜지스터의 이미터-베이스 사이 전압이 감소한 결과이므로(④) 트랜지스터는 전류를 줄여 다시 원래의 전류로 복원한다(⑤). 논리 게이트에서 공급하는 전류는 $I_B = I_{\mathrm{LED}} / \beta$이다.

6) 다이나믹 구동

① 다이나믹 구동의 원리

여러 자리의 7-Seg. LED를 스태틱으로 표시하려면 자릿수만큼의 회로, 즉 7-Seg. 디코더, 저항들이 필요하며, 예를 들어 4자리를 표시하려면 4개의 IC와 28개의 저항이 필요하고, 8자리를 표시하려면 8개의 IC와 56개의 저항이 필요하다. 특히 74LS47과 같이 자체에 래치 기능이 없는 소자는 래치 소자가 2자리마다 1개씩 추가되어 8자리일 경우 12개의 IC와 56개의 저항이 필요하다. 이와 같이 많은 자릿수의 표시가 필요할 때 다이나믹 구동회로를 사용하면 소자를 대폭적으로 줄일 수 있는데 그 예를 **그림 3-23**에 나타내었다.

회로를 살펴보면 4자리를 표시하기 위한 소자는 1자리 분량의 7-Seg. 디코더와 저항만 사용되고 다알링턴 트랜지스터 어레이 하나가 추가되었을 뿐이다. 다알링턴 어레이가 남아있다면 더 이상의 추가부품 없이 자릿수를 확장할 수 있다. 단, 7-Seg. LED는 공통 캐소드형이며 이들을 버스 형태로 접속해 놓았다.

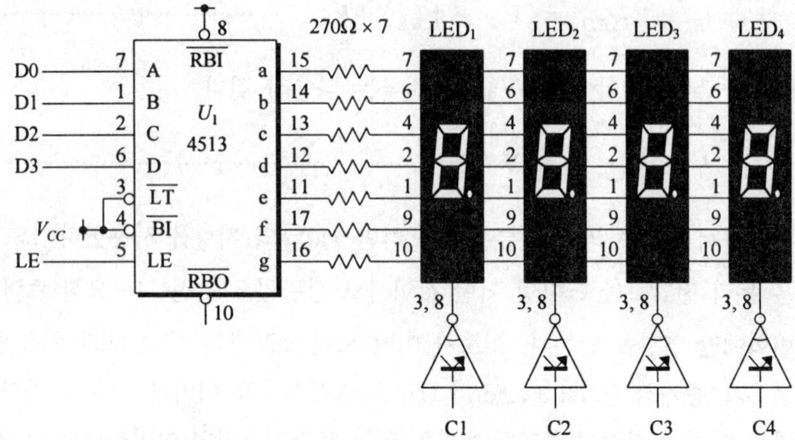

그림 3-23 • 간단한 다이나믹 구동회로

회로의 입력은 표시할 데이터 4비트(D0–D3)와 래치 신호(LE), 그리고 자리선택 비트(C1–C4)이다. 이들을 이용해 **그림 3-24(a)**와 같은 순서로 한번에 한 자리씩 표시하며 회전을 79Hz 이상의 빠른 속도로 반복하면 잔상효과에 의해 4개 숫자가 동시에 표시되는 것으로 보인다. 택시요금 미터기나 커피자동판매기의 잔액표시 등도 이와 같은 방법으로 표시하고 있다.

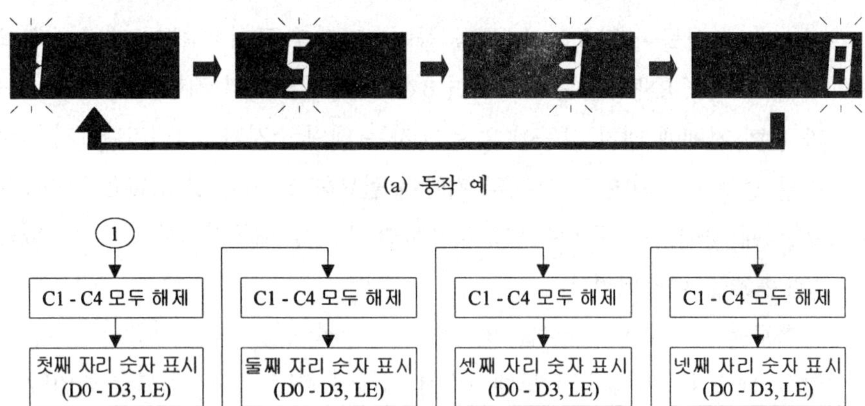

(a) 동작 예

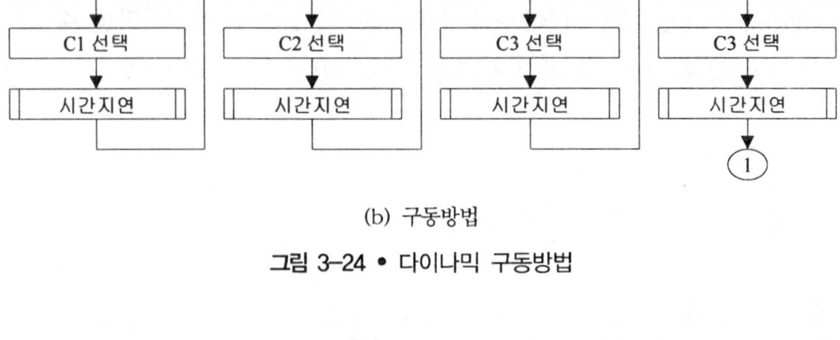

(b) 구동방법

그림 3-24 • 다이나믹 구동방법

다이나믹 표시동작은 마이크로프로세서를 이용하면 매우 쉽게 구현할 수 있는데, 그 예를 **그림 3-24(b)**에 나타내었다. 그림에서 처음에 모든 표시를 off하고(C1 - C4 모두 해제) 첫 번째 자리에 표시할 내용을 기록한다. 이때 세그먼트 점등신호는 모든 자리에 공급되나, C1 - C4가 선택되지 않으므로 아무 것도 켜지지 않는다. 그 후 C1 신호를 인가하면 오직 첫째 자리만 점등한다. 점등한 자리의 숫자가 보일 수 있도록 잠시 지연시간을 둔 후 다음 자리표시를 위해 동일한 과정을 진행한다.

그림의 예와 같이 4자리를 70Hz 이상의 속도로 다이나믹 구동하려면 각 자리는 다음과 같은 시간지연을 가져야 한다.

$$(1/70\text{Hz}) \div 4 = 3.57\text{mS} \quad \cdots\cdots (7)$$

또한 한 자리의 모든 LED 전류는 자리 구동용 공통단자로 유출되므로 만약 12mA로 구동하고 있다면 '8'자와 같은 경우

$$12\text{mA} \times 7 = 84\text{mA} \quad \cdots\cdots (8)$$

가 흐르므로 다알링턴 어레이를 사용해 구동한다.

② 다이나믹 구동의 단점 및 해결방법

이상의 과정을 통해 다이나믹 구동을 진행하면 부품이 크게 줄어드는 대신 스태틱 구동에 비해 전체적인 밝기가 크게 줄어드는데, 스태틱 구동은 각 자리의 숫자가 계속 켜져 있는데 비해 다이나믹 구동은 점멸에 의한 평균이 나타나기 때문이다. 즉 앞서 예를 든 바와 같이 4자리 숫자를 다이나믹 구동하면 한 자리가 켜지는 시간은 4분의 1주기이므로 전체 밝기는 4분의 1로 감소한다.

따라서 충분히 밝은 표시를 하려면 LED 전류를 크게 증가시켜야 하는데, 만약 4배의 밝기로 4자리 숫자를 다이나믹 구동하면 전체적으로 스태틱 구동과 유사한 밝기를 얻을 수 있다. 이러한 이유로 7-Seg. LED의 전류용량은 순간최대전류라는 개념이 있으며 이는 다음과 같이 표현된다.

$$\text{순간최대전류} = (\text{정격전류} \times \text{듀티비}) \quad \cdots\cdots (9)$$

예를 들어 12mA의 전류로 스태틱 구동할 수 있는 소자라면 24mA, 1/2 듀티(50%)로 사용할 수 있고, 또는 48mA, 1/4 듀티로 사용할 수 있다.

일반적으로 7-Seg. LED는 정격전류보다 10배의 전류를 10분의 1 듀티까지 인가할 수 있도록 되어 있다. 따라서 앞서 다루었던 회로의 경우 4자리를 정상 밝기로 표시하려면 48～60mA 정도의 전류가 흐르도록 해야 하나, 구동소자 4511이나 4513의 최대 유출전류가 25mA 밖에 되지 않으므로 2배의 전류로만 구동하거나 또는 최대 65mA의 구동능력을 가진 4557을 사용한다. 이보다 더 큰 전류로 구동하거나 4557과 같은 소자를 사용하지 않으려면 공통 애노드형 7-Seg. LED를 사용해 **그림 3-25**에 나타낸 바와 같이 회로를 구성해 사용할 수 있다.

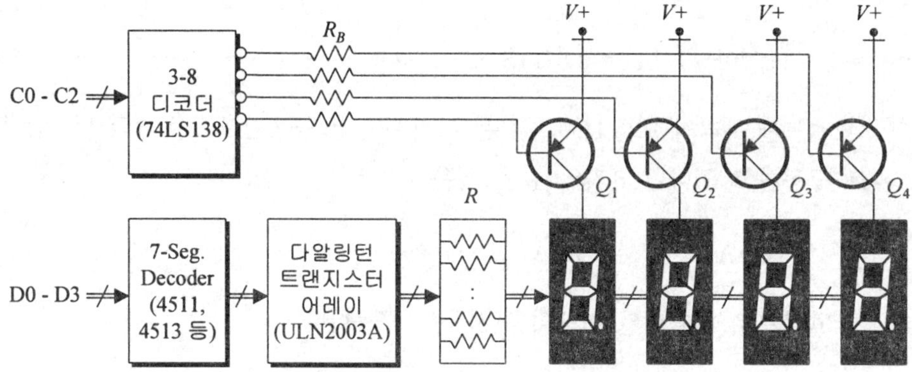

그림 3-25 • 고전류 다이나믹 구동회로의 예

이 회로에서 7-Seg. LED를 다알링턴 트랜지스터 어레이로 구동하므로 최대 500mA까지 가능하며, 자리 선택용 트랜지스터 Q_1 ～ Q_4는 대용량을 사용하고 베이스 저항 R_B는 트랜지스터들이 충분히 포화될 만큼의 값으로 정한다. 회로의 3-8 디코더는 전류 흡수형으로 동작하므로 8～10mA의 전류를 취급할 수 있어 각 트랜지스터를 800mA～1A까지 포화시킬 수 있으며, 이보다 더 큰 전류를 포화시키려면 오픈-컬렉터형 디코더(74LS45, 74LS145 등)를 사용한다. 또는 트랜지스터 부분을 다알링턴 회로나 다알링턴 트랜지스터로 교체해도 된다.

③ 도트 매트릭스 모듈의 구동 예

도트 매트릭스 모듈은 LED수가 매우 많기 때문에 다이나믹 구동으로만 사용하도록 구성되어 있다. 알파벳 문자를 표시할 수 있는 5×7도트 매트릭스의 내부구성을 **그림 3-26**에 다시 나타내었다.

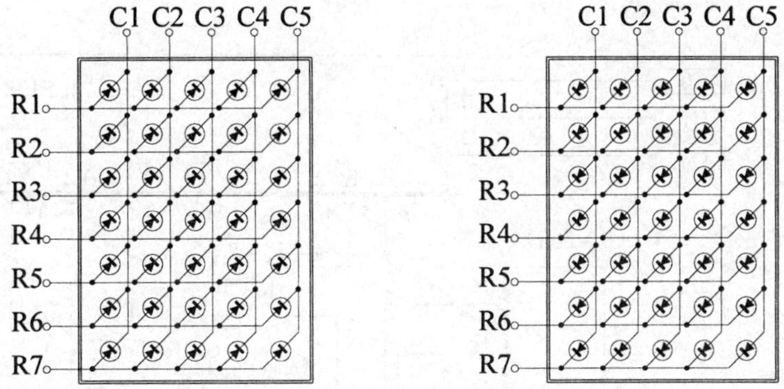

(a) 공통 애노드 (b) 공통 캐소드

그림 3-26 • 5×7 도트 매트릭스 모듈

이들 모듈은 사용법에 따라 가로 7행(R1-R7)을 공통으로 사용하고 세로 열(C1 - C5)에 데이터를 인가하는 방법과 반대로 세로 5열을 공통으로 사용하고 가로 행에 데이터를 인가하는 방법이 있는데, 전자는 7단계로 구동하는데 비해 후자는 5단계로 구동 가능하기 때문에 후자 쪽이 다이나믹 구동의 특성상 더 유리하다.

즉, **그림 3-27(a)**와 같이 'A'자 모양을 표시하려면 그림 (b)와 같이 세로로 한 열씩 5열을 반복한다. 회로의 구성방법 및 구동방법은 **그림 3-28**과 같이 7-Seg.의 5자리 구동과 동일하다.

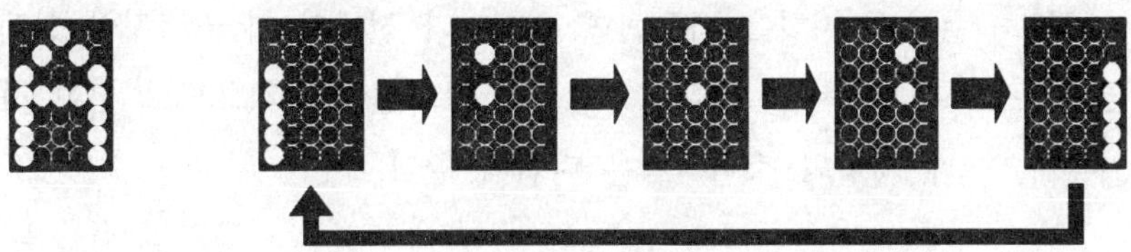

(a) 표시할 모양 (b) 표시과정

그림 3-27 • 5×7 도트 매트릭스를 이용한 표시방법

LED를 스태틱 12mA 정도의 밝기로 구동하려면 5단 회전하므로 5배 밝기의 전류로 한다.

$$I_{\leq D} = 12\text{mA} \times 5 = 60\text{mA} \quad \cdots\cdots (10)$$

이 전류를 구동하기 위해 U_1 ULN2003A 다알링턴 트랜지스터 어레이를 사용했고, 저항 $R_1 \sim R_7$은 LED의 오프셋 전압이 1.5V라 가정하면 다음과 같다.

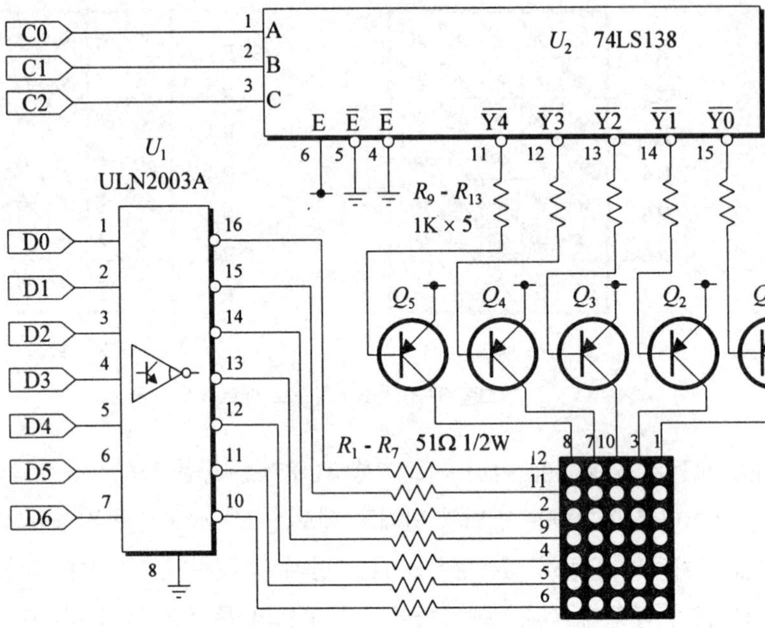

그림 3-28 • 5 × 7 도트 매트릭스 표시회로

$$R_1 = \frac{5V - 1.5V}{60mA} = 58.33\Omega \quad \cdots\cdots (11)$$

따라서 51Ω의 저항을 사용하면 설계보다 전류가 더 커지지만 실제로는 자리선택 트랜지스터와 다알링턴 트랜지스터들의 포화전압이 있으므로 심한 차이는 발생하지 않는다. 이때 저항의 소비전력은 다음과 같다.

$$P_R = 3.5V \times 60mA = 0.21W \quad \cdots\cdots (12)$$

이는 1/4W 저항 규격 내에 있지만 안전을 위해 1/2W를 사용한다. 자리선택 트랜지스터 한 개는 LED를 7개씩 구동하므로 트랜지스터의 최대 컬렉터 전류와 포화 베이스 전류는 다음과 같다.

$$I_{C,\max} = 60mA \times 7 = 420mA$$
$$I_{B,\max} = I_{C,\max}/100 = 4.2mA \quad \cdots\cdots (13)$$

따라서 베이스 저항은 다음보다 작아야 한다.

$$R_B = \frac{5V - 0.6V}{4.2mA} = 1047.6\Omega \quad \cdots\cdots\cdots\cdots\cdots\cdots\cdots\cdots\cdots\cdots\cdots\cdots\cdots\cdots \quad (14)$$

그림 3-29는 컬러 8×8 도트 매트릭스 표시회로를 나타낸 것으로서 기본원리는 **그림 3-28**의 5×7 도트 매트릭스와 동일하며, 단지 컬러를 제어하기 위해 녹색과 적색의 제어라인이 입력되는 점이 다르다. 이 회로 또한 스태틱 시 12mA 정도의 밝기로 구동하고 LED 오프셋을 1.5V로 가정하며 8단 회전하므로 회로의 설계사항은 다음과 같다.

$$I_{\leq \mathrm{D}} = 12mA \times 8 = 96mA$$

$$R_1 = \frac{5V - 1.5V}{96mA} = 36.46\Omega$$

$$P_R = 3.5V \times 96mA = 0.336W \quad (\therefore\ 1/2W \text{ 저항 사용}) \cdots\cdots\cdots \quad (15)$$

자리선택 트랜지스터 한 개는 LED를 8개씩 구동하고 이것이 2개 컬러 LED로 구성되므로 트랜지스터에 관한 설계사항은 다음과 같다.

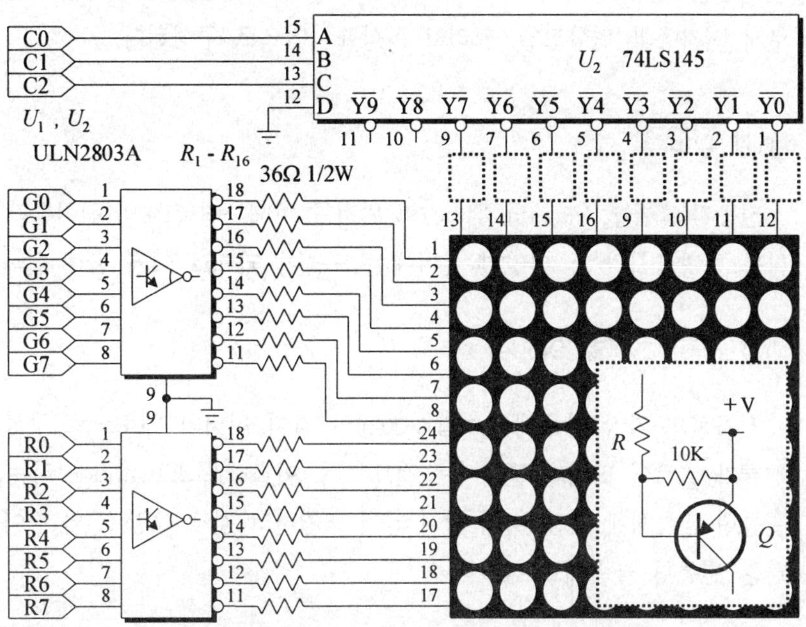

그림 3-29 • 컬러 8×8 도트 매트릭스 표시회로

$$I_{C,\max} = 96\text{mA} \times 8 \times 2 = 1.536\text{A}$$
$$I_{B,\max} = I_{C,\max}/100 = 15.36\text{mA} \quad \cdots\cdots (16)$$

이 회로에서는 LED 동작전압에 +5V가 아닌 더 높은 다른 전압에서도 동작할 수 있도록 자리선택 트랜지스터 부분은 점선과 같이 구성했다. 또한 이 트랜지스터를 구동하려면 높은 전압뿐만 아니라 15.36mA의 전류를 드라이브할 수 있어야 하므로 오픈-컬렉터이고 내압 15V, 구동전류 최대 80mA인 74LS145 BCD 디코더를 사용했다.

만약 더 높은 내압이 필요하다면 동일한 전류에 30V의 내압을 가진 74LS45를 사용하면 된다.

트랜지스터에 부착된 10K는 디코더 출력이 발생하지 않을 때 트랜지스터가 off되도록 하는 바이어스 저항이다.

2 음극선관

음극선관(CRT : Cathode Ray Tube) 또는 개발자의 이름을 딴 브라운(Brown)관은 텔레비전, 컴퓨터 모니터, 오실로스코프 등에서 사용하는 널리 보급된 영상표시장치로서 전자총과 편향코일, 그리고 화상표시면으로 구성된다.

(1) 진공관

진공관(眞空管, Vacuum Tube)의 원리를 이해하면 CRT의 원리뿐만 아니라 이후에 다룰 형광표시관 등 다양한 분야에서 도움이 되므로 이에 관해 살펴본다.

1) 2극관(二極管, Diode)

진공관의 가장 안쪽에는 **그림 3-30(a)**와 같이 히터와 캐소드로 구성되는데, 히터는 전류가 흐르면 뜨겁게 달궈지는 것으로서, 이를 캐소드(cathode)라는 속이 비어있는 원통형 금속체에 그림 (b)와 같이 넣어 조립하고 겉에 그림 (c)와 같이 애노드(anode)라는 원통형 금속체로 감싼다.

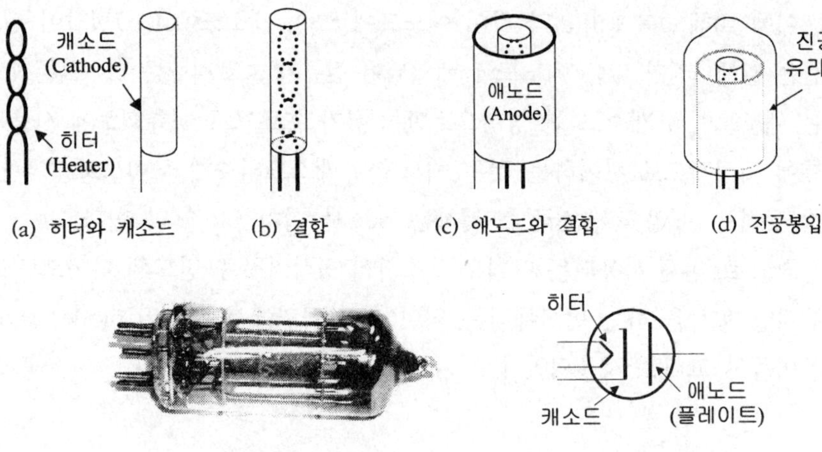

(a) 히터와 캐소드 (b) 결합 (c) 애노드와 결합 (d) 진공봉입

(e) 실물사진 (f) 소자기호

그림 3-30 • 진공관의 구조 및 기호

이들 금속통들은 **그림 3-30(d)**와 같이 진공유리관에 봉입하며 이를 그림 (f)와 같은 기호로 표시한다. 여기서 애노드는 판과 같다 하여 플레이트(plate)라고도 부른다.

이 소자에 **그림 3-31(a)**와 같이 애노드에 (+), 캐소드에 (−) 전압을 인가하면 전자들이 캐소드에 배치되지만 진공 중에 떠 있으므로 전류가 흐르지는 않는다. 이때 그림 (b)와 같이 히터에 전류를 흘려 캐소드에 열을 가하면 캐소드에 머물러 있는 전자들은 열에너지를 받아 운동을 하는데(마치 팝콘 튀듯이…) 앞에 배치된 애노드의 (+)극에 이끌려 그림 (c)와 같이 진공을 뚫고 튀어나간다. 즉 애노드에서 캐소드 쪽으로 전류가 흐른다.

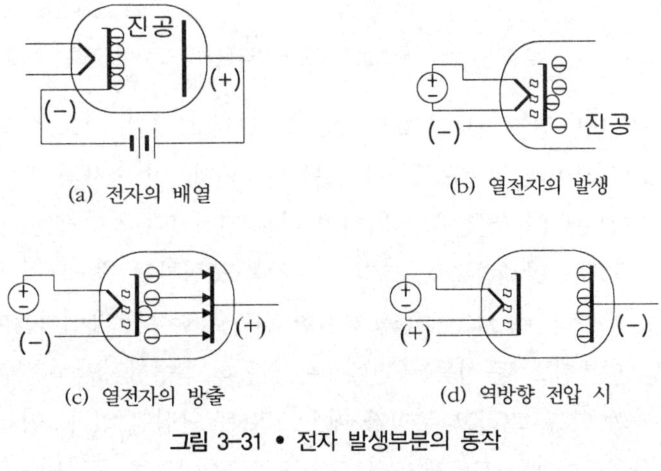

(a) 전자의 배열 (b) 열전자의 발생

(c) 열전자의 방출 (d) 역방향 전압 시

그림 3-31 • 전자 발생부분의 동작

이에 비해 **그림 3-31(d)**와 같이 애노드에 (−), 캐소드에 (+)전압이 인가되면 전자들은 열에너지가 없는 애노드에 배열되어 전류가 흐르지 않는다. 결론적으로 이 소자는 애노드에서 캐소드 한 방향으로만 전류가 흐르므로 정류회로에 사용되며, 전류흐름에 직접적으로 관여하는 것은 애노드와 캐소드의 2개 극이므로 2극관이라 하고 2를 뜻하는 'di'와 '길, 전극'을 뜻하는 'ode'를 합쳐 'diode'라 한다.

참고로, 현재 사용되는 다이오드 소자의 정식명칭은 '반도체 다이오드'로서 2극관과 유사한 동작을 하는 반도체라는 의미이며 2극관에서 사용된 diode, anode, cathode 용어들이 그대로 사용되었다.

2) 3극관

3극관(triode)은 **그림 3-32(a)**와 같이 캐소드와 애노드 사이에 망사형태의 극을 삽입한 것으로서 이를 망사라는 의미로 그리드(Grid)라 한다.

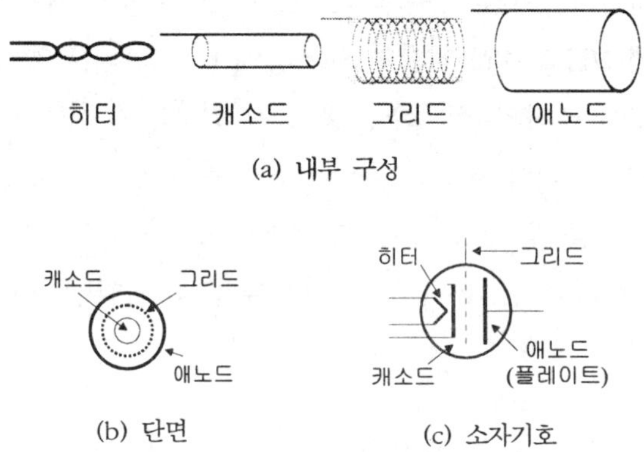

그림 3-32 • 3극관의 구조 및 기호

따라서 단면을 살펴보면 **그림 3-32(b)**와 같이 보이며, 기호는 그림 (c)와 같이 캐소드와 애노드 사이에 점선으로 그리드를 나타낸다. 이 소자의 기본원리는 2극관과 동일하나 그리드에 (−)전압을 인가하면 이는 열전자가 지나가는 경로에 위치해 있어 열전자의 흐름을 방해하므로, 그리드 전압을 조절하면 애노드와 캐소드 사이의 전류를 제어할 수 있다. 즉 MOSFET와 유사한 원리로 전류를 제어하는데, 증폭도, 내압, 고주파특성, 임피던스 등 성능 측면에서는 월등히 우수하지만 히터를 사용함에 따른 발열과 수명의 단축, 그리고 부피가 매우 크다는 단점이 있다. 이 소자는 전류의 흐름에 관여하는 극이 애노드, 캐소드, 그리드의 3개이므로 트라이오드(triode)라 한다.

3) 4극관, 5극관

진공관은 그리드를 여러 개 설치할 수 있는 특징이 있는데, 그리드를 2개 설치하면 4극관(tetrode), 3개 설치하면 5극관(pentode)이 구성되며 **그림 3-33(c)**와 같이 매우 복잡한 다극관을 구성할 수도 있다. 이때 각 그리드는 서로 독립적이므로 간섭이 없어 설계가 매우 용이하고 회로가 간단해진다. 이들의 응용 예로는 5극관의 3개 그리드 중 하나를 바이어스용으로 사용하고, 다음 그리드에 음향신호를 입력하며 마지막 그리드에 캐리어 주파수를 입력하면 간단히 진폭변조(AM)가 이루어진다. 또는 첫째 그리드에 바이어스, 둘째 그리드에 입력신호, 셋째 그리드에 부귀환을 입력하면 매우 쉽게 증폭기를 구성할 수 있다.

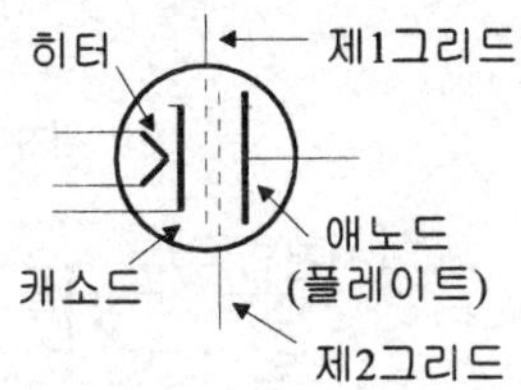

(a) 4극관 기호

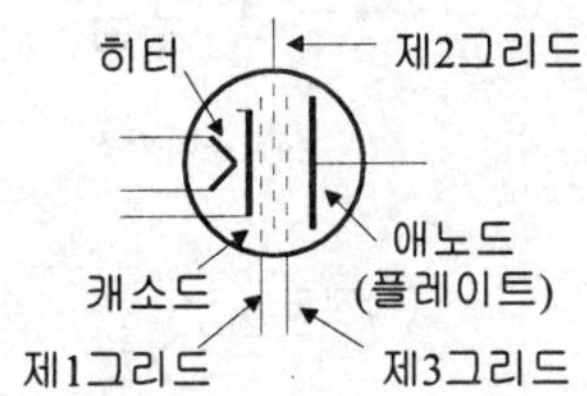

(b) 5극관 기호

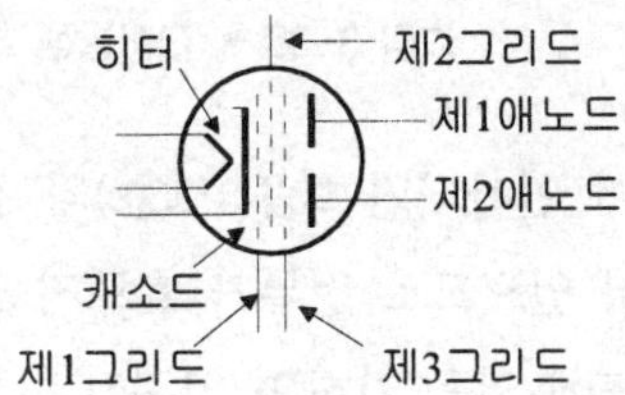

(c) 다극관의 예

그림 3-33 • 4극관, 5극관, 다극관의 예

(2) 전자총

1) 전자총의 구조

전자총(electric gun)은 강한 전자빔(beam)을 생성하는 부분으로서 전자를 발생시키는 부분의 구조는 **그림 3-34**처럼 진공관과 동일하다.

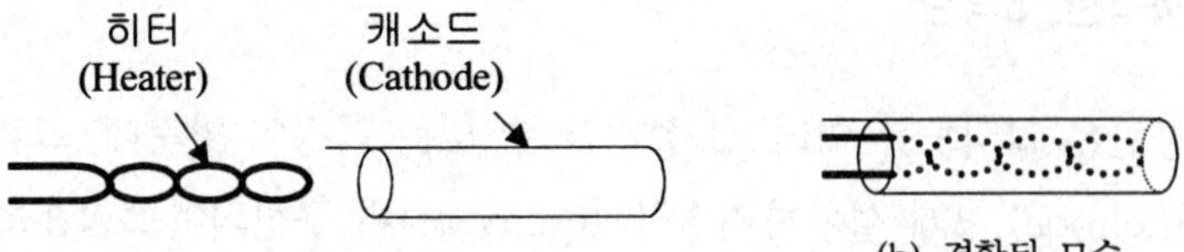

(a) 분해도 (b) 결합된 모습

그림 3-34 • 전자발생 부분

이 부분은 진공관과 동일한 원리이므로 **그림 3-35(a)**와 같이 진공관 기호를 빌려 표시한다.

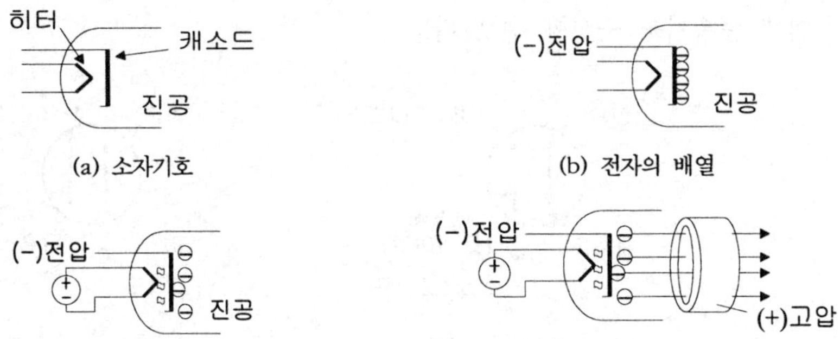

(a) 소자기호 (b) 전자의 배열

(c) 열전자의 발생 (d) 열전자의 방출

그림 3-35 • 전자발생 부분의 동작

캐소드에 (−)전압이 인가되면 **그림 3-35(b)**와 같이 전자들이 캐소드에 배치되지만, 캐소드는 진공 중에 떠 있으므로 전류가 흐르지 않는다. 여기에 그림 (c)와 같이 히터에 전류를 흘려 캐소드에 열을 가하면 열전자가 발생하는데 이때 그림 (d)와 같이 캐소드 앞에 (+)극성의 고압을 인가하면 전자들은 진공 속을 뚫고 빠른 속도로 튀어나가 이 중 일부는 고압에 흡수되지만 매우 빠른 속도로 진행하므로 대부분은 속도만 붙은 채로 지나치며 이를 '전자가속'이라 하고, 이와 같이 가속된 전자들은 **그림 3-36(a)**와 같은 기구들을 거친다.

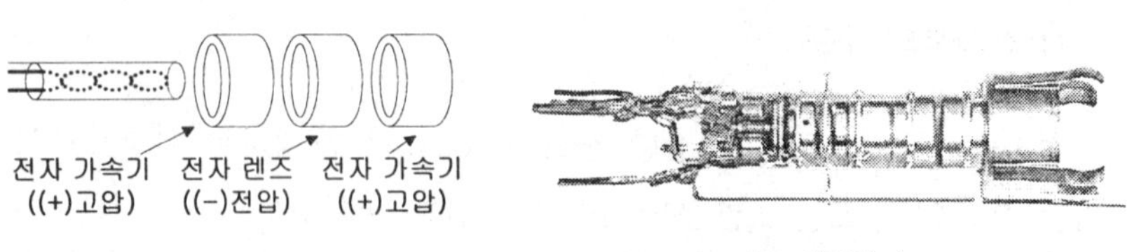

(a) 구조 (b) 실물사진

그림 3-36 • 전자총의 구조

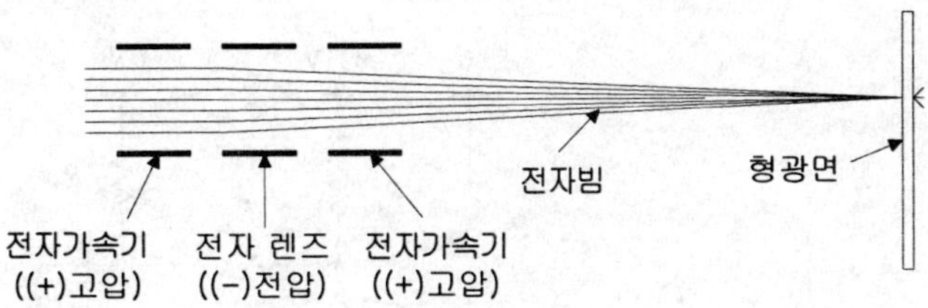

그림 3-37 • 전자총의 원리

열전자가 이 같은 기구 내부를 통과하면서 변화되는 과정을 **그림 3-37**에 나타내었다.

캐소드에서 방출된 전자들은 전자가속기의 (+)고압에 이끌려 빠른 속도로 가속되고 바로 다음에 있는 (−)전압의 관을 통과한다. 이때 전자들은 (−)극성과 밀치는 힘이 작용해 진행방향이 휘게 되며 형광면에 다다랐을 때 모든 전자들이 한 곳에 집중된다. 따라서 마치 전자들이 광학 렌즈에 의해 빛이 모이는 것과 같은 현상이 나타나므로 이를 '전자 렌즈'라 한다.

전자 렌즈를 통과한 전자들은 다시 한번 가속을 행한 후 형광면에 충돌한다. 형광면은 유리판에 도체와 형광물질이 도포된 것으로서 전자가 충돌하면 에너지가 빛으로 변화되어 유리 반대편에 나타난다. 이와 같이 캐소드로부터 전자빔이 방출되므로 이를 '음극선관' 또는 'Cathode Ray Tube(CRT)'라 하며, 음극선관을 발명한 브라운 박사의 이름에서 유래해 '브라운관(Brown Tube)'이라 부르기도 한다.

2) 전자총 구동회로

전자총을 구동하는 기본회로는 **그림 3-38**에 나타낸 바와 같이 이미터 접지증폭기로 신호를 증폭한 후 출력을 캐소드에 전달한다. 신호가 입력되면 트랜지스터가 가동되어 전류가 컬렉터에서 이미터로 흐르는데, 이는 사실상 이미터에서 컬렉터로 전자가 흐르는 것이므로 이 전자들이 캐소드로 입력되어 전자빔으로 방사된다. 따라서 트랜지스터를 제어하면 전자빔이 제어되어 화면에 점을 표시하거나 표시하지 않거나, 또는 표시한다면 얼마나 강하게 표시할 것인가 등을 제어할 수 있다.

회로에서 저항 R_7은 CRT의 히터를 구동하는 전류공급용이고, CRT의 첫 번째 그리드는 화면전체의 밝기를 제어하는 전압을 인가한다. 즉 이 그리드에 (−)전압을 인가하면 캐소드로부터 방출되는 전자빔이 이 곳을 통과할 때 방해를 받기 때문에 전체적인 화면이 어두워지는 결과가 나타나고, 반대로 (+)전압을 인가하면 전자빔을 오히려 가속시켜 화면이 더 밝게 된다.

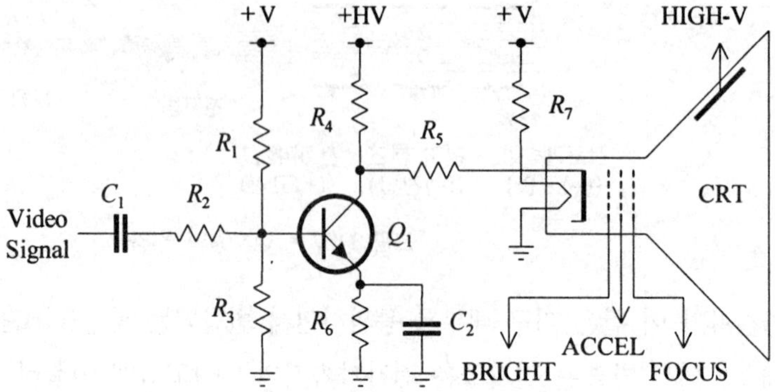

그림 3-38 • 기본형 전자총 구동회로

두 번째 그리드는 앞서 설명했던 전자가속기로서 강한 (+)의 고압을 인가하는데, 예를 들어 흑백 12인치 CRT의 경우 약 +450V 정도이다. 세 번째 그리드는 전자렌즈로서 (−) 전압을 인가해 전자빔이 가운데로 집속되도록 하며, CRT 위쪽에 표시된 'HIGH-V'는 CRT 전체의 내부에 도포되어 있는 도체에 인가되는 매우 강한 전압(흑백 12인치의 경우 약 +13kV 정도)를 인가해 마지막 가속을 시켜 전자빔이 화면에 충돌하도록 한다. CRT로 구성된 텔레비전이나 모니터의 on/off 시 정전기 소리는 이 고압이 유기되거나 사라질 때 먼지와 방전을 일으키는 소리이다.

이상의 회로는 주로 구형 텔레비전이나 감시 카메라용 흑백 모니터 등에서 사용했던 것으로서 화질이 많이 떨어지는 단점이 있어 요즈음은 거의 사용하지 않는다. 그 이유로는 우선 화상 증폭을 위한 증폭기가 한 개의 이미터 접지 증폭기로 큰 이득을 내도록 구성되어 있어 밀러효과에 의해 주파수 대역이 좁아져 섬세한 화면을 표시하기 위한 고주파 영역은 정확히 표시되지 않는다.

또 다른 이유로는 전자빔 즉 전류가 진공을 통과하기 때문에 CRT의 캐소드 입력임피던스가 매우 크며, 이러한 CRT에 최대로 전력을 전달하려면 '최대전력전달정리'에 의해 증폭기의 출력 임피던스도 커야 하나 이미터 접지 증폭기는 다른 접지방식들에 비해 중간정도밖에 되지 않아 전력이 효과적으로 전달되지 못한다. 이러한 사항들을 감안해 최근의 텔레비전이나 모니터는 **그림 3-39**의 회로를 사용해 화질을 개선하고 있다.

이 회로는 앞서 살펴보았던 기본형 회로에 트랜지스터 Q_2 부분이 추가된 것으로서 R_8, D_1, C_3에 의해 생성된 정전압이 베이스에 인가되고, Q_2의 이미터 전압을 제어해 증폭한다.

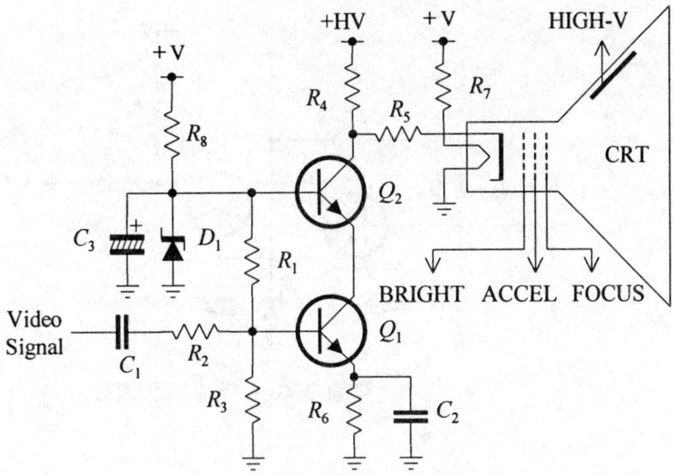

그림 3-39 • 개선된 전자총 구동회로

이미터 접지 증폭기인 Q_1 입장에서 살펴보면 기본회로에서는 컬렉터 저항 R_4가 부하로 접속되어 있기 때문에 트랜지스터의 전류변화가 곧바로 컬렉터의 전압변동으로 나타나 밀러효과가 크게 나타나는데, 비해 이 회로는 Q_2가 부하로 작용하고 Q_2의 이미터단에서는 전류가 쉽게 유출되는 매우 작은 임피던스의 부하로 작용하므로 전압변동이 매우 작아(즉, 일종의 정전압회로이다) 밀러 효과가 거의 나타나지 않는다.

Q_2와 같은 부하를 '능동부하'라 한다. 그리고 정작 증폭되는 전압변동은 Q_2의 컬렉터에서 나타나지만, 밀러 효과는 트랜지스터의 베이스와 컬렉터 사이의 역상 전압변동에 의해 발생하는 것이기 때문에 Q_2 회로에서는 밀러효과가 전혀 나타나지 않는다. 따라서 회로의 전체적인 주파수 대역이 크게 증가해 고화질의 화면을 구성할 수 있다.

이상에서 다룬 회로의 배치를 변경해 **그림 3-40**에 다시 나타내었다. 회로를 살펴보면 Q_1은 이미터 접지 증폭기인 반면 Q_2는 전형적인 베이스 접지 증폭기임을 알 수 있는데, 베이스 접지 증폭기의 특징 중 하나인 출력 임피던스가 매우 크다는 특징과 CRT의 캐소드 임피던스가 매우 크다는 특징이 결합되어 전력전달 효율 또한 크게 좋아진다. 결론적으로, 이미터 접지 증폭기 Q_1은 전류증폭만을 행하고, 베이스 접지 증폭기 Q_2는 전압증폭만을 행하기 때문에 전체적으로 밀러 효과는 없다.

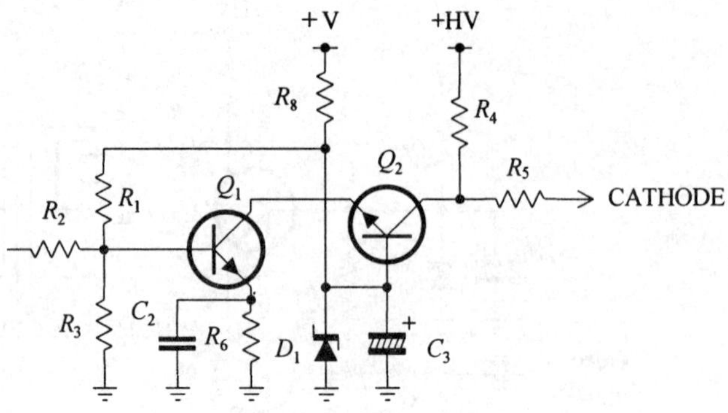

그림 3-40 • 다시 그린 회로

(3) 편 향

전자총에서 발생시킨 전자빔을 화면의 여러 위치에 표시하기 위해 상, 하, 좌, 우로 움직이도록 하는 것을 편향(偏向, deflection)이라 하며, 이 과정을 거쳐 화면이 구성된다. 전자빔을 편향하는 방법은 전계편향과 자계편향이 있으며, 각각 특징과 용도가 다르다.

1) 전계편향

전계편향(電界偏向)이란 (−)극성의 전자빔과 (+), (−)극성의 전기 사이에서 발생하는 힘을 이용한 것으로서, 전자빔이 지나가는 곳에 전극판을 설치해 편향이 일어나도록 하는데, 이의 원리를 **그림 3-41**에 나타내었다.

그림 3-41(a)에서 편향판 사이를 지나는 전자빔은 양쪽의 극판에 인가되는 전압크기에 따라 편향되는 각도가 결정된다. 따라서 극판에 인가되는 전압을 조절함으로써 전자빔의 진행방향을 변화시킬 수 있는데, CRT 화면은 2차원 평면이므로 그림 (b)와 같이 수평편향판과 수직편향판으로 구성한다.

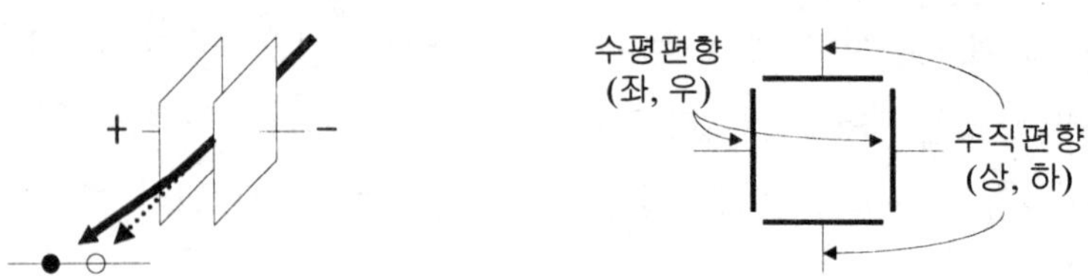

(a) 전계편향의 원리 (b) 전계편향판 배치

그림 3-41 • 전계편향

전계편향은 다음에 소개할 자계편향에 비해 인덕턴스 성분이 없으므로 고주파에서도 무리 없이 동작할 수 있지만, 편향판에 인가되는 전압의 크기에 비해 전자빔의 편향량이 작다. 이 때문에 화면을 구성하기 충분할 만큼 크게 편향시키려면 편향전압을 크게 하거나 편향거리를 길게 해야 하는데, 편향전압을 크게 하는 것은 편향판 구동회로의 구성이 복잡하게 되어 한계가 있으므로 이와 병행해 편향거리를 길게 해 편향시간을 오래 부여한다. 전계편향은 이 같은 특징에 의해 **그림 3-42(a)**와 같은 길쭉한 형상의 CRT가 된다.

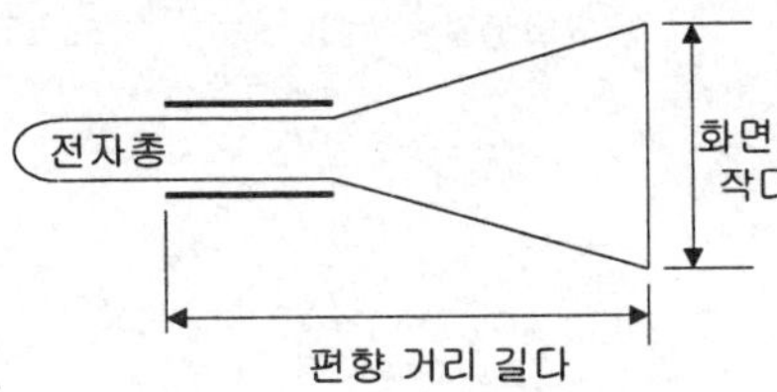

(a) CRT의 형상

(b) 오실로스코프의 CRT

그림 3-42 • 전계편향용 CRT

그림 3-42에서와 같이 편향거리는 길지만 그에 비해 얻어지는 화면의 크기는 상당히 작으므로, 이러한 CRT를 사용하는 기기는 뒤쪽이 매우 길어져 텔레비전과 같은 용도로는 사용하기 어렵지만 전계편향의 고주파에 대한 장점 때문에 오실로스코프에서 사용된다.

2) 자계편향

자계편향(磁界偏向)은 코일에서 발생하는 자계에 전자빔을 통과시켜 편향하는 것으로서, 이의 원리와 2차원 편향을 위한 코일 배치를 **그림 3-43**에 나타내었다.

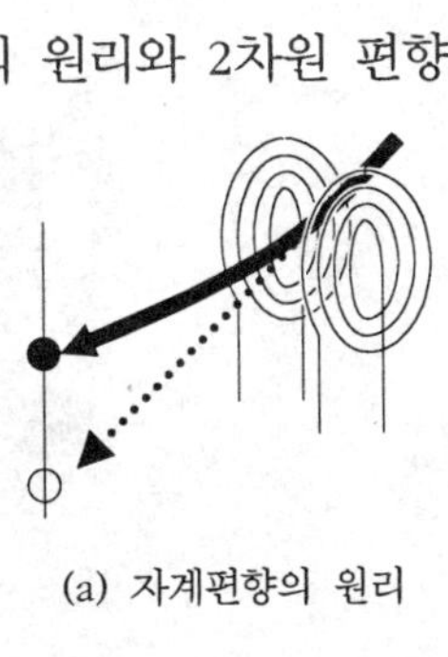

(a) 자계편향의 원리

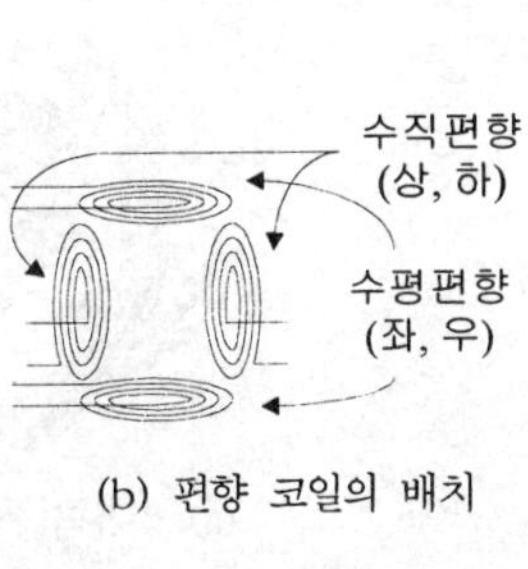

(b) 편향 코일의 배치

그림 3-43 • 자계편향

그림 3-43(b)와 같이 자계편향은 수평편향 코일은 수직으로, 수직편향 코일은 수평으로 배열되어 있는 것이 전계편향과 다르다. 즉, 자계가 형성된 지점을 전자빔이 통과하면 플레밍의 법칙에 의해 자계와 전자빔의 방향 이외의 축방향으로 힘이 발생하므로 코일 배치의 직각방향으로 편향이 발생한다. 자계편향은 작은 전압에 대해 편향량이 상당히 크기 때문에 편향거리를 짧게 해도 큰 화면을 얻을 수 있어 **그림 3-44(a)**와 같은 CRT 모양이 된다.

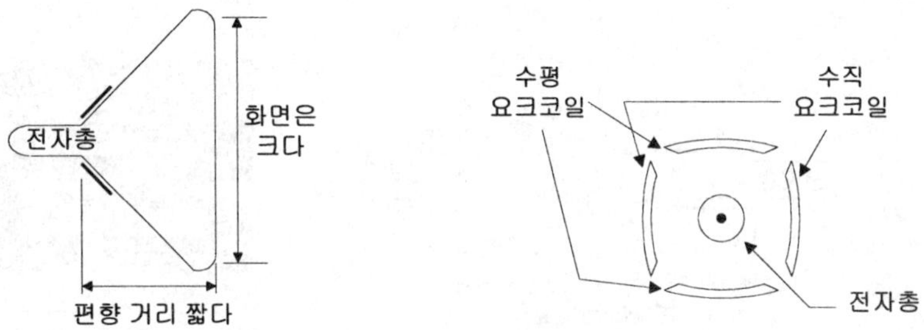

(a) 브라운관의 형태 (b) 코일의 모양

그림 3-44 • 자계편향용 브라운관과 코일

자계편향은 편향량이 크므로 **그림 3-44**에서와 같이 CRT의 길이가 짧아지면서도 얻는 화면은 크지만 편향을 위해 코일을 사용하므로 인덕턴스에 의해 편향주파수에 제한이 있어 텔레비전과 컴퓨터 모니터용으로 사용된다. 편향 코일은 화면의 정면에서 봤을 때 그림 (b)와 같이 원호 모양이 되므로 가축의 멍에 모양과 유사해 '요크코일(Yoke Coil)'이라고도 한다.

그림 3-45(a)는 컴퓨터 모니터용 CRT의 사진을, 그림 (b)는 편향 코일 부분을 확대해 나타낸 것이다.

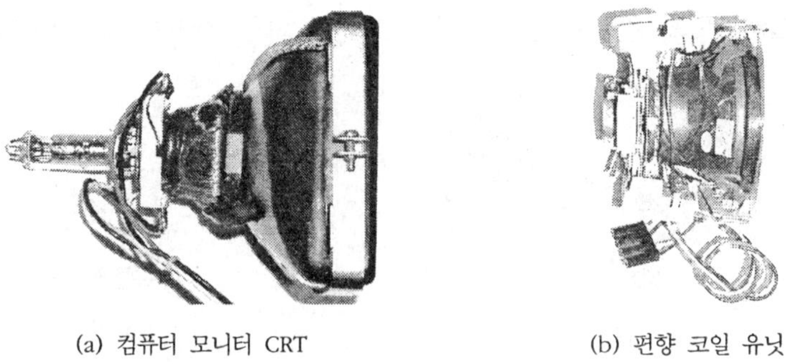

(a) 컴퓨터 모니터 CRT (b) 편향 코일 유닛

그림 3-45 • 컴퓨터 모니터용 CRT 사진

(4) 화면구성

앞서 다룬 전자총의 원리와 전자빔 편향원리를 이용해 CRT 평면에 영상을 구성하는 방법을 **그림 3-46**에 나타내었다. 그림 (a)에서와 같이 전자빔의 도착지점이 화면의 왼쪽 부분에서 시작해 오른쪽에 오도록 편향하는 것을 '소인(掃引, sweep)'(경우에 따라 '주사(走査)'라고도 한다)이라 하고, 오른쪽 끝에 다다랐을 때 다음 줄을 소인하기 위해 빠른 속도로 왼쪽으로 되돌아오는 것을 '귀선(歸線, fly-back, blanking)'이라 한다.

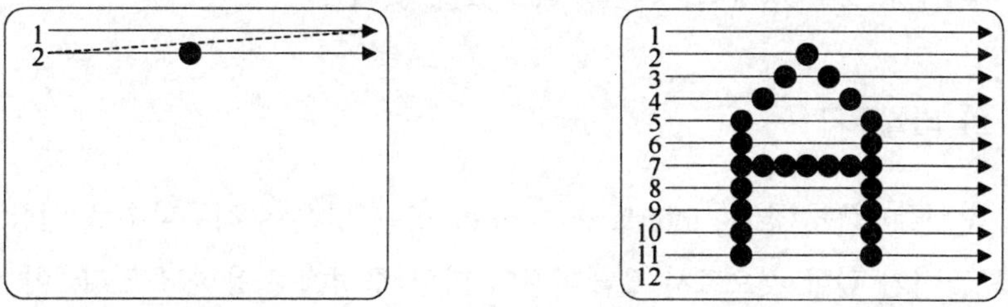

(a) 화면 소인 시작 (b) 화면 소인 완료

그림 3-46 • 소인에 의한 화면 구성원리

이와 같이 소인과 귀선을 빠른 속도로 반복하고, 내용이 표시될 부분에서는 전자빔을 발사해 빛을 발생하면서 소인들이 차츰 아래쪽으로 진행하며 **그림 3-46(b)**와 같은 화면을 구성하는데, 이와 같이 많은 소인에 의해 그림을 완성하는 것을 주사(走査, scanning)라 하며, 화면의 수평방향으로 행하는 주사와 귀선을 '수평주사', '수평귀선'이라 하고, 화면의 위쪽부터 아래쪽으로 진행하는 것을 '수직주사', 화면의 아래쪽에 다다랐을 때 다시 위로 올라가는 것을 '수직귀선'이라 한다.

가정에서 시청하는 텔레비전의 화면도 이러한 방법으로 구성되는데, 한 화면을 완성하기 위해 수직방향으로 수평주사는 525개 라인으로 구성되며, 이를 '수직해상도'라 한다. 수평으로 주사하는 속도인 수평주파수는 15.75kHz이며, 이러한 속도로 525개 라인을 그리면 수직방향의 주파수는 30Hz가 된다. 그러나 이 주파수는 인간의 눈에 깜박이는 것으로 보이므로 다음에 설명하는 비월주사(interlace)를 사용해 60Hz의 수직주파수를 얻고 있다. 또한 일반 텔레비전 화면의 수평과 수직길이 비율은 시청 시 가장 편안함을 준다는 4 : 3으로 구성되어 있다.

1) 순차주사

순차주사(順次走査, Progressive scanning, Non-interlaced scanning)란 앞서 설명한 바와 같이 화면 전체를 위로부터 아래로 그리는 방법으로서, IBM-PC의 고해상 모니터에서 주로 사용된다. 순차주사는 수평주파수가 상당히 빨라 전체 화면을 구성하는 시간인 수직주파수가 약 70Hz 이상이 되어야 사람의 눈에 깜박임('플리커(flicker)'라 한다)이 발생하지 않는다. 따라서 낮은 주파수를 사용하고 있는 텔레비전에서는 사용할 수 없다(아마도, 텔레비전이 처음 발명되었던 시절에는 텔레비전 수평주파수인 15.75kHz도 상당히 높은 주파수였을 것이다).

2) 비월주사

비월주사(飛越走査, interlaced scanning)는 낮은 수직주파수로 인한 화면의 깜박임을 줄이기 위한 것으로서 텔레비전의 화면 구성에 사용하고 있다. 이 주사방식은 **그림 3-47**과 같이 화면을 2줄씩 건너뛰며 주사한 후 나머지 사이 줄을 주사해 화면을 구성한다.

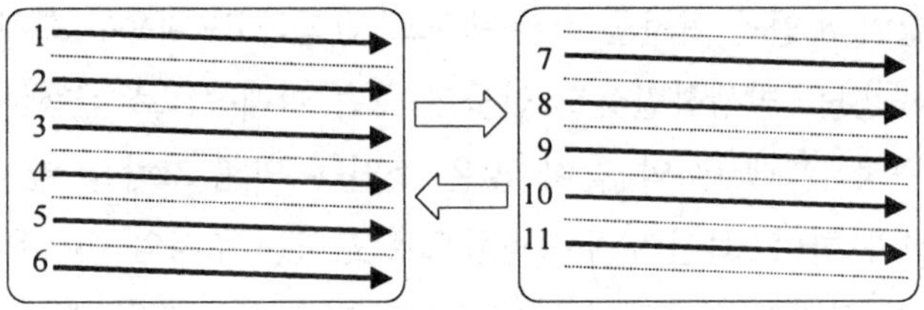

그림 3-47 • 비월주사

이와 같은 주사를 행하면 낮은 수직주파수에서의 화면 떨림 현상을 크게 완화시킬 수 있는데, 낮은 수직주파수에서 순차주사를 했을 때의 화면을 **그림 3-48**에 나타내었다.

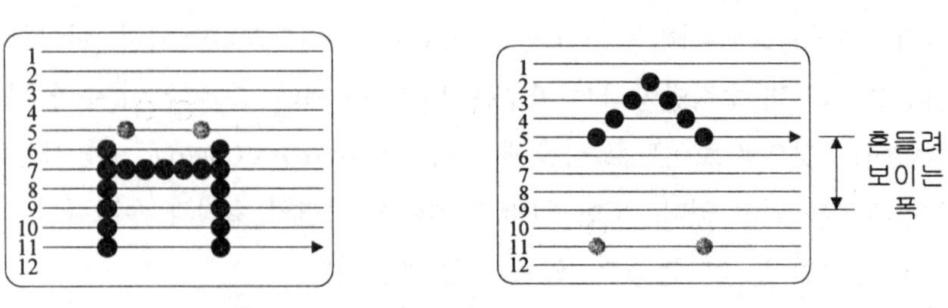

(a) 아랫부분 주사 중 (b) 윗부분 주사 중

그림 3-48 • 느린 속도 순차주사의 문제점

그림에서 화면의 아래를 주사할 때 화면의 위쪽은 시간이 경과해 잔상이 사라지기 시작하고, **그림 3-48(b)**는 주사가 계속되어 화면의 위쪽을 구성하고 있을 때 화면 아래쪽의 잔상이 사라지기 때문에 화면 전체에 심하게 플리커가 발생한다.

그림 3-49는 비월주사를 행할 경우를 나타낸 것으로서 주사를 행하는 도중 먼저 그렸던 그림이 사라져도 그림을 구성하는 줄의 중간이 사라지므로 화면 전체의 윤곽은 남아있으며, 실제 화면을 보았을 때 화면의 줄과 줄 사이만이 약간씩 흔들리는 것처럼 보인다(예로서 설명한 그림은 주사선이 11개인 경우이고, 텔레비전의 경우 주사선이 525개이므로 순차주사 시 그림에서 나타나는 현상보다 훨씬 심각한 차이가 발생한다).

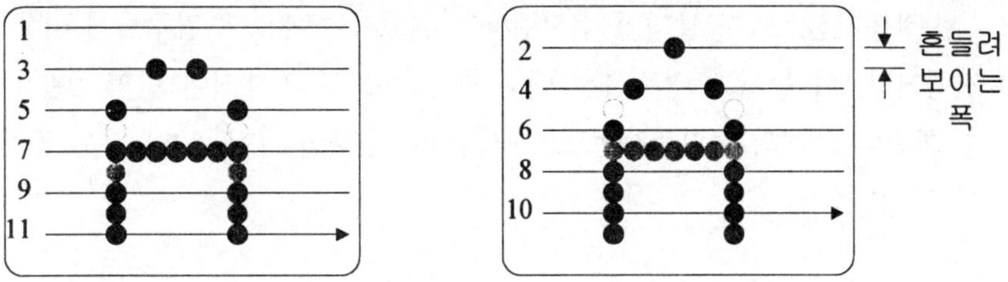

(a) 홀수 필드 주사 중 (b) 짝수 필드 주사 중

그림 3-49 • 비월주사 시 얻어지는 화면

(5) 동기신호

동기신호(Sync. 신호, Synchronization Signal, 同期信號)란 화면신호를 보내는 송신기기와 화면을 보여주는 수신기기 사이에 서로 동기를 맞추기 위한 신호로서, 화면은 2차원 평면이므로 동기는 수평과 수직의 2개 방향이 필요하다.

1) 수평동기신호

수평동기신호(H.Sync)는 오실로스코프의 트리거와 유사하며 **그림 3-50(a)**와 같이 화면의 왼쪽에서 오른쪽으로 주사를 시작하도록 하는 신호이다.

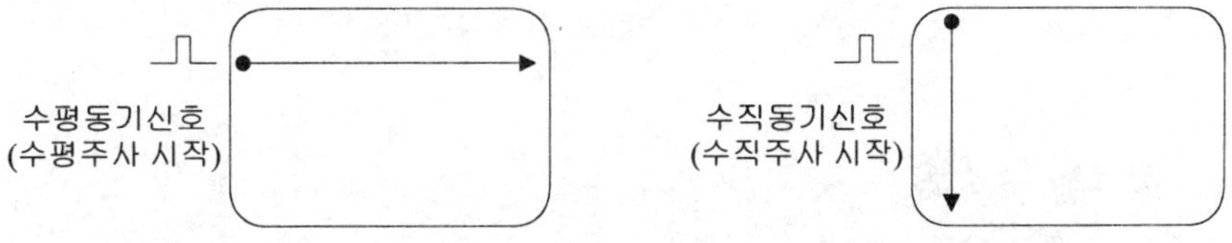

(a) 수평동기신호 (b) 수직동기신호

그림 3-50 • 화면 동기신호

2) 수직동기신호

수직동기신호(V.Sync)는 **그림 3-50(b)**와 같이 화면의 위쪽에서 아래쪽으로 진행을 시작하도록 하는 신호이다. 이상의 2가지 동기신호에 의해 화면을 촬영하는 촬상기나 영상신호 발생원과 동기를 맞춘다. 즉 촬상기에서 화면의 왼쪽 윗부분 신호를 송출하고 있다면 CRT도 화면의 왼쪽 윗부분에 표시해야 하며, 촬상기가 화면의 중앙부분 신호를 송출하고 있다면 CRT에서도 중앙부분에 표시해야 한다. 만약 동기가 서로 맞지 않으면 촬영하는 측과 표시하는 측의 화면지점이 다르게 되어 화면이 상하로 흐르는 등의 현상이 나타난다(가정용 TV 수상기에서 가끔 화면이 상하로 흐르는 현상).

수직동기신호가 전달되면 수직주사는 위에서 아래로 수평주사에 비해 느린 속도로 진행되고, 이 동안 수평주사는 매우 빠른 속도로 진행되어 만약 **그림 3-51(a)**와 같이 한 화면이 11개의 수평주사선으로 구성되어 있다면 그림 (b)와 같은 동기신호로 화면이 구성된다.

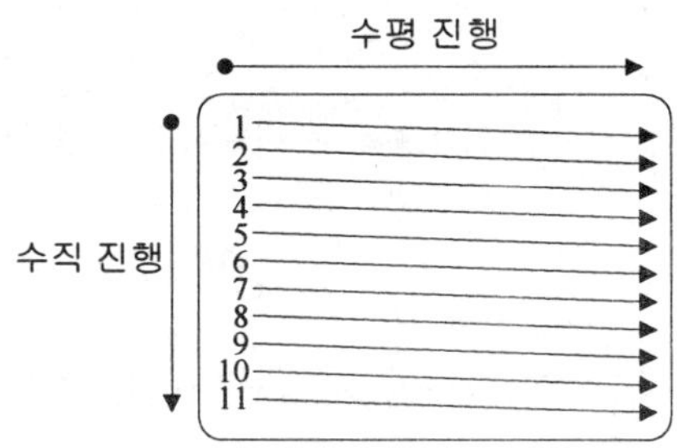

(a) 수직/수평동기 화면

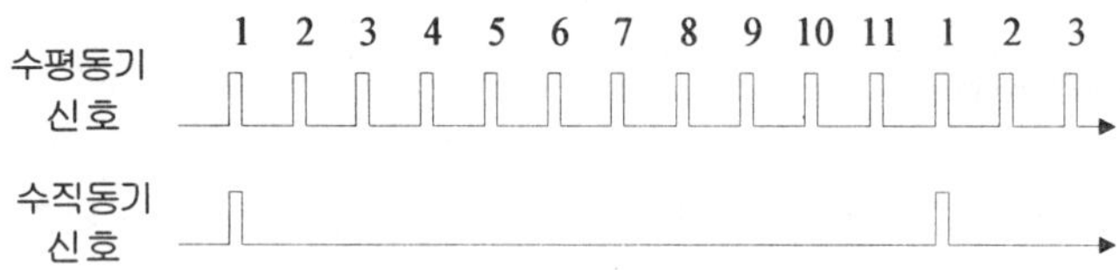

(b) 수직/수평동기 신호

그림 3-51 • 수직/수평동기

3) 신호의 전송

IBM-PC에서 사용되는 흑백 모니터(정확히는 모노크롬 모니터(Monochrome Monitor)라 한다)의 접속 예를 **그림 3-52**에 나타내었다.

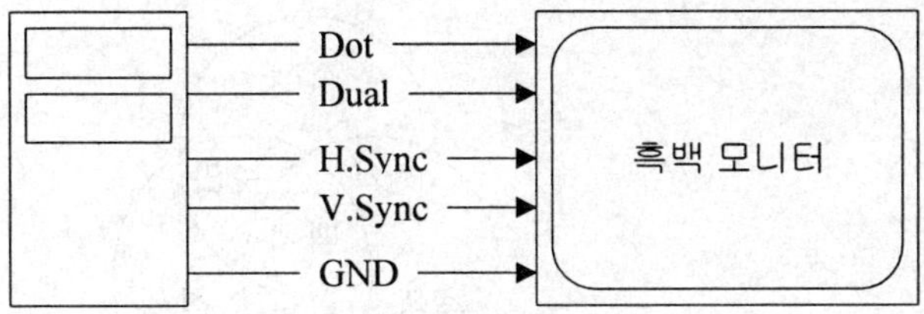

(a) 접속도

Pin#	명 칭	Pin#	명 칭
1	GND	6	Dual
2	GND	7	Dot
3		8	H.Sync
4		9	V.Sync
5			

(b) 커넥터

그림 3-52 • IBM-PC의 흑백 모니터 접속

그림 3-52에 나타낸 바와 같이 9핀 커넥터를 이용해 수평동기(H.Sync), 수직동기(V.Sync) 신호와 화면의 점을 표시할 것인지 공백인지를 나타내는 Dot, 그리고 표시될 점을 밝게 할 것인지 어둡게 할 것인지를 나타내는 Dual 신호를 전송한다. 따라서 GND선을 제외하고 최소 4개 라인이 접속되어야 한다.

(6) 컬러 CRT

컬러 CRT는 전자총에 의해 전자빔을 생성하고 편향회로를 이용해 편향시킨 후 형광면에 충돌시켜 빛을 발생시키는 점에서 기본적으로 흑백 CRT와 동일하다. 그러나 형광면에는 빛의 3원색 입자가 입혀져 있고 각 3원색을 필요에 따라 섞어 컬러 빛을 발생하는 점이 다르다.

1) 색상 배합의 원리

컬러 CRT에서 색상이 있는 화면은 빛의 3원색인 적색, 녹색, 청색의 배합에 의해 생성하며 **그림 3-53**에 이러한 예를 나타내었다.

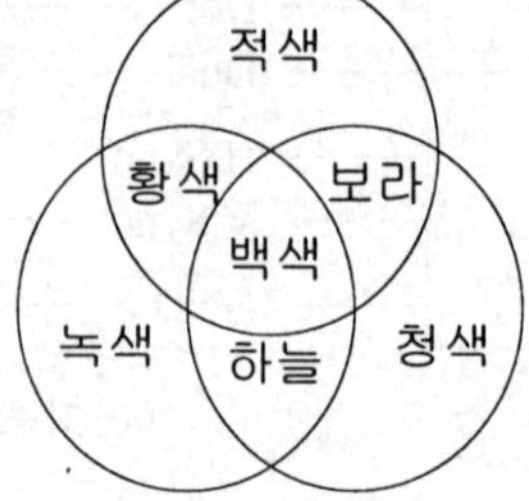

그림 3-53 • 빛의 3원색 배합

그림 3-53에 나타낸 바와 같이 빛의 3원색이 모두 배합되면 백색이 되며 청색과 적색이 섞이면 보라색이 되는 등 각 3원색을 일정한 비율로 혼합하면 모든 색상을 표현할 수 있다. 예를 들어, 적색과 녹색은 최대로 혼합하고, 여기에 청색을 절반만 혼합하면 노랑색이 되고 청색을 4분의 3정도 혼합하면 베이지색이 된다.

컬러 CRT의 화면에는 아주 미세한 크기로 빛의 3원색 입자 (적색, 녹색, 청색 : RGB)들이 배열되어 있어, 전자총이 이들 3원색 입자들을 비추면 해당 빛이 발생한다. 이는 CRT 화면을 물묻은 걸레로 닦거나 물방울을 묻혀보면 확인할 수 있다. 그런데 예를 들어 화면 전체를 적색으로 만들고 싶을 때 전자총은 정확히 적색 입자만을 비춰야 하는데, 입자 크기에 비해 전자총의 거리는 너무나 멀기 때문에 이를 제어하는 것은 거의 불가능하므로 다음에 설명할 'shadow mask'라는 장치를 이용해 원하는 색상입자를 정확히 비추도록 한다.

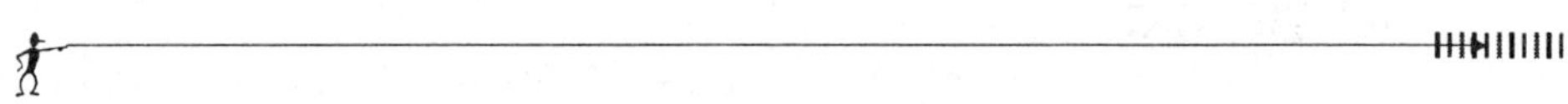

그림 3-54 • 먼 거리의 색상 맞추기

2) Shadow mask

Shadow mask란 먼 거리의 전자총에서 발사된 전자빔이 해당 색상입자에 정확히 도착할 수 있도록 화면 바로 뒤에 배치된 작은 구멍이 뚫린 판으로서 **그림 3-55**에 이의 원리를 나타내었다.

그림 3-55(a)에서 전등을 왼쪽에서 오른쪽으로 진행(주사)하면 전등의 불빛은 녹색 입자만을 비추면서 지나간다. 즉, 전등을 녹색 입자에 맞춰 점멸시킬 필요 없이 전등을 켠 채 지나가면 shadow mask에 의해 자동으로 녹색 입자만이 비춰지는 것이다.

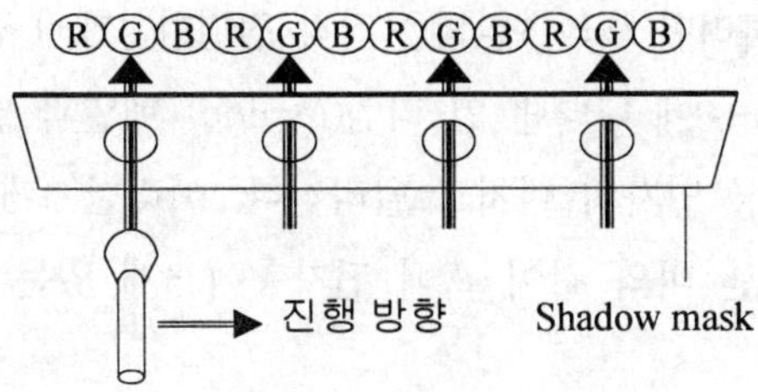

(a) 1개 광원 진행(녹색의 경우)

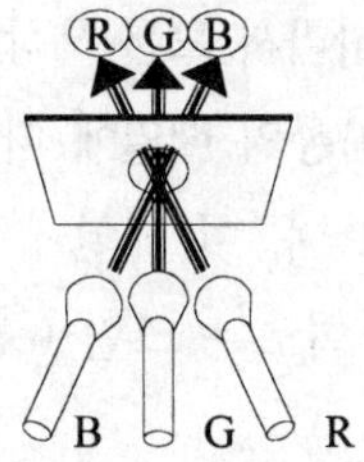

(b) 3개 광원 진행

그림 3-55 • Shadow mask의 원리

이 같은 원리로 **그림 3-55(b)**와 같이 각도를 달리 하는 3개의 전등을 비추면, 각 전등은 자신의 각도에 해당되는 입자만을 점멸시킬 수 있으므로 3개 전등의 빛만 조절하면 합성된 색상을 얻을 수 있다.

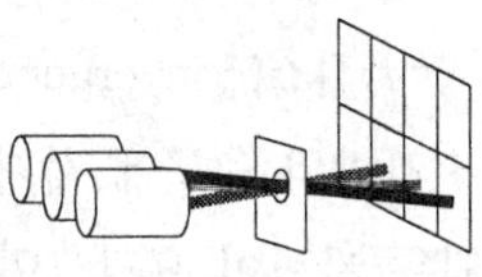

(a) 인-라인 배열

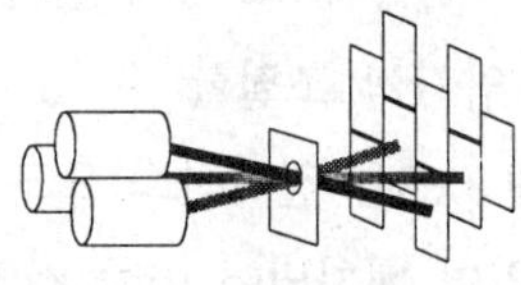

(b) 델타 배열

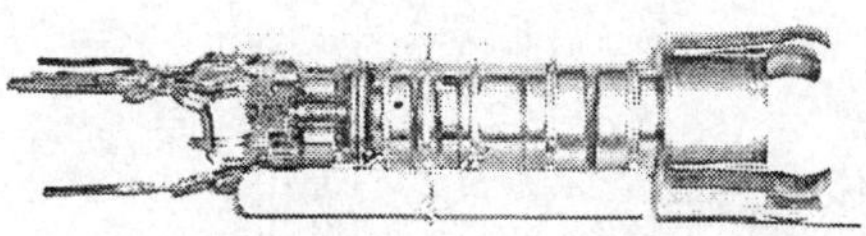

(c) 인-라인 전자총 옆면

(d) 인-라인 전자총 앞면

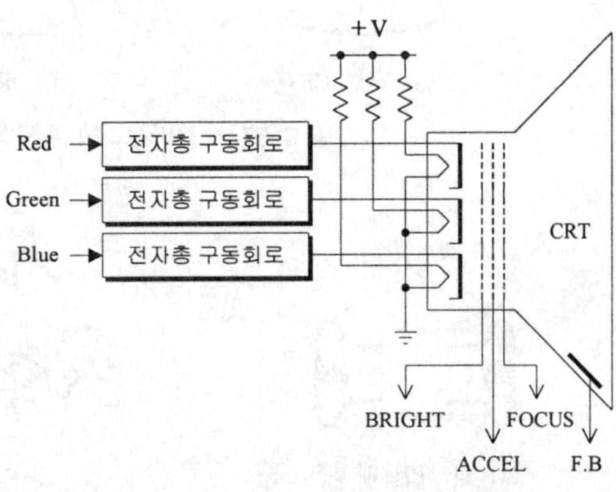

(e) 전자총 구동회로

그림 3-56 • 컬러 전자총의 배열 및 구동회로

따라서 모든 색상을 합성하려면 색의 3원색을 각각 점멸할 3개의 전자총이 필요하며, 전자총의 배열에 따라 **그림 3-56**에 나타낸 인-라인(in-line) 배열과 델타(delta) 배열이 있으며, 이 배열에 따라 색상 입자의 배치도 달라진다. 이러한 3개 전자총을 구동하는 회로는 그림 (e)에 나타낸 바와 같이 흑백 전자총이 3개 있는 경우와 동일하다.

3) 컨버전스

컬러 CRT는 3개의 전자총이 항상 정확하게 한 곳을 비춰야 하지만, 제작 때부터 완전하게 맞출 수는 없으며, 특히 화면을 평면화할 경우 **그림 3-57(b)**와 같이 화면의 구석 부분은 3개 전자빔의 도착위치가 달라 서로 다른 위치를 비추게 된다. 이러한 경우 백색 점을 표현했을 때 백색 점 주변에 청색이나 적색 또는 녹색 등이 번지는 현상이 나타나므로 3개 전자빔 전체를 편향하는 것 외에 **그림 3-57**과 같이 전자빔들을 각각 약간씩 조절할 수 있도록 한 기능을 컨버전스(convergence)라 한다.

그림 3-58은 컨버전스 요크의 예로서 3개 전자빔의 출구에 각각 컨버전스 조절용 요크코일이 배치되어 이들 전압에 의해 발생되는 자력이 요크코어를 따라 전자빔 근처에서 자계를 형성해 전자빔을 전자총 중심과 바깥쪽 방향으로 조절한다.

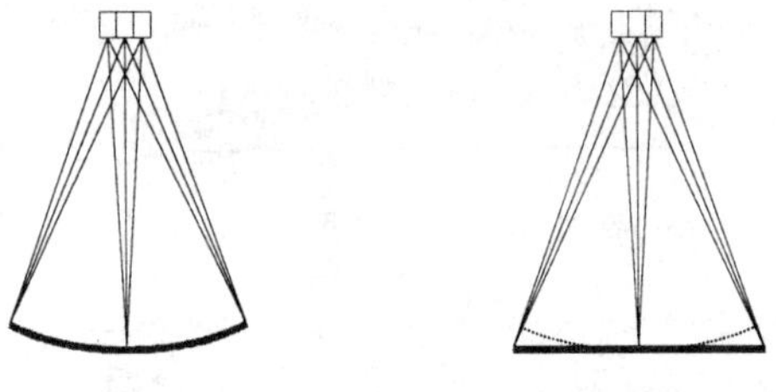

(a) 구형 CRT (b) 평면 CRT

그림 3-57 • 컨버전스의 필요성

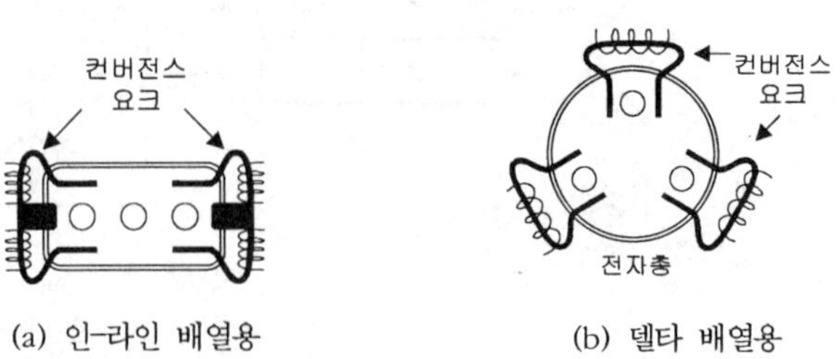

(a) 인-라인 배열용 (b) 델타 배열용

그림 3-58 • 컨버전스의 필요성 및 요크의 구조

(7) 모노크롬 모니터(흑백 모니터)의 회로해설

CRT 화면이 구성되는 원리를 이해하기 위해 컴퓨터 모니터에 사용된 회로를 살펴본다. 예제로 사용한 회로는 IBM-PC 모노크롬 모니터(monochrome monitor), 즉 구형 흑백 모니터 회로도이며 전체 회로는 **그림 3-61**에 나타내었다.

1) 전원회로

전원회로는 모니터를 가동하기 위한 전기를 생성해내는 부분으로서 **그림 3-59**에 이를 나타내었다. 회로의 좌측에 라인 전원이 입력되고 이는 퓨즈 F_1을 거쳐 트랜스포머 T_{001}로 가해져 모니터에 필요한 낮은 전압을 만들고 이는 다음에 이어진 4개의 다이오드로 입력된다.

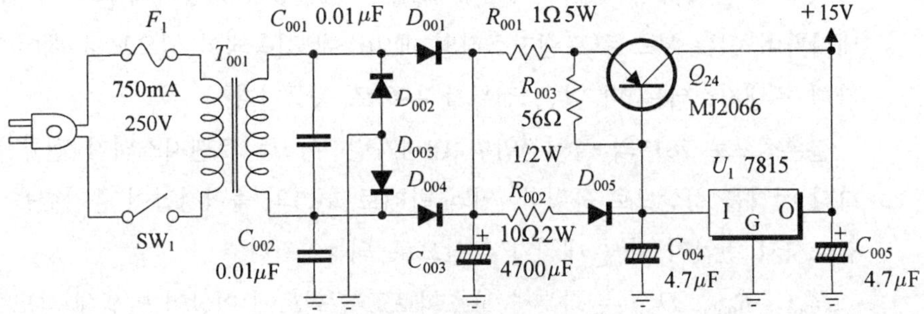

그림 3-59 • 전원회로

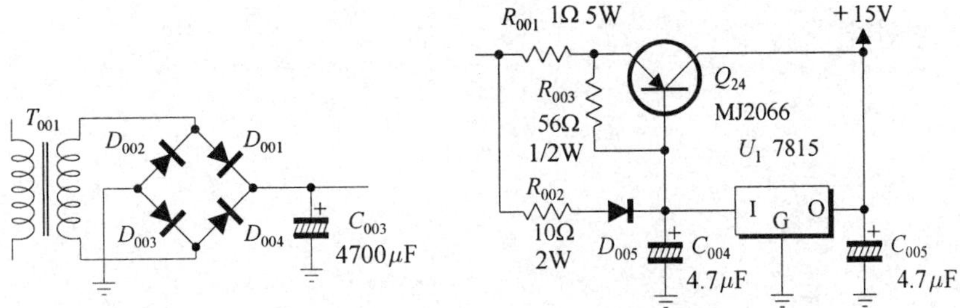

(a) 다시 그린 전원회로

(b) 정전압회로

그림 3-60 • 전원회로 및 정전압회로

회로의 다이오드 배열을 다시 그리면 **그림 3-60(a)**와 같이 브리지 정류회로임을 알 수 있다. 회로의 C_{001}과 C_{002}는 교류에 섞인 잡음과 다이오드 스위칭 잡음 등을 제거한다.

브리지 정류회로를 거친 교류는 맥류로 전환되고 다음에 연결된 C_{003} 필터에서 직류로 변환된다. 이 직류에는 교류성분인 리플이 포함되어 있으므로 이를 제거하고 전압을 안정화하기 위해 **그림 3-60(b)**의 정전압회로로 접속된다.

회로 중 U_1 7815는 출력전압이 +15V, 최대 전류 1A(무한대 방열판 사용 시)인데 모노크롬 모니터 전체에서 필요로 하는 전류는 이보다 크기 때문에 용량을 부스트(boost)하기 위해 트랜지스터 Q_{24}를 사용하고 있다.

회로에서 만약 소비전류의 증가로 인해 7815의 출력전압이 내려가면 다시 전압을 올리기 위해 유출전류를 증가시키며 이 때문에 7815의 입력단 유입전류가 증가한다. 이 전류가 증가하면 직렬로 접속된 R_{003}의 전압강하가 증가해 7815의 입력단 전압이 내려가며 이는 부스트 트랜지스터의 베이스에 접속되어 있으므로 베이스 전류가 증가해 트랜지스터는 더 많은 전류를 부하로 공급한다.

결론적으로 7815의 출력전압이 내려가면 부스트 트랜지스터가 전류를 더 공급해 다시 전압을 정상으로 올린다. 이와 반대로 7815의 출력전압이 증가했을 때는 전류를 감소시켜 전압이 다시 내려가 정상으로 되돌아간다.

R_{001}, R_{002}, D_{005}는 과부하 보호회로로서 회로에 이상이 발생해 과도한 전류가 흐르는 경우 R_{001}에서 전압강하가 발생해 트랜지스터 Q_{24}의 이미터 전압이 낮아지며, R_{002}, D_{005}에 의한 베이스 전압보다 0.6V 이상 높지 않은 상태까지 되면 전류를 제한한다.

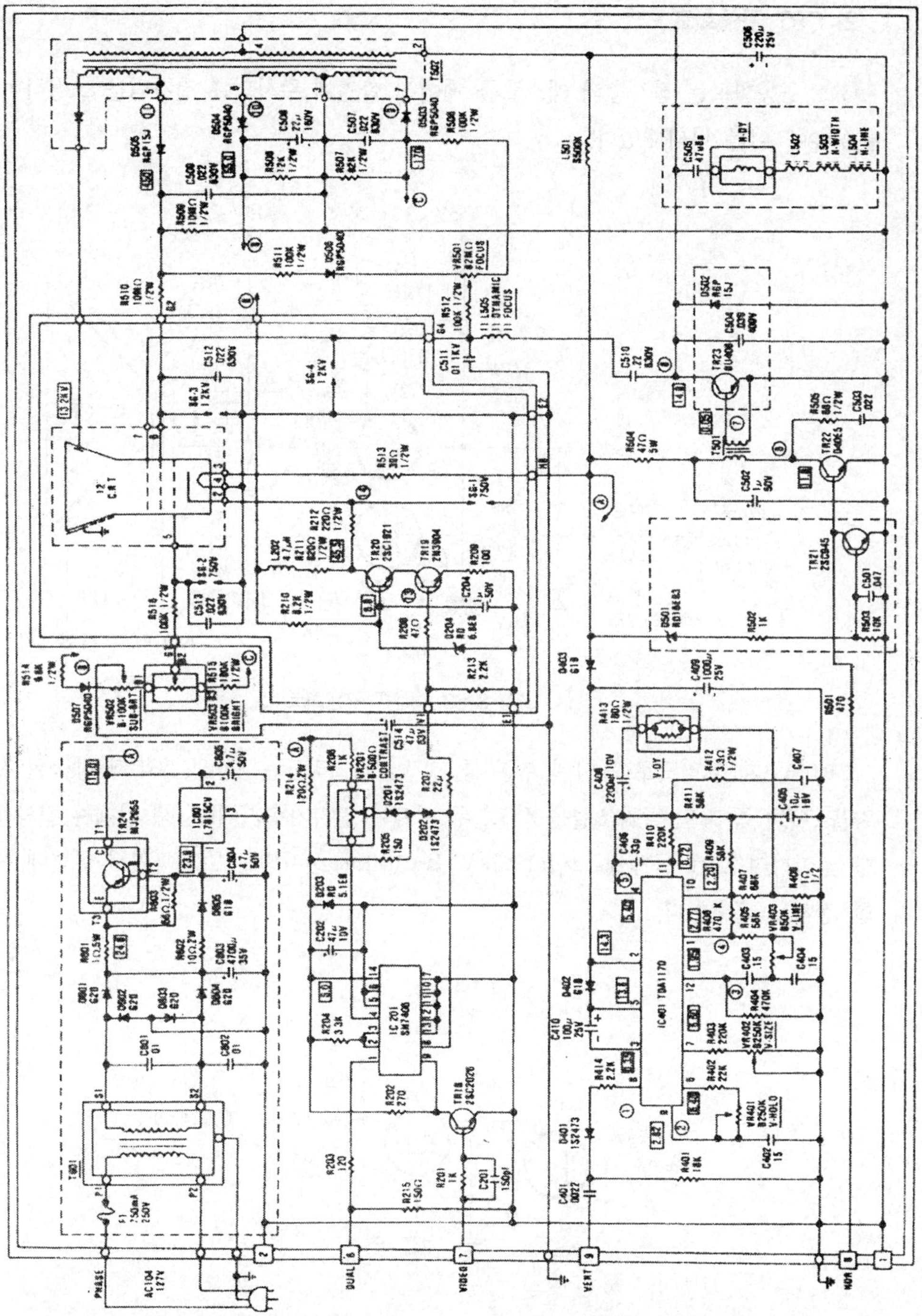

그림 3-61 • IBM-PC 모노크롬 모니터 회로도

(출처 : IBM-PC XT Technical Reference, IBM)

2) CRT 구동회로

CRT 구동회로는 전자총의 캐소드를 제어해 화면에 주사되는 전자빔을 조절하며 **그림 3-62**에 이를 나타내었다.

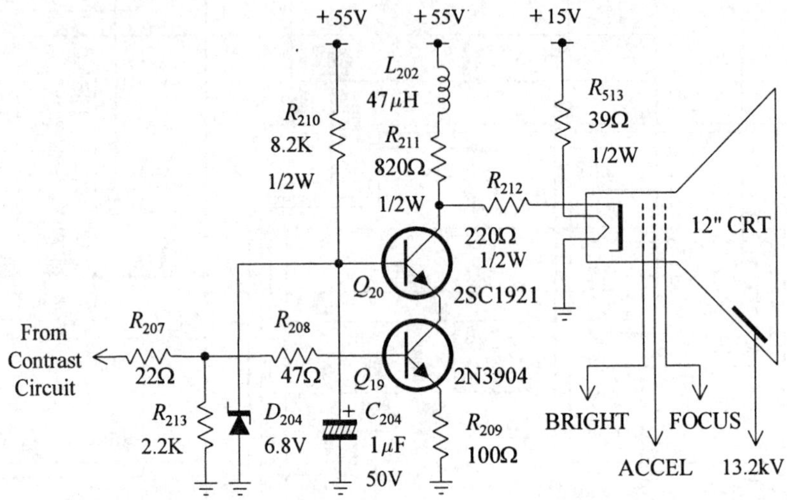

그림 3-62 • CRT 구동회로

CRT의 3개 그리드로 표시된 부분 중 첫 번째 그리드는 캐소드로부터 방출된 전자량을 조절, 즉 화면 밝기조절을 하고, 두 번째는 전자가속기이다. 세 번째는 전자렌즈를 의미하며, CRT 몸체에 고압(13.2kV)을 인가해 전자빔을 가속하면서 화면에 충돌한 전자를 흡수한다.

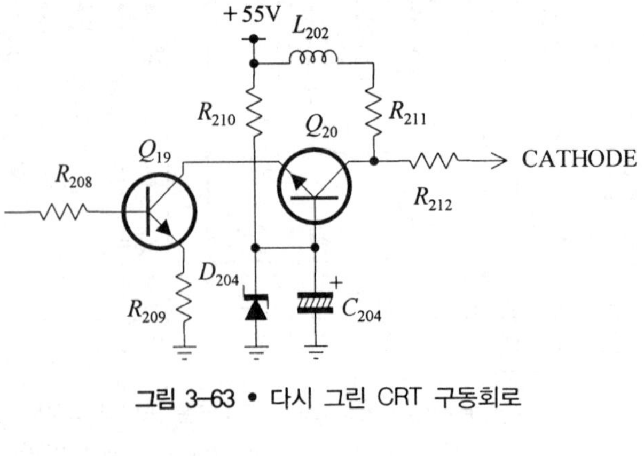

그림 3-63 • 다시 그린 CRT 구동회로

CRT 구동부분의 회로는 2개의 트랜지스터로 구성되어 있는데, 이를 다시 배열하면 **그림 3-63**과 같이 앞서 CRT 구동회로의 기본회로와 동일함을 알 수 있다.

이미터 접지 증폭기부분에서 컴퍼지트 모니터의 경우에는 아날로그 신호(신호의 밝기)를 다루기 때문에 바이어스가 인가되지만, 모노크롬 모니터는 디지털 신호(신호의 유무와 2가지 밝기)를 다루기 때문에 바이어스 없이 구성된다.

3) 영상 제어회로

IBM-PC의 흑백 화면은 흑색과 백색으로 구성되고, 여기에 백색을 밝은 백색과 일반 백색의 2단계로 구분해 강조하는 글자 등에 사용할 수 있도록 되어 있다.

① Video

컴퓨터로부터 전달되는 신호 중 video(또는 dot라 한다)는 화면에 점을 표시할 것인지 아닌지를 전달하며 이의 입력회로를 **그림 3-64**에 나타내었다.

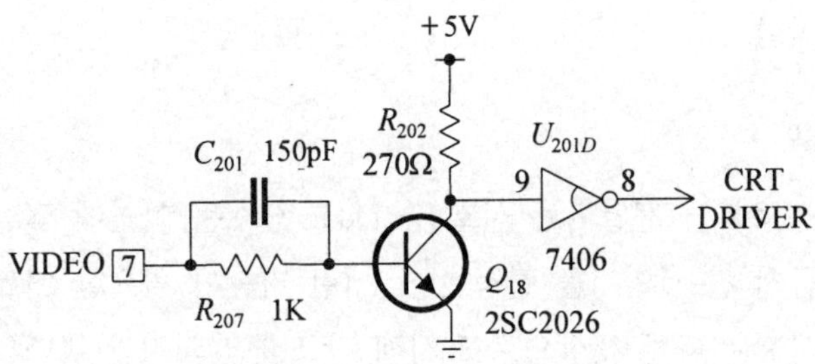

그림 3-64 • video 입력 처리회로

회로에서 7이라 표기된 것은 컴퓨터와 접속되는 모니터 커넥터의 7번 핀을 의미한다. 컴퓨터로부터 전송된 video 신호는 R_{207} 과 C_{201} 을 거치는데, 이는 신호전송 중에 라인의 용량 등에 의해 파형이 일그러지므로 이를 정형하기 위한 것으로서 '파형 정형회로' 또는 '파형 shaper', 'sharpener'라 하며 신호 정형과정을 **그림 3-65**에 나타내었다.

그림 3-65(a)에 나타낸 바와 같이 전송된 신호는 저항과 커패시터로 분할되어 흐르며, 커패시터에 입력된 신호는 미분되어 다시 저항의 신호와 합성된다. 따라서 라인의 지연특성과 이 회로의 복원특성이 일치할 경우 그림 (b)와 같이 구형파로 복원된다.

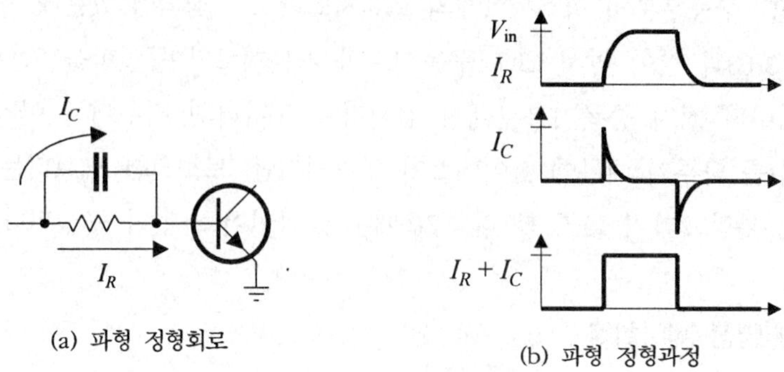

그림 3-65 • 파형 정형회로

트랜지스터 Q_{18}은 정형회로를 거치면서 감쇠된 신호의 크기를 다시 증폭함과 동시에 저항과 커패시터의 전류흐름이 원활하도록 낮은 임피던스 입력 역할을 한다. 특히 트랜지스터는 전혀 바이어스되어 있지 않으므로 차단(cut-off) 상태와 포화(saturation) 상태를 오가며 디지털 동작을 한다. 트랜지스터의 출력신호는 이미터-접지 증폭기의 특성에 의해 위상이 반전되므로 U_{201D} NOT 게이트를 거쳐 원래의 신호로 복원한다.

② Dual

IBM-PC로부터 전달되는 신호 중 Dual 신호는 화면에 찍힐 백색 점을 밝게 켤 것인지 어둡게 켤 것인지를 결정한다. 이런 기능이 필요한 이유는 컬러 화면이라면 중요한 메시지는 다른 색상으로 표시해 강조하면 되지만 흑백의 경우 강조신호를 색상으로 표시할 수 없기 때문에 일반 메시지는 보통의 밝기로 표시하고, 특별한 메시지는 밝게 표시해 메시지를 강조한다. 이 신호에 의해 백색 점의 밝기를 조절하는 회

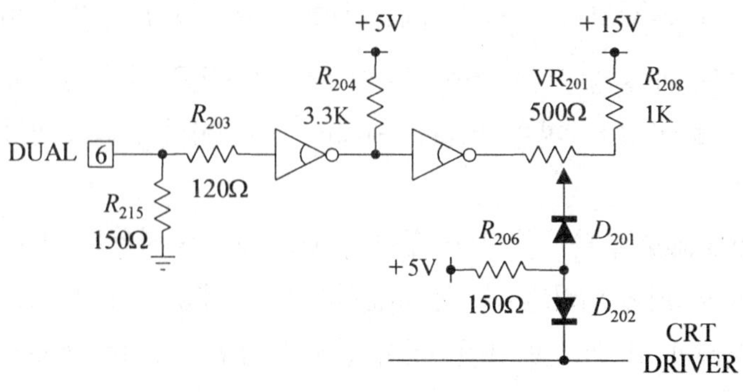

그림 3-66 • contrast 조절회로

로를 **그림 3-66**에 나타내었다. 회로에서 dual 신호입력이 '0'일 때 이는 2개의 NOT 게이트를 거쳐 버퍼링되고 최종적으로 '0'이 된다. 여기서, NOT 게이트들은 오픈-컬렉터형이므로 출력은 0V가 되며 이때의 등가 회로를 **그림 3-67**에 나타내었다.

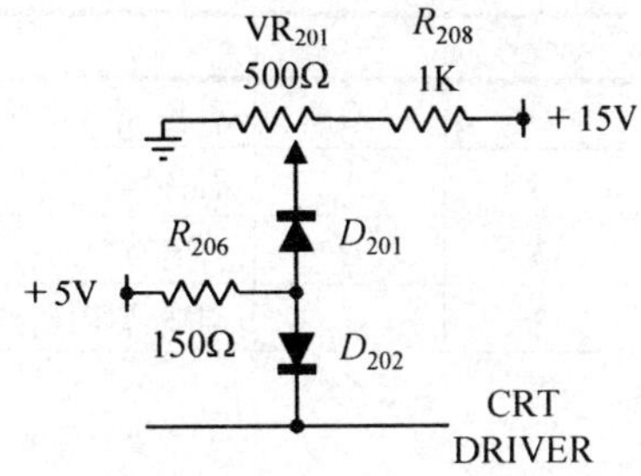

그림 3-67 ◦ contrast 조절회로의 등가회로(dual=0일 때)

그림 3-67에 나타낸 바와 같이 video 입력신호가 '0'일 때는 CRT DRIVER 라인이 0V로 되어 화면에 점이 찍히지 않고, video 입력신호가 '1'일 때는 가변저항 VR_{201}에 의해 설정된 전압과 동일한 전압이 R_{206}에 의해 CRT DRIVER 라인으로 공급되어 이 전압만큼 밝기의 점이 찍힌다.

Dual 신호가 '1'인 경우 이는 오픈-컬렉터형의 출력에 '1'이 되므로 플로팅 상태가 되며, 이때의 등가회로를 **그림 3-68**에 나타내었다.

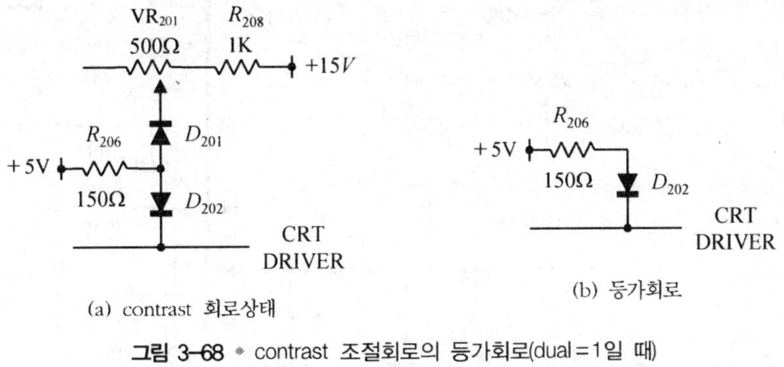

그림 3-68 ◦ contrast 조절회로의 등가회로(dual=1일 때)

Dual 신호가 1일 경우 **그림 3-68(a)**에서와 같이 영상증폭회로에 백색 신호가 가해질 경우 최대 전압으로 설정되며, 따라서 화면에 나타나는 백색 점은 가변저항의 설정에 관계없이 최대의 밝기로 표시된다. 참고로, 밝기를 조절하는 가변저항은 검은색과 백색의 차이를 조절하는 기능을 하며, 이를 '대비'라는 뜻으로 'contrast'라 하고 모니터 외부에 '◐'표시된 가변저항이다. 이상의 내용을 정리하면 **표 3-1**과 같다.

표 3-1 • 화면 밝기의 조합

video	Dual	결 과
0	0	검은 색
0	1	검은 색
1	0	가변저항 설정에 의한 백색
1	1	최대 밝기의 백색

4) 수직편향 구동회로

수직편향회로는 수직주사를 행하는 회로로서 화면의 위에서 아래로 직선운동을 하고 빠르게 다시 위로 올라가야 하므로 톱니파가 필요한데, **그림 3-69**에 IC로 구성된 수직편향회로를 나타냈다. IC 내부의 원리는 이후의 컴퍼지트 모니터 회로해설에서 개별소자로 구성된 회로를 이용해 설명한다.

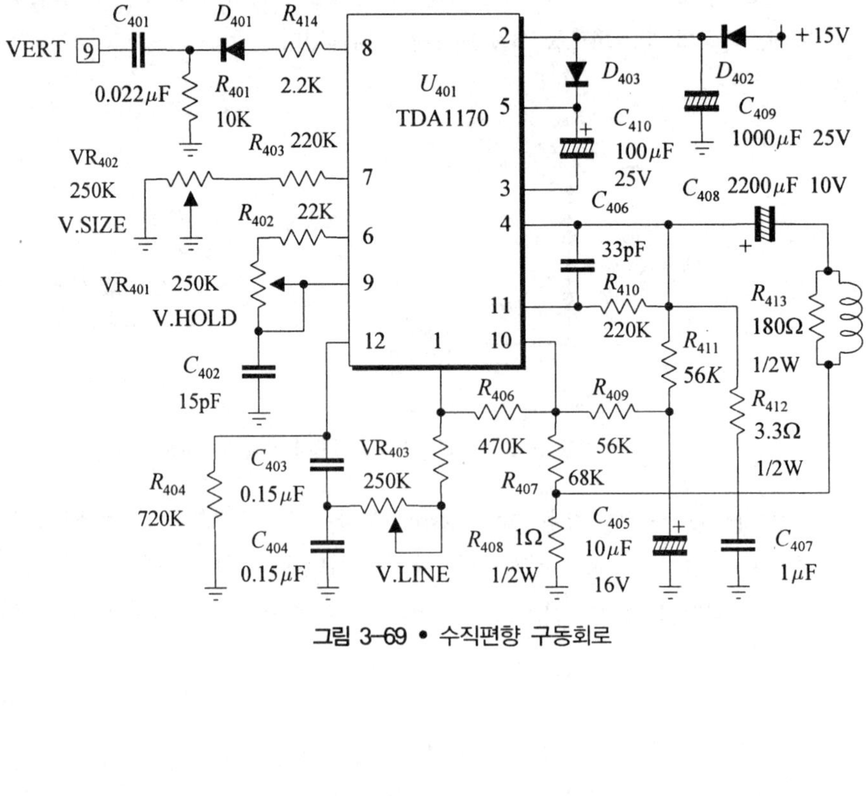

그림 3-69 • 수직편향 구동회로

회로에서 U_{401} TDA1170은 수직편향회로의 중심 역할을 하는 PLL(Phase-Locked Loop) IC로서, 이는 컴퓨터 측에서 전송된 수직동기신호와 모니터 자신의 수직편향 신호를 동기시킨다. 컴퓨터 측의 수직동기신호와 동기된 수직편향 출력은 수직편향 코일 V.DY로 가해져 브라운관의 전자빔을 수직방향으로 편향시킨다. 참고로, 'V.DY'는 '수직편향 코일(Vertical Deflection Yoke)'의 약자이다. 만약, 컴퓨터로부터 수직동기신호가 전송되지 않는 경우(컴퓨터가 off되어 있거나 모니터와 분리되어 있는 경우) PLL 회로는 free-running해 모니터상에 빈 화면만 나타낸다.

텔레비전도 동일한 이유로 PLL 회로를 사용하며, 만약 PLL 회로를 사용하지 않고 전송되어 오는 신호를 직접 수직편향신호로 사용했을 경우 텔레비전 방송이 종료되거나 방송이 없는 채널을 선택하면 수평, 수직동기신호가 존재하지 않으므로 편향이 일어나지 않아 화면 중앙에만 강한 전자빔이 발사되어 CRT의 형광물질이 타고 만다.

참고

PLL 용어

- Lock : 입력신호와 PLL 발생신호가 서로 동기되었음을 의미하는 용어
- Unlock : 입력신호와 PLL 발생신호가 서로 동기되지 않았음을 의미하는 용어
- Free-running : PLL이 외부 입력신호와 unlock되면 PLL 내부의 발진기는 자체 발진주파수로 홀로 발진하며 이때를 free-running 상태라 한다.
- Locking Range : 입력된 주파수에 대해 PLL이 lock될 수 있는 주파수 범위

수직편향 관련 모니터 조정단자

- V.HOLD(Vertical Hold) : 입력되는 수직동기신호와 모니터의 수직신호 동기범위 조절(Locking range)
- V.SIZE(Vertical Size) : 화면의 수직크기 조절
- V.LINE(Vertical Linearity) : 수직편향의 직선성 보정, 즉 수평편향 라인들의 등간격 조절

5) 고압 발생회로

고압 발생회로에서는 전자총의 가속기 전압, 전자렌즈 전압 등을 생성하는 회로로서 **그림 3-70**에 나타내었다.

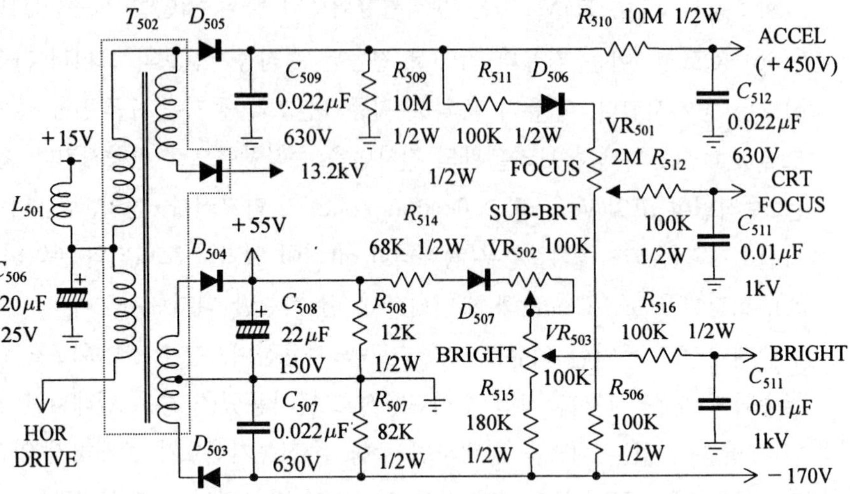

그림 3-70 • 고압 발생회로

회로의 고압 트랜스포머 T_{502}는 수평편향 드라이브 회로의 트랜지스터에 의해 구동되고 코일에서 발생되는 고압은 간단한 정류회로를 거쳐 해당 부분에 공급된다. 이때 고압 코일을 구동시키는 주파수는 매우 높기 때문에(수평편향 주파수를 사용) 반파 정류만으로도 리플은 거의 나타나지 않는다.

6) 수평편향 구동회로

수평편향에서도 수직편향에서와 마찬가지로 톱니파를 발생시키지만 발생원리는 다른 방법을 취하고 있다. 수직편향의 경우 주파수가 상당히 낮기 때문에 저항과 커패시터에 의해 톱니파를 생성한 후 이를 증폭해 편향 코일을 구동하는데 비해 수평편향은 주파수가 높고 전자빔을 편향시킴과 동시에 이 주파수를 이용해 고압발생 트랜스포머를 구동하므로 인덕터의 성질을 이용해 톱니파를 생성하며, 이의 원리를 **그림 3-71**에 나타내었다.

그림 3-71(a)는 A급 증폭기 출력을 C_1과 L_1로 구성된 직렬공진회로와 접속한 경우로서, 입력되는 펄스폭이 매우 좁고 주파수가 공진주파수와 동일하면 그림 (b)와 같이 C급 증폭기 원리와 유사한 출력이 발생할 것이다. 이 회로에 펄스폭이 비교적 크고 공진주파수보다 더 높은 주파수를 입력하면 그림 (c)와 같이 정현파 발생 도중 펄스에 의해 출력이 급격히 (−)전압으로 진행한다.

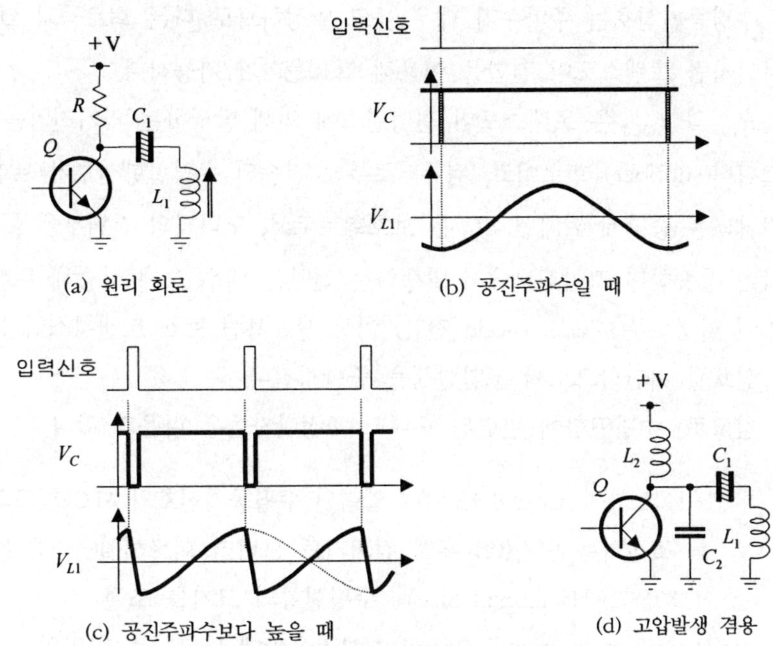

그림 3-71 • 수평편향 톱니파의 생성원리

이 회로에 **그림 3-71(d)**와 같이 고압발생 코일 L_2를 함께 구동시키면 수평편향과 고압발생을 동시에 시킬 수 있는데, C_1, C_2, L_1, L_2의 리액턴스 비율을 조절하면 파형의 상승부분이 직선화되며 완전한 톱니파를 구성할 수 있다.

그림 3-72는 모노크롬 모니터의 수평편향 구동회로를 나타낸 것으로서 **그림 3-71**의 원리가 그대로 적용되어 있다.

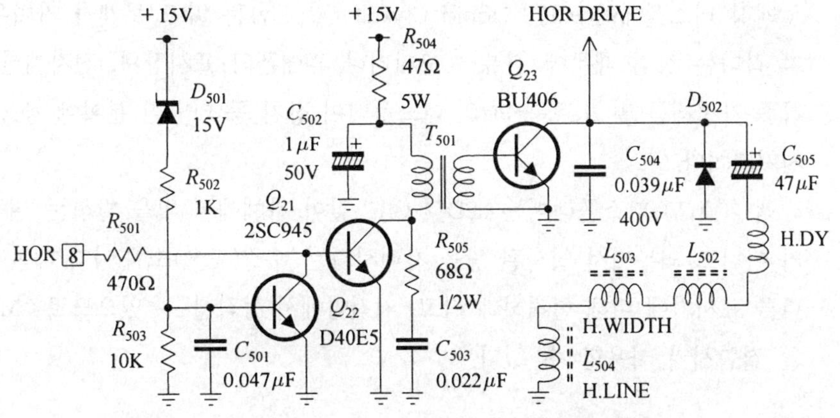

그림 3-72 • 모노크롬 모니터의 수평편향 구동회로

수평동기신호는 주파수가 매우 높고 일정하므로 다른 회로들과 달리 Q_{22}와 Q_{23} 사이처럼 트랜스포머 결합을 이용해 고효율화가 가능하다.

R_{505}와 C_{503}은 트랜스포머 인덕턴스에 의해 발생하는 역기전압을 흡수하기 위한 스너버(snubber) 회로이고, 컴퓨터로부터 전송된 수평편향신호가 트랜지스터 Q_{22}로 전달되는 중간에 위치한 Q_{21}은 보호회로로서, 모니터의 전원부에 이상이 발생해 전압이 상승하면 고압회로에서 발생하는 전압은 매우 크게 상승해 위험하므로 전원전압이 일정수준 (Zener diode 전압) 이상 상승하면 보호 트랜지스터가 작동해 수평편향신호를 차단함으로써 고압발생을 중단시킨다.

참고로, 수평편향에 관련된 모니터 조정단자들은 다음과 같다.

- H.HOLD(Horizontal Hold) : 입력된 수평동기신호와 AFC 회로의 locking range를 조절하는 단자((2) 흑백 컴퍼지트 모니터 회로해설(333쪽)을 참조)
- H.WIDTH(Horizontal Size) : 수평편향의 크기를 조절
- H.Center(Horizontal Center) : 브라운관에 나타나는 화면의 수평위치를 조절
- V.LINE (Vertical Linearity) : 수직편향의 직선성 보정, 즉 수평편향 라인들의 등간격 조절
- Trapezoidal, Pincushion : 수평편향 전압이 진행되면서 화면 전체가 사다리꼴로 나타나는 것을 보정

3 액정 디스플레이

액정 디스플레이(LCD : Liquid Crystal Display)는 얇고 무게가 가벼우며 전력소비가 작다는 장점 때문에 컴퓨터 모니터나 휴대폰의 표시장치, 전자계산기, 전자시계, 각종 가전제품 및 노트북-PC의 디스플레이 장치 등 다양한 분야에 응용되고 있는 표시기기이다.

액정(液晶) 디스플레이는 LED나 CRT 같이 자체에서 빛을 발하는 '발광(發光) 소자'가 아니고 외부에서 입사된 광을 차폐시키는 '수광(受光)소자'이기 때문에 소비전력은 다른 표시기에 비해 현격하게 작고, 저전압에서 동작할 수 있으므로 CMOS IC와 전지를 결합시켜 사용할 수 있다.

(a) 계산기의 LCD

(b) 휴대폰의 LCD

그림 3-73 • LCD 화면의 예

그러나 수광소자이기 때문에 어두운 곳에는 보조조명이 필요하고 주요 물질이 액체로 구성되어 있어 응답속도가 상당히 느린 편이므로 다이나믹 드라이브가 어렵기 때문에 해상도를 높이기 어렵다. 또한 액정물질은 콜레스테롤 계통의 유기물이기 때문에 자외선에 약하고 수명은 연속사용 시 약 3~5년으로 짧은 단점도 있다.

(1) 액정 디스플레이의 원리 및 종류

1) 편 광

액정 디스플레이는 편광을 이용해 화면을 표시하는 기기이므로 액정 디스플레이를 이해하기 위해서는 편광(偏光, polarized light)에 대한 이해가 필수적이다. 우리가 일상적으로 보고 있는 빛은 **그림 3-74(a)**와 같이 여러 각도로 파장이 진행된다. 이러한 빛을 '편광 필터(polarizing filter)'에 통과시키면 그림 (b)와 같이 한 방향의 파장만이 통과하며 이 빛을 편광이라 한다.

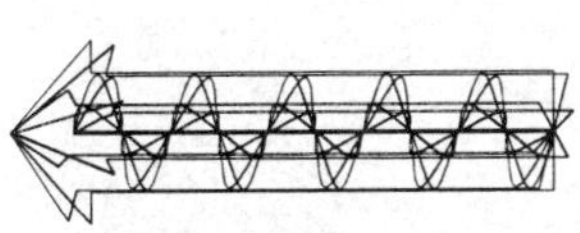

(a) 일반 광

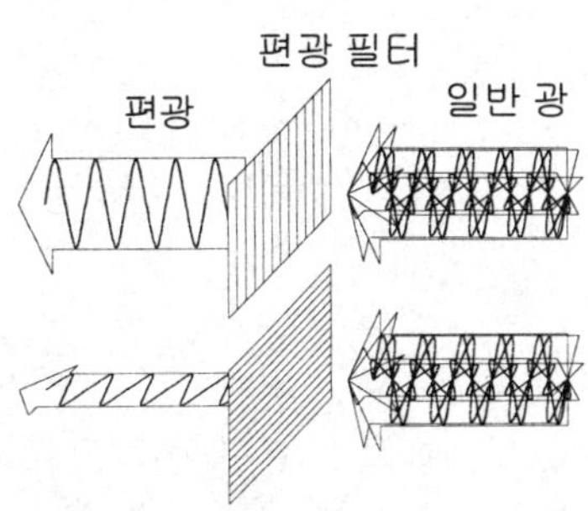

(b) 편광

그림 3-74 • 편광의 개념

2) 액 정

액정(液晶, liquid crystal)이란 액체와 고체의 중간 상태에 있는 물질로서 액체이면서도 고체와 같은 결정구조를 하고 있어 이 같은 명칭이 붙었는데, 이는 온도에 따라 색상이 바뀌는 유기물(콜레스테롤 종류)이며, 이 성질을 이용해 온도에 따라 숫자의 색상이 변해 현재온도를 나타내는 필름형 온도계에 사용되었던 물질과 유사한 것이다.

그림 3-75 • 과거에 유행했던 필름식 액정 온도계

액정의 이와 같은 변화는 온도뿐만 아니라 액정에 인가되는 전기장에 의해서도 변화가 나타나는데, 이 성질을 이용한 것이 액정 디스플레이이다.

3) TN형 액정 디스플레이

디스플레이 장치에 액정을 응용하는 원리는 여러 가지 기법이 있는데, 그 중 가장 기본이 되는 Twisted Nematic형(약자로 'TN형'이라 한다)에 관해 살펴본다. TN형 액정 디스플레이는 액정의 네마틱 원리를 이용하는데, 네마틱(nematic) 상태란 액정 내의 가늘고 긴 결정 분자들이 위치는 불규칙하지만 늘어 서 있는 방향은 일정한 것을 의미한다. 액정의 이러한 네마틱 상태를 이용하면 여러 가지 광학적 효과를 얻을 수 있으며, 액정의 종류나 광학적 효과에 따라 여러 가지 방식의 액정 디스플레이를 구성할 수 있다.

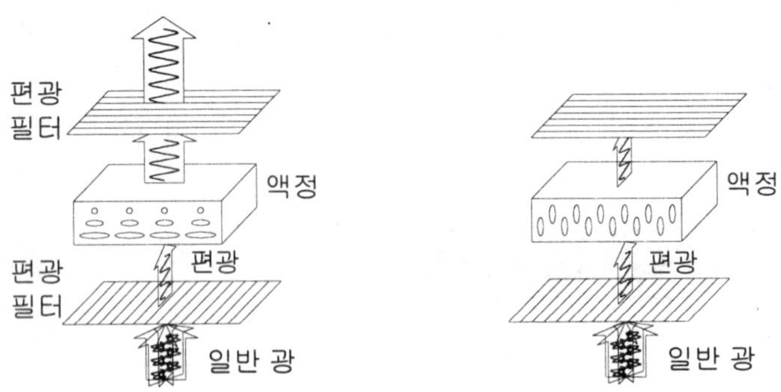

그림 3-76 • 액정 디스플레이 원리

TN형 액정 디스플레이는 입사된 빛을 90° 회절시킬 것인지 아닌지를 제어해 빛의 차단과 통과를 제어하는 것으로서 그 원리를 **그림 3-76**에 나타내었다.

그림 3-76에서 디스플레이 후면에 입사된 일반 광은 편광 필터를 통과하면 빛의 한 방향 성분만 남은 편광이 되고, 이 편광이 액정을 통과한다. 이때 액정에 전기장이 인가되어 있지 않으면 **그림 3-76(a)**와 같이 편광은 액정의 네마틱을 통과하면서 90° 회절되어 외부로 빛이 전달된다. 액정에 전기장을 인가하면 액정의 네마틱 상태가 해제되어 편광이 액정을 그대로 통과하므로 그림 (b)와 같이 위쪽 편광 필터를 통과하지 못하며, 따라서 외부에서는 검게 보이는 결과가 된다. 이와 같이 액정 디스플레이는 전기에 대한 액체의 반응을 이용하기 때문에 반응속도가 상당히 느려 빛을 차단할 때 약 70mS, 원상복귀될 때 약 150mS 정도의 시간이 걸린다.

그림 3-77(a)는 액정 패널(LCD panel)의 구조를 나타낸 것으로서, 두 장의 유리판이 아주 가까이(보통 5 ~ 200μm 정도) 배열되고 각 유리판 안쪽에 투명전극(transmittance electrode)이 부착되어 있으며, 이들 투명전극 사이에 액정이 주입된다. 만약 유리판 간격이 이보다 더 멀어지면 액정의 중심부가 전극과 멀어 전기장의 영향이 작아지므로 반응이 잘 일어나지 않는다. 이 때문에 액정 패널은 그림 (b)와 같이 두께가 매우 얇은 형태가 되며 사진의 패널은 전체 두께가 약 2.5mm 정도밖에 되지 않는다. 그림 (c)에 여러 가지 크기의 액정 디스플레이 패널들의 예를 나타내었다.

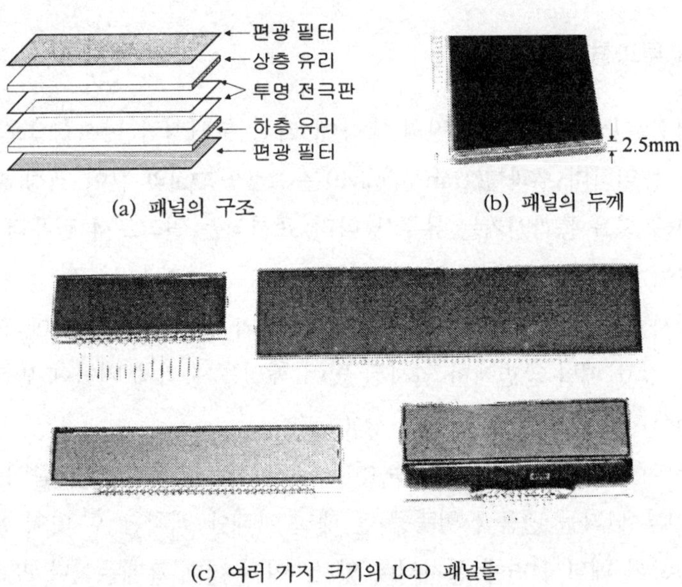

(a) 패널의 구조 (b) 패널의 두께

(c) 여러 가지 크기의 LCD 패널들

그림 3-77 • 액정 디스플레이 패널

이상과 같이 TN(Twisted Nematic)형은 90°의 회절을 이용하는데 비해 구형인 STN(Super Twisted Nematic)형은 270°의 회절을 이용하기 때문에 반응속도는 더욱 느리지만 극판의 간격이 더 넓어 제작이 쉽다.

4) 포지티브형과 네거티브형

LCD는 편광필터의 구성에 따라 포지티브(normal white형이라고도 한다)와 네거티브(normal black형이라고도 한다)로 제작할 수 있는데, 포지티브형은 **그림 3-78(a)**에 나타낸 바와 같이 바탕은 투명인 상태에서 문자가 검은색으로 표시되고 네거티브형(negative)은 바탕이 검은색이고 문자는 투명으로 표시된다. 이들의 차이는 단지 편광필터의 각도만 90° 차이가 나는 것으로서 다음에 설명할 반사형에서는 주로 포지티브형을 사용하고 투과형에서는 주로 네거티브형을 사용한다.

(a) 포지티브 (b) 네거티브

그림 3-78 • 포지티브와 네거티브의 표시 예

5) 투과형과 반사형

액정 디스플레이는 광원의 방향에 따라 투과형과 반사형으로 제작되는데, 기본구조는 동일하며 투과형(Transmissive)은 **그림 3-79(a)**와 같이 액정 패널의 뒷면에 광원이 위치해 빛을 통과시키는 유무에 따라 표시되는 원리로서 컴퓨터 LCD 모니터, 휴대폰 화면이 이러한 형식이다.

반사형(Reflective)은 그림 (b), 그림 (c)와 같이 패널 뒷면에 알루미늄 거울이 장착되어 있고 패널 앞면에서 입사된 빛이 패널을 통과해 거울에 반사시키는 원리로서 전자계산기나 전자시계에 주로 사용된다.

투과형의 광원으로는 노트북이나 액정 컴퓨터 모니터와 같이 대형은 초소형 형광등(이후에 다룰 냉음극 형광등)을 패널 아래에 배치한 후 빛이 골고루 퍼져 나가도록 반사판이 패널 뒷면에 설치되어 있다. 이에 비해 휴대폰이나 PMP 등과 같은 소형 패널은 EL(Elctro Lumination)판 또는 LED 어레이 등이 주로 사용된다.

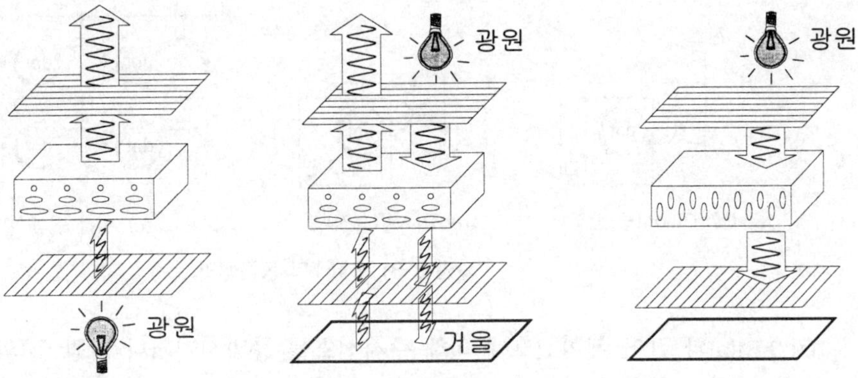

(a) 투과형 (b) 반사형(off 상태) (c) 반사형(on 상태)

그림 3-79 • 투과형과 반사형의 차이

6) 컬러 LCD

액정 디스플레이는 빛을 통과시키는 여부로 흑/백을 표현하기 때문에 **그림 3-80**과 같이 액정-셀에 적색, 녹색, 청색 필터를 부착해 컬러 표시가 가능하고 과거에 사용되었던 ECB(Electrically Controlled Birefringence)라는 특수한 LCD는 액정 셀 자체에서 색상이 있는 빛을 발생시켰다.

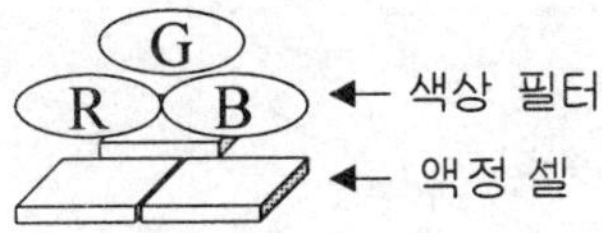

그림 3-80 • 필터에 의한 컬러 LCD

7) TFT LCD

TFT(Thin Film Transistor) LCD는 컴퓨터용 액정 모니터, 노트북-PC, 디지털 카메라, 그리고 컬러 휴대폰이나 PDA의 표시용과 같이 많은 수의 도트로 이루어진 액정 디스플레이에 사용되는 것으로서 기본원리는 액정 디스플레이와 동일하다.

액정 디스플레이의 도트 수가 매우 많은 경우 이 도트들을 주사하면 한 도트에 할당되는 주사시간이 매우 짧아 액정이 반응할 시간이 부족하므로 충분한 빛의 대비(contrast)가 발생하지 않는다. 이와 같이 많은 도트를 표시해야 하는 경우 주사시간을 충분히 부여하기 위해 각 셀에는 투명하고 얇은 필름형태의 트랜지스터를 부착해

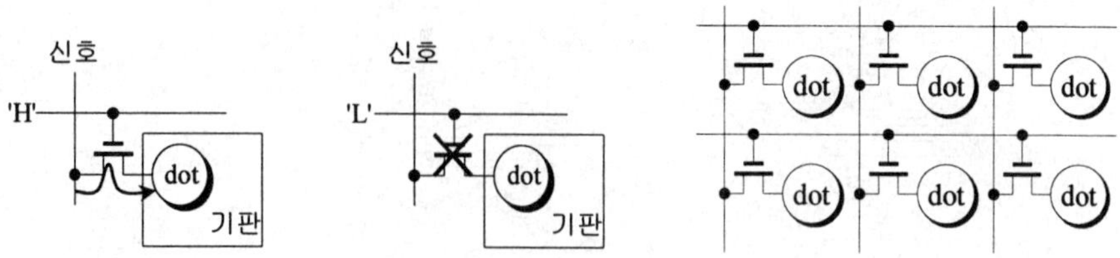

(a) TR on(충전) (b) TR off(유지) (c) 여러 셀의 배열

그림 3-81 • TFT의 동작원리

그림 3-81(a)와 같이 제어신호에 의해 주사신호를 통과시키거나 그림 (b)와 같이 차단한다.

통과된 신호는 커패시터의 원리에 의해 도트에 충전되고, 다른 도트를 주사하기 위해 주사신호가 사라져도 이 도트와는 차단되어 충분한 액정 반응시간이 주어져 큰 대비를 가진 화상을 얻을 수 있다.

이와 같은 얇은 필름으로 구성된 트랜지스터를 TFT(Thin Film Transistor : 박막 트랜지스터)라 하며 이를 **그림 3-81(c)**와 같이 매트릭스 구조로 형성해 여기(勵氣)된 매트릭스 라인의 교점에 위치한 도트가 동작한다. 즉, 브라운관의 편향과 마찬가지로 전자적으로 스캔하여 해당 도트를 점멸시킨다.

(2) LCD 구동회로

1) LCD 구동회로의 기본

LCD는 전압에 의해 액정의 상태를 변화시켜 글자나 문자표시를 하지만, 직류전압을 인가하면 안 된다.

액정에 직류전압을 계속 인가하면 유기질인 액정 자체가 화학적으로 전기분해돼 파괴되므로 교류로 제어해야 하는데, 이를 위한 교류인가 방법의 원리를 **그림 3-82**에 나타내었다. 그림에 나타낸 바와 같이 액정의 두 극에는 결코 직류를 인가하지 않아야 하며 화면을 표시하지 않는 경우라도 0V 직류를 가하지 않는다.

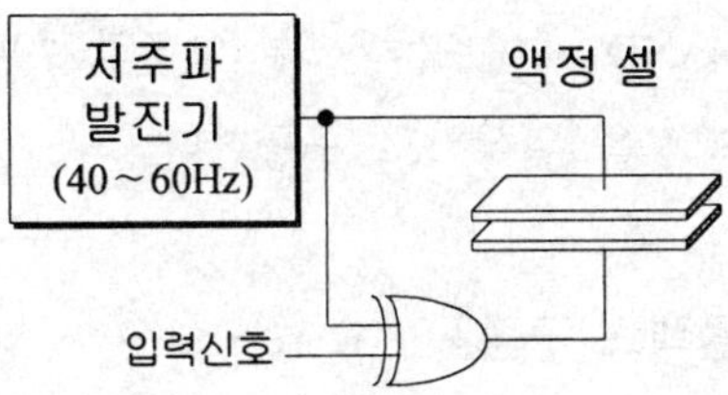

(a) 교류인가 회로

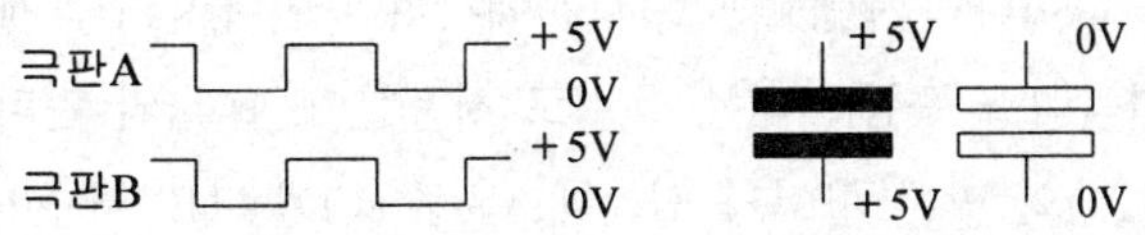

(b) LCD off

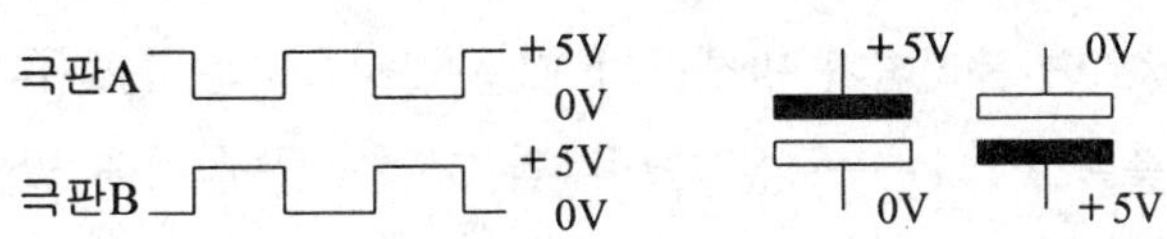

(c) LCD on

그림 3-82 • LCD 구동원리

화면을 표시하지 않을 때는 **그림 3-82(b)**와 같이 두 극에 동일한 위상의 교류를 인가해 액정 양단에 전압차가 발생하지 않도록 하며, 화면을 표시할 때는 그림 (c)와 같이 두 극에 전압차가 발생하도록 서로 다른 위상의 교류를 인가한다. 이와 같은 원리를 이용한 액정 디스플레이 구동회로의 예를 **그림 3-83**에 나타내었다.

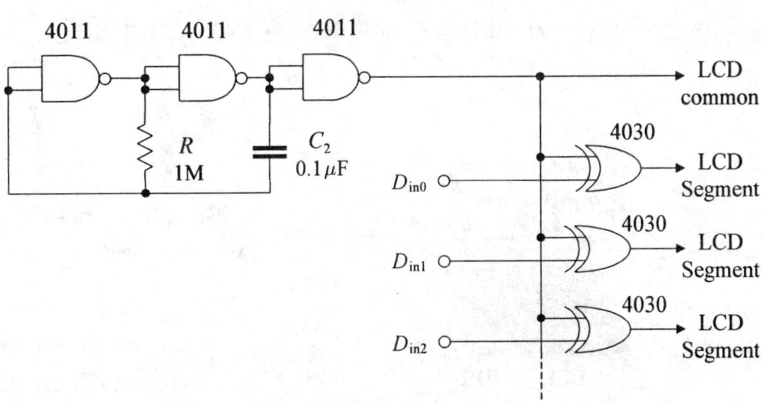

그림 3-83 • LCD 구동회로의 예

회로에서 4011 NAND 게이트들은 약 40Hz의 주파수를 발생하는 발진회로이고, 이 주파수를 이용해 액정을 위상차로 구동한다.

2) LCD의 멀티플렉스 구동

LCD는 비록 스태틱 구동이라 할지라도 사실은 끊임없이 극성을 교환하기 때문에 이 자체가 다이나믹 구동이므로 LED에서의 다이나믹 구동에 해당되는 동작을 LCD에서는 '멀티플렉스 구동'이라는 용어로 사용한다. LCD의 멀티플렉스 구동(multiplexed drive)은 LED와 많은 차이가 있는데, 우선 LCD는 LED에 비해 반응속도가 매우 느리기 때문에 높은 주파수로 구동하는 것이 불가능하지만, 대신 잔상이 심하기 때문에 LED보다 훨씬 낮은 주파수에서도 플리커가 발생하지 않는다. 그렇다고 주파수가 지나치게 낮으면 플리커가 발생하기 때문에 사용하는 전환주파수는 매우 제한을 받는다. 멀티플렉스 LCD 구동은 다이나믹 LED 구동에 비해 훨씬 복잡한 원리가 적용되는데, 그 이유와 원리에 관해 살펴본다.

① 2멀티플렉스 구동

LCD 패널은 앞서 설명한 바와 같이 앞면 유리와 뒷면 유리로 구성되어 있으며, 각 유리의 안쪽에는 투명전극이 배선되어 있다. 이때 앞면 유리에 배선된 투명 패턴을 앞면 패널(FP : Front panel)이라 하고, 뒷면 유리에 배선된 투명 패턴을 뒷면 패널(BP : Back panel)이라 한다. 다이나믹 LED 구동방식과 동일한 가장 간단한 멀티플렉스 구동을 **그림 3-84(a)**에 나타내었다. FP에는 8개 세그먼트에 해당하는 패턴들이 새겨져 있고, BP에는 각 자릿수를 선택하는 패턴이 새겨져 있다.

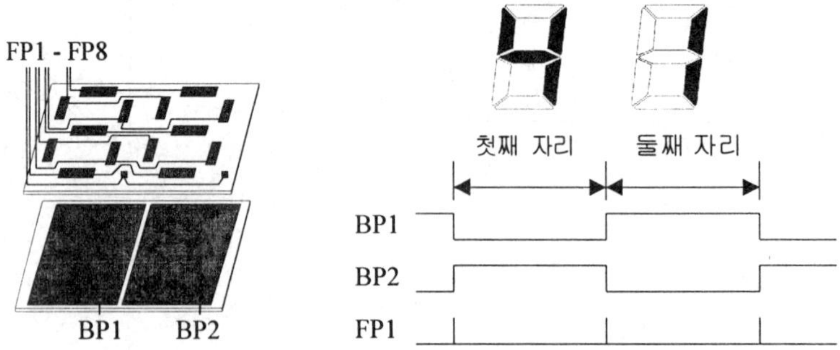

(a) 2자리 표시의 경우 (b) 표시의 예

그림 3-84 • 기본 멀티플렉스 구동

LED와 동일한 개념으로 첫째 자리를 선택하기 위해 **그림 3-84(b)**와 같이 BP1을 'L'로 하고 그 후 둘째 자리를 선택하기 위해 BP2를 'L'로 하며, 두 자리에 각각 '4', '1'을 표시하기 위해 FP1에 해당되는 a-세그먼트를 첫째 자리에서도 off시키고 둘째 자리에서도 off하는 상황을 가정하자.

첫째 자리 위치에서는 BP1이 'L'이므로 a-세그먼트를 off하기 위해 FP1을 'L'로 하면 첫째 자리의 a-세그먼트는 off 되지만 BP2와 전압차가 발생해 둘째 자리의 a-세그먼트가 on되어버린다.

다음에 BP2가 'L'로 되었을 때 둘째 자리의 a-세그먼트를 off하기 위해 FP1을 'L'로 하면 off되지만 BP1과 전압차가 발생해 첫째 자리의 a-세그먼트가 on된다. BP1, BP2와 FP1 사이에서 가능한 조합을 **그림 3-85**에 나타내었다. 각 그림의 아래쪽 '1a', '2a' 그래프는 첫째 자리 a-세그먼트와 둘째 자리 a-세그먼트의 앞, 뒤 패널 간에 생성되는 전압차를 나타낸 것이다.

그림 3-85(a)는 첫째 자리와 둘째 자리의 a-세그먼트를 모두 off하기 위해 FP1에 '0-0'을 출력했을 경우로서, 첫째 자리 기간에 첫 번째 a-세그먼트는 off되지만 대신 둘째 자리가 on 되고, 둘째 자리 기간에는 첫째 자리가 on되므로 정상적인 표시가 이루어지지 않는다.

그림 3-85(b)는 첫째 자리를 off, 둘째 자리를 on하기 위해 '0-1'을 출력하는 경우로

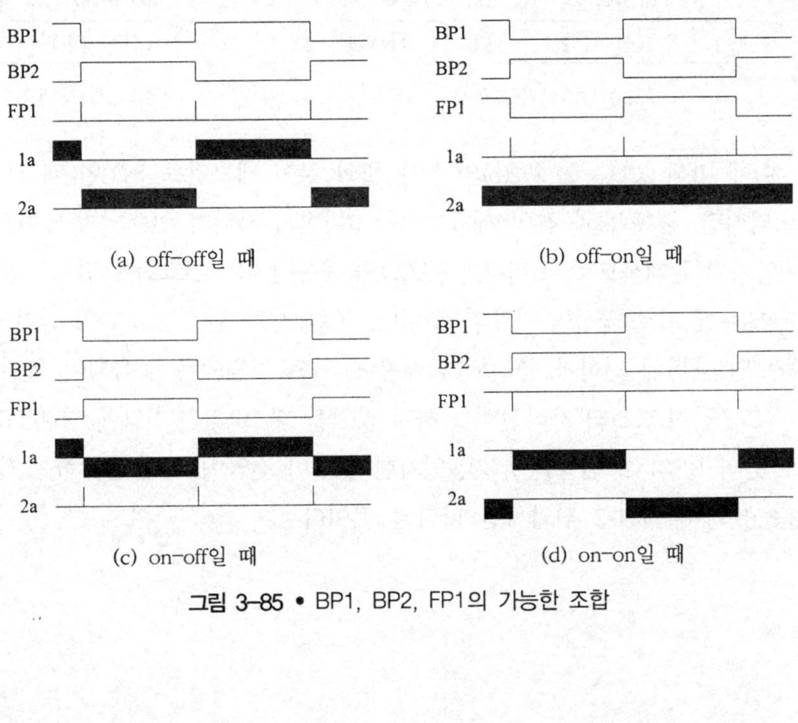

그림 3-85 • BP1, BP2, FP1의 가능한 조합

서, 첫째 자리를 off했을 때 이미 둘째 자리가 on되어 있고, 둘째 자리를 on할 때는 정상으로 표시된다. 따라서 멀티플렉스에 의해 점멸하는 다른 세그먼트에 비해 둘째 자리의 이 세그먼트만 항상 켜져 있으므로 다른 세그먼트보다 진하게 나타나 전체적으로 고른 화면을 얻을 수 없다.

그림 3-85(c)도 같은 이유로 고른 화면을 얻을 수 없고 그림 (d)만 유일하게 정확한 멀티플렉스 동작을 한다. 그러나 그림 (a)와 그림 (d)는 기본적으로 FP1이 계속 0이거나 1이기 때문에 직류에 해당되어 LCD에 사용할 수 없다. 결론적으로 LED와 같은 구동방법으로는 LCD를 구동할 수 없다.

LCD가 LED의 다이나믹 동작과 같이 되지 않는 이유는 **표 3-2**에 나타낸 특성 차이에 기인한다. LED는 표 (a)와 같이 세그먼트가 '1'이고 자리선택이 되었을 때만 on되고 나머지는 off된다. 즉 선택되지 않은 공통단자가 플로팅이라면 당연히 전류가 흐르지 않고, 설령 1이라 해도 LED는 역방향으로 전류가 흐르지 않으므로 on되지 않는다.

표 3-2 • LED, LCD의 동작특성 차

세그먼트	공통(COM)	on/off	상태
0	0(선택됨)	off	전류없음
0	1(선택안함)	off	역방향
1	0(선택됨)	on	순방향
1	1(선택안함)	off	전류없음

(a) LED의 동작특성

세그먼트	공통(BP)	on/off	상태
0	0(선택됨)	off	
0	1(선택안함)	on	역전압
1	0(선택됨)	on	순전압
1	1(선택안함)	off	

(b) LCD의 동작특성

이에 비해 LCD는 **표 3-2(b)**의 셋째 줄과 같이 세그먼트가 '1'일 때 자리선택이 되면 on되지만, 둘째 줄과 같이 세그먼트는 0이면서 자리가 선택되지 않아도 LCD의 양쪽 전압차가 존재하므로 on된다. 즉 LCD의 공통단자와 세그먼트 단자는 XOR 관계가 있기 때문에 서로 극성이 다르면 on된다. 또한, LCD 단자는 LED와 달리 플로팅 상태로 놓으면 패턴에 전하가 충전되기 때문에 어떤 전원에든 접속되어 있어야 한다.

이와 같이 LCD의 자리선택을 하지 않았을 때 BP의 '1'전압에 의해 LCD가 가동되므로 만약 BP의 '1' 전압을 1/2만 인가한다면 이 전압에 의해 동작하는 세그먼트는 **그림 3-86(b)**와 같이 1/2 전압차만 나타날 것이다.

세그먼트	공통(BP)	on/off
0	0(선택됨)	off
0	1/2(선택안함)	on/2
1	0(선택됨)	on
1	1/2(선택안함)	on/2

(a) LCD 상태

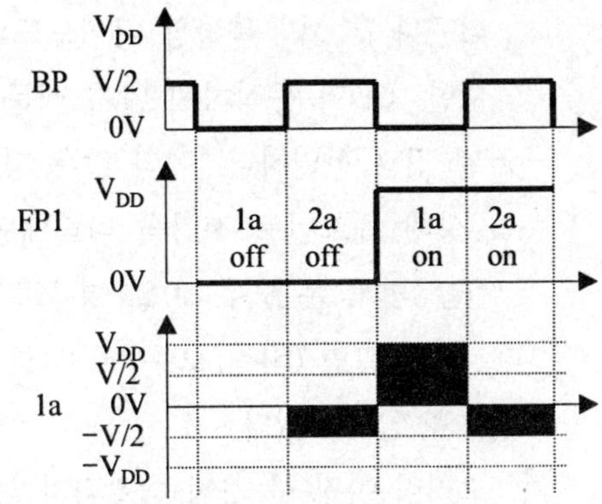

(b) 세그먼트의 동작 예

그림 3-86 • 절반 전압 시의 세그먼트 동작

그림 3-86(b)에서 검은 부분이 세그먼트에 인가되는 전압차인데, '1a-off'상태에서는 전압차가 없어 세그먼트가 전혀 동작하지 않지만, '2a-off', '2a-on' 상태, 즉 1a 세그먼트와 상관없는 다른 자리를 표시할 때는 절반 전압이 인가된다. 그런데 실제 세그먼트에 인가되는 에너지량은 제곱에 비례하기 때문에(RMS값과 유사) 전압이 1/2이면 세그먼트 에너지는 1/4이 되고, 이후에 설명하지만 평균적으로는 on되는 세그먼트에 비해 1/9밖에 되지 않는다.

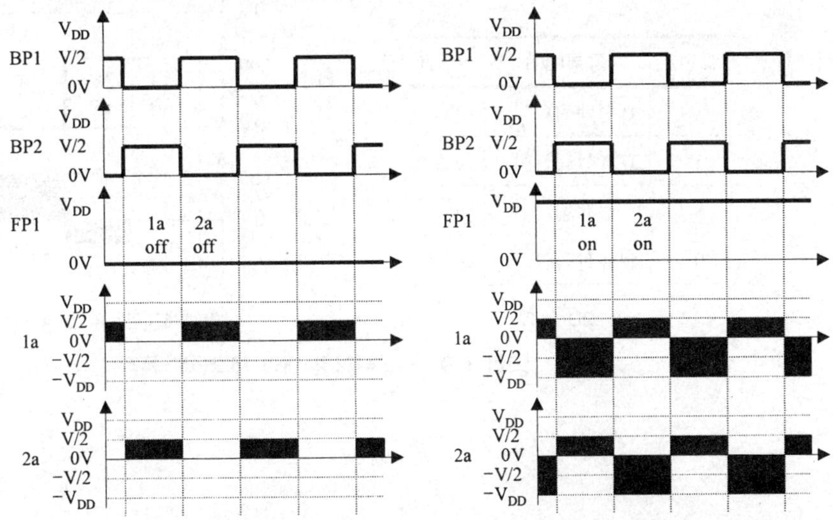

(a) 모두 off일 때 (b) 모두 on일 때

그림 3-87 • 'H'=1/2일 때의 각 세그먼트들의 동작

더구나 LCD의 특성상 다이오드의 오프셋과 유사하게 어느 한계 이하로 에너지가 낮으면 LCD가 동작하지 않기 때문에 1/9의 에너지에서는 세그먼트가 동작하지 않아 off된 것과 동일하다. 이와 같은 형태의 전압을 이용해 2개 BP에서의 연속적인 off와 on 상태 세그먼트 전압을 나타내면 **그림 3-87**과 같다.

그림 3-87(a)는 모두 off일 경우로서 1a와 2a 양쪽 모두 off 상태로 있음을 알 수 있다. 또한 그림 (b)는 모두 on일 경우로서 1a와 2a가 각각 정확히 제위치에서 on되고 있음을 알 수 있다.

그러나 아직 한 가지 해결되지 않은 것이 있는데, LCD의 특성상 결코 DC를 인가하면 안 된다는 제약점이 있기 때문에 그림과 같이 연속으로 off나 on일 경우에도 끊임없이 전압을 변화시켜야 한다는 것이다. 그런데 한 가지 흥미로운 것은 BP전압이 절반 전압보다 아래인 0V 일 때가 선택상태이고 세그먼트 전압이 'H'일 때가 on 상태이지만 **그림 3-88**에 나타낸 바와 같이 BP전압이 절반보다 위인 V_{DD} 에서도 선택상태와 동일한 결과가 나타나면서 세그먼트의 동작전압은 반대로 'L'일 때 동작한다.

따라서 서로 정반대인 0V 선택상태와 V_{DD} 선택상태를 **그림 3-89**와 같이 계속적으로 교대시키면 세그먼트를 연속으로 off하거나 on하더라도 직류가 인가되지 않는다.

세그먼트	공통(BP)	on/off
1	1(선택됨)	off
1	1/2(선택안함)	on/2
0	1(선택됨)	on
0	1/2(선택안함)	on/2

(a) LCD 상태

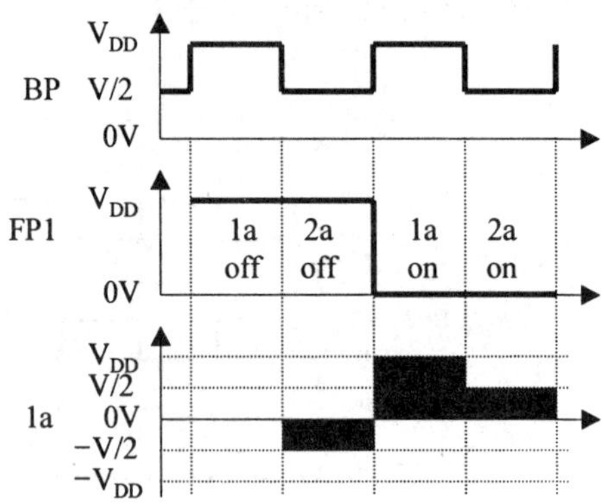

(b) 세그먼트의 동작 예

그림 3-88 • 'L'=1/2일 때의 세그먼트 동작

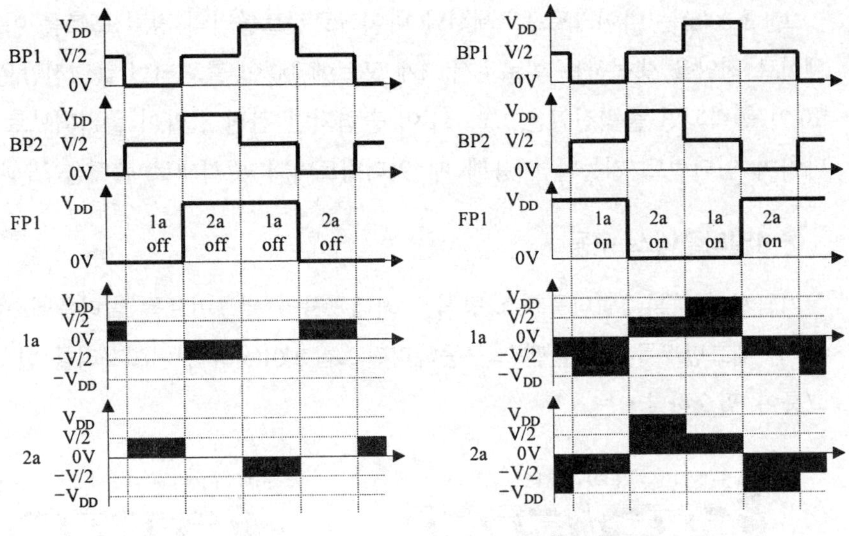

(a) 연속 off 상태 (b) 연속 on 상태

그림 3-89 • 연속 동작 시의 세그먼트 동작

또한 **그림 3-89(a)**와 그림 (b)의 에너지 비율을 살펴보면 on일 때가 off일 때보다 면적이 3배, 즉 에너지는 9배의 차이가 발생하므로 on과 off 사이에 충분한 대비가 얻어진다. 멀티플렉스를 위한 아날로그 전압 생성방법의 예를 **그림 3-90**에 나타내었다.

그림 3-90(a)는 개별소자를 사용한 예로서 2개의 동일한 저항으로 절반 전압을 생성하고 4052와 같은 아날로그 멀티플렉서를 이용해 필요로 하는 전압을 선택해 출력한다. 회로의 경우 카운터 입력에 '00', '01', '10', '11'과 같이 2진 카운터 출력을 입력하면 LCD 제어에 필요한 파형이 출력된다.

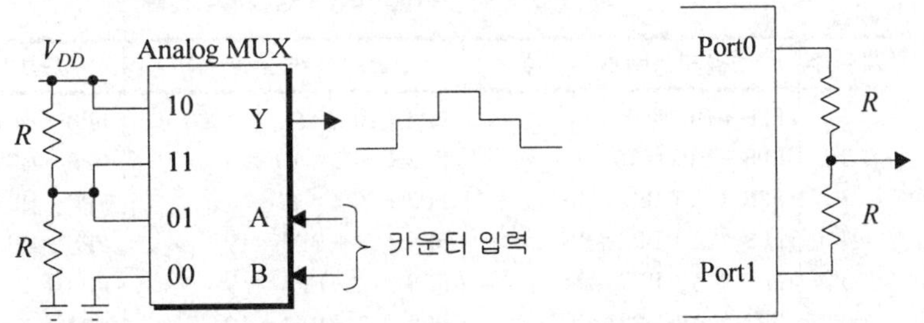

(a) 아날로그 멀티플렉서 이용 (b) 병렬 포트의 이용

그림 3-90 • 구동전압의 생성 예

그림 3-90(b)는 마이크로프로세서나 마이크로컨트롤러의 병렬 포트를 이용해 소프트웨어로 전압을 생성하는 회로로서, 2개 포트에 '00'이 출력되면 출력전압은 0, '01'이나 '10'이 출력되면 출력전압은 1/2, '11'이 출력되면 전원 전압이 출력되므로 프로세서의 타이머 인터럽트 기능을 이용해 매 인터럽트마다 순서대로 출력을 발생시킨다.

② 4멀티플렉스 구동

지금까지 다룬 2멀티플렉스 방식은 최대 2자리 세그먼트를 멀티플렉스하므로 만약 4자리 세그먼트를 멀티플렉스 구동하려면 **그림 3-91(a)**와 같이 2자리를 한 그룹으로 두 그룹이 필요하다.

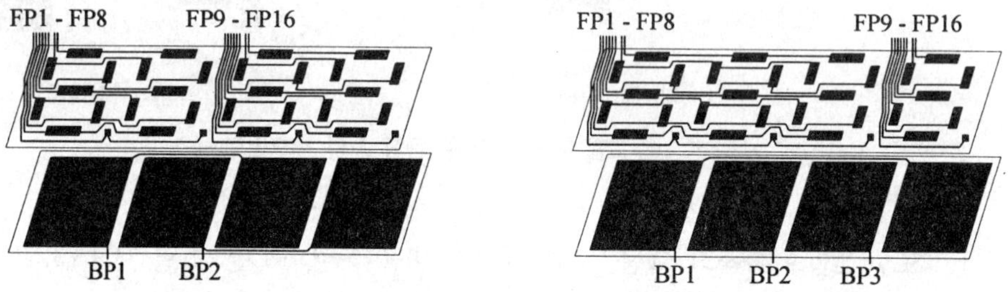

(a) 2멀티플렉스 (b) 3멀티플렉스

그림 3-91 • 멀티플렉스 구동에 의한 4자리 구동

만약 2 멀티플렉스보다 더 많은 멀티플렉스가 가능한 방법이 있다면 3 멀티플렉스일 경우 **그림 3-91(b)**와 같이 구성이 가능할 것이다. 따라서 이러한 경우들에 필요로 하는 인출 핀 수를 **표 3-3**에 나타내었다.

표 3-3 • 각 멀티플렉스 구동 시의 인출 핀 수

자릿수	2멀티플렉스 핀 수	3멀티플렉스 핀 수	4멀티플렉스 핀 수
1	FP8+BP1=9	FP8+BP1=9	FP8+BP1=9
2	FP8+BP2=10	FP8+BP2=10	FP8+BP2=10
3	FP8 * 2+BP2=18	FP8+BP3=11	FP8+BP3=11
4	FP8 * 2+BP2=18	FP8 * 2+BP3=19	FP8+BP4=12
5	FP8 * 3+BP2=26	FP8 * 2+BP3=19	FP8 * 2+BP4=20
6	FP8 * 3+BP2=26	FP8 * 2+BP3=19	FP8 * 2+BP4=20
7	FP8 * 4+BP2=34	FP8 * 3+BP3=27	FP8 * 2+BP4=20
8	FP8 * 4+BP2=34	FP8 * 3+BP3=27	FP8 * 2+BP4=20
9	FP8 * 5+BP2=42	FP8 * 3+BP3=27	FP8 * 3+BP4=28
:	:	:	:

당연한 애기지만 멀티플렉스 수가 많으면 인출 핀의 수가 크게 감소함을 알 수 있는데, LCD는 LED와 달리 반응속도가 매우 느리기 때문에 일반적으로 4자리 이상을 멀티플렉스하면 미처 액정의 반응속도가 추종하지 못해 표시화면이 흐려진다. 그리고 LED 같이 더 강한 전류를 흘리면 LCD는 유기물이므로 전기분해되어 액정이 파손되므로 이러한 방법은 적합지 않다. 따라서 만약 4자리 이상의 숫자를 표시하려면 **그림 3-92**와 같이 4자리마다 FP 단자들을 설치해야 한다.

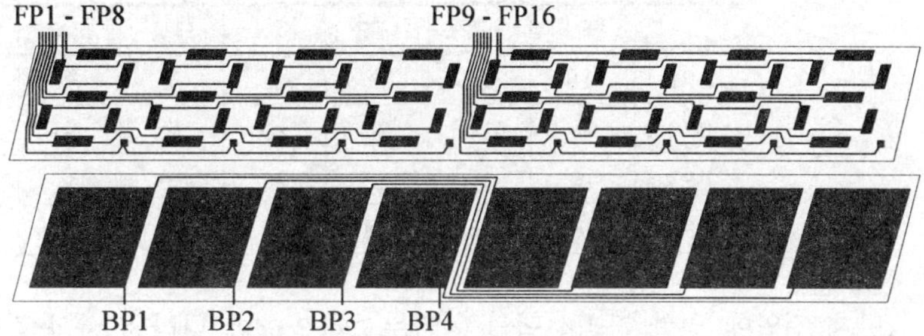

그림 3-92 • 4자리 멀티플렉스의 구성 예

그러나 이보다 더 좋은 방법이 고안되었는데, 7-Seg. LED같이 숫자자리를 멀티플렉스할 것이 아니라 **그림 3-93(a)**와 같이 한 세그먼트 내에서 멀티플렉스를 실행하면 제작 패턴이 훨씬 간단해지고 특별한 경우를 제외하고는 한 자리씩 4자리를 멀티플렉스하는 것보다 핀 수도 더욱 줄어든다. 예를 들어 5자리를 표시할 때 자릿수를 멀티플렉스하면 20핀이 필요한데 비해 이 방법은 14핀만 필요하다.

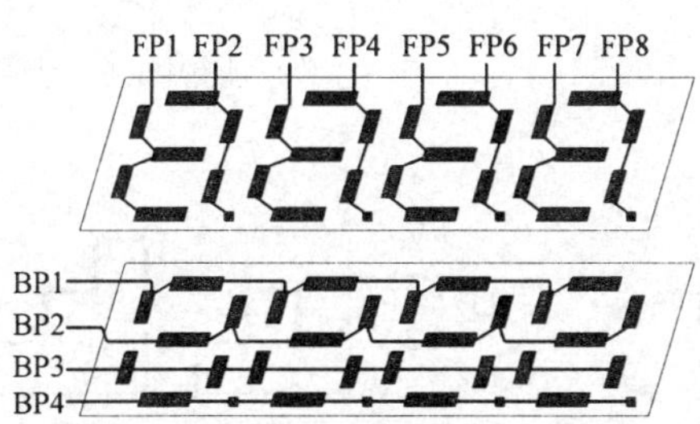

(a) 패턴의 구성

자릿수	핀 수
1	FP2+BP4=6
2	FP2 * 2+BP4=8
3	FP2 * 3+BP4=10
4	FP2 * 4+BP4=12
5	FP2 * 5+BP4=14
6	FP2 * 6+BP4=16
7	FP2 * 7+BP4=18
8	FP2 * 8+BP4=20
9	FP2 * 9+BP4=22
:	:

(b) 인출 핀 수

그림 3-93 • 실제로 사용되는 4멀티플렉스의 예

그림 3-93(a)와 같은 패턴의 경우 각 세그먼트를 켜기 위한 조합은 **표 3-4**와 같으며, 예를 들어 현재 BP1 상태이면 각 세그먼트들은 a와 f세그먼트들을 켤 수 있다.

BP는 4자리이므로 2멀티플렉스에서 사용했던 3단계 전압은 사용할 수 없어 다른 방법을 고안해야 하는데 4멀티플렉스에서는 4단계 전압을 이용하며, 특히 BP와 더불어 FP도 이 전압을 이용해 선택하고 있다.

표 3-4 • 세그먼트의 선택방법

	FP1	FP2	FP3	FP4	FP5	FP6
BP1	1f	1a	2f	2a	3f	3a
BP2	1g	1b	2g	2b	3g	3b
BP3	1e	1c	2e	2c	3e	3c
BP4	1d	1h	2d	2h	3d	3h

4단계 전압에 의한 자리선택의 원리는 **그림 3-94**에 나타낸 바와 같이 평소에 BP와 FP는 각각 1/3, 2/3 전압을 서로 교대로 인가하며, 따라서 두 패널의 전압차는 항상 +1/3과 −1/3로 변화하며 유지되는데, 이는 2멀티플렉스의 1/2보다 더 작기 때문에 더 확실히 off되어 2멀티플렉스에 비해 on과 off의 대비가 더욱 좋아진다. 평상시에 두 패널의 전압이 서로 동일하게 진동하면 차 전압이 0이 되어 세그먼트는 완전히 off되지만 그 다음 순차에서 제어전압이 맞지 않는 문제점이 있으므로 이와 같은 전압들을 교대로 이용한다.

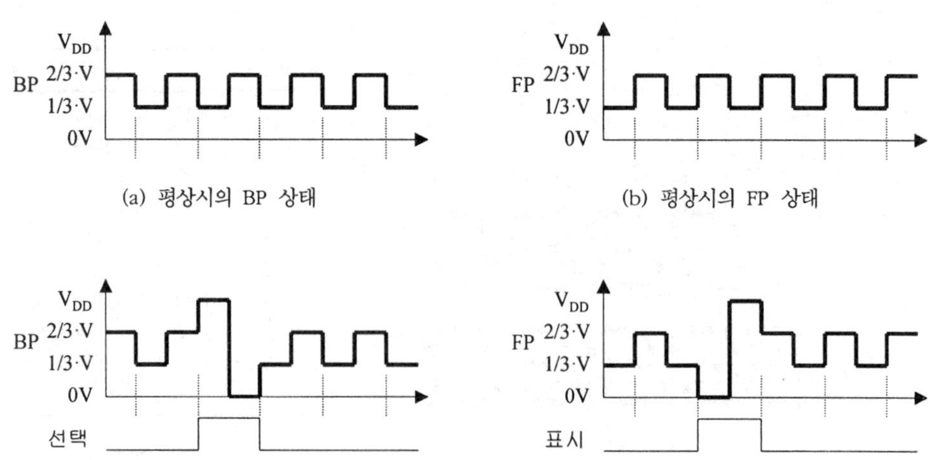

(a) 평상시의 BP 상태　(b) 평상시의 FP 상태

(c) 선택된 BP의 상태　(d) 선택된 FP의 상태

그림 3-94 • FP와 BP의 선택방법

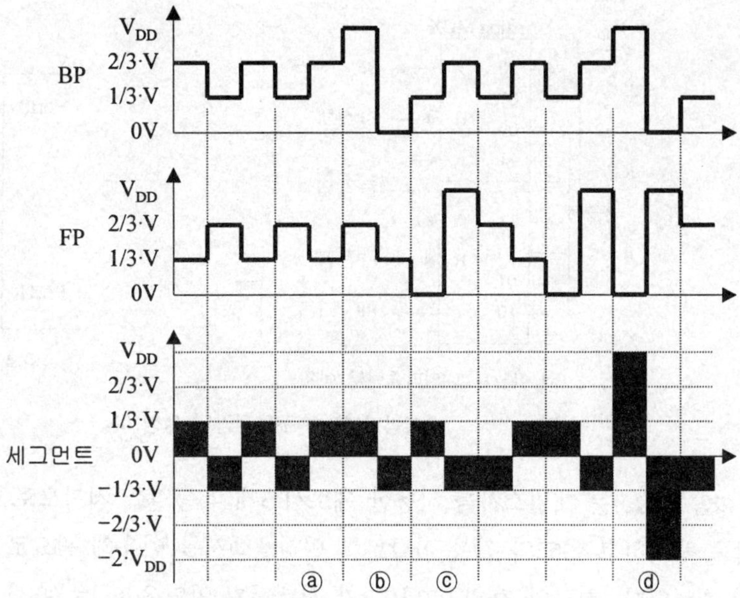

그림 3-95 • FP와 BP의 구동파형 예

그림 3-94(c)와 그림 (d)는 패널이 선택된 경우를 나타낸 것으로서, 선택된 기간에는 본래의 파형이 반전되면서 전압은 최대와 최소로 진동한다. 이와 같은 파형을 이용해 LCD를 구동했을 때의 파형을 **그림 3-95**에 각 경우별로 나타내었다.

그림 3-95의 ⓐ구간은 자리선택(BP)도 되지 않았고 세그먼트(FP)도 켜지 않은 상태로서 전압이 작기 때문에 세그먼트는 on되지 않는다. 특히 이와 동일한 상태가 이전부터 계속되어도 세그먼트 전압은 계속 반전되고 있어 직류가 인가되지 않음에 주목하라. ⓑ구간은 자리는 선택됐지만 세그먼트가 켜지지 않은 상태로서 이는 ⓐ구간과 전압 순서만 바뀔 뿐 크기는 동일하므로 세그먼트는 on되지 않는다. ⓒ구간은 자리가 선택되지 않았지만 세그먼트가 동작하는 경우, 즉 다른 자리의 세그먼트가 동작 중인 것으로서 이때도 ⓑ구간과 동일한 결과가 나타나 세그먼트는 on되지 않는다. ⓓ구간은 자리선택도 되고 세그먼트도 켜진 상태로서 다른 구간에 비해 월등히 큰 전압으로 반전되어 동작하므로 세그먼트는 on된다. 이러한 동작을 위한 구동전압을 생성하는 예를 **그림 3-96**에 나타내었다.

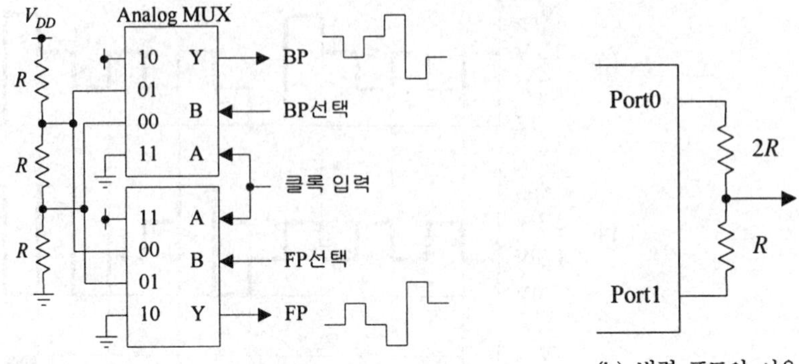

(a) 아날로그 멀티플렉서 이용 (b) 병렬 포트의 이용

그림 3-96 • 구동전압의 생성 예

그림 3-96(a)는 개별소자를 사용한 예로서 3개의 동일한 저항으로 1/3 전압과 2/3 전압을 생성하고 4052와 같은 아날로그 멀티플렉서를 이용해 필요로 하는 전압을 선택해 출력한다. 회로의 경우 BP나 FP가 선택되지 않았을 때는 '00'과 '01'만이 반복되므로 출력은 1/3과 2/3만이 반복된다. 자리선택이 된 경우에는 '10'과 '11'이 입력되므로 V_{DD}와 0V가 출력된다.

그림 3-96(b)는 마이크로프로세서나 마이크로컨트롤러의 병렬 포트를 이용해 소프트웨어로 전압을 생성하는 회로로서, 포트1, 포트0의 2개 포트에 각각 '00'이 출력되면 출력전압은 0V, '01'이 출력되면 1/3, '10'이 출력되면 2/3, '11'이 출력되면 전원전압 V_{DD}가 출력된다.

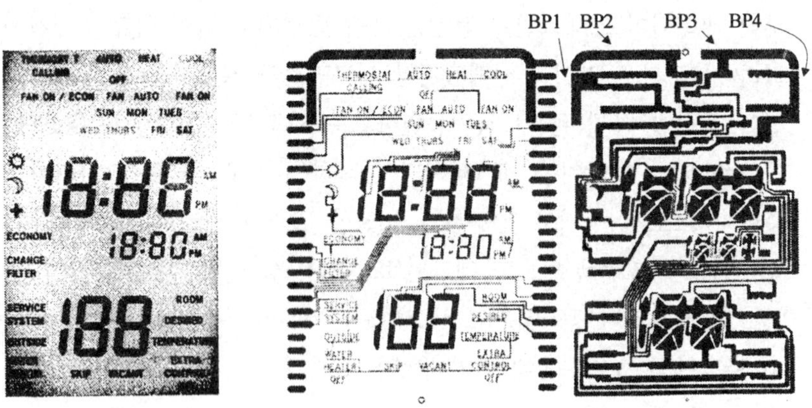

(a) 표시 화면 (b) FP 필름 (c) BP 필름

그림 3-97 • LCD 패널의 예

(출처 : Design with Micro-controllers, John B. Peatman, McGraw-Hill, 1989)

그림 3-97은 4멀티플렉스 방법을 사용하는 LCD 패널의 예로서, 그림 (a)는 표시 예, 그림 (b)는 FP, 그림 (c)는 BP를 나타내었다. 특히 BP는 4개 영역으로 구성되어 있으며, 각 세그먼트들은 꼭 7-Seg. 형태의 것이 아닌 다양한 모양으로 구성해 표시하고 있다.

③ 멀티플렉스 구동 IC의 예

모든 LCD 세그먼트를 멀티플렉스 방법으로 구동하려면 상당히 많은 회로가 필요하기 때문에 이를 위한 전용 IC가 여러 종류 발매되고 있는데, 그 중 가장 고전적인 모토롤라의 MC145000과 MC145001에 관해 살펴본다. **그림 3-98**에 MC145000의 내부 블록도를 나타내었다.

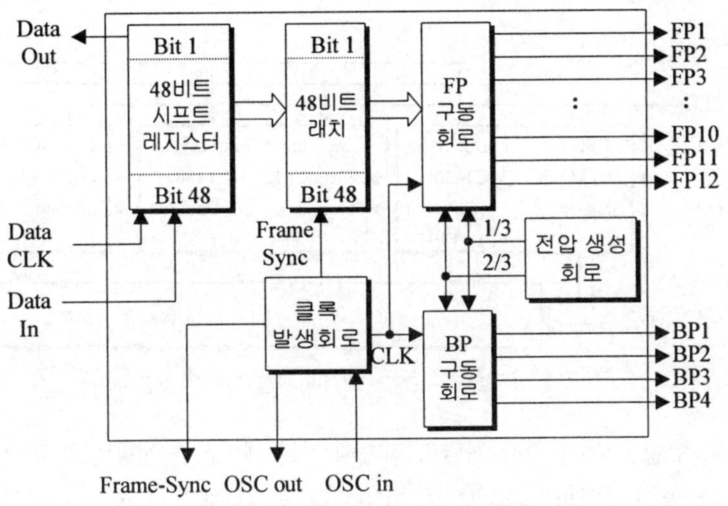

그림 3-98 • MC145000의 내부 블록도

이 소자는 LCD에 표시할 데이터를 동기식 직렬통신에 의해 전달받으며, 4멀티플렉스 방식에 의해 세그먼트를 구동한다. 표시를 위한 클록은 내부에서 생성할 수 있으며, 내부에 1/3 전압과 2/3 전압을 생성해 사용한다. **그림 3-98**에서 알 수 있듯이 이 소자는 FP가 12개, BP가 4개로서 총 48개의 세그먼트를 표시할 수 있으므로 7-Seg. 형 숫자는 소숫점 포함해 6자리를 표시할 수 있고, 또는 도트 매트릭스로 48개 매트릭스를 표시할 수 있으며, 각 세그먼트나 도트의 켜고 끌 데이터 48비트를 직렬로 수신받는다.

MC145001은 **그림 3-99**에 나타낸 바와 같이 MC145000에 비해 BP 출력과 발진회로가 없으며 이는 MC145000의 슬레이브로 접속되어 자릿수를 확장할 때 사용한다.

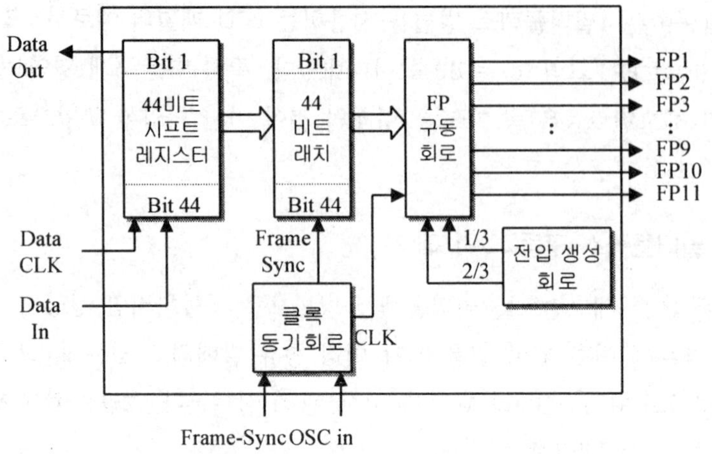

그림 3-99 ◦ MC145001의 내부 블록도

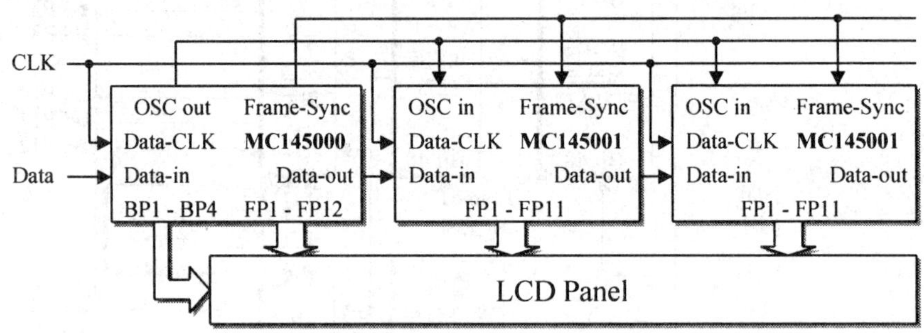

그림 3-100 ◦ MC14501을 이용한 확장 예

즉, **그림 3-100**과 같이 직렬로 접속해 직렬 데이터를 전송받고, BP신호는 MC145000과 함께 사용한다. 따라서 MC145000과 멀티플렉스 시작점의 동기를 이루기 위해 'Frame-Sync' 신호를 수신한다.

3) LCD Module

최근에는 LCD 패널과 드라이브용 IC가 하나로 조립된 형태의 LCD 모듈이 여러 종류 발매되고 있으며, 보조조명(back light)이 부착된 것도 있다. LCD 모듈을 구성하는 부품들을 **그림 3-101**에 나타내었다.

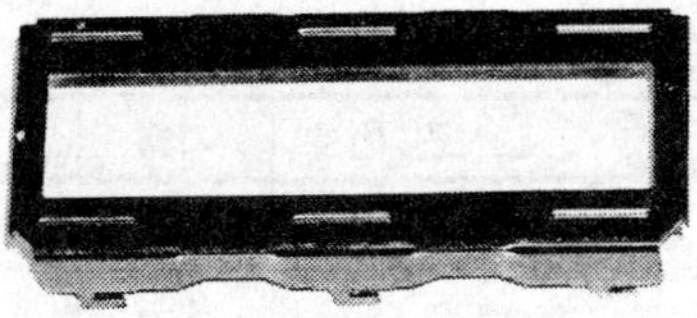

(a) 프레임

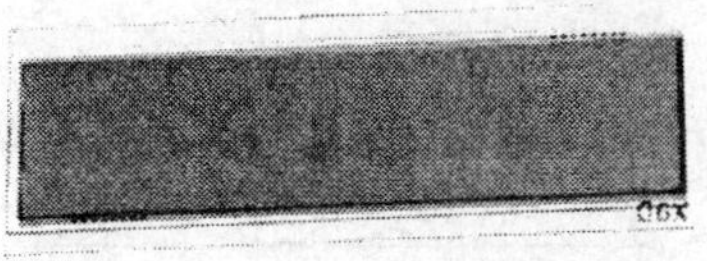

(b) LCD 패널

(c) 접속고무

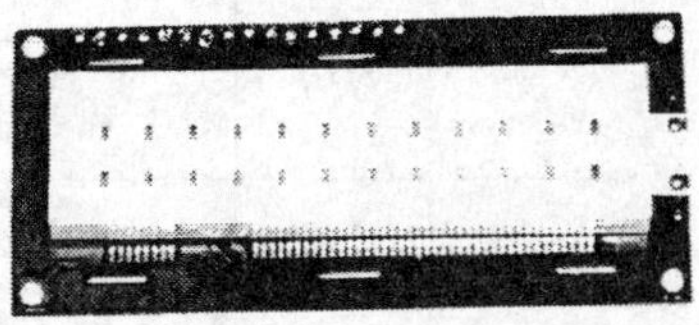

(d) 보조조명 및 제어기판

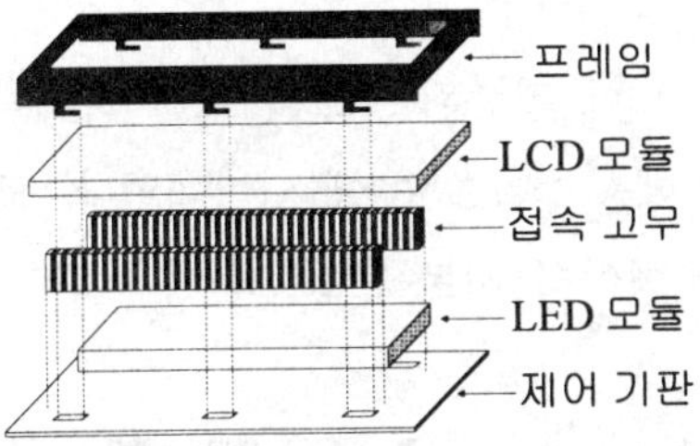

(e) 조립도

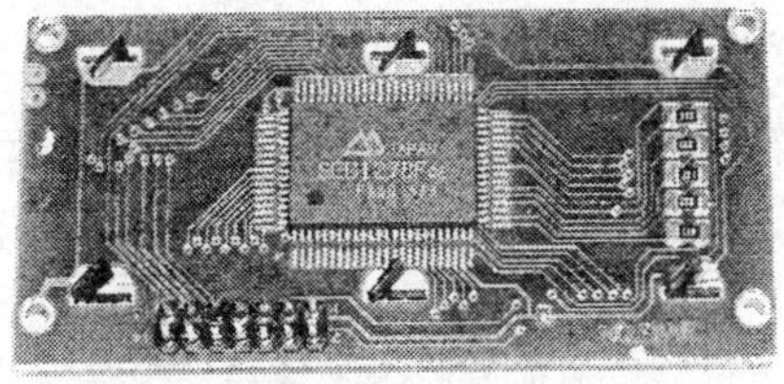

(f) 모듈의 뒷면

그림 3–101 • LCD 모듈의 구성 부품

그림 3–101(a)는 LCD 모듈을 조립하기 위한 프레임으로서 그림 (e)와 같이 LCD 패널과 접속고무, 그리고 제어기판을 고정하기 위한 구조로 되어 있다. LCD 패널과 제어기판은 접속고무를 이용해 전기적으로 접속되는데, 이 고무는 내부에 도전(導電)성 고무와 절연고무가 일렬로 구성된 것으로서 위쪽과 아래쪽에 전극들이 압력으로 접촉되면 이들을 전기적으로 연결시켜 준다.

그림 3–101(d)는 제어기판 위에 LED 모듈로 구성된 보조조명이 조립된 것으로서, 빛이 고르게 분포되도록 소형 LED(그림의 작은 네모들)들을 여러 개 사용한다. 이들 부품은 그림 (e)와 같이 조립되어 모듈이 완성되며, 그림 (f)에 모듈의 뒷면을 나타내었다.

LCD 모듈의 접속단자는 모델별로 차이가 있지만 기본적인 원리는 거의 동일하며 그 중 한 가지 예를 **표 3-5**에 나타내었다.

표 3-5 • LCD 모듈의 접속단자 예

핀 번호	기호	기능	핀 번호	기호	기능
1	V_{SS}	0V	7	$DB0$	데이터 버스
2	V_{DD}	+5V	8	$DB1$	
3	V_O	LCD 밝기 전압	9	$DB2$	
4	RS	L : 명령 입력 H : 데이터 입력	10	$DB3$	
			11	$DB4$	
5	$R/\overline{W}$	L : 쓰기(CPU → LCD) H : 읽기(CPU ← LCD)	12	$DB5$	
			13	$DB6$	
6	E	모듈 enable 신호	14	$DB7$	

모듈 내에는 LCD를 제어하는 회로 이외에 전송된 코드를 보관하는 메모리와 코드에 할당된 폰트를 내장하고 있는데, 그 예를 **그림 3-102**에 나타내었다. 모듈의 제어방법은 모델별로 차이가 있기 때문에 각 데이터 시트를 참조하기 바란다.

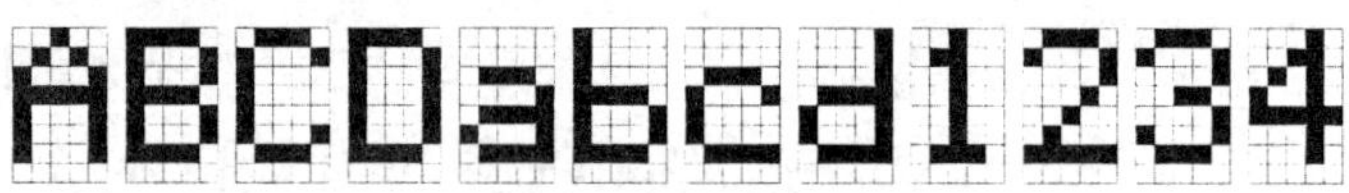

그림 3-102 • 내장된 폰트 표시의 예

4 기타 표시장치

(1) 형광표시관

형광표시관(fluorescent display)의 원리는 형광등의 원리와 유사하고 이후에 소개할 냉음극 형광등에서도 이 개념이 사용되므로 우선 형광등에 관해 먼저 살펴본다.

1) 형광등의 원리

형광등(fluorescent lamp)은 **그림 3-103**에 나타낸 바와 같이 양쪽에 필라멘트가 있고 이들 사이는 진공유리관으로 연결되어 있으며, 유리관 내에 수은이 한 방울 들어있다. 또한 유리관 안쪽 면에는 형광물질이 도포되어 있으며 전등 외부의 양 필라멘트

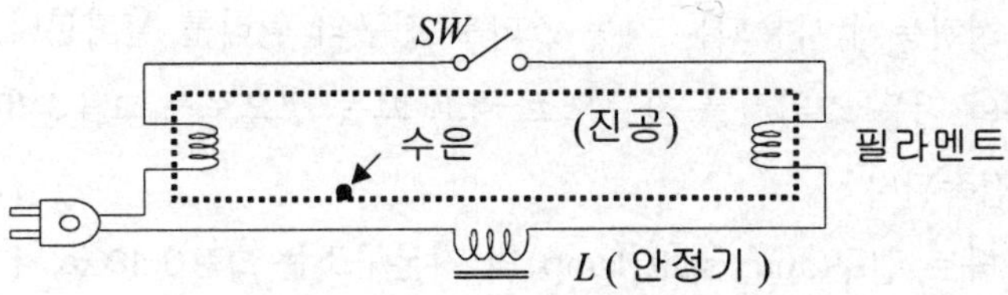

그림 3-103 • 형광등의 구조 및 회로

단자들 사이에 점등을 위한 스위치(스타터 스위치)와 안정기라는 인덕터가 접속되어 있다.

초기에 스타터 스위치를 잠시 on시키면 양 필라멘트에는 전류가 흘러 열이 발생하며, 어느 정도 달구어졌을 때 스위치를 off시키면 CRT의 전자총과 같이 (−)극 상태의 필라멘트에서 열전자가 발생해 (+)극 상태의 상대편 필라멘트 쪽으로 진행한다. 이 과정이 교류에 의해 극성이 바뀌면서 끊임없이 반복되어 양 필라멘트에서는 계속적으로 열전자가 방출된다. 이때 전류가 지나치게 흐르는 것을 방지하기 위해 인덕터로 구성된 안정기를 설치한다.

열전자들은 진공유리관 사이를 통과할 때 수은이 증발한 수은증기와 충돌하며 에너지가 방출되어 자외선이 발생한다. 이 자외선은 유리관에 도포된 형광물질을 통과하면 에너지가 변환되어 가시광선으로 바뀌며 이를 조명으로 사용한다. 만약 형광등의 유리를 자외선이 잘 통과하는 석영과 같은 재질로 구성하고 형광물질을 도포하지 않는다면 **그림 3-104**와 같은 강력한 자외선 살균등이 구성된다.

그림 3-104 • 자외선 살균등

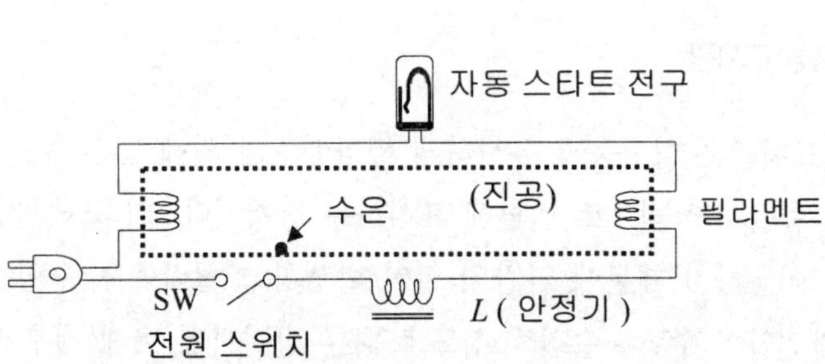

그림 3-105 • 자동 스타트 전구의 위치

참고로 형광등에 사용되는 자동 스타트 전구의 원리를 살펴본다. 스타트 전구는 앞서 형광등의 점등 스위치를 자동으로 켜고 끄는 것으로서 **그림 3-105**와 같이 점등스위치 대신 접속된다.

자동 스타트 전구(auto-start lamp)의 기본구조는 **그림 3-106(a)**와 같이 한쪽 극은 바이메탈로 구성되고 두 극은 매우 가까운 거리에 있다.

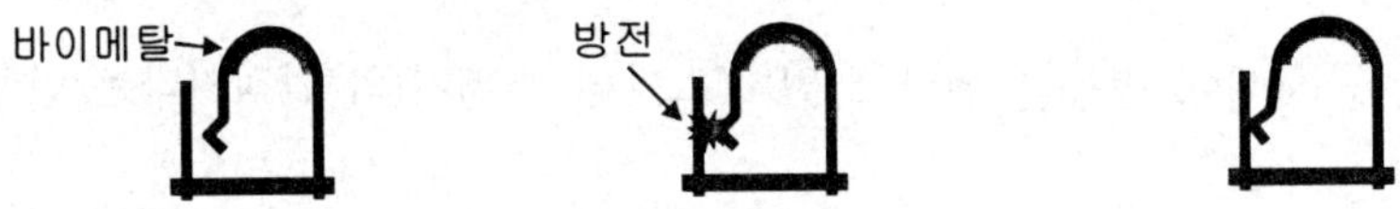

(a) Off 상태 (b) 방전상태 (c) short 상태

그림 3-106 • 형광등 자동 스타트 전구의 원리

형광등 회로에 전기가 입력되면 형광등에서는 아직 방전이 발생하지 않으므로 전압은 양쪽 필라멘트를 거쳐 스타트 전구의 두 극 사이에 모두 인가되는데, 교류전압은 비록 110V나 220V 정도로 낮지만 극 사이가 매우 가깝기 때문에 **그림 3-106(b)**와 같이 방전이 일어난다. 이는 극과 극이 떨어져 있는 상태에서 발생하기 때문에 온도가 상당히 높으며 따라서 바이메탈이 늘어나 그림 (c)와 같이 극이 short상태가 되어 방전이 멈추고 전류는 극을 따라 통과하므로 열이 발생하지 않는다.

이때 흐르는 전류로 형광등의 필라멘트가 달구어지며 잠시 후 스타트 전구는 그림 (c) 상태에서 냉각되어 다시 그림 (a)와 같이 off되며 이 순간부터 형광등 내부에서 열전자가 방출되어 방전이 개시된다. 따라서 모든 전류는 형광등을 통해 흘러가므로 스타트 전구는 그림 (a)상태로 정지한다. 만약 형광등의 필라멘트가 예열이 덜되어 방전이 발생하지 않았다면 그림 (a) 상태에서 다시 그림 (b), 그림 (c)상태를 거쳐 필라멘트를 예열하는 과정이 반복된다.

2) 형광표시관

형광표시관은 형광등과 유사하게 필라멘트에 의해 열전자를 발생시키고 이를 형광물질에 충돌시켜 빛으로 변환해 표시하는 장치이다. 이 표시관은 필라멘트에 의한 열전자를 이용하기 때문에 약간의 열이 발생하고 필라멘트 수명에 제한이 있지만 회로의 동작전압이 수V ~수십V 정도로 다른 방전관에 비해 매우 낮고 LED에 비해 빛이 더 고급스러워 보이므로 가전제품 표시용으로 널리 사용된다.

(a) VTR의 형광표시관

(b) 빛을 방사하는 모습

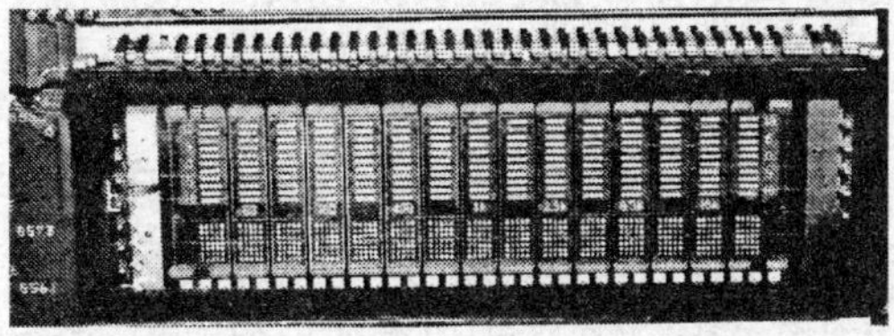

(c) 오디오 그래픽 이퀄라이저 표시용

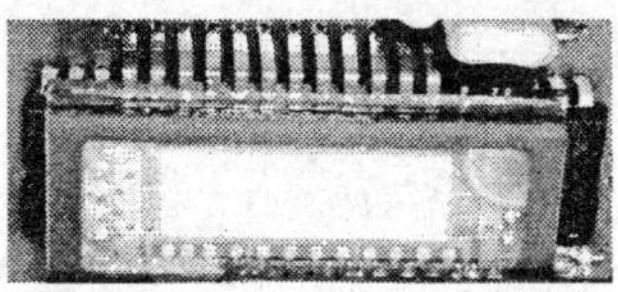

(d) 자동차 시계용

(e) 빛의 방사

그림 3-107 • 형광표시관의 예

그림 3-107(a)는 가정용 VTR에 부착된 것으로서 그림 (b)는 빛을 방사하는 모습이며, 그림 (c)는 오디오에 내장된 그래픽 이퀄라이저 표시용, 그림 (d)와 그림 (e)는 자동차에 부착된 시계이다. 그림 (a), 그림 (c), 그림 (d) 사진에서 유리판 앞면에 가는 히터들이 보인다.

3) 형광표시관의 원리

형광표시관은 **그림 3-108(a)**에 나타낸 바와 같이 앞면 유리 바로 밑에 캐소드 역할을 겸하는 히터들이 배열되고 그 아래에 투명에 가까운 매우 가는 망사형태의 그리드가

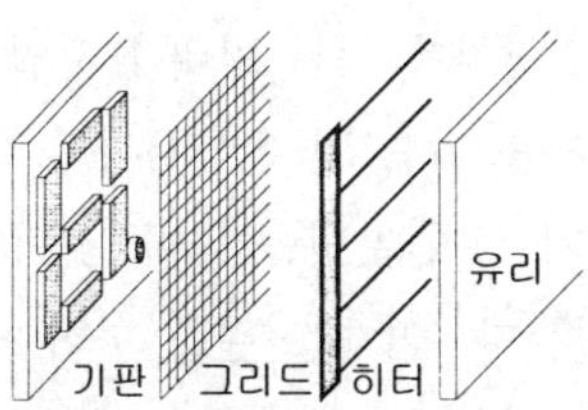

(a) 구성

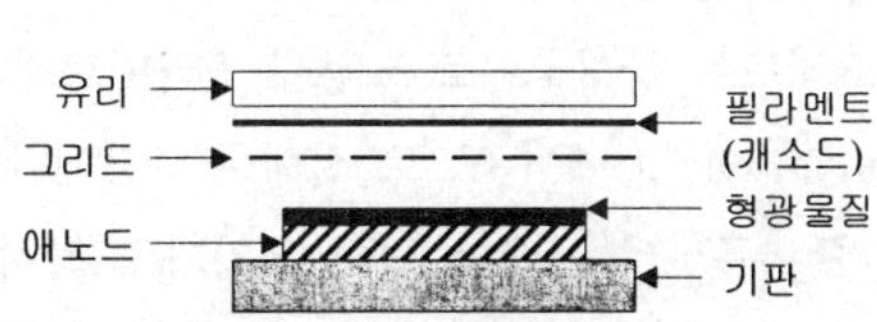

(b) 단면

그림 3-108 • 형광표시관의 구조

위치하며, 그 아래에는 애노드 전극들이 새겨진 기판이 위치하는데 애노드 전극에는 형광물질이 도포되어 있다.

히터에 전류가 흘러 가열되면 열전자가 발생하는데, 그리드에 히터(캐소드)보다 (+)인 전압을 인가하면 열전자가 가속되어 애노드가 있는 기판 쪽으로 확산되며, 히터보다 (+)전압으로 선택된 애노드로 흡수된다. 이때 애노드 극 위에는 형광물질이 도포되어 있으므로 열전자는 여기에 충돌하면서 빛을 발생하는데, 형광물질 종류에 따라 색상을 선택할 수 있다. 즉 형광등은 한쪽 필라멘트에서 발생한 열전자가 멀리 있는 반대편 필라멘트까지 강한 (+)전압에 의해 직접 이동하지만 형광표시관은 발생한 열전자를 가까이 있는 그리드로 가속시켜 애노드로 이동시킨다. 이 표시기의 기호는 **그림 3-109(a)**와 같이 진공관과 유사하게 나타내며, 스위치로 표시한 애노드 극을 선택함으로써 세그먼트의 on/off를 조절할 수 있다.

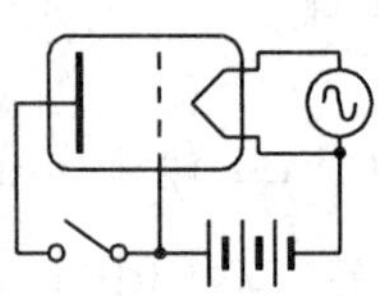

(a) 기호

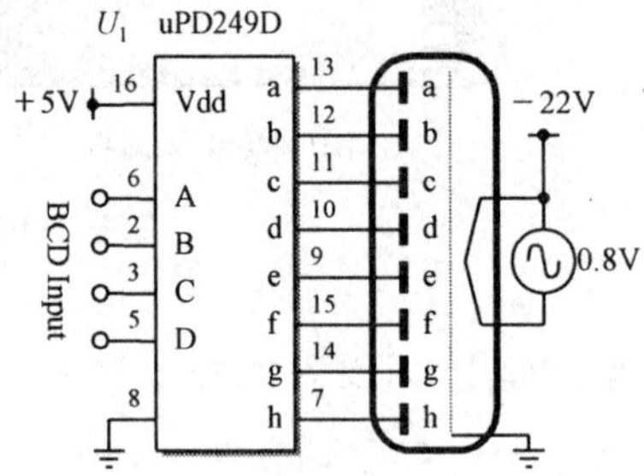

(b) 구동회로 예

그림 3-109 ● 형광표시관의 기호 및 구동회로

형광표시관의 밝기는 필라멘트에서의 전자량, 즉 필라멘트 전압과 애노드 및 그리드의 바이어스 전압으로 정해지며, 필라멘트 전압은 정격을 넘어서면 수명이 짧아지고, 전압이 낮으면 밝기가 떨어지므로 필라멘트와 바이어스 전압을 적절하게 유지하는 것이 중요하다.

그림 3-109(b)는 형광표시관의 스태틱 점등회로 예를 나타낸 것으로서 필라멘트를 구동하는 전압은 교류를 사용해 히터의 양끝 전압차에 의한 빛의 불균일을 방지한다. 그리드는 항시 0V로 고정해 필라멘트의 열전자를 가속 및 확산시키고, 이 열전자 중 uPD249D IC에서 0V로 선택된 단자에만 전자가 도착해 빛을 내며, 선택되지 않은 단자는 플로팅 상태가 되어 전자가 도착하지 않는다. 이 방전관을 다이나믹 방식으로 점등하려면 **그림 3-110**과 같이 그리드 전압을 제어해 표시자리를 선택한다.

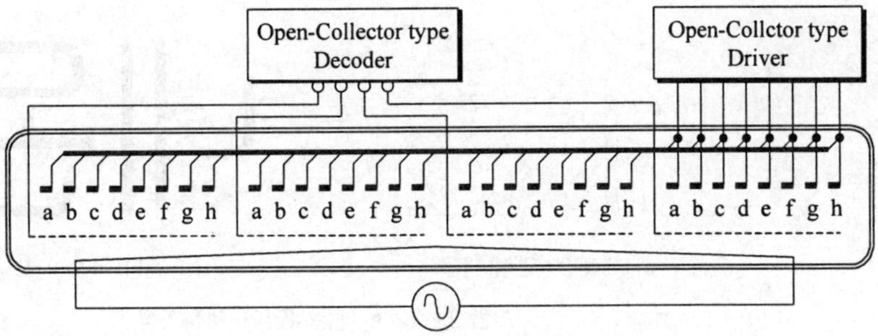

그림 3-110 • 형광표시관의 다이나믹 구동회로 예

(2) 가스방전관

가스방전관(gas-plasma display)은 플라스마를 이용하기 때문에 플라스마 표시기라고도 하며, 플라스마(plasma)란 고체, 액체, 기체로 분류되는 물질의 어느 범주에도 속하지 않는 제 4의 물질을 가리키는 물리학 용어이다. 플라스마 표시기는 마주보고 있는 전극 사이에 가스를 봉입하고 전압을 인가함으로써 발생하는 가스 방전효과를 이용하며, 봉입된 가스에 따라 발생하는 빛의 색상이 다르다. 가스 종류를 선택하여 자외선을 발생시키면 컬러를 발생시키는 형광물질에 이 자외선을 투과시켜 컬러를 표시할 수 있다. 플라스마 표시기의 기본원리를 쉽게 이해하기 위해 네온방전관의 원리부터 우선 살펴본다.

1) 네온방전관의 원리

네온방전관은 '네온사인' 간판에 자주 사용되는 소자로서 **그림 3-111**과 같은 구조로 되어 있다. 유리와 아크릴이 혼합된 가늘고 긴 투명관에 네온 가스를 봉입하고, 양 끝에 나팔형태의 방전극을 설치하는데, 투명관은 알코올램프 등으로 가열하면 쉽게 변형되므로 네온사인의 글자 등을 구성할 수 있다.

그림 3-111 • 네온방전관의 구조

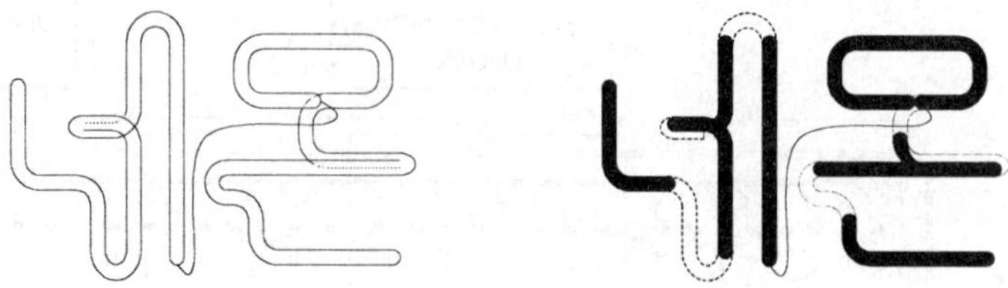

(a) 네온방전관의 가공　　　(b) 은닉 부분의 도색

그림 3-112 • 네온사인의 제작과정

이 방전관은 필라멘트 같은 가열기를 사용하지 않고 변압기에 의해 고압을 입력해(일반적으로 1m당 약 1,000V 정도) 직접 가스방전이 발생하며, 이를 '냉음극 방전관(Cold Cathode Discharge Tube)'이라 한다. 참고로 네온방전관을 이용한 네온사인의 제작과정을 **그림 3-112**에 나타내었다.

긴 네온방전관에 알코올램프로 열을 가해 구부려 **그림 3-112(a)**와 같이 기본 모양을 만든다. 그림의 경우 각 글자마다 1개씩 방전관을 사용하고, '네'자와 '온'자 사이에는 전선으로 이어놓는다. 모두 완성되면 필요 없는 부분에 검은색 칠을 해서 빛이 나타나지 않도록 하면 그림 (b)와 같이 칠이 되지 않은 부분에서만 빛이 발생한다.

2) 가스방전관의 원리

가스방전관은 네온방전관과 유사하게 진공관 속에 가스를 봉입하고 전극에 고압을 인가해 발생하는 플라스마를 이용해 문자 등을 표시한다. 가스방전관은 형광표시관과 달리 열전자를 이용하지 않으므로 히터와 가속 그리드가 필요하지 않고 구조가 간단해 제작이 용이하며, 특히 매트릭스 구조로 전극을 구성하기 쉬워 대형 디스플레이 제작에 유리하다. 그러나 자체에서 가스방전이 발생해야 하므로 상당한 고압이 필요하고 가스방전에 따른 발열이 크며 전력소비가 크다는 단점이 있다. 이에 따라 전극의 간격을 가깝게 제작해 전압을 낮추고 소비전력이 작도록 개선이 이루어지고 있다.

가스방전관은 메이커에 따라 플레이나(planar) 가스방전관, 닉시(Nixie)관, 그리고 빛을 매우 밝게 방사하는 플라스마 표시기(Plasma Display) 등이 있다. 가스방전관은 LCD같은 수광(受光)형이 아니라 자체에서 빛을 내는 발광(發光)형이므로 화면이 선명하고 응답속도가 빠르기 때문에 대형 디스플레이 특히 '벽걸이형 텔레비전용'으로 사용된다. 또한 LCD와 달리 화면을 비껴서 보았을 경우에도 선명도가 떨어지지 않으

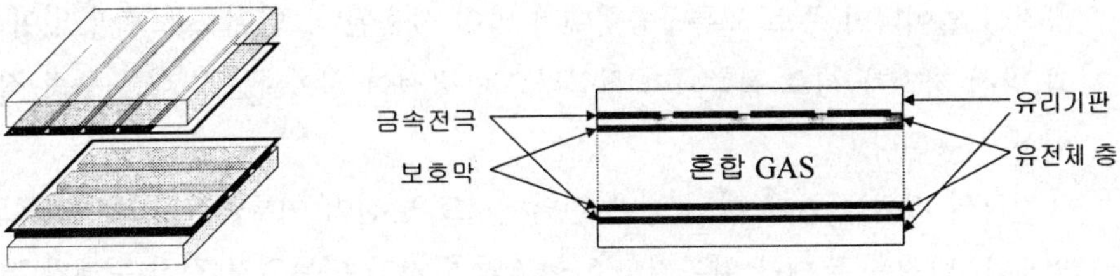

그림 3-113 • 플라스마 표시기의 구조

며(LCD의 시야각은 90°, 플라스마 표시기는 140° 이상), LCD에 비해 극판의 간격이 상당히 넓으므로 대형 화면의 제작에 훨씬 유리하다.

플라스마 표시기는 구동방식에 따라 교류구동형(간접 구동형)과 직류구동형(직접 구동형)으로 나뉘며 이들은 구조와 동작원리가 약간 다르다. **그림 3-113**에 플라스마 표시기의 기본구조를, **그림 3-114**에 가스방전관 중 닉시관의 구동회로 예를 나타내었다. 그림에서 위쪽 전극과 아래쪽 전극은 매트릭스로 구성된 X축과 Y축 전극의 교점을 나타낸 것으로서, 방전용 혼합 GAS는 약 0.1mm 사이의 공간에 네온과 아르곤의 혼합 가스 또는 네온과 크세논의 혼합 가스 등이 봉입되어 있다. 여기서, 방전 전극과 방전 가스가 서로 보호막으로 절연되어 있는 경우에는 절연막을 경유해 간접적으로

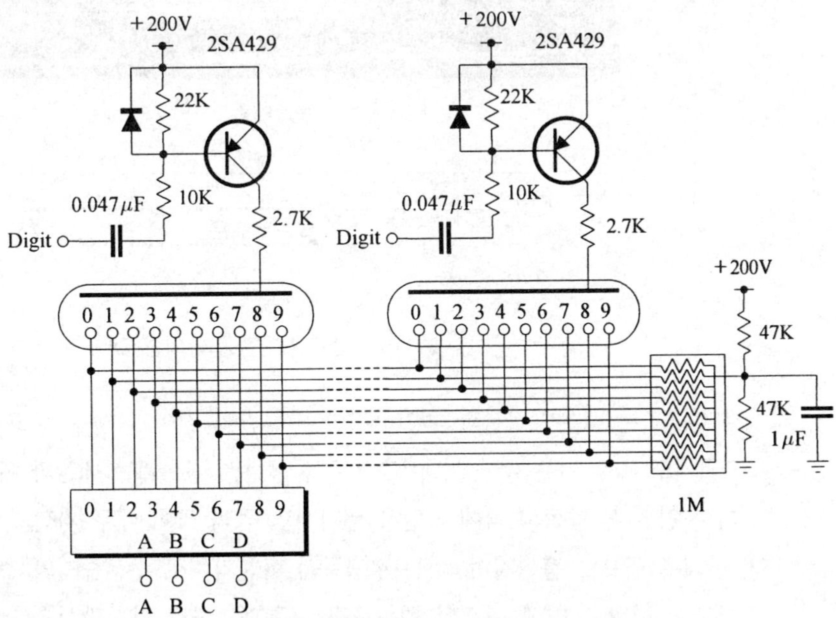

그림 3-114 • 닉시관의 다이나믹 구동 예

방전이 일어나며 주로 교류구동형에서 많이 사용된다. 반대로 보호막 없이 방전 전극과 방전 가스가 서로 접촉되어 직접적으로 방전이 일어나는 방식은 주로 직류 구동형에서 사용된다.

전극의 간격을 좁게 하면 낮은 전압에서도 방전이 이루어지고 소비전력도 줄일 수 있으나, 방전층 두께가 얇아지므로 화면의 밝기가 어두워져 적정 두께와 전압을 유지해야 한다.

(3) 냉음극 형광등

1) 냉음극 형광등의 원리

냉음극 형광등(CCFL : Cold Cathode Fluorescent Lamp)은 가스방전관과 형광등의 원리가 복합된 것으로서 LCD 화면의 백-라이트(back-light), 스캐너나 디지털 복사기의 원고용 조명에 사용되는 초소형 형광등이다. **그림 3-115**에 냉음극 형광등의 외형 및 구조를 나타내었다.

(a) 외형

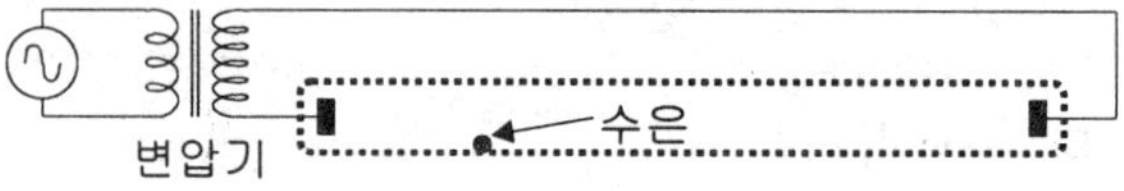

(b) 구조

그림 3-115 • 냉음극 형광등의 외형 및 구조

기본구조는 네온방전관과 동일하지만 방전관의 길이가 매우 짧고(보통 수 10cm 정도) 굵기도 매우 가는(1cm 이내) 것으로서 방전관 내부에는 네온과 아르곤이 혼합된 가스가 봉입된다. 양쪽의 극에 고압을 인가하면 극과 극이 매우 가깝기 때문에 직접 전자가 반대쪽 극으로 뿜어지며, 이는 형광등과 마찬가지로 수은증기와 충돌해 자외선을 방사하고 방전관 표면에 도포된 형광물질을 통과하면서 가시광선으로 변환된다.

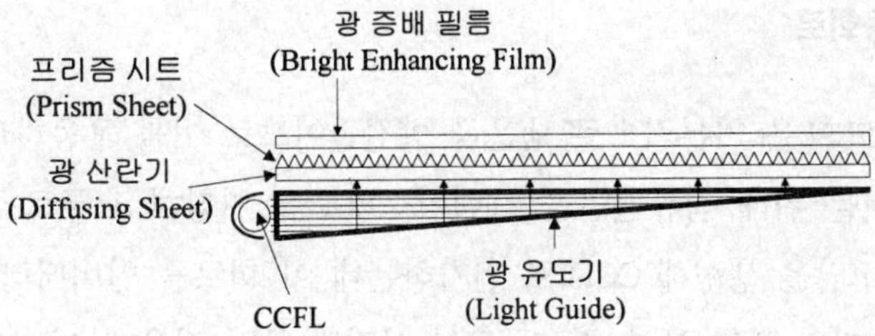

(a) 소형 화면용 백-라이트

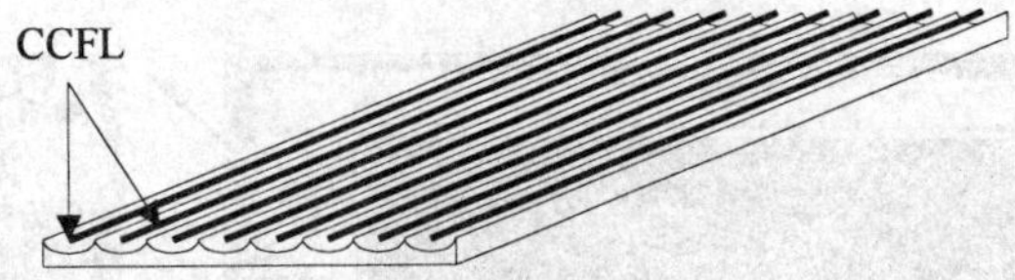

(b) 대형 화면용 백-라이트

그림 3-116 • CCFL을 이용한 LCD 백-라이트의 예

그림 3-116에 LCD 모니터나 노트북 컴퓨터의 백-라이트로 사용된 상태의 구조를 나타내었다. 그림 (a)는 소형 모니터에 사용하는 형태로서 LCD 뒷면에 그림과 같은 기구들이 설치되고 한쪽에서 CCFL로 빛을 발하면 광유도기에 의해 평면으로 빛을 퍼뜨린 후 광산란기, 프리즘 등을 거쳐 빛이 얼룩지지 않고 고르게 퍼지도록 한다. 이에 비해 대형 모니터나 텔레비전 등에서는 그림 (b)와 같이 여러 개의 CCFL을 배열해 전체적으로 밝고 균일한 빛을 발생시킨다.

2) 외극(外極) 형광등

형광등(EEFL : External Electrode Fluorescent Lamp)은 CCFL을 더 간소화한 개량형으로서 CCFL의 상세한 구조는 **그림 3-117(a)**와 같이 되어 있으나, 이를 그림 (b)와 같이 형광등의 외부에 전극을 설치했다. 이에 따라 제작이 더 쉬워지고 견고해지는 특징이 있다.

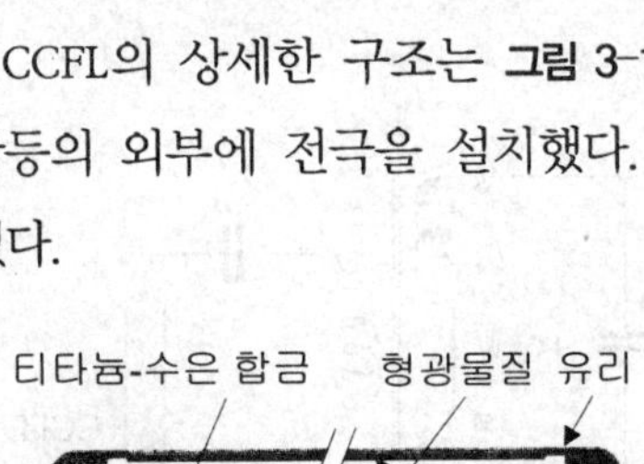

(a) CCFL

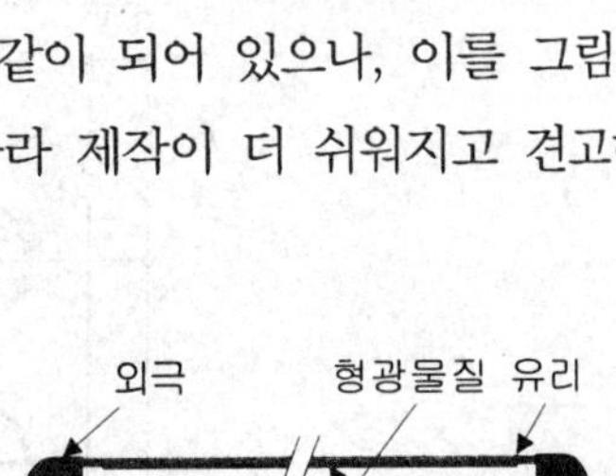

(b) EEFL

그림 3-117 • CCFL과 EEFL의 구조

3) 구동회로

CCFL, EEFL은 기본적으로 냉음극 방전관이므로 이를 구동하려면 상당한 고압이 필요하며 이를 위해 직류전압을 트랜지스터로 스위칭해 교류로 변환한 후 트랜스포머에 의해 고압을 생성해 CCFL로 인가하는데 이 회로를 인버터라 한다. **그림 3-118**은 노트북 컴퓨터의 화면 부분 회로들로서 사진의 중앙 검은 판이 TFT LCD 패널이고 우측 세로로 긴 기판이 CCFL을 구동하기 위한 고압을 생성하는 인버터 회로이다.

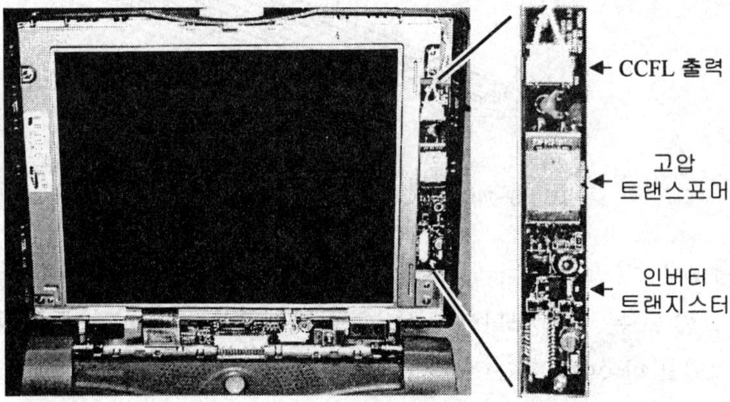

그림 3-118 • 노트북 컴퓨터의 CCFL 구동회로 예

그림 3-119는 인버터 원리회로의 일례를 나타낸 것으로서 트랜지스터 Q_1 이 동작해 L_1 에 전류가 흐르면 L_3 의 점 쪽이 (+)가 되어 다음에는 트랜지스터 Q_2 가 동작하고 이 때문에 L_3 의 점 쪽이 (−)가 되어 다음에는 트랜지스터 Q_1 이 동작하는 과정이 반복되어 출력권선 L_4 에 고압이 발생한다.

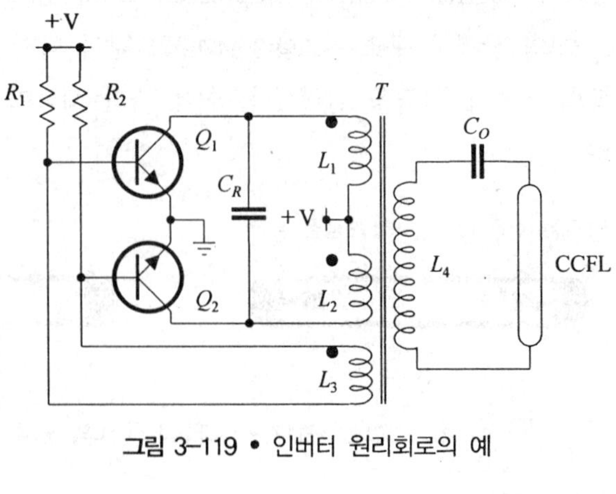

그림 3-119 • 인버터 원리회로의 예

출력에 접속된 커패시터 C_O는 CCFL에 과전류가 흐르는 것을 방지하기 위한 것으로서 형광등의 안정기와 유사한 동작을 행한다. 또한 전원 +V를 PWM 등에 의해 제어하면 CCFL의 밝기를 조절할 수 있다.

실제로 제작되는 인버터는 대부분 밝기조절 및 각종 보호회로 등을 내장한 IC로 구성된다.

4) 압전 트랜스포머

압전 트랜스포머는 'Piezoelectric Transformer'의 번역으로서 약자로 PZT라 하는데, 이는 인덕터에 의한 자계 트랜스포머 대신 압전현상을 이용해 고압을 발생하는 것으로서 자계 트랜스포머에 비해 소형, 고효율로 제작이 가능하다.

자계 트랜스포머는 **그림 3-120(a)**에 나타낸 바와 같이 전류를 자계로 변환하고 이 자계로부터 다시 전기를 생산하는 방법으로 전압과 전류를 변화시키지만, 압전 트랜스포머는 그림 (b)에 나타낸 바와 같이 전류를 기계적 진동으로 변환하고 이 진동으로부터 다시 전기를 생산하는 방법을 사용한다. 이때 특히 기계적 진동을 압전소자의 고유 진동수와 일치시키면 공진현상이 발생해 효율이 극대화될 수 있다.

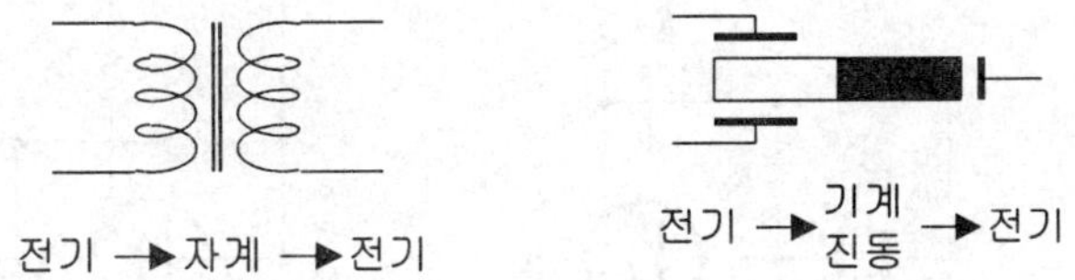

(a) 자계 트랜스포머 (b) 압전 트랜스포머

그림 3-120 • 트랜스포머들의 원리

압전 트랜스포머는 2종류의 압전소자를 이용하는데, 1차 측은 전기에 비해 진동이 강하게 나타나는 물질로 구성된 것, 2차 측은 진동에 비해 전기가 강하게 나타나는 물질로 구성된다.

그림 3-121은 압전 트랜스포머의 실물을 나타낸 것으로서 위쪽은 1.5W′, 아래쪽은 10W′의 전력을 발생시키며, 동일한 출력을 발생하기 위한 자계 트랜스포머에 비해 크기가 매우 작아진다.

그림 3-121 • 압전 트랜스포머
(사진 출처 Linear Technology AN81)

압전 트랜스포머는 크리스털과 동일한 원리이므로 **그림 3-122(a)**와 같은 크리스털 발진기의 크리스털 부분에 그림 (b)와 같이 압전 트랜스포머를 대체해 사용할 수 있다. 이 경우 압전 트랜스포머의 1차 측을 크리스털 소자로 사용하기 때문에 2차 측까지의 특성이 고려되지 않아 다소 효율에 떨어지지만 회로가 매우 간단하므로 단순한 용도에 사용할 수 있다.

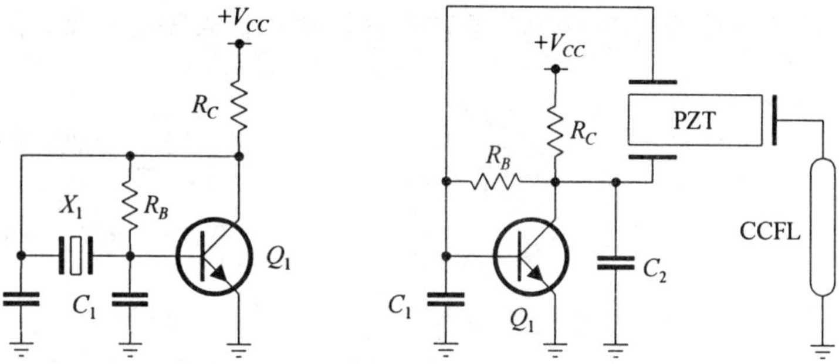

(a) 크리스털 발진기　　(b) 압전 트랜스포머 회로

그림 3-122 • 압전 트랜스포머 구동회로 예

이에 비해 **그림 3-123(a)**와 같이 2차 측의 출력을 이용해 회로 전체적으로 자려식(自勵式) 발진회로를 구성하면 압전 트랜스포머의 효율이 크게 향상된다. 또한 그림 (b)와 같이 압전 트랜스포머의 2차 측에 귀환 출력이 발생하는 것을 이용하면 출력신호에 영향을 주지 않으면서 회로를 구성할 수 있어 더욱 효율이 증가한다. 즉 그림 (a)에서는 발생된 고압이 저항을 통해 분압하기 때문에 전력소모가 불가피하지만 그림 (b)는 2차 출력과 동일한 위상의 작은 전압이 귀환 전용으로 발생하므로 귀환에 의한 전력소모를 크게 줄일 수 있다.

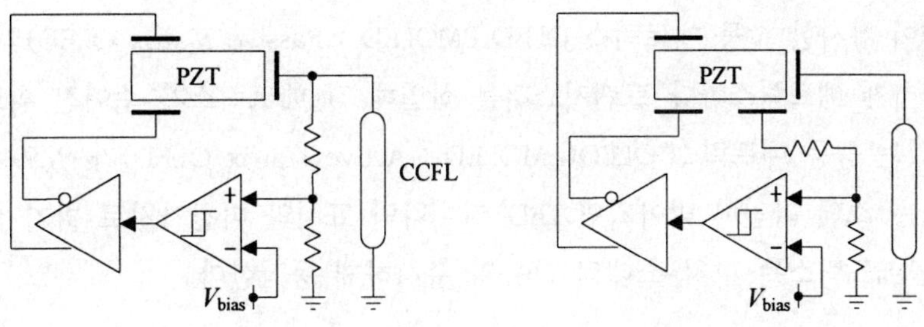

(a) 출력을 귀환 (b) 귀환 전용출력의 이용

그림 3-123 • 자려식 압전 트랜스포머 구동회로 예

(4) 기타 표시장치

지금까지 살펴본 각종 표시장치들 이외에 OLED와 FED가 있는데, LCD, PDP와 더불어 이들 4가지는 모두 얇은 평면으로 구성되기 때문에 FPD(Flat Panel Display)라 부른다.

1) OLED

OLED(Organic Light Emitting Diode)는 '유기물 LED'라 번역할 수 있는데. LED를 매트릭스 구조의 평면으로 대량 구성할 수 있어 LED TV 등에 사용된다. 이의 기본적인 구조를 **그림 3-124**에 나타내었다.

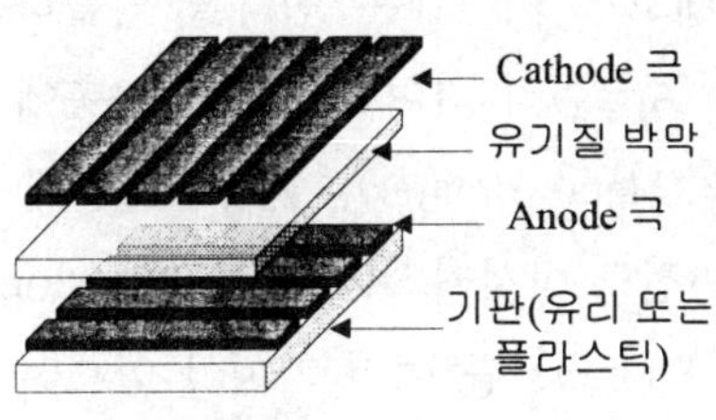

그림 3-124 • OLED의 기본구조

OLED는 그림과 같이 애노드와 캐소드 매트릭스 양 극 사이에 유기질 박막이 끼워져 있고 이 박막에서 LED와 동일한 원리로 빛을 발생하기 때문에 빠른 응답속도와 넓은 시야각의 특징이 있으며, LCD는 광원에서 일단 빛을 발생한 후 이 빛을 차단하는 원리이므로 광원이 항상 켜져 있어야 하지만 OLED는 필요한 곳에만 빛을 발생하기 때문에 전력효율이 매우 뛰어난 장점이 있다. 이 소자는 일반 매트릭스형 LED와 특성이 유사한 수동 매트릭스 OLED(PMOLED : Passive Matrix OLED)와 TFT LCD와 유사하게 매트릭스마다 트랜지스터를 삽입해 각 매트릭스가 주어진 휘도로 계속 켜져 있는 능동 매트릭스 OLED(AMOLED : Active Matrix OLED)가 있으며, 수동 매트릭스는 스캔 라인이 많아지면 LED 다이나믹 표시와 마찬가지로 밝기가 어두워지고 능동 매트릭스는 마치 스태틱 구동과 유사하게 동작한다.

2) FED

CRT는 부피가 크고 무게가 무거운 것을 제외하면 표시장치 중 가장 고성능인 것으로 알려져 있다. FED(Field Emission Display)는 이러한 CRT의 원리를 얇은 판에 적용해 평판형 CRT로 구성한 것으로서 FED는 직역하면 '전계방출 디스플레이'라 할 수 있다. 기본원리는 **그림 3-125**에 나타낸 바와 같이 형광표시관과 상당히 유사하다.

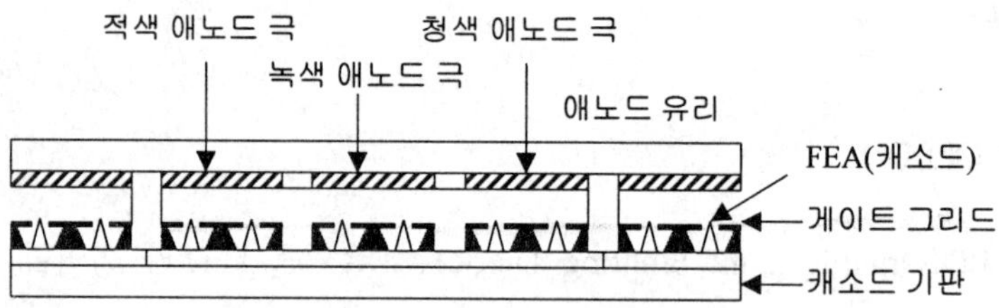

그림 3-125 • FED의 기본구조

아래에 위치한 캐소드 기판에는 전자를 방출하는 소자들이 위치하는데 이들을 FEA(Field Emission Array)라 하며 CRT의 전자총에 해당한다. FEA를 구성하는 방법으로는 금속 방사기(Metal Emitter), 금속-절연체-금속 방사기(Metal-Insulator-Metal Emitter), 표면전도 방사기(Surface Conduction Emitter). 탄소 나노튜브 방사기(Carbon Nanotube Emitter) 등 여러 가지가 있으며, 이들에 관해서는 해당 전문서적을 참조하라.

FEA에서 발생한 전자는 그리드 모양으로 구성된 게이트를 통과해 애노드에 충돌하며, 이때 해당 애노드의 형광물질 색상으로 빛이 발생한다. 이와 같이 캐소드의 전자방출과 애노드에서의 빛발생은 형광표시관과 유사하지만 표시하는 방법에 있어서는 CRT의 주사원리가 적용된다. 즉 형광표시관은 주사에 의한 것이 아니고 세그먼트 LED와 같이 블록 단위로 선택하지만, FED는 수많은 도트들을 표시해야 하므로 **그림 3-126**에 나타낸 바와 같이 매트릭스 형태로 구성해 CRT와 같이 주사한다.

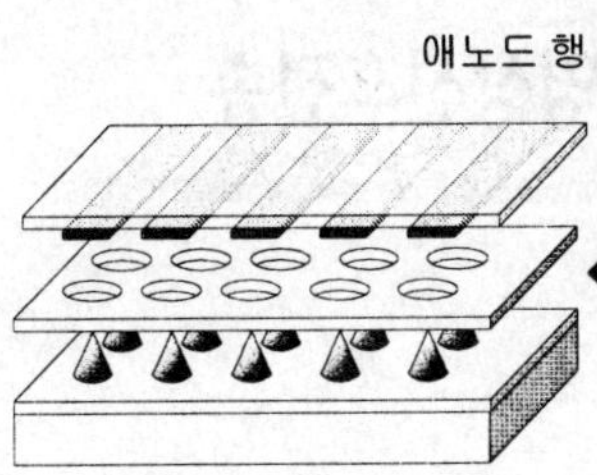

그림 3-126 • FED의 매트릭스 구조

결론적으로 CRT는 한 개의 전자총으로 각 색상 입자들을 주사하기 때문에 부피가 커지지만, FED는 색상 입자들마다 초소형 전자총들을 설치해 주사하므로 매우 얇은 형태의 CRT가 구성되어 Thin-CRT라고도 한다. 따라서 화면밝기, 속도, 시야각, 전력 효율 등은 CRT와 동일한 우수한 특성을 가진다.

02 영상신호전송

1 컴퍼지트 신호

화면을 전송하려면 송신측과 수신측 사이에 영상신호(화면의 점을 표현하는 신호), 수평동기, 수직동기신호들을 전송해야 하는데 컴퓨터와 모니터 사이는 근거리이므로 이들 신호를 각각 개별 선을 접속해 전송하지만, 전파로 전송하는 텔레비전 신호나 이와 접속되는 VTR 등에서는 여러 채널을 사용할 수 없으므로 이들 신호를 합성해 단일 채널을 통해 전송한다.

GND를 제외한 단 하나의 라인으로 수직동기, 수평동기, 그리고 화면신호와 컬러 신호까지 동시에 전송하려면 이들 신호를 특수한 형태로 합성해야 하는데, 이를 컴퍼지트(composite) 신호라 하며 아날로그 텔레비전, VTR, 그리고 TV 화면을 이용하는 게임기 등의 출력은 모두 이 형식으로 전송한다.

(1) 흑백 컴퍼지트 신호

컬러 컴퍼지트 신호는 흑백 컴퍼지트 신호에 컬러신호를 추가해 완성되는데, 이 과정은 매우 복잡하므로 흑백 컴퍼지트 신호를 먼저 살펴본 후 컬러 신호를 별도로 다룬다.

1) 수평동기신호

컴퍼지트 신호는 단 하나의 전선을 통해 모든 신호를 전송해야 하므로 화면신호와 동기신호를 전압 레벨로서 구분한다. **그림 3-127**은 컴퍼지트 신호 중의 수평동기(H.Sync) 신호를 나타낸 것으로서, 동기신호는 전체 전압을 100%로 했을 때 25% 전압 이하로 전달한다. 컴퍼지트 신호에서는 이 전압을 경계로 윗부분에 화면의 밝기에

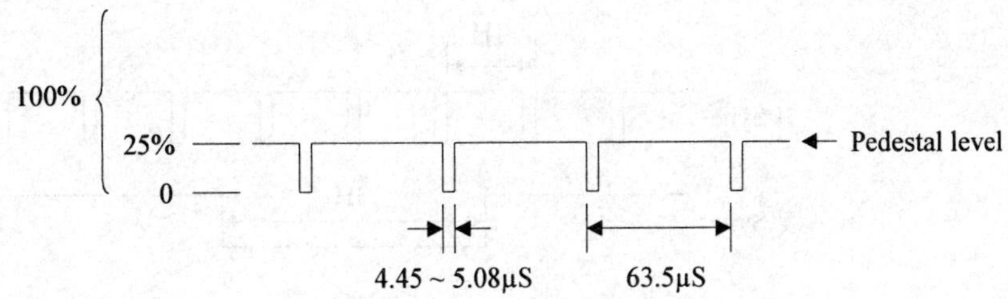

그림 3-127 • 수평동기신호

해당하는 영상신호전압을, 아래 부분에 동기신호를 나타내도록 규정되어 있으며, 이 경계를 페데스털 레벨(pedestal level)이라 한다.

2) 수직동기신호

수직동기(V.Sync)신호는 수평동기신호에 비해 매우 낮은 주파수(수직동기 주파수는 60Hz, 수평동기 주파수는 15.75kHz)이므로 수직동기 펄스폭 또한 수평동기의 펄스폭보다 훨씬 크다. 따라서 이들의 상대적 크기를 비교해 나타내면 **그림 3-128**과 같다.

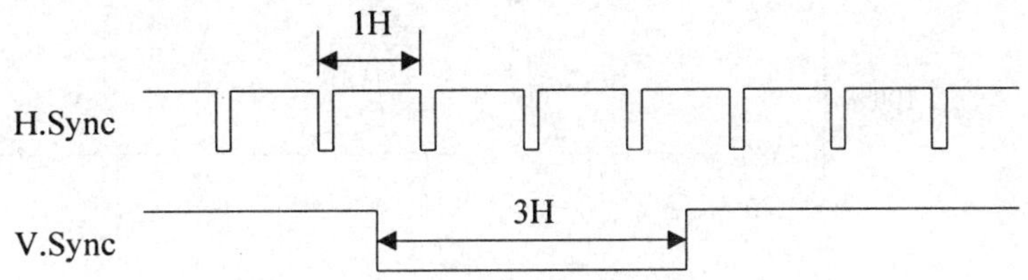

그림 3-128 • 수평동기 신호와 수직동기 신호

이 신호들은 **그림 3-129**와 같이 XOR 게이트를 통과시키면 간단히 합성할 수 있으며 이를 컴퍼지트 동기신호(composite Sync.)라 한다.

합성된 동기신호를 살펴보면 수직동기 기간 중에도 수평동기신호는 계속 전송되고 있고, 합성신호를 거시적인 관점에서 보면 수직동기신호의 형태를 관찰할 수 있다. 이 신호에서 원래의 신호들로 분리하는 회로는 매우 간단하며 이후의 컴퍼지트 모니터 회로해설에서 설명한다.

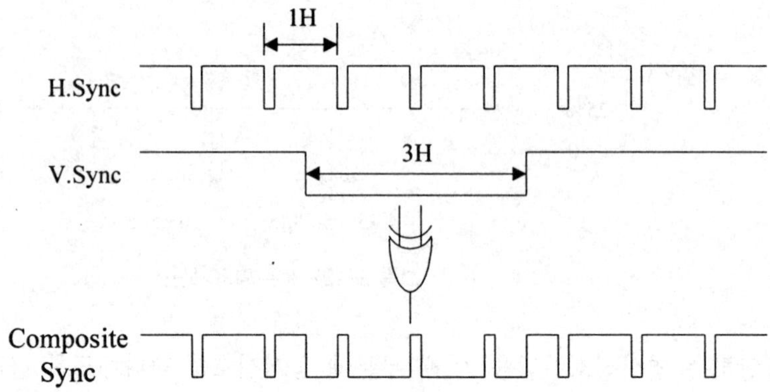

그림 3-129 • 동기신호의 합성

3) 흑백 화면신호

화면신호는 컴퍼지트 동기신호에 **그림 3-130**과 같이 페데스털 레벨 위쪽에 중첩해 전송하는데, 동기신호 기간 중(귀선 중)에는 화면에 아무 것도 표시되지 않으므로 동기신호와 화면신호는 동시에 사용되지 않아 서로 간섭하지 않는다.

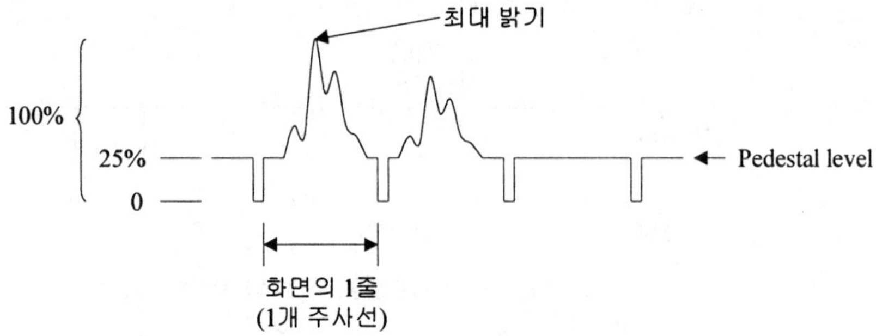

그림 3-130 • 동기신호와 화면신호의 합성

그림 3-131 과거 8비트 애플컴퓨터에서 컴퍼지트 화면신호를 발생하는데 사용했던 회로를 나타내었다. 트랜지스터의 베이스단에는 화면의 흑백표시를 위한 dot 신호와 합성 동기신호를 서로 혼합하기 위해 각각 저항을 통해 접속되어 있다. 이 신호는 이미터-폴로워로 구성된 트랜지스터 증폭기에 의해 버퍼링되어 최종 출력을 송출한다. 이 회로의 출력신호 크기는 200Ω 가변 저항으로 조절할 수 있으며, 출력전압은 0 ~ 1.4 V_{pp} 까지 조절 가능하고, 'Dot', 'H.Sync', 'V.Sync' 신호들은 LS-TTL 출력이다.

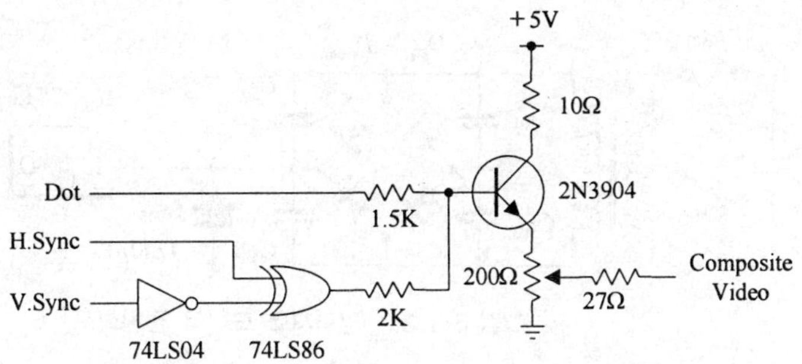

그림 3-131 • 컴퓨터에서의 컴퍼지트 신호발생 예

예를 들어 화면에 **그림 3-132(a)**와 같은 모양을 표시한다면 이때 컴퍼지트 신호는 그림 (b)와 같이 된다.

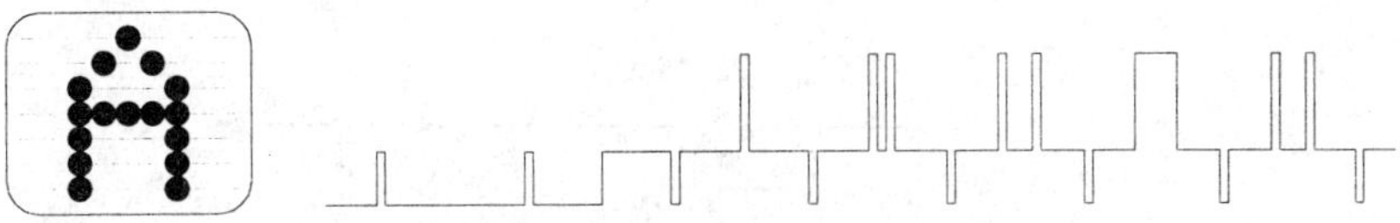

(a) 표시화면 (b) 컴퍼지트 신호

그림 3-132 • 컴퍼지트 신호의 표시 예

(2) 흑백 컴퍼지트 모니터 회로해설

흑백 컴퍼지트 신호 및 이를 다루는 예로서 흑백 컴퍼지트 모니터 회로를 분석해 본다. 특히 여기서 다룰 회로는 동작원리를 상세히 살펴보기 위해 개별 트랜지스터로 구성된 구품종을 이용했다.

1) 전원회로

전원회로는 모니터를 가동하기 위한 전기를 생성하는 부분으로서 **그림 3-133**에 이를 나타내었다. 회로에서 좌측에 입력된 라인전원을 트랜스포머에 의해 적당한 크기의 교류전압으로 변환한 후 이를 브리지 정류회로를 거쳐 정류하고 C_{505}로 평활시킨다. C_{501}부터 C_{504}까지는 다이오드의 스위칭 잡음을 흡수하기 위한 것이다. 평활된 전압은 다시 U_{501} 7812 원-칩 정전압(one-chip regulator) IC로 입력되어 정전압화된 +12V를 생성해 회로의 각 부에 공급한다.

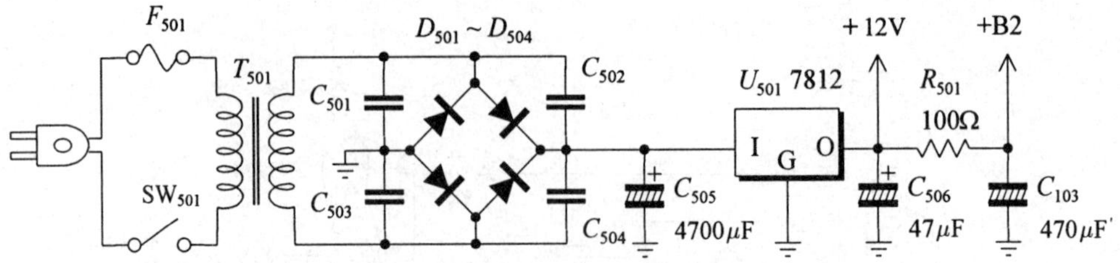

그림 3-133 • 컴퍼지트 모니터 전원회로

여기 소개한 컴퍼지트 모니터는 소비전력이 비교적 작아 최대 전류 1A(무한대 방열판 사용 시)인 원-칩 정전압 IC를 큰 방열판에 부착한 것만으로도 충분히 동작한다. 이보다 더 구품종에서는 원-칩 정전압 IC 대신 **그림 3-138**의 개별소자로 구성된 직렬제어형 정전압회로를 사용하였다.

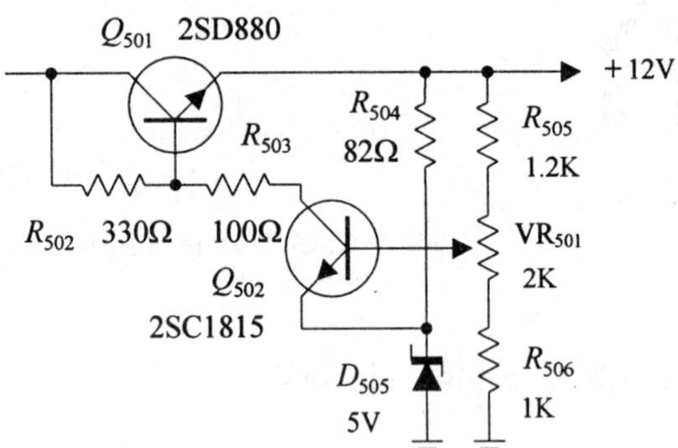

그림 3-134 • 개별 소자로 구성된 정전압회로

회로에서 출력전압은 R_{505}, VR_{501}, R_{506}에 의해 분압되어 Q_{502}의 베이스로 인가되며, 이는 R_{504}, D_{505}에 의해 생성된 기준전압 5V와 비교된다. 만약 출력전압이 높아지면 분압전압이 높아지고 이에 따라 Q_{502}는 전류가 증가되며, 이는 Q_{501}의 베이스 전류를 감소시키므로 출력전압은 줄어든다. 따라서 VR_{501}을 조절하면 분압량이 가변되어 출력전압이 조절된다.

2) CRT 구동회로

CRT 구동회로는 전자총의 캐소드를 제어해 화면에 주사되는 전자빔을 조절한다.

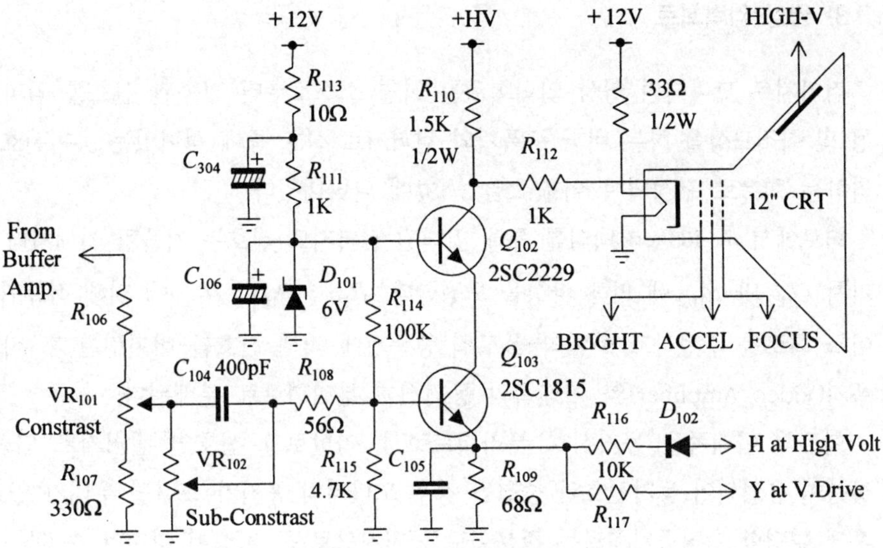

그림 3-135 • CRT 구동회로

그림 3-135에 컴퍼지트 모니터 CRT 구동회로를, **그림 3-136**에 배열을 달리한 회로를 나타내었다. 이들 회로에서 알 수 있듯이 컴퍼지트 모니터 회로도 모노크롬 모니터와 거의 유사하다.

이미터 접지 증폭기 부분에서 컴퍼지트 모니터의 경우에는 아날로그 신호(신호의 밝기)를 다루기 때문에 바이어스가 인가되어 있고, 이미터단에는 귀선신호가 입력된다. 이는 바이어스 전압으로 인해 귀선 기간 중에도 어느 정도 밝기가 유지되어 귀선 자국이 화면에 나타나므로, 귀선 중일 때는 화면에 귀선 자국이 나타나지 않도록 이미터단에 신호를 가해 이득을 크게 떨어뜨리는데, 이를 '블랭킹(blanking) 신호'라 한다.

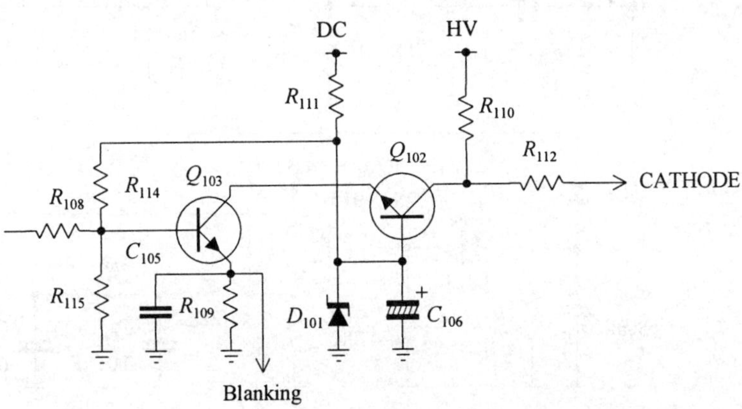

그림 3-136 • 다시 그린 CRT 구동회로

3) 영상 입력회로

컴퍼지트 모니터의 영상 입력회로는 화면 소스로부터 전송된 신호를 임피던스 매칭 및 화질보상을 하는 버퍼 증폭기와 컴퍼지트 신호 중에 섞여있는 동기신호들을 분리하는 회로로 구성되며 이를 **그림 3-137**에 나타내었다.

회로에서 J_1 RCA 커넥터를 통해 입력된 컴퍼지트 신호는 커플링 커패시터 C_{101}을 거쳐 C_{102}와 R_{102}에 의해 파형을 보정한다. R_{103}, R_{104}, R_{105}에 의해 전류귀환 바이어스 회로를 구성하고 이미터-폴로워 증폭기에 의해 신호를 버퍼링한 후 비디오 증폭기(Video Amplifier)와 아래쪽의 동기신호 분리회로로 분배된다.

회로의 아래쪽은 동기신호 분리회로로서, 아날로그 신호인 컴퍼지트 입력신호에 잡음이 유입되어 동기신호와 중첩될 경우 모니터의 동기가 교란될 우려가 있으며, 이후에 설명할 수직동기회로는 적분회로를 거치므로 큰 지장이 없지만 수평동기회로의 경우 쉽게 교란된다. 따라서 D_{201}, C_{202}, R_{101}로 잡음 억제회로를 구성해 잡음 유입에 대비하는데, 버퍼 증폭기의 바이어스 전압, 즉 페데스털 레벨보다 높은 전압에서는 다이오드를 통해 곧바로 C_{202}로 충전되지만 이보다 낮은 전압, 즉 동기신호들에 대해서는 R_{101}을 통해 방전되도록 구성되어 있다. 따라서 페데스털 레벨보다 낮은 신호의 폭이 C_{202}, R_{101}에 의해 정해지는 시정수보다 크지 않는 경우 회로는 반응하지

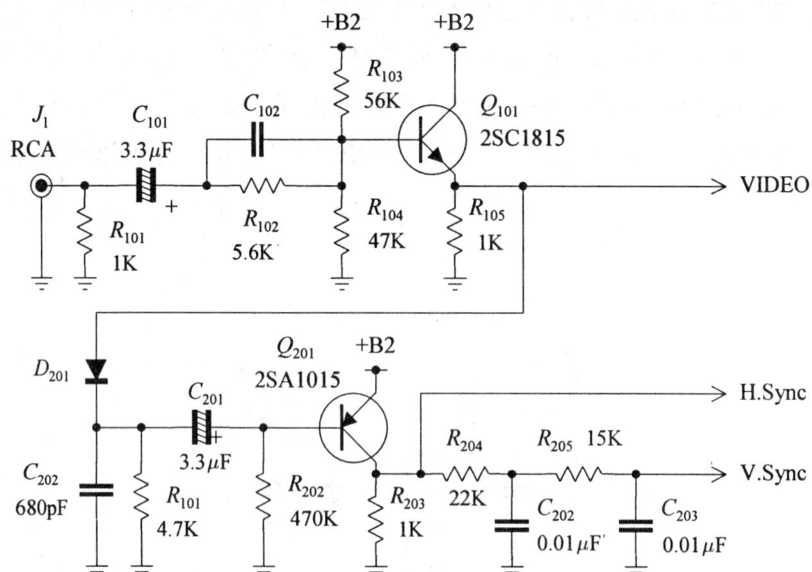

그림 3-137 • 영상 입력회로

않고, 시정수보다 큰 정상적인 동기신호에 대해서는 충분히 방전하므로 방전파형이 Q_{201}에 의해 증폭되어 동기신호만이 분리되면서 반전 출력된다.

R_{204}, R_{205}, C_{202}, C_{203}은 합성 동기신호로부터 수직동기신호를 추출하는 부분인데, **그림 3-138**에 나타낸 바와 같이 동기신호가 2단의 저역통과 필터를 통과하면 날카로운 수평동기신호는 적분되어 없어지고 수직동기신호만 남으며, 이 신호를 디지털 증폭하면 완전한 수직동기 파형을 얻을 수 있다. 그림에서 분리된 수직동기신호의 리플성분은 수평동기신호의 폭이 매우 좁기 때문에 실제로 거의 나타나지 않으나 여기서는 설명을 위해 과장해 표현했다.

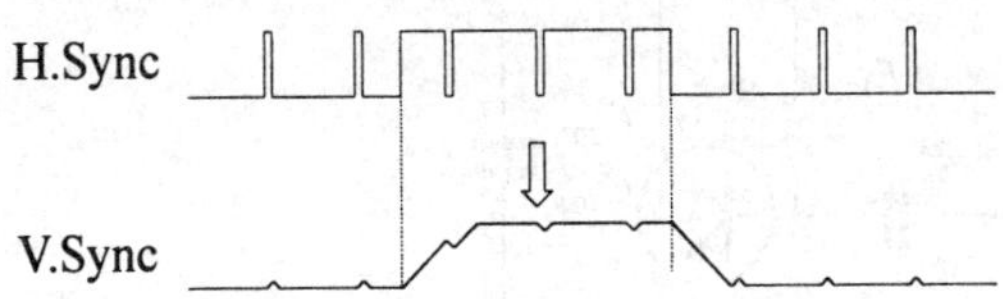

그림 3-138 • 수직동기신호의 분리

4) 수직편향 구동회로

수직편향회로는 수직주사를 행하는 회로로서 화면의 위에서 아래로 직선운동을

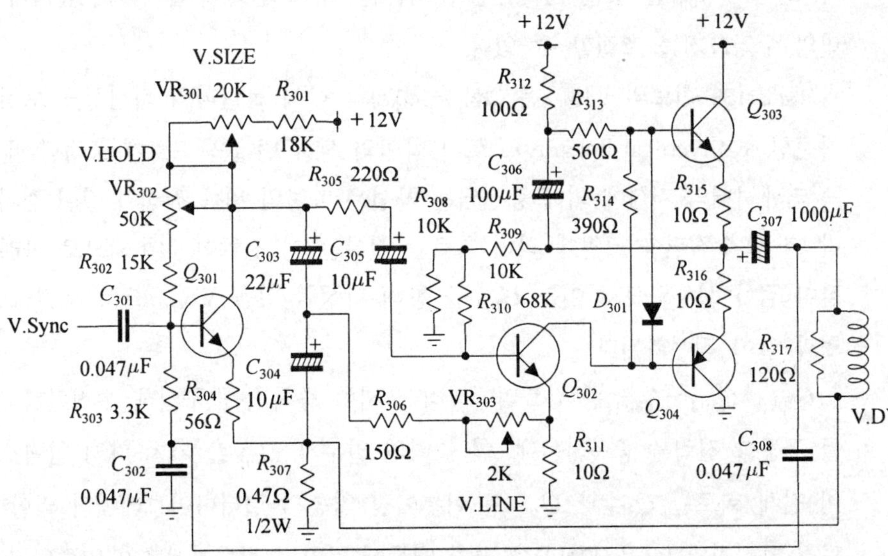

그림 3-139 • 수직편향 구동회로

하고 빠르게 다시 위로 올라가야 하므로 톱니파가 필요하다. **그림 3-139**에 컴퍼지트 모니터의 수직편향회로를 나타냈다. 톱니파를 만드는 주요 부분은 R_{301}, VR_{301}, C_{303}, C_{304}에 의한 적분회로와 이를 스위칭하는 Q_{301}인데, 이 부분을 **그림 3-140(a)**에 다시 나타내었다.

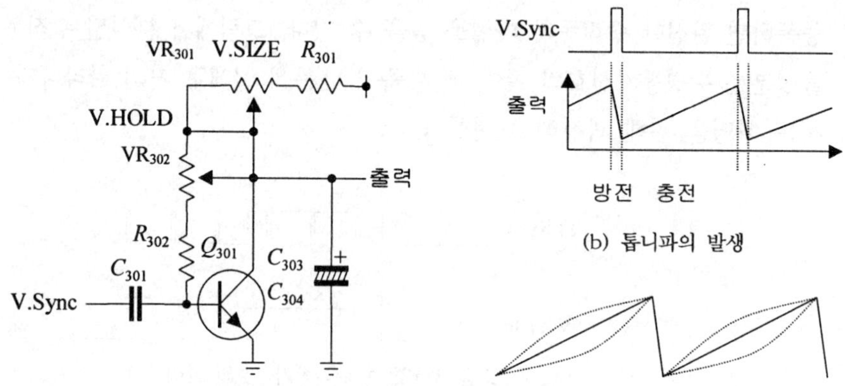

(a) 간략화한 회로

(b) 톱니파의 발생

(c) V.LINE의 효과

그림 3-140 • 톱니파 발생원리

그림 3-140(a) 회로에 수직동기신호가 입력되면 커패시터는 그림 (b)와 같이 트랜지스터에 의해 방전되고, 동기신호가 없어지면 저항과 커패시터에 의해 충전을 개시한다. 만약 VR_{301}을 조절하면 적분파형의 전류량이 변화해 톱니파의 높이가 달라져 화면의 수직크기를 조절할 수 있다.

그림 3-139 회로의 VR_{303}은 **그림 3-140(c)**와 같이 톱니파의 직선성을 보정하는 수직 직선성 보정(vertical linearity)으로서 화면의 상하 비율을 고르게 조정할 때 사용한다. 즉 커패시터와 저항에 의해 충전되는 곡선은 파형의 위쪽 점선과 같이 점차 포화되지만, 최종 수직편향 코일에 의해 흐르는 전류는 이 전압이 적분되므로 아래쪽 점선과 같이 점차 상승하므로 이를 C_{304}를 통해 합성할 양을 VR_{303}으로 조절하면 실선 파형과 같이 직선화된다.

Q_{302}, Q_{303}, Q_{304}는 컴플리멘터리 푸시풀 증폭기를 구성해 수직편향 코일 V.DY를 구동할 전력을 증폭하는데, 이 출력의 일부가 C_{308}을 거쳐 다시 입력으로 인가되어 전체 회로는 Q_{301}과 Q_{302}로 이루어진 일종의 멀티바이브레이터 역할(사실은 블로킹 발진기와 더 유사하다)을 하기 때문에 만약 수직동기신호가 입력되지 않을 경우

PLL과 같이 홀로 발진해 화면을 계속 주사한다. 동기신호가 입력되지 않았을 때 주사하지 않는다면 전자빔은 화면의 중앙에 멈추므로 형광면이 손상을 입는다.

5) 고압 발생회로

고압 발생회로에서는 전자총의 가속기 전압, 전자 렌즈 전압 등을 생성하는 회로로서 이를 **그림 3-141**에 나타내었다.

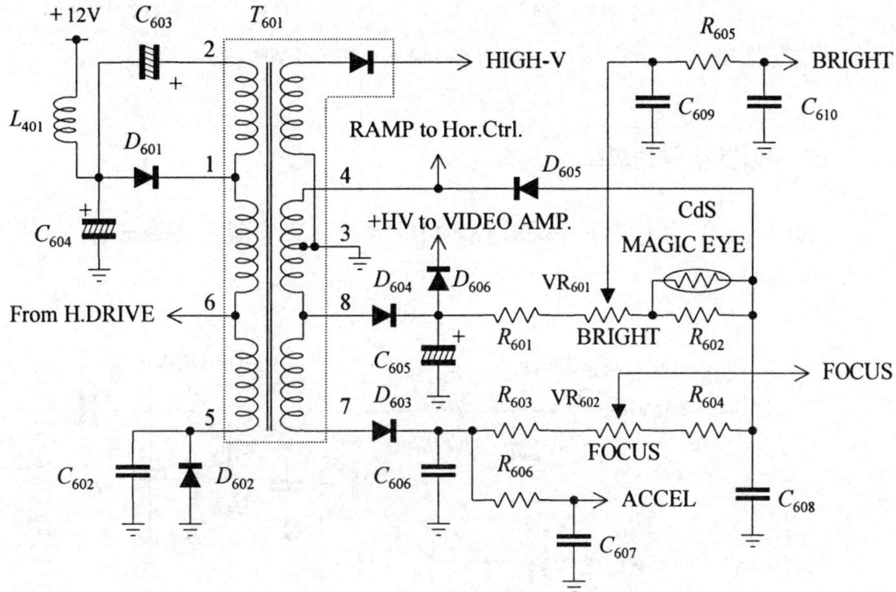

그림 3-141 • 고압 발생회로

회로의 고압 트랜스포머들은 수평편향 드라이브 회로의 트랜지스터에 의해 구동되고 코일에서 발생되는 고압은 간단한 정류회로를 거쳐 해당 부분에 공급된다. 이때 고압 코일을 구동시키는 주파수는 매우 높기 때문에(수평편향 주파수를 사용) 반파 정류만으로도 리플은 거의 나타나지 않는다. 회로에서 'MAGIC EYE'라는 기능은 **그림 3-142**에 나타낸 바와 같이 모니터 외부에 CdS 센서를 부착해 주변환경의 밝기가 변화하면 이에 따라 모니터의 밝기(brightness)를 자동으로 조절한다.

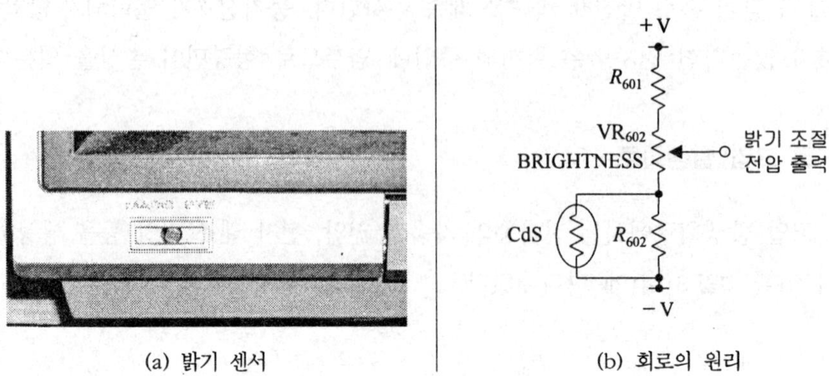

(a) 밝기 센서 (b) 회로의 원리

그림 3-142 • MAGIC EYE 기능

6) 수평편향 구동회로

그림 3-143은 수평편향 구동회로를 나타낸 것으로서 앞서 모노크롬 모니터에서의 원리와 동일하다.

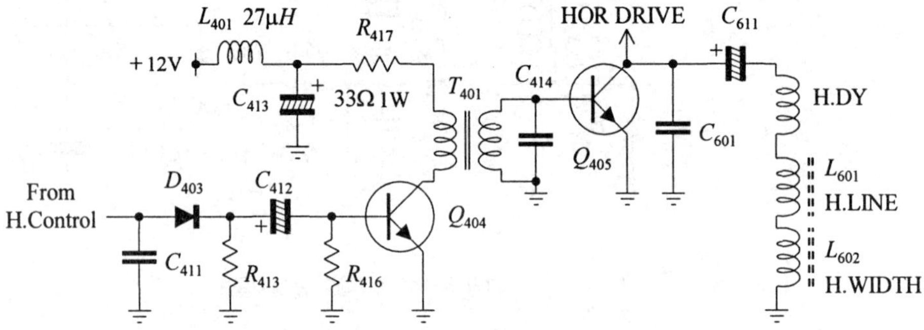

그림 3-143 • 컴퍼지트 모니터의 수평편향 구동회로

회로에서 Q_{404}와 Q_{405}가 트랜스포머 결합에 의해 접속되어 있는 점도 모노크롬 모니터의 것과 동일하며, C_{411}, D_{403}, R_{413}은 잡음에 의한 오동작을 방지하기 위한 잡음제거회로이고, C_{412}와 R_{416}은 Q_{404}를 C급과 유사하게 동작시키기 위한 클램프 회로이다.

7) 수평동기회로(AFC 회로)

컴퓨터용 모노크롬 모니터는 컴퓨터와 모니터 사이의 근거리에서 신호를 유선으로 전송하고, 시일드 선을 사용하기 때문에 잡음에 대한 영향이 거의 없으므로 컴퓨터 수평동기신호를 이용해 직접 수평편향회로를 구동한다. 이에 비해 컴퍼지트 모니터는 합성된 신호가 전달되고 더욱이 텔레비전의 경우 전파를 경유하므로 잡음이 유입되면 주파수가 높은 수평편향신호는 쉽게 영향을 받으며, 특히 이는 고압발생회로에 접속되어 있어 위험할 수도 있다. 이에 따라 컴퍼지트 모니터에서는 PLL 회로를 사용해 자체적으로 발진하면서 수평동기신호와 동기하는 방법을 사용한다. 따라서 전송되는 신호 중 수평동기신호가 교란되더라도 PLL 회로에서 자동으로 정확한 수평동기신호에 맞춰 동작하므로 안정된 결과를 얻을 수 있으며, 이를 'AFC(Automatic Frequency Control)'라 한다.

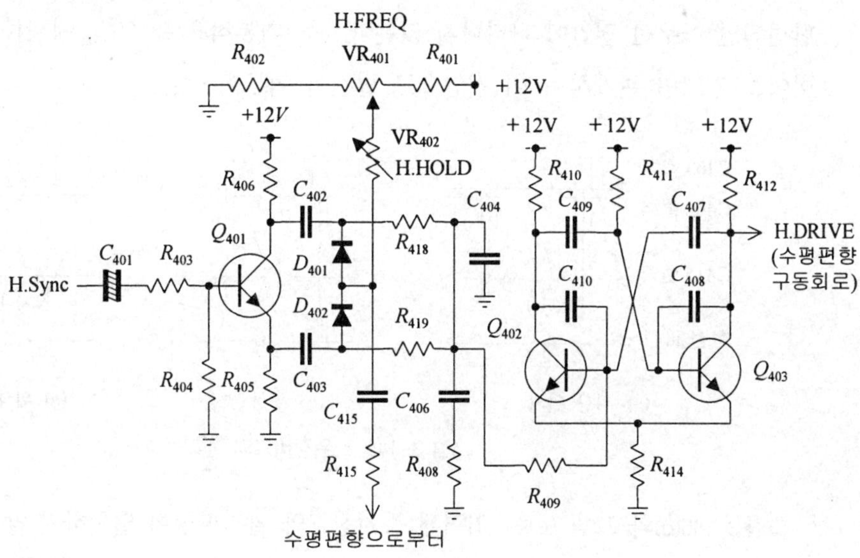

(a) 회로 예

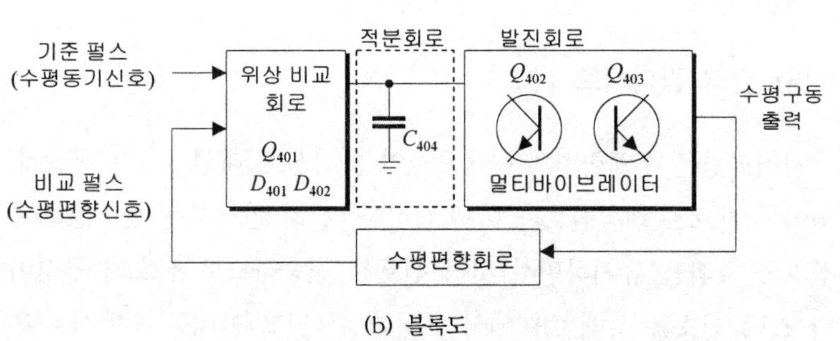

(b) 블록도

그림 3-144 • 수평동기회로(AFC 회로)

그림 3-144(a)에 AFC회로의 예를, 그림 (b)에 이의 블록도를 나타내었다. 블록도에 나타낸 바와 같이 AFC회로는 기본적으로 PLL 구조로 되어 있는데, 입력되는 수평동기신호와 회로에서 발생하는 수평편향신호를 위상비교해 이들의 차를 적분회로에서 평활한 후 발진회로를 구동한다.

입력된 수평동기신호는 Q_{401}의 컬렉터와 이미터로부터 C_{402}, C_{403}을 거쳐 서로 반대 위상의 펄스들로 출력되고, 이들은 R_{415}와 C_{415}를 통해 입력된 수평편향 톱니파와 비교된다. 위상비교는 D_{401}, D_{402}에 의해 이루어지는데, 이 원리를 **그림 3-145**에 나타내었다.

그림 3-145(a)는 입력된 동기신호와 발진된 파형이 완전히 일치한 경우로서, 이들이 합성되면 아무런 전압이 나타나지 않는다. 즉, 기본적으로 VR_{401}에 의해 설정된 바이어스 전압만 존재하며 이 전압으로 발진이 이루어진다.

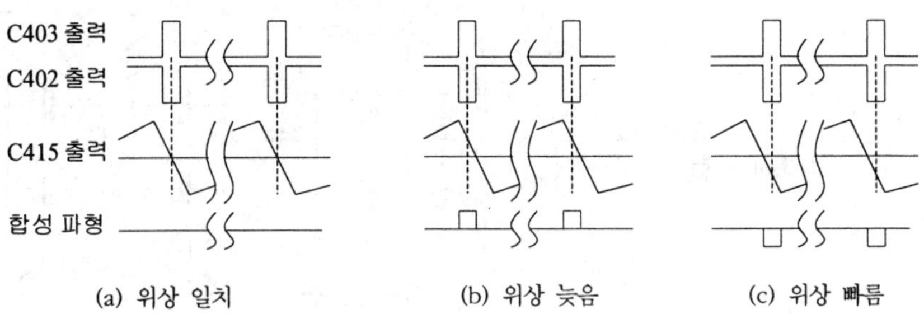

그림 3-145 • 위상비교의 원리

그림 3-145(b)와 그림 (c)는 입력된 동기신호와 발진파형이 일치하지 않은 경우로서, 이들의 합성 파형에는 일치하지 않은 만큼의 차 전압이 나타나며 이들은 C_{402}에 의해 평균된다. 따라서 VR_{401} 전압에 오차신호의 평균이 가감되어 발진회로를 구동한다.

(3) 컬러 컴퍼지트 신호

컬러화면은 흑백화면의 구성요소인 밝기신호 대신 3가지 색상에 대한 신호가 전달되어야 하므로 전송신호가 더 복잡하다. 컬러 컴퍼지트 신호는 기존의 흑백 컴퍼지트 신호와 호환을 유지하면서 컬러 신호를 전송하므로 신호의 구성이 다소 복잡해지지만 컬러 신호를 흑백 CRT에서 표시할 수 있고 반대로 흑백신호를 컬러 CRT에서 표시할 수 있다.

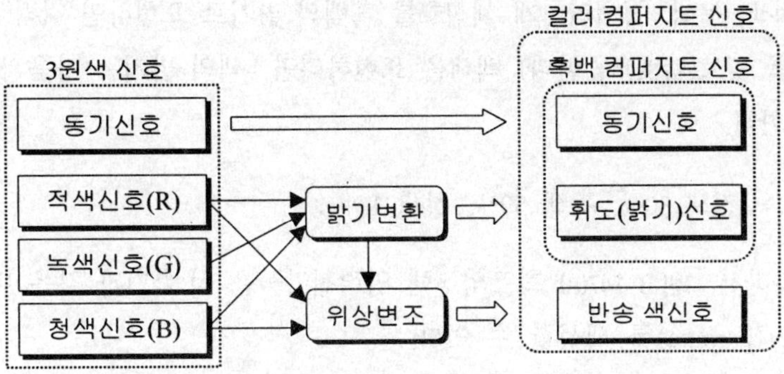

그림 3-146 • 컴퍼지트 신호의 변환

컬러 컴퍼지트 신호를 흑백 컴퍼지트 신호와 호환되도록 하는 기본원리를 **그림 3-146**에 나타내었다. 영상신호의 소스로부터 발생되는 색신호들은 적절히 합성해 화면의 밝기를 나타내는 휘도(輝度)신호를 생성하면 흑백 컴퍼지트 신호와 동일한 것이 되어 흑백 CRT에서 컬러 화면이 흑백 밝기로서 나타난다. 이에 더해 각 색신호와 휘도신호를 이용해 적절한 방법으로 위상변조해 이를 흑백 컴퍼지트 신호와 교묘한 방법으로 합성하면 컬러 컴퍼지트 신호가 구성되는데, 이러한 변조신호를 반송(搬送) 색신호라 한다. 반송 색신호는 흑백 컴퍼지트 신호에서 사용하지 않는 다른 주파수를 사용하므로 흑백 CRT에서는 무시되어 표시에 영향을 미치지 않는다.

1) 휘도신호

3개 색신호를 흑백의 휘도(輝度)신호로 변환하는 방법은 **그림 3-147(a)**와 같다.

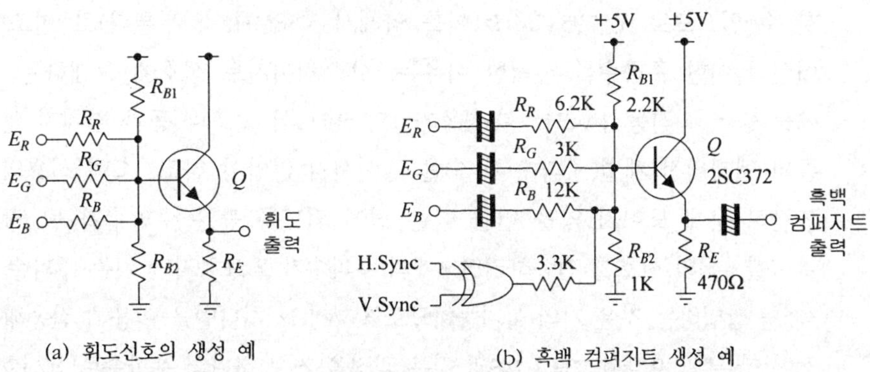

그림 3-147 • 컬러 신호를 흑백으로 변환하는 예

적색, 녹색, 청색의 3개 색신호를 흑백의 밝기로 표현하면 각각 다르게 나타나는데 (이를 명도(明度)라 한다) 백색을 표현하려면 3색의 밝기는 다음과 같은 비율로 섞여야 한다.

적색 30%, 녹색 59%, 청색 11%

따라서 **그림 3-147(a)** 회로의 3색 입력전압들은 식 (17)과 같은 비율로 섞어 휘도전압 γ(gamma)를 생성할 수 있다.

$$E_\gamma = 0.30\,E_R + 0.59\,E_G + 0.11\,E_B \quad \cdots\cdots (17)$$

따라서 이 비율에 가장 근사한 값은 다음과 같이 된다.

$R_R = 3.3\text{K}$, $R_G = 1.7\text{K}$, $R_B = 9.1\text{K}$

만약 적색, 녹색, 청색의 비율을 대략 30 : 60 : 15 정도로 본다면 저항들은 다음과 같은 비율이 될 것이다.

$R_R = 6.2\text{K}$, $R_G = 3\text{K}$, $R_B = 12\text{K}$

여기에 동기신호를 합성하면 **그림 3-147(b)**와 같이 구성되어 흑백 컴퍼지트 출력을 얻을 수 있다.

2) 반송 색신호

컬러 색신호는 흑백 컴퍼지트 신호에 영향을 주지 않으면서 전송해야 호환을 유지할 수 있으므로 3.579545MHz(이를 약해서 3.58MHz라 부른다)로 변조해 전송한다. 이런 특이한 주파수를 선택한 이유는 흑백 컴퍼지트 신호에 존재하는 각종 신호들, 예를 들어 수직동기 60Hz, 수평동기 15.75kHz의 고조파 등과 겹치지 않으면서도 기존의 텔레비전 채널(주파수 대역)을 넘어서지 않아야 하고, 흑백 신호와 섞이더라도 인간의 눈에 보이지 않을 만큼 작은 점이 되도록 높은 주파수가 될 필요가 있다.

사실 3색의 신호를 전송하려면 3개의 주파수가 필요하지만 기존 주파수 대역 내에서 3개를 삽입하는 것은 거의 불가능하므로 3.58MHz 하나만을 이용해 전송해야 하는 제약점이 따른다. 따라서 **그림 3-148**과 같은 과정을 거쳐 하나의 주파수로 색신호를 생성한다.

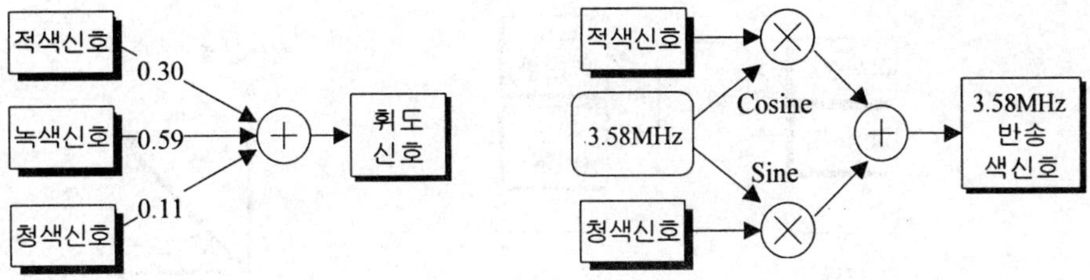

(a) 휘도신호 (b) 반송 색신호

그림 3–148 • 컬러 컴퍼지트 신호의 생성원리

흑백 컴퍼지트 신호와의 호환을 위해 **그림 3-148(a)**와 같이 3색 신호를 (백색=적색+녹색+청색)으로 적절히 합성한 휘도신호를 전송하고 있으므로 2색 신호, 예를 들어 적색과 청색만 전송하면 나머지 녹색신호는 휘도신호로부터 (녹색=휘도-적색-청색) 복원할 수 있다. 적색신호와 청색신호 2가지를 1개 신호로 혼합하는 것은 삼각함수의 합성에 의해 가능한데, 그림 (b)와 같이 적색신호는 3.58MHz의 코사인파와 곱하고(진폭변조), 청색신호는 사인파와 곱한 후 이들을 덧셈하면 **그림 3-149**와 같은 원리에 의해 진폭 및 위상이 변조된 새로운 3.58MHz를 생성할 수 있다.

$$a \cdot \sin\theta + b \cdot \cos\theta = c \cdot \sin(\theta + \phi)$$
$$c = \sqrt{a^2 + b^2}$$
$$\phi = \tan^{-1}\left(\frac{b}{a}\right)$$

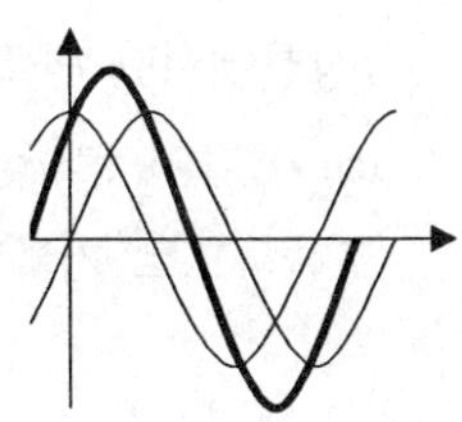

그림 3–149 • 삼각함수의 합성

그림 3-149의 식에서 알 수 있듯이 새롭게 생성되는 파형의 크기는 원래 파형 크기의 벡터합으로 되고, 위상차는 원래 파형 크기들의 비율에 의해 결정된다. 즉 적색신호와 청색신호가 모두 1이면 새로운 신호는 크기가 $\sqrt{2}$ 이면서 위상차가 45도인 파형이 생성되고, 적색신호와 청색신호 모두 0.707이라면 새로운 신호의 크기는 1이지만 위상차는 여전히 45°가 된다. 따라서 적색신호와 청색신호는 **그림 3-150**과 같은 극좌표 정보로 변화되므로 텔레비전에서는 이의 역과정으로 적색신호와 청색신호를 복원할 수 있다. 참고로 3개 색상 중 적색신호와 청색신호를 선택해서 전송하는 이유는 휘도신호에서 상대적으로 녹색의 비중이 가장 크기 때문에 녹색 신호를 추출하는 과정 중에 약간의 잡음이나 왜곡이 발생해도 그 영향이 크지 않다. 이에 비해 적색과

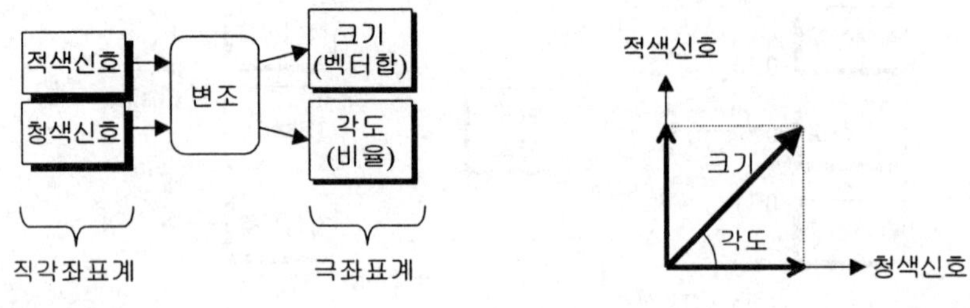

(a) 변조개념 (b) 벡터도

그림 3-150 • 위상변조의 개념

청색은 비중이 작으므로 동일한 잡음과 왜곡에 대해 영향이 상대적으로 크기 때문에 적색과 청색은 직접 전송하고 녹색은 연산에 의해 추출한다.

3) 색차신호

앞서 설명한 바에 의하면 적색신호와 청색신호를 하나의 신호로 합성하기 위해 변조를 행하는데, 적색신호와 청색신호는 0부터 1 사이의 값이므로 **그림 3-151(a)**와 같이 1상한에서만 변조가 발생해 각도가 0부터 90° 사이에 모든 정보가 담긴다. 만약 그림 (b)와 같이 4개 상한을 모두 사용할 수 있다면 0부터 360° 사이의 넓은 범위에 정보를 포함하므로 기록밀도가 낮아져 그만큼 정보의 충실도가 좋아질 것이다.

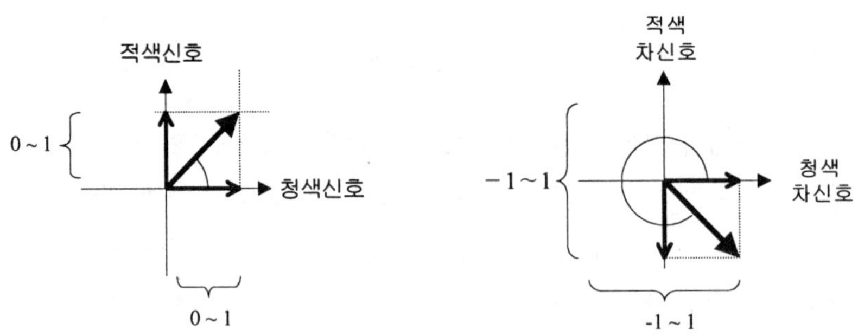

(a) 색신호 변조 (b) 전체를 −1~1 이용한 변조

그림 3-151 • 변조범위의 확장

0부터 1 사이로 변화하는 적색신호와 청색신호를 음수 범위까지 확장하는 것은 여러 사항을 고려해야 하는데, 단순히 신호를 2배로 하고 (−1)의 바이어스를 인가한 경

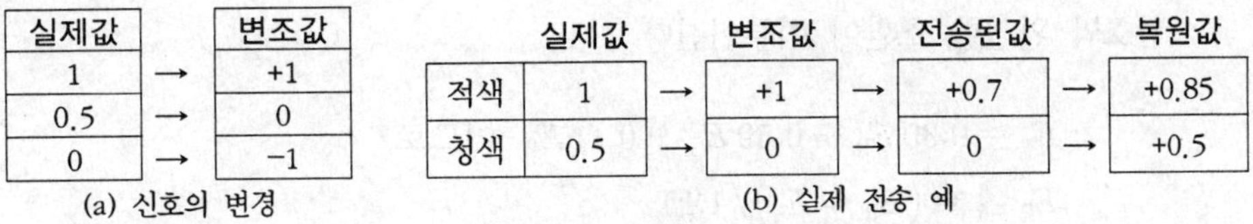

그림 3-152 • 바이어스에 의한 변조범위 변경의 문제점

우 **그림 3-152(a)**와 같이 변환되지만, 이 신호가 텔레비전에 도달했을 때는 안테나의 수신 상태, 텔레비전의 회로상태, 각 방송국간의 차이 등 여러 가지 요인에 의해 크기가 변화하므로 바이어스의 절대적인 값을 추출할 수 없다.

컬러 신호는 절대적인 값보다는 상대적인 비율이 중요한데, 예를 들어 **그림 3-152(b)**와 같이 적색과 청색이 2 : 1이었고 전송도중 30%의 감쇠가 발생했다면 전송된 값은 +0.7과 0이 되며 이를 다시 복원하면(1을 더하고 2로 나누면) 본래의 2 : 1 관계가 무너져 엉뚱한 색상이 되고 만다. 즉 색신호가 감쇠되더라도 비율이 일정하게 유지된다면 채도가 바뀔 뿐이지 다른 색상으로 변하지는 않는다.

이에 따라 절대전압을 기준으로 이용하지 않고 수신측에 전달되는 휘도값을 이용한다면 신호의 감쇠 등에 영향을 받지 않는다. 적색신호와 청색신호는 0부터 1까지 변화하고, 휘도신호 또한 0부터 1까지 변화하므로 적색신호와 청색신호로부터 휘도신호를 뺄셈하면 최소 (−1)부터(0 빼기 1) 최대 (+1)까지(1 빼기 0)의 값을 얻을 수 있으며 이를 '색차(色差)신호'라 하고 식 (18)과 같이 계산할 수 있다.

$$\text{적색차} = (E_R - E_\gamma)$$
$$\text{청색차} = (E_B - E_\gamma) \qquad (18)$$

그러나 변조도에 의해 변조파 크기에 제한이 있고, 신호가 약화되었을 때 인간의 눈 특성에 의한 색상오차 등의 이유로 실제 색차신호는 식 (19)와 같이 약간 변형해 구성한다.

$$E_{R-Y} = (E_R - E_\gamma)/1.14$$
$$E_{B-Y} = (E_B - E_\gamma)/2.03 \qquad (19)$$

이 식에서 흑백신호의 경우에는 $E_R = E_G = E_B$ 이므로 이때의 색차신호는 식 (20)과 같이 모두 0으로 되기 때문에 전송되는 색차신호가 존재하지 않아 흑백 컴퍼지트 신호와 완전한 호환이 이루어진다.

$$E_\gamma = 0.30\,E_R + 0.59\,E_G + 0.11\,E_B \text{ 이므로,}$$

$$E_{R-Y} = (E_R - E_\gamma)/1.14$$

$$= (0.70\,E_R - 0.59\,E_G - 0.11\,E_B)/1.14 = 0$$

$$E_{B-Y} = (E_B - E_\gamma)/2.03 \quad \cdots\cdots\cdots\cdots (20)$$

$$= (-0.30\,E_R - 0.59\,E_G + 0.89\,E_B)/2.03 = 0$$

이에 따라 최종적인 반송 색신호는 **그림 3-153(a)**에 의해 식 (21)과 같이 결정되지만 실제 컴퍼지트 신호에서의 기준파는 그림 (b)와 같이 180° 위상차의 것을 사용하므로 기준파와의 위상차는 그림 (b)와 같이 계산된다.

$$\text{크기} = \sqrt{(E_{R-Y})^2 + (E_{B-Y})^2}$$

$$\text{위상 : } (E_R - E_\gamma),\ (E_B - E_\gamma)\text{에 의한 각} \quad \cdots\cdots\cdots\cdots (21)$$

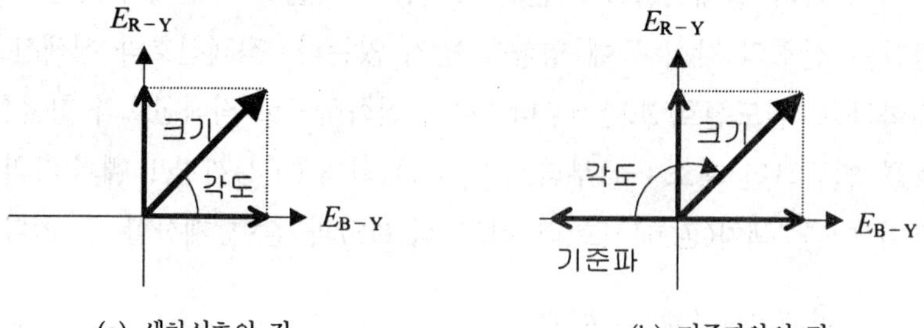

(a) 색차신호의 각 (b) 기준파와의 각

그림 3-153 • 반송 색신호의 크기와 각

4) 반송 색신호의 결과

이상에서 살펴본 색차신호에 의한 반송 색신호의 변조는 **그림 3-154**와 같은 결과로 나타난다.

그림 3-154(a)는 기준파와 반송 색신호의 위상이 일치하는 경우를 나타낸 것이고, 적색을 표시할 때는 그림 (b)와 같이 76.5°의 위상차와 0.632의 크기를 가진 반송 색신호가 나타나며, 이때 크기는 색상의 농도, 즉 채도를 의미한다.

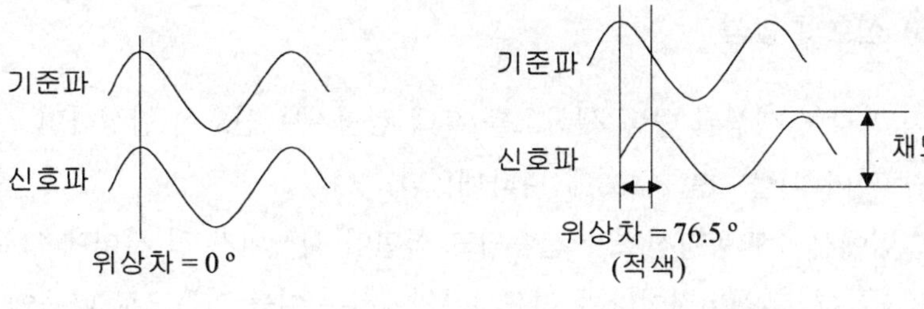

(a) 위상차 0 (b) 변조신호의 예

그림 3-154 • 반송 색신호의 변조 예

이러한 방법으로 기준파와 반송 색신호 사이의 위상차와 크기를 이용해 색상신호를 전달할 수 있는데 몇 가지 경우를 **표 3-6**과 **그림 3-155**에 나타내었다.

표 3-6 • 반송 색신호의 예

색상	R	G	B	위상[°]	크기
흑색	0	0	0	0	0
청색	0	0	1	167.6	0.449
녹색	0	1	0	299.3	0.594
시안	0	1	1	256.5	0.632

색상	R	G	B	위상[°]	크기
적색	1	0	0	76.5	0.632
자색	1	0	1	119.3	0.594
황색	1	1	0	12.4	0.449
백색	1	1	1	0	0

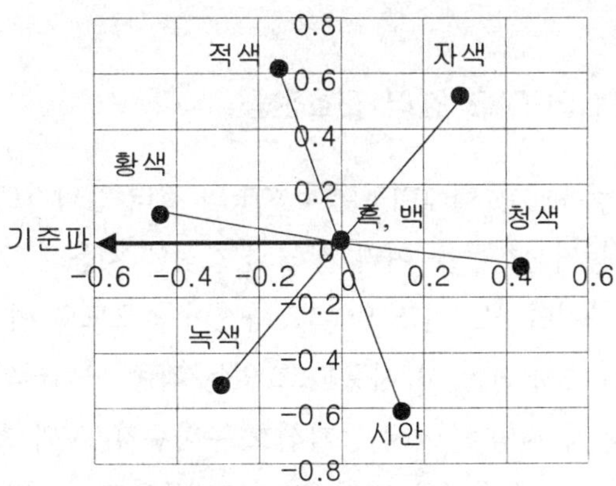

그림 3-155 • 반송 색신호의 예

그림의 좌측에 위치한 기준파는 'Color Burst' 또는 'Color Reference'라 한다.

5) 신호의 합성

이와 같이 생성된 반송 색신호를 흑백 컴퍼지트 신호에 합성하면 컬러 컴퍼지트 신호가 되며 이를 **그림 3-156**에 나타내었다.

그림에서 수평동기신호가 전송되고 화면이 시작되기 전 사이에 Color Burst 신호가 삽입되는데, 텔레비전이나 화면표시장치에서는 이를 기준으로 다음에 이어질 반송 색신호를 비교해 색상을 판별한다.

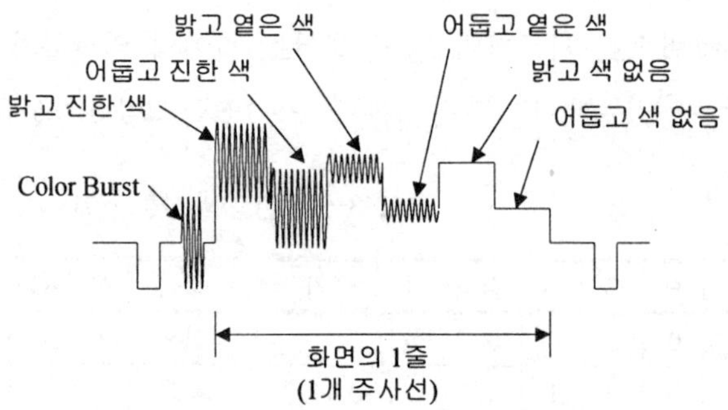

그림 3-156 • 색상신호가 부가된 컴퍼지트 신호

2 RGB 신호

(1) IBM-PC의 RGB 컬러 신호전송

일반적인 컴퓨터는 텔레비전이나 VTR의 컬러 컴퍼지트 신호와 달리 R, G, B 3가지 색상신호와 동기신호들을 여러 개의 신호선을 이용해 전송하기 때문에 장거리 전송에는 부적합하지만 신호변조 및 복조과정이 없으므로 선명한 컬러 화면을 얻을 수 있다. 여기서는 IBM-PC에서 사용되고 있는 각종 모니터의 신호사양을 기준으로 간단히 살펴본다. 각 사양 중에서 동기신호 주파수가 TV와 호환되는 15.75kHz와 60Hz를 따르는 것은 'TV 주파수'라 표시하고, 고해상용으로 제작된 특수 주파수들은 '고해상용'이라 표시하였다.

1) MGA(Monochrome Graphic Adaptor)

- 동기신호 주파수 : 고해상 주파수
- 색상 : 흑백 dot 및 밝기신호 dual

IBM-PC에서 사용되는 흑백 모니터(정확히는 모노크롬 모니터(Monochrome Monitor)라 한다)의 접속 예를 **그림 3-157**에 나타내었다.

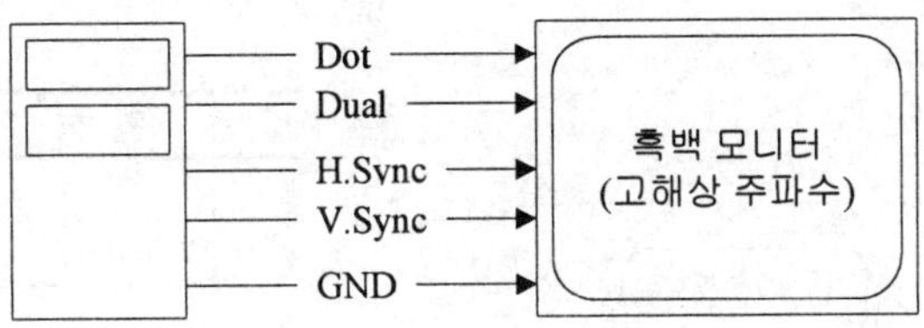

(a) 접속도

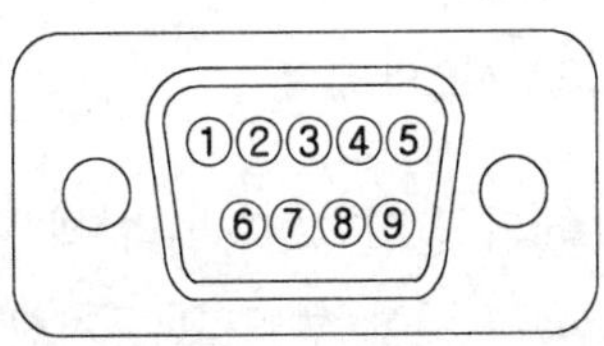

Pin#	명 칭	Pin#	명 칭
1	GND	6	Dual
2	GND	7	Dot
3		8	H.Sync
4		9	V.Sync
5			

(b) 커넥터

그림 3-157 • IBM-PC의 흑백 모니터 접속

그림 3-157에 나타낸 바와 같이 9핀 커넥터를 이용해 수평동기(H.Sync), 수직동기(V.Sync) 신호와 화면의 점을 표시할 것인지 공백인지를 나타내는 Dot, 그리고 표시될 점을 밝게 할 것인지 어둡게 할 것인지를 나타내는 Dual 신호를 전송한다.

2) CGA

- 동기신호 주파수 : TV 주파수
- 색상 : 디지털 R, G, B, I 조합에 의한 16컬러

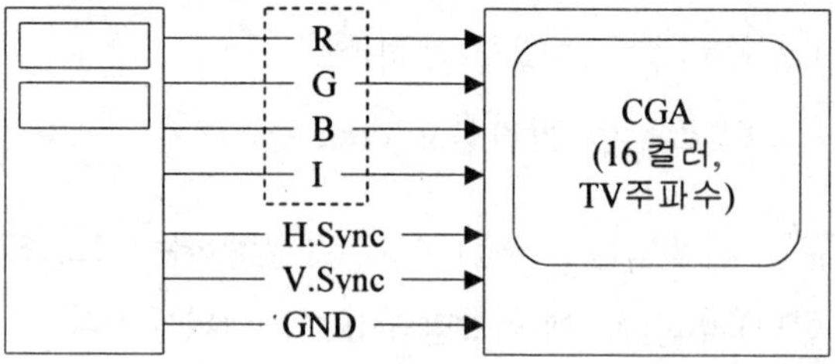

(a) 접속도

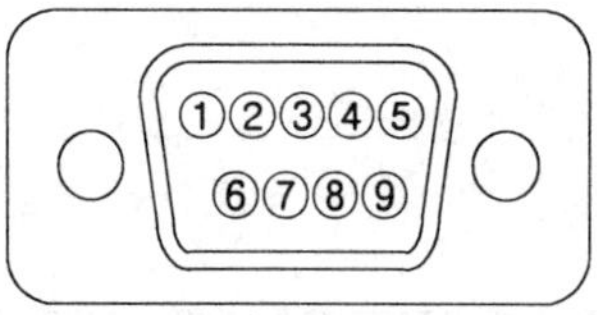

Pin#	명 칭	Pin#	명 칭
1	GND	6	I
2	GND	7	
3	R	8	H.Sync
4	G	9	V.Sync
5	B		

(b) RGB 커넥터

그림 3-158 • CGA 신호의 접속

CGA(Color Graphic Adaptor)는 **그림 3-158(a)**와 같이 R, G, B의 색상신호와 이의 밝기를 나타내는 I 신호를 합성해 16가지 색상을 표시할 수 있고 동기신호 주파수는 TV와 동일하게 사용하므로 컴퍼지트 신호를 생성해 일반 텔레비전에 접속할 수 있는 특징을 가지고 있다. 이 때문에 인터페이스 보드는 컴퍼지트 출력단자가 내장되어 있으며, Video-in 단자가 없는 텔레비전을 대비해 RF 모듈을 접속할 수 있는 커넥터가 부착되어 있다. 이 인터페이스 보드가 개발될 당시에는 컬러 모니터가 상당히 고가품이었으므로 가정용 텔레비전을 이용할 수 있도록 배려한 것이지만 이 때문에 해상도가 320×240 정도로 지극히 낮다.

3) EGA

- 동기신호 주파수 : 고해상용
- 색상 : 디지털 R, G, B, I의 조합에 의한 16컬러

EGA(Enhanced Graphic Adaptor)는 CGA를 개량한 것으로서, 컬러 색상 수 등은 CGA와 동일하나 동기신호 주파수를 고해상용으로 발생시킨 것이다.

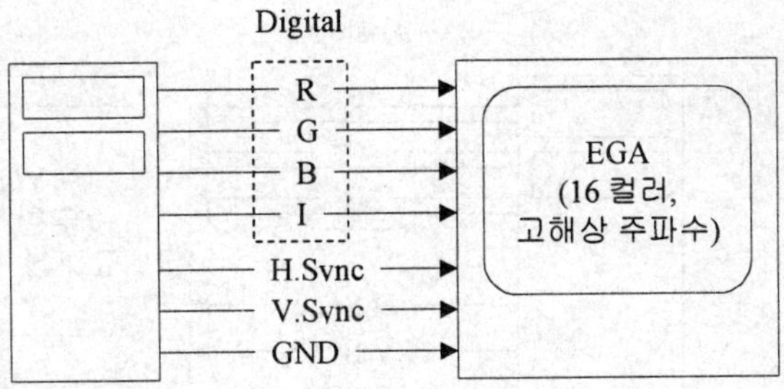

(a) 접속도

Pin#	명 칭	Pin#	명 칭
1	GND	6	I
2	GND	7	
3	R	8	H.Sync
4	G	9	V.Sync
5	B		

(b) 커넥터

그림 3-159 • EGA 신호의 접속

따라서 CGA에 비해 해상도가 높으며(640 × 480) 커넥터의 배치는 CGA와 동일하고 기존의 CGA 모드 화면도 함께 지원해 호환을 이루고 있다.

4) VGA

- 동기신호 주파수 : 고해상용
- 색상 : 아날로그 R, G, B의 조합에 의한 무한 컬러

VGA(Video Grid Array)는 현재 대부분의 IBM-PC에서 사용되고 있는 형식으로서, 컬러 신호의 제한을 없애기 위해 색상신호를 아날로그 방식으로 전달하기 때문에 전송 라인에서 잡음이 혼입될 우려가 있으므로 각 색상 라인(R, G, B)들은 GND 편조선으로 실드시킨다. 또한 이보다 더 높은 해상도를 가진 것을 'Super-VGA', 'XGA'라고도 하는데 이들 모두를 통틀어 VGA라 한다.

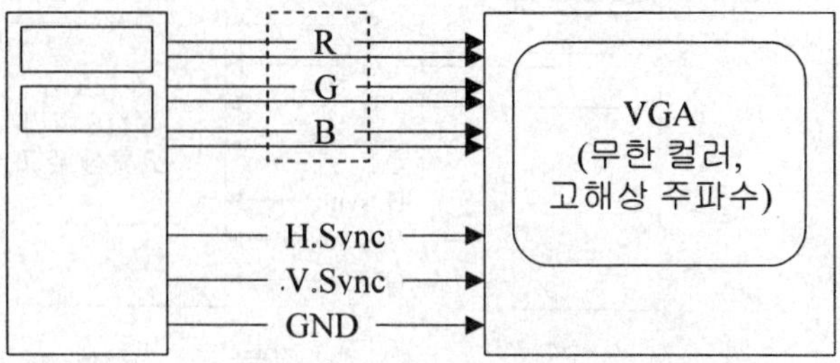

(a) 접속도

Pin#	명 칭	Pin#	명 칭
1	Red	9	
2	Green	10	
3	Blue	11	GND
4	GND	12	
5		13	H.Sync
6	Red GND	14	V.Sync
7	Green GND	15	
8	Blue GND		

(b) 커넥터

그림 3-160 • VGA 신호의 접속

(2) DVI

DVI(Digital Visual Interface)는 VGA 방식에 이어 개발된 모니터 접속규격으로서 LCD, PDP, HDTV, 프로젝터 등 화면이 크고 화질이 뛰어난 경우에 사용하면 매우 효과적이며 컴퓨터의 비디오 출력단자에 **그림 3-161**과 같이 VGA 출력과 함께 DVI 출력이 부착되거나 DVI 출력만 있는 것도 있다.

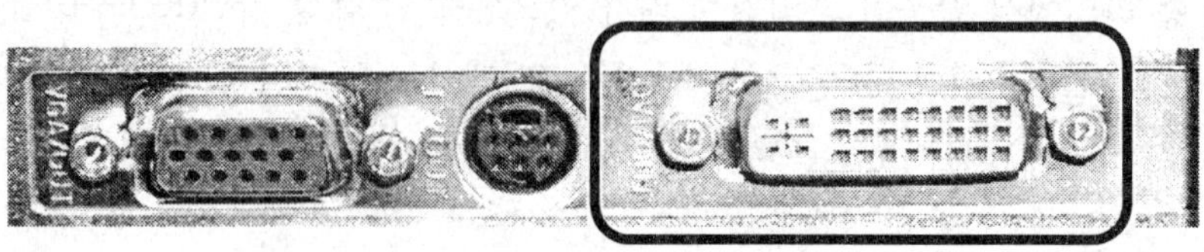

그림 3-161 • 컴퓨터 비디오 카드의 DVI 출력단자

1) DVI의 필요성

예전에는 '전달의 정확성'을 기하기 위해 디지털로 데이터를 전송했으며, CGA나 EGA와 같이 4개의 전선을 이용하면 16컬러의 조합이 가능했다. 그런데 시간이 지남에 따라 컴퓨터가 발달하고 사용자들의 요구수준도 높아져 컬러 수를 많이 표시할 필요성이 증가했는데, 만약 256컬러를 표시하려면 8개의 전선을, 6만 컬러를 표시하려면 16가닥의 전선을 이용해 화면 데이터를 전달해야 하고, 총천연색에 가까운 1677만 컬러를 표시하려면 24개의 매우 많은 전선이 필요하다.

그런데 이 정도의 컬러를 필요로 하는 시대가 되어서는 아날로그 기술이 상당히 발전했기 때문에, 아날로그 신호를 이용해 화면신호를 전송하면 전선가격이나 회로가격을 크게 줄일 수 있으므로 VGA 방식이 탄생했다. VGA 방식은 앞서 소개한 바와 같이 빛의 3원색인 R, G, B 신호를 아날로그로 전송하는 것이 기본원리이며, 아날로그 신호의 특성상 무한 컬러가 가능하다.

그러나 아날로그 신호의 정확한 전송은 전선의 규격과 길이 등이 정확해야 하고, 이를 구동하는 회로도 정확한 설계가 되었을 경우에만 가능하므로 일반적으로 단거리 소형 모니터에서 유용하게 사용되었다. 그런데 프로젝터, PDP 등의 가격이 매우 저렴해져 널리 보급되었는데, 프로젝터는 일반적으로 컴퓨터와는 상당히 멀리 떨어져 있다. 강의실 천장에 설치되는 프로젝터는 컴퓨터와 사이에 10m 이상의 전선을 사용하기 때문에 아날로그 신호를 사용하는 VGA에서 문제점이 발생한다.

VGA 방식은 단거리 모니터에서만 유용하기 때문에 먼 거리의 프로젝터에 사용하면 전선길이가 맞지 않아 화면이 상당히 번지고, 모니터 선을 교체했거나 모니터의 특성이 제대로 맞지 않는 경우에도 화면에 그림자 같은 번짐현상이 나타난다. 이러한 번짐현상은 일반적인 소형 모니터에서는 크게 눈에 띄지 않아 큰 문제가 없었으나, 화면이 대형인 LCD, PDP나 프로젝터에서는 번짐현상이 크게 거슬린다.

이에 따라 USB, SATA 등에서 사용되는 고속 직렬통신을 PC와 모니터 사이에 적용해 디지털로 화면 데이터를 전송한다면 아날로그의 문제점이 해결되면서도 직렬통신이므로 전선문제도 해결될 수 있으므로 이러한 고속 직렬통신을 이용해 만들어진 비디오 규격이 DVI이다.

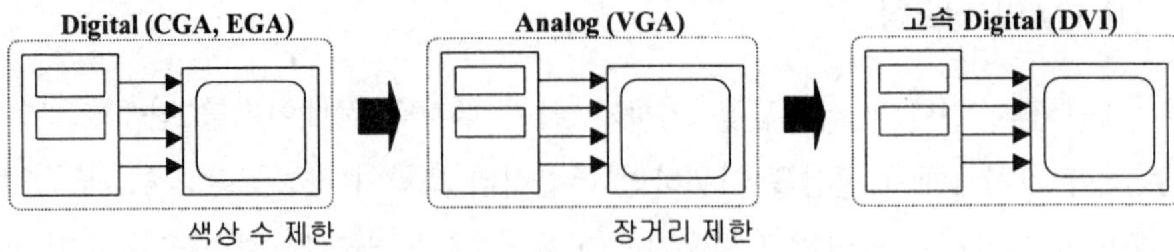

그림 3-162 • 모니터 전송규격의 변화

2) DVI의 종류

DVI 규격은 디지털 인터페이스를 위한 커넥터로 구성되어 있는데, 이 중 디지털 전용으로 제작된 DVI를 DVI-D라 하며 커넥터 구조는 **그림 3-163(a)**와 같다.

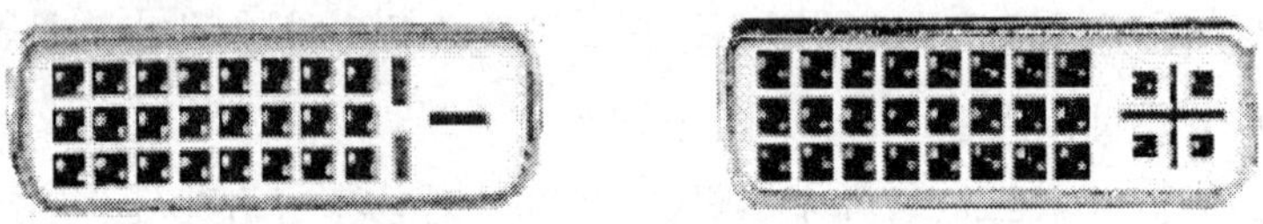

(a) DVI-D 커넥터 (b) DVI-I 커넥터

그림 3-163 • DVI 커넥터

그림 3-163(b)는 아날로그 방식인 VGA와 겸용으로 사용할 수 있는 DVI-I라는 규격의 커넥터로서 'I'는 integrated의 약자이며 디지털 방식과 아날로그 방식이 모두 집약되어 있다는 의미이다. 이는 DVI-D와 비교해 우측에 십자형 접지판을 경계로 아날로그 신호들이 출력되므로 디지털 방식과 아날로그 방식 중 선택해 사용할 수 있다. 실제로 그다지 사용되지는 않지만 아날로그 신호만이 존재하는 DVI를 DVI-A라 한다.

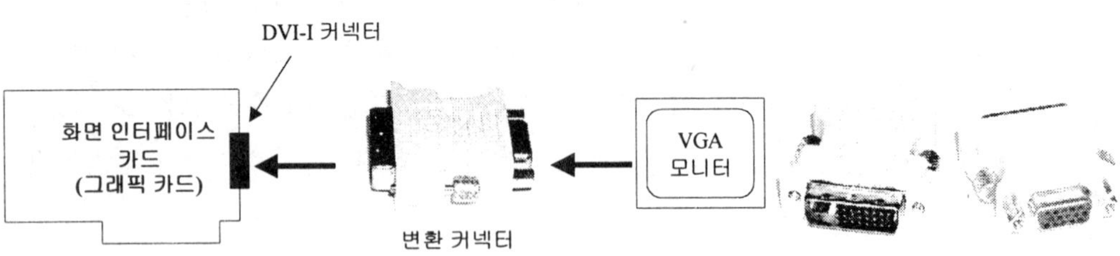

(a) 변환 커넥터의 접속 (b) DVI측 (c) VGA측

그림 3-164 • DVI/VGA 변환 커넥터

DVI 커넥터는 기존의 VGA 커넥터와 맞지 않으므로 VGA 모니터를 부착하려면 **그림 3-164(a)**와 같이 중간에 변환 커넥터를 거쳐야 하는데, 이는 그림 (b), 그림 (c)와 같이 한쪽은 DVI를, 반대쪽은 VGA를 접속할 수 있도록 되어 있다.

3) DVI의 구조

DVI 커넥터의 구조는 **그림 3-165**에 나타낸 바와 같은데, 그림 (a)의 흐리게 나타낸 핀과 그림 (b)의 어둡게 나타낸 것은 2개 모니터를 사용하거나 2배 대역을 사용하는 모니터의 경우에 쓰이는 것이다.

(a) 핀 배치

Pin#	Signal Name	Pin#	Signal Name
1	TMDS Data2–	17	TMDS Data0–
2	TMDS Data2+	18	TMDSData0+
3	TMDS Data2/4 Shield	19	TMDS Data0/5 Shield
4	TMDS Data4–	20	TMDS Data5–
5	TMDS Data4+	21	TMDS Data5+
6	DDC Clock [SCL]	22	TMDS Clock Shield
7	DDC Data [SDA]	23	TMDS Clock +
8	Analog V.Sync	24	TMDS Clock –
9	TMDS Data1–	C1	Analog Red
10	TMDS Data1+	C2	Analog Green
11	TMDS Data1/3 Shield	C3	Analog Blue
12	TMDS Data3–	C4	Analog H.Sync
13	TMDS Data3+	C5	Analog GND Return: (analog R, G, B)
14	+5 V Power		
15	Ground (for +5 V)		
16	Hot Plug Detect		

(b) 핀 기능

그림 3-165 • DVI 커넥터의 구조

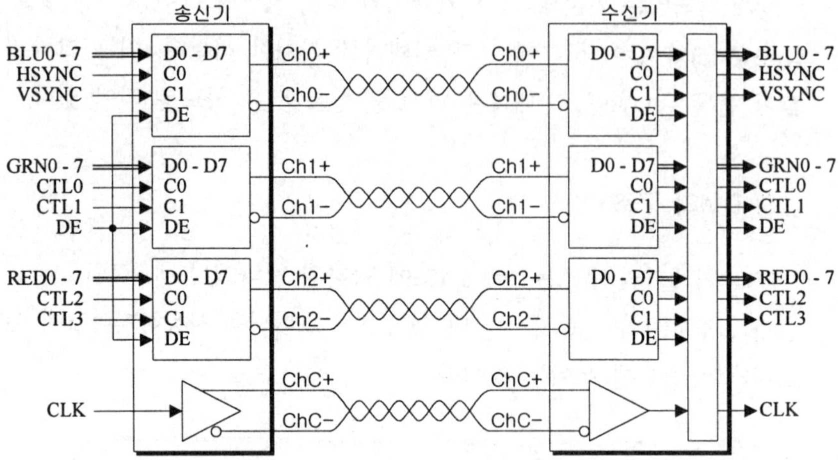

그림 3-166 • DVI의 디지털 전송라인 구조

각 핀들은 TDMS라는 명칭으로 구성된 차동신호 쌍으로 되어 있는데, 이는 'Transition Minimized Differential Signaling'의 약자로서 통신 시 각 비트들 간 간섭을 최소화하기 위해 특수한 방법으로 인코드한 것이다. 인코드와 디코드 방법은 매우 복잡하므로 관련 데이터를 참조하라. 'C1'부터 'C5'는 아날로그 RGB 신호를 출력하는 단자들로서 이는 DVI-I에서 사용된다. 디지털 라인을 이용한 화면신호의 전송원리를 **그림 3-166**에 나타내었다.

그림 3-166의 송신기 부분을 살펴보면 동일한 회로 3개가 내장되어 있는데, 이것이 TDMS 인코더 회로이다. 이들은 입력되는 8비트의 컬러 신호와 2개 비트의 디지털 입력을 인코드하는데, DE(Data Enable)신호가 1일 때는 8비트 컬러 신호를 10비트로 인코드해 직렬로 전송하고, DE신호가 0일 때는 2비트의 디지털 신호를 10비트로 엔코드해 직렬로 전송한다.

3개의 인코더에는 각각 청색, 적, 녹색의 8비트 신호가 입력되어 최대 1천 6백만 컬러를 표현할 수 있고, 첫 번째 인코더의 2비트 신호는 HSYNC, VSYNC 신호가 인가된다. 나머지 인코더의 2비트 신호들은 기능이 예약되어 있다.

각 채널들의 비트 전송률은 화면의 모드에 따라 달라지는데, 예를 들어 1024 × 768 해상도의 화면을 75Hz의 프레임으로 전송한다면 다음과 같이 된다.

- 도트의 주파수 : $1024 \times 768 \times 75 / 2 = 29.49$MHz
- 도트당 10비트로 전송하므로 비트 전송률은 다음과 같이 된다.

$$29.49\text{MHz} \times 10\text{bit} \times 2 = 589.8\text{Mbps}$$

그러나 이는 순수 데이터 표시시간만을 고려한 것이며 수직, 수평동기신호 시간을 포함시키면 전송속도는 2배 빨라야 한다. 따라서 매우 고해상의 화면을 전송할 경우에는 전송 라인의 한계 주파수에 제한을 받으므로 DVI의 두 번째 채널을 함께 사용해 2배의 속도로 전송한다.

03 영상입력기기

이 절에서는 영상입력을 위한 촬상장치와 컬러 촬상장치의 원리에 관해 살펴본다.

1 촬상장치

촬상(撮像)장치란 CRT나 LCD와 반대로 물체의 형상을 화상신호로 변환하는 기기를 의미하며, 변환하는 방법에 따라 여러 가지 종류로 나뉜다. 이 중 현재 가장 많이 사용되는 것은 비디콘, 이미지 오르디콘, CCD이다.

촬상소자는 진공관 형태로 구성된 촬상관(撮像管)과 반도체로 구성된 촬상소자가 있다. 촬상관은 오랜 역사를 가지고 있는 기기로서, 아이코노스코프, 비디콘, 이미지 오르디콘 이외에도 많은 종류가 있으며 방송국용 카메라나 대형 비디오카메라 등 고급 기기에 사용된다. 반도체로 구성된 촬상소자는 대표적으로 CCD가 있으며, 디지털 카메라, 팩시밀리, 스캐너 등에 사용된다.

(1) 촬상관

1) 아이코노스코프, 비디콘

아이코노스코프(iconoscope)는 촬상관의 기본원리가 되는 것으로서 **그림 3-167**의 구조로 되어 있다.

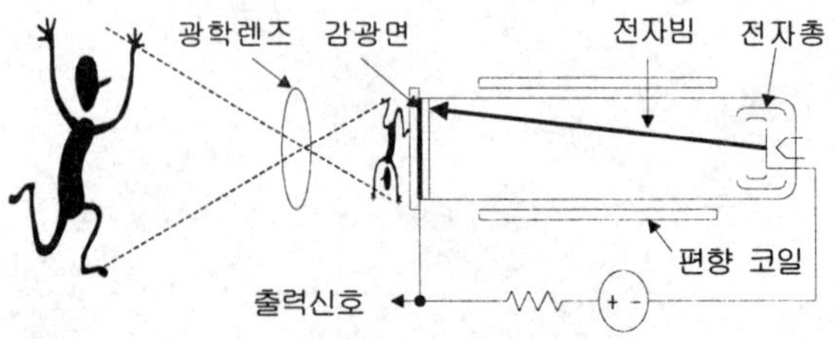

그림 3-167 • 아이코노스코프의 원리

광학 렌즈에 의해 감광면에 피사체의 상이 맺히면 그 명암에 따라 광전자가 축적되는데, 여기에 전자빔을 주사하면 축적된 전하가 방전하며 명암에 비례한 전류가 흘러 영상신호가 얻어진다. 아이코노스코프는 이후에 이미지 아이코노스코프(image iconoscope)로 개량되었고 현재는 비디오카메라용으로 사용되는 비디콘(vidicon)으로 발전하였다.

2) 이미지 오르디콘

이미지 오르디콘(image orthicon)의 구조를 **그림 3-168**에 나타내었다.

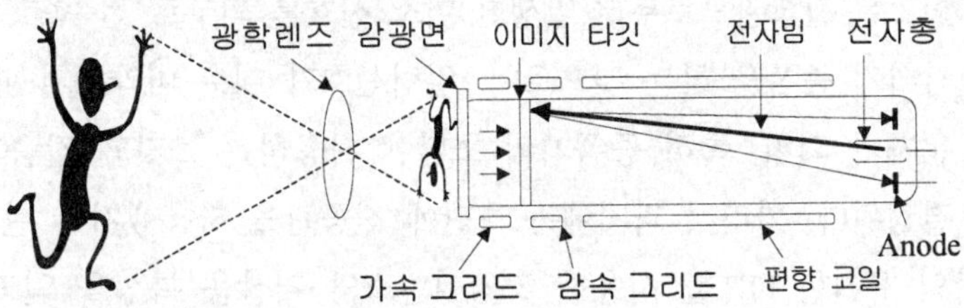

그림 3-168 • 이미지 오르디콘의 원리

광학 렌즈를 통해 감광면에 피사체의 상이 맺히면 명암에 따라 광전자가 감광면의 반대쪽으로 방출된다. 방출된 광전자는 가속 그리드에 의해 가속되어 이미지 타깃(target)에 충돌해 2차 전자를 방출하여 명암에 따른 (+)전하가 남는다.

여기에 전자빔을 주사하면 타깃에 축적된 정전하와 주사되는 전자빔 사이에서 중화작용이 일어나는데, 주사하는 전자빔은 감속 그리드에 의해 속도를 거의 0으로 만들기 때문에 중화되지 않은 전자빔, 즉 밝은 영역에 해당되는 전자빔은 다시 전자총 쪽으로 되돌아간다. 되돌아 온 전자빔은 전자총 주위에 배치돼 있는 전자증배부에서 약 1000배로 증폭되어 애노드에 출력으로 나타난다. 이미지 오르디콘은 화질이 매우 우수하고 잔상이 적기 때문에 방송국용 고급 카메라에 주로 사용된다.

3) 촬상관용 증폭기

그림 3-169에 촬상관에서 발생한 출력신호를 증폭하는 회로의 예를 나타내었다.

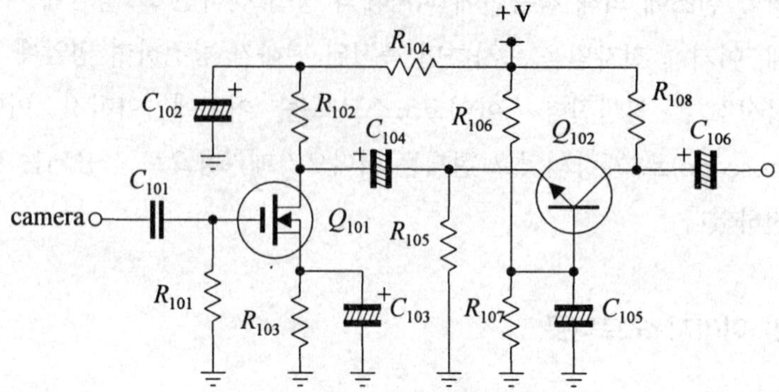

그림 3-169 • 촬상관용 증폭회로

이 회로는 촬상관으로부터 발생한 미소 신호를 외부로 전송할 수 있을 만큼 충분히 큰 전압까지 증폭을 하는 것으로서, 입력신호가 매우 미약하기 때문에 증폭시의 S/N 비가 문제가 되며, 특히 증폭기의 초단에 사용하는 소자의 잡음지수에 의해 성능이 거의 결정된다. 따라서 과거에는 초단에 진공관을 사용했지만 현재는 진공관과 특성이 거의 유사한 FET를 사용해 고임피던스와 저잡음 특성을 얻고 있다.

회로에서 Q_{101} FET는 입력 임피던스가 매우 크기 때문에 촬상관에 부하를 주지 않으면서도 증폭도를 크게 할 수 있다. Q_{101} 에 의해 증폭된 신호는 Q_{102} 로 전달되며, 이는 베이스-접지 증폭기로 구성되어 주파수 특성이 떨어지지 않는 상태에서 증폭한다.

(2) CCD

CCD(Charge Coupled Device)는 반도체로 제작된 촬상소자로서 촬상관에 비해 해상도 등 화질면에서 성능이 다소 떨어지지만 촬상기기 중 가장 소형이며 가볍고 전력소비가 작다는 특징 때문에 가정용 비디오카메라나 디지털 카메라 등에 널리 사용된다.

CCD에서 촬상에 관여하는 소자는 기본적으로 포토-다이오드이며 **그림 3-170**에 LED와 포토-트랜지스터를 결합한 컴퓨터용 OMR(Optical Mark Reader) 카드의 원리를 나타내었다.

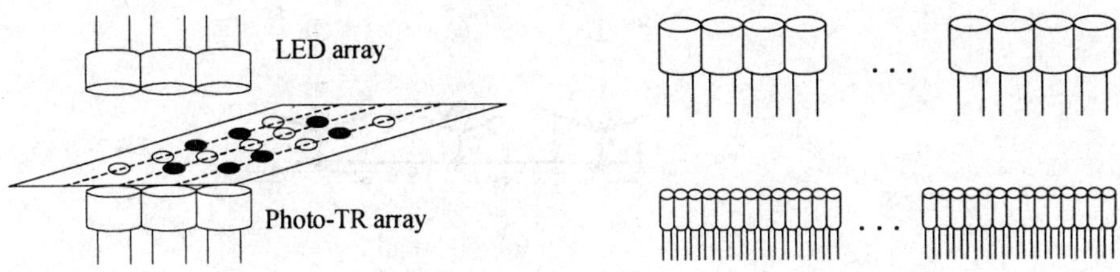

(a) 기본원리 (b) 고밀도 센서의 경우

그림 3-170 • OMR 입력기의 원리

그림 3-170(a)에서 OMR 카드에 마킹이 되어 있지 않은 곳은 LED 빛이 통과해 포토-트랜지스터에 도달하고, 특수한 잉크로 마킹이 되어 있는 곳은 LED 빛이 차단되므로 빛이 도달하지 못한다. 그림은 3개의 트랜지스터를 사용한 경우인데, 만약 OMR 카드의 칸이 더 작고 근접해 있다면 트랜지스터의 배열은 그림 (b)와 같이 된다.

이와 같이 빛을 감지하는 센서가 정밀해질수록 감지할 수 있는 해상도는 높아지지만, 센서의 수가 많아지면 이를 접속하는 연결선이 문제가 된다. 만약 트랜지스터를 100개만 사용하더라도 연결선은 200개, 트랜지스터가 1,000개면 연결선은 2,000개가 되므로, 작은 면적에 센서를 밀집시키는데 있어서 배선 때문에 한계가 발생하며, 이를 해결하기 위한 수단으로 CCD(Charge Coupled Device) 소자가 사용된다.

> ※ '500만 화소'의 디지털 카메라는 포토-트랜지스터가 1500만개(컬러이므로 3배) 내장되며, 이때의 연결선 개수는 3000만개가 된다.

1) 1차원 CCD

CCD는 '아날로그 시프트 레지스터(PISO)'라 할 수 있는데, 그 개념을 **그림 3-171**에 나타내었다. CCD는 고무판으로 비유할 수 있는데(반도체 용어로 '전자우물'이라 한다), 그림에 나타낸 바와 같이 고무판을 당겨 놓으면 전기를 담아둘 수 있고 고무판을 당기는 줄은 a그룹, b그룹, c그룹의 3개로 구성되어 있다. 그림 (a)는 a그룹의 줄을 당겨 전기를 충전한 상태를 나타낸 것이다.

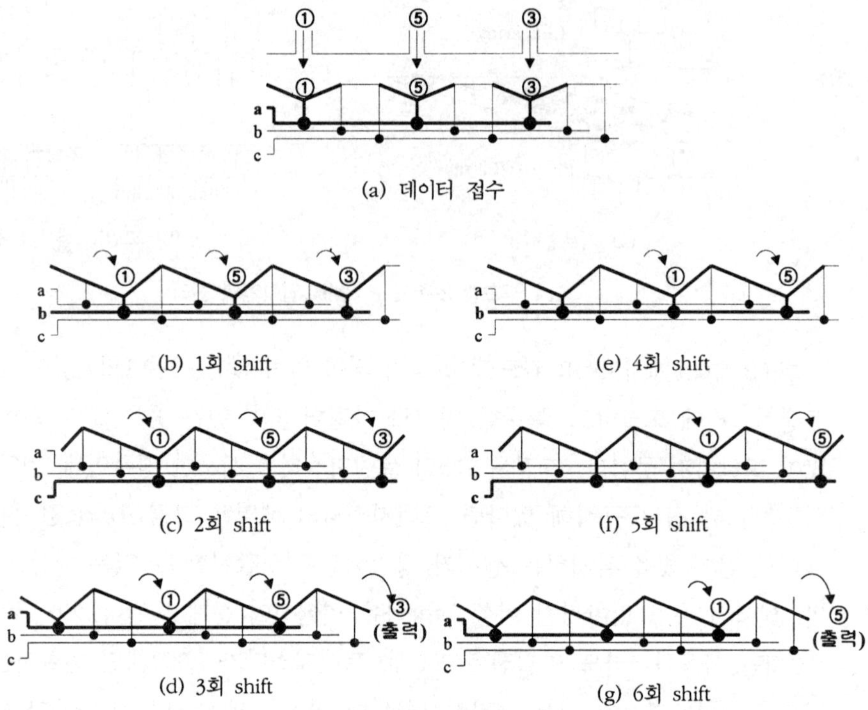

그림 3-171 • CCD의 동작원리

그림 3-171(b)부터는 a그룹, b그룹, c그룹을 순차적으로 당김에 따라 처음에 충전된 전기가 차츰 우측으로 밀려가며, 그림 (d)에서 첫 번째 출력 '③'이 나타난다. 이 과정이 계속되면 그림 (g)와 같이 다음 출력 '⑤'가 나타난다. 이러한 원리로 아날로그값을 시프트해 전달하는 회로를 CCD라 한다. 이는 BBD와 유사한 원리이지만 BBD는 트랜지스터를 이용하기 때문에 시프트의 흐름이 항상 한 방향이지만 CCD는 3상 클록의 인가순서에 따라 방향이 정해진다.

이상은 원리를 설명하기 위한 비유이고, 전압이 다른 3상 클록을 생성하고 인가하는 것이 복잡하기 때문에 실제 CCD는 BBD와 유사하게 2상 클록을 인가해 구동할 수 있도록 구성한다. 참고로, 이의 원리는 **그림 3-172**에 나타낸 바와 같은데 그림은 $\phi 1$ 에 비해 $\phi 2$ 에 큰 전압이 인가된 상태로서 중간의 '방해물질'(반도체 용어로 'P-'이다)이 끼워져 있어 한 전압에 대해 2개 층의 우물이 형성되며, 따라서 총 4개층의 우물이 형성되도록 구성된다.

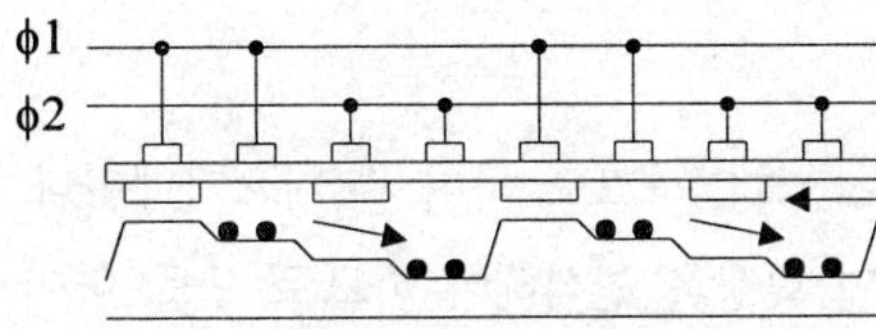

그림 3-172 • 2상 전압에 의한 전자우물 형성원리

이상의 원리에 의해 CCD를 구동하는데 필요한 신호는 시프트용 2상 클록 2개와 이미지 로드 신호 1개가 된다. **그림 3-173**에 앞서 설명한 판독 센서를 CCD와 접속한 예를 나타내었다.

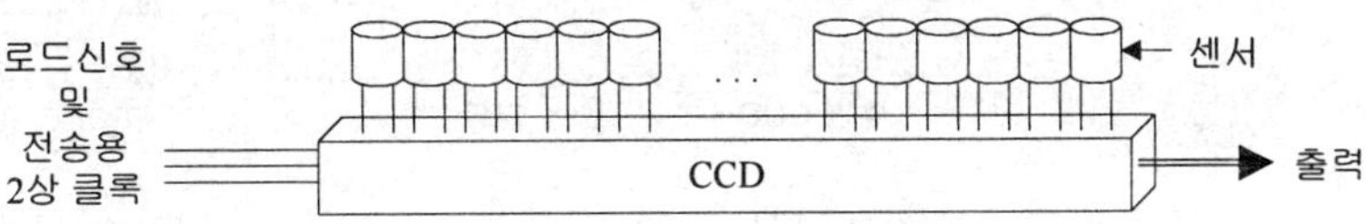

그림 3-173 • 1차원 CCD

그림 3-173과 같이 CCD를 사용한 경우 별도의 배선이 필요 없기 때문에 연결선은 센서의 개수와 무관하게 된다. 제품화된 소자는 광센서와 CCD를 **그림 3-174**와 같이 하나로 결합해 생산한다.

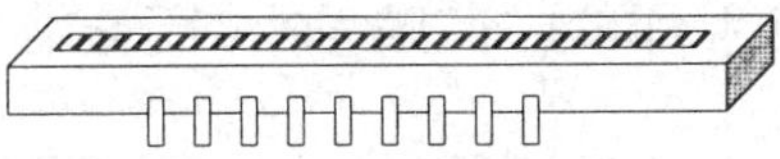

(a) 소자의 외형

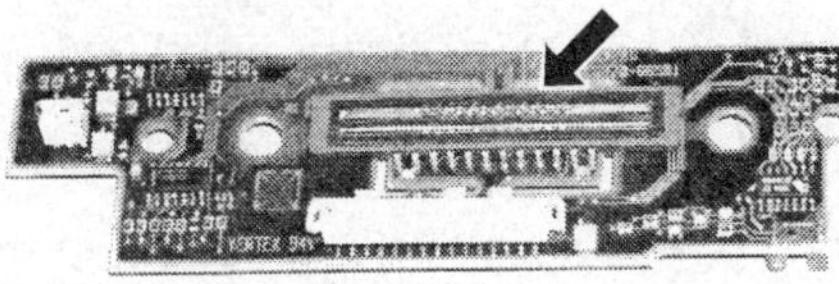

(b) 스캐너의 CCD

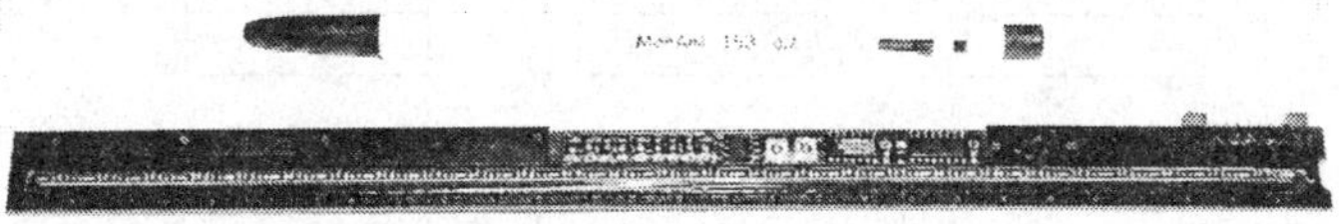

(c) 팩시밀리의 CCD

그림 3-174 • 1차원 CCD의 외관

이와 같은 직선형 CCD는 스캐너, 팩시밀리 등에 사용되며, 스캐너에 사용된 CCD를 **그림 3-174(b)**에 나타내었다. 흑백용 CCD를 'Linear Array'라고도 하며, RGB 컬러용 CCD는 3색 컬러소자들이 일렬로 배열되므로 'Tri-linear Array'라 한다.

2) 2차원 CCD

2차원 CCD는 'Area CCD'라고도 하며, 비디오카메라나 디지털 카메라에서 사용하는 CCD는 2차원 평면 화상을 인식해야 하므로 포토-다이오드도 2차원적으로 배열하는데, 다이오드의 데이터를 추출하는 방법에서 **그림 3-175**와 같이 2차원 CCD와 CMOS 센서로 나뉜다.

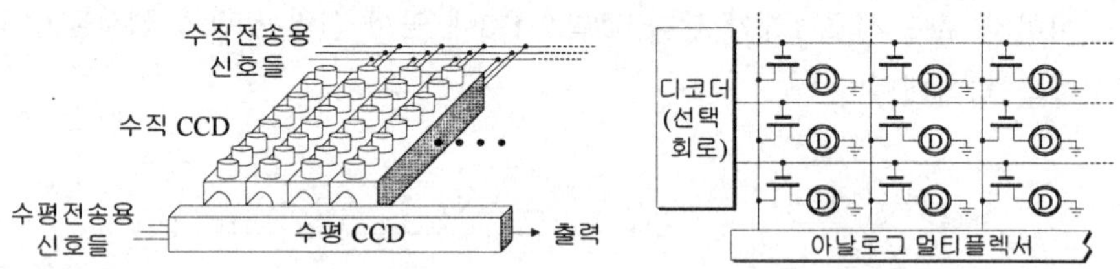

(a) 2차원 CCD (b) CMOS 센서

그림 3-175 • 2차원 촬상소자들

그림 3-175(a)는 수직 CCD와 수평 CCD를 사용한 2차원 CCD의 원리도로서 센서들은 수직 CCD들이 2차원적으로 늘어선 구조를 하고 있으며, **그림 3-176**에 나타낸 바와 같이 각 수직 CCD들은 자신의 데이터를 동시에 아래쪽으로 출력한다. 아래쪽에 출력된 수직출력들은 또 다른 CCD에 입력되어 다시 시프트되며, 이에 따라 최종적인 출력이 직렬로 전송된다. 비디오카메라나 텔레비전, LCD 등에서는 화상신호가 주사선에 의해 표시되는 직렬형식이므로 오히려 이러한 직렬출력이 취급하기 용이하다.

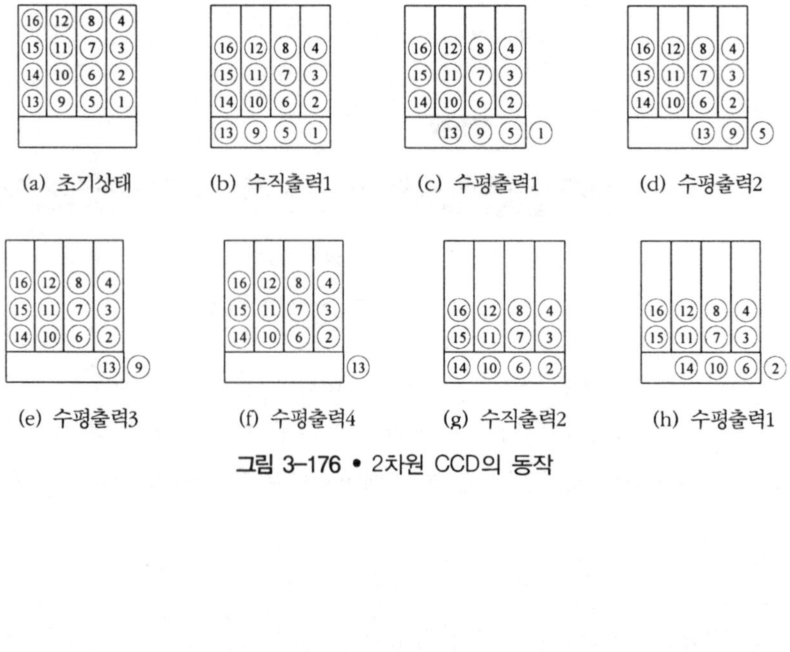

(a) 초기상태 (b) 수직출력1 (c) 수평출력1 (d) 수평출력2

(e) 수평출력3 (f) 수평출력4 (g) 수직출력2 (h) 수평출력1

그림 3-176 • 2차원 CCD의 동작

그림 3-176(b)는 각 센서들에 CMOS 스위칭 트랜지스터를 부착하고 디코더에 의해 한 줄이 선택되면 해당 줄의 센서 출력이 아래의 아날로그 멀티플렉서로 전달된다. 아날로그 멀티플렉서에서는 여러 행의 신호를 하나씩 선택해 출력한다.

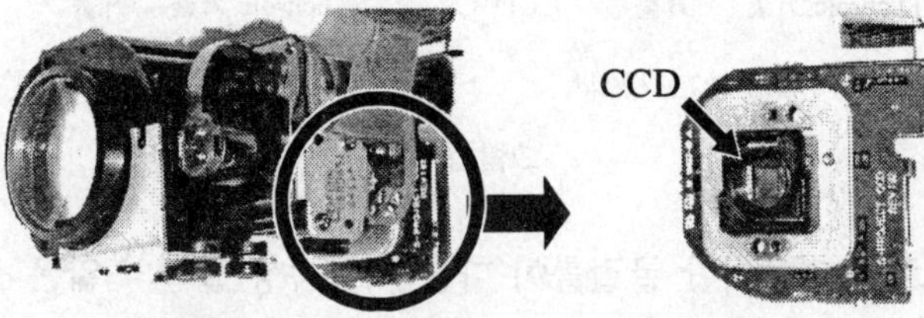

그림 3-177 • 카메라에 사용된 2차원 CCD

이상과 같이 2차원 영상을 얻는 방법에는 CCD를 이용하는 것과 CMOS 센서를 이용하는 것이 있는데, 각각 장단점이 있다. CCD는 CMOS보다 잡음이 작아 고화질이 가능하고 고밀도로 제작이 가능해 고해상용 소자를 쉽게 제작할 수 있으며, 칩 사이즈가 작아 소형화시키기 유리하다.

그러나 가격이 비싸고 전력소모가 크며 구동하기 위한 주변회로가 복잡하고, 주변 IC와 재료가 달라 원-칩화가 불가능하다는 단점이 있다. 이에 비해 CMOS 센서는 소비전력이 매우 작고 소자를 개별적으로 읽으므로 blooming 효과가 적으며 구성에 따라서는 병렬 데이터 추출이 가능하고 생산공정이 매우 간단한 장점이 있지만, 칩의 크기가 크기 때문에 동일한 면적에 비해 정밀한 표현력이 떨어지는 단점이 있다.

2 컬러 촬상

컬러 화상을 촬영하기 위한 기기는 앞서 살펴본 촬상관과 CCD를 이용한다.

(1) 3소자식 촬상기

3소자식(3관식) 촬상기는 빛의 3원색을 분리하고 이를 3개의 촬상소자나 촬상관을 사용해 신호를 검출하는 것으로서 그 원리를 **그림 3-178**에 나타내었다. 그림에 나타낸 바와 같이 카메라에 입력된 영상은 다이크로익 거울(dichroic mirror)을 통해 R, G, B 원색 빛으로 분리한 후 각 빛의 크기를 촬상소자로 감지해 전기신호로 변환한다.

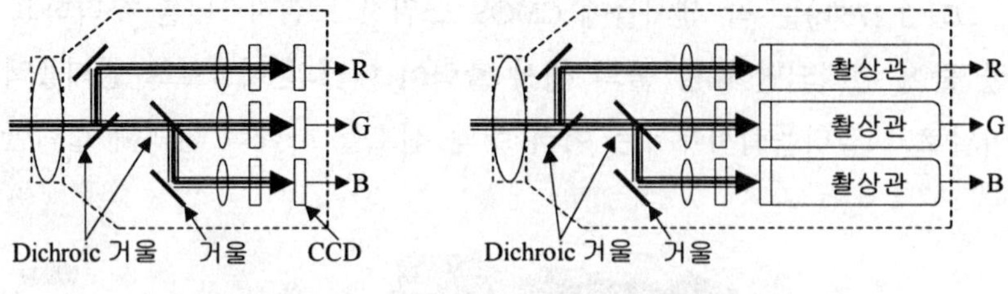

그림 3-178 • 3소자식 촬상기

다이크로익 거울이란 굴절률이 다른 비금속성 물질의 얇은 층을 여러 개 겹쳐 유리 표면에 증착시킨 반사경으로서, 특정 색의 빛은 반사시키고 특정 색의 빛은 모두 투과시키는 성질을 가지고 있다. 이는 보통의 색상 필터에 비해 흡수에 의한 손실이 매우 작고 선택 반사하는 빛의 파장범위를 재료의 두께나 구조에 의해 조절할 수 있다. 이러한 3소자 방식은 각 빛의 색상요소들을 광학적으로 완전 분리해 전기변환하므로 색 간섭이 없어 색의 재현성에 있어서 가장 이상적이고 촬상소자의 본래 해상도를 최대로 발휘할 수 있다. 촬상소자로는 CCD를, 촬상관으로는 비디콘이나 이미지 오르디콘 등 어떠한 것에도 사용할 수 있지만, 3개 소자의 특성이 동일해야 하고 소자와 구동회로가 3개나 들어가므로 가격이 비싸지는 결점이 있어 주로 방송국용으로 사용된다.

그림 3-179 • 3CCD 카메라의 예

(2) 1소자식 촬상기

1소자식(1관식) 촬상기는 1개의 소자에서 피사체의 삼원색 컬러 화상을 촬영할 수 있으며, **그림 3-180**과 같은 스트라이프 필터(stripe filter)를 부착하거나 또는 매트릭스 구조의 RGB 화소 셀을 배열해 사용한다.

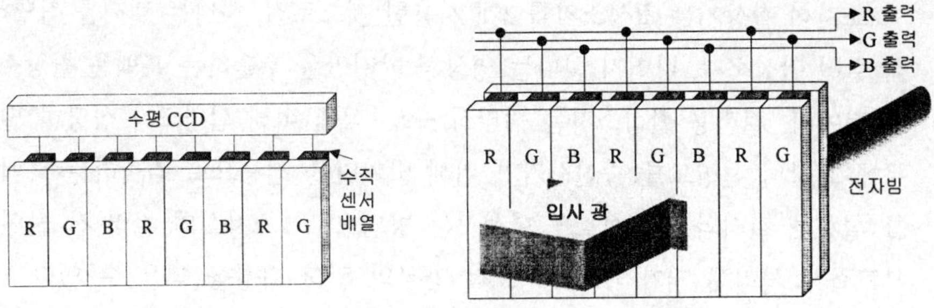

(a) 1소자식 (b) 1관식

그림 3-180 • 스트라이프 필터 사용 촬상기

스트라이프 필터는 3원색 색상 필터를 수십 미크론(1000분의 1밀리) 폭으로 배열한 것으로서 이 필터에서 빛의 3원색을 분리한다. CCD의 경우는 **그림 3-180(a)**와 같이 필터 뒷면에 CCD를 부착해 각 색상에 대한 신호를 추출한다. 촬상관의 경우는 비디콘의 원리를 이용해 그림 (b)와 같이 앞쪽에 약 20미크론 폭의 삼원색 스트라이프 필터가 배치되고, 바로 뒤에 필터들에 대응해 형성된 투명전극이 배치되어 있으며, 그 뒷면에는 촬상을 위한 target판이 놓인다. 렌즈를 통과한 피사체의 상은 이 필터에 의해 삼원색으로 분해되어 target에 상이 맺히며, 전자빔으로 이를 주사해 각 삼원색에 비례하는 신호를 추출한다.

이상의 원리에 의해 1소자식은 스트라이프 필터 방식이든 매트릭스 방식이든 R, G, B 3개 셀이 모여야 한 점을 표현할 수 있으므로 동일 정밀도의 흑백용에 비해 해상도가 1/3로 떨어진다.

(3) 2소자식 촬상기

2소자식(2관식) 촬상기의 구조를 **그림 3-181**에 나타내었다.

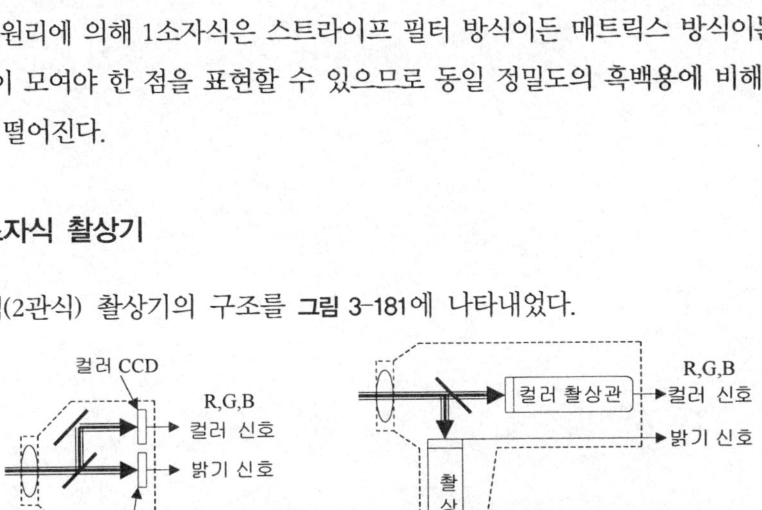

(a) 2-CCD 방식 (b) 2관식

그림 3-181 • 2소자식 촬상기

2소자식 촬상기는 촬상소자를 2개 사용한 것으로서, 하나는 컬러를 촬영하는 1소자식 컬러 촬상소자, 나머지 하나는 영상의 밝기만을 추출하는 흑백용 촬상소자를 사용한 것이다. 컬러용 촬상소자는 원리상 3소자식에 비해 선명도가 상당히 떨어지기 때문에 화상의 선명도를 증진시키기 위해 밝기만을 전용으로 검출하는 흑백 촬상소자를 설치해 컬러와 밝기신호를 합성하는 방법으로 1소자식의 컬러 간 불연속 구간을 부드럽게 처리해 저가격으로 비교적 양질의 컬러 화상을 얻을 수 있다.

04 기타 영상관련 기술

1 HDTV, EDTV

기존의 텔레비전 화질을 개선하기 위해 여러 가지 방법이 제시되고 그에 대한 연구가 진행되고 있는데, 진행되고 있는 화질개선에 관한 방법은 크게 2갈래로 이루어진다. 첫 번째 방법은 고전적인 텔레비전과 전혀 다른 고화질의 화면을 구성하는 것으로서 화면의 주사선 수, 화면의 가로/세로비 등을 변환하는 방법이다. 두 번째 방법으로는 고전적인 텔레비전 규격을 그대로 수용하면서 화면을 디지털화하여 화질을 개선하는 방법이다. 이들 두 가지 방법은 각각 장단점이 있으며 이들에 관해 살펴본다.

(1) HDTV

HDTV(High Definition Television)는 기존의 텔레비전 규격과 전혀 다른 새로운 규격으로 고화질을 실현하는 방법으로서 **표 3-7**과 같은 특징을 지니고 있다.

표 3-7 • HDTV의 특징 비교

비교 항목	기존 텔레비전	HDTV
화면 가로/세로 비	4 : 3	16 : 9
주사선 수	525개/625개	1,050개 이상
시청거리	7H	3H
초당 프레임 수	60 frame/Sec	60frame/Sec
영상신호 대역폭	4.3MHz	20MHz 이상
영상/음향신호 처리방식	아날로그	디지털
영상/음향신호 변조방식	2-Ch FM	4-Ch PCM
음향품질	FM 방송급	CD급
신호전송방식	아날로그(NTSC)	디지털(MPEG), 아날로그

1) 화면 가로/세로비

고전적인 텔레비전의 화면 가로/세로비는 4 : 3으로서 이는 시청감이 가장 좋은 비율로 알려져 있다. 그러나 HDTV에서는 16 : 9 (4 : 3의 제곱 비)로 늘어났으며 이는 영화화면을 수용하는 비율이다. 이들 비율의 비교를 **그림 3-182**에 나타내었다.

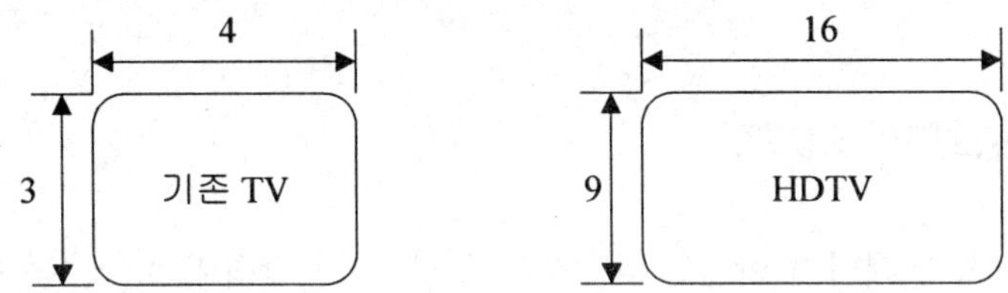

(a) 기존 텔레비전　　(b) HDTV

그림 3-182 • 화면 비율의 비교

이와 같은 HDTV의 화면비율은 영화화면을 수용할 수 있게 되는데, 기존 텔레비전에서의 영화화면 처리방법들을 **그림 3-183**에 나타내었다.

(a) 좌우 절단　　(b) 좌우로 압축　　(c) 좌우로 정렬

그림 3-183 • 영화화면의 TV 화면처리

그림 3-183(a)는 일반적으로 사용되는 영화화면 처리방법으로서, 텔레비전과 영화화면의 비율이 맞지 않으므로 영화화면의 상하 크기를 텔레비전에 맞추면 그림과 같이 영화화면의 좌우가 잘려나간다. 따라서 잘려나간 화면 중에 중요한 장면이 포함되면 텔레비전에서 방영되는 극장용 영화가 어색해 보이기도 한다. 즉, 그림과 같이 3명의 등장인물이 있을 때 한 사람은 TV 화면에 나타나지 않게 되어 영화줄거리가 어색하게 된다.

그림 3-183(b)는 영화의 첫 장면이나 끝 장면 방송에서 가끔 사용되는 방법으로, 영화화면을 강제로 텔레비전 화면비율로 압축한 것이다. 이는 영화화면이 텔레비전 화면에 모두 나타나므로 내용전달에는 문제가 없으나 등장인물, 배경 등이 모두 길쭉하

게 표시되므로 화면이 몹시 부자연스럽게 된다. 따라서 영화내용과는 그다지 관계없이 단지 영화에서 나타내려는 전체적 분위기를 전달할 경우에만 사용하므로 주로 영화의 첫 장면 (도입 부분)이나 끝 장면 방영에 사용된다.

그림 3-183(c)는 영화 전체의 화면이 중요시되는 경우에 사용되는 방법으로서, 그림 (a)와는 반대로 영화화면의 가로폭을 텔레비전 화면 가로 폭에 맞춘 것이다. 이 경우 영화화면의 세로폭이 부족하므로 화면의 상하에 검은 부분(화면이 없는 부분)이 나타나게 된다.

참고 wide-vision TV

wide-vision이란 화면의 가로/세로비는 영화화면의 비율과 동일하면서 일반 텔레비전 방송을 시청하는 방식이다. 이는 앞서 설명한 영화화면 처리 방법 중 **그림 3-183(c)**와 같은 방법으로 방영되는 영화에서 효과적인데, **그림 3-184**와 같은 원리를 이용하고 있다.

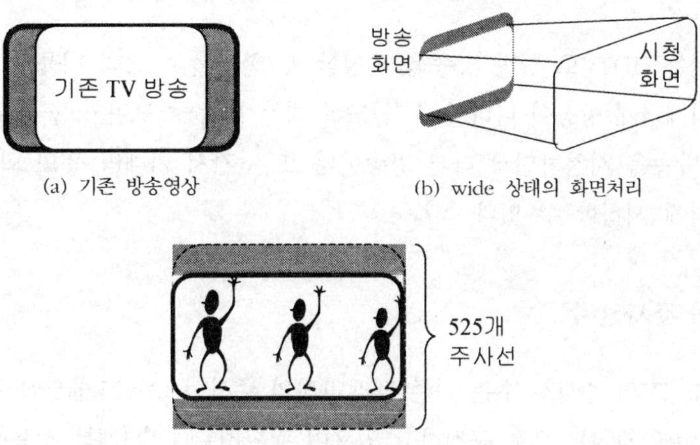

(a) 기존 방송영상 (b) wide 상태의 화면처리

(c) wide 처리영상

그림 3-184 ∘ wide-vision의 영상

그림 3-184(a)는 일반 텔레비전 방송을 시청할 때 사용하는 모드로서, 화면의 양 옆 부분은 검게 처리되어 화면영역이 일반 텔레비전과 동일한 4 : 3으로 나타난다. 그림 (b)는 앞서 그림 (c)와 같이 상영되는 영화를 시청할 때 사용하는 모드로서, 화면전체를 확대해 그림 (b)와 같이 화면 위아래의 검은 영역은 바깥으로 나가 보이지 않으며 영화내용만이 넓은 화면으로 나타난다. 그러나 그림 (c)와 같이 화면 상하의 본래 주

사선 수보다 표시되는 주사선 수는 더 줄어들어 화면이 거칠어지는 단점이 있다.

참고사항에서 소개한 것처럼 HDTV의 화면도 16 : 9의 비율이므로 기존의 텔레비전 화면과는 호환성이 결여되어 HDTV로 일반 방송을 시청하면 **그림 3-184(a)**와 같이 좌우에 검은 부분이 나타나는데, **그림 3-185**와 같은 방법으로 한층 편리한 기능을 추가하기도 한다.

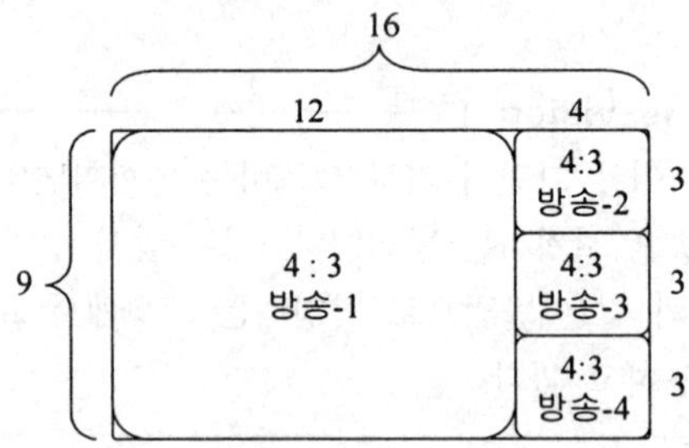

그림 3-185 • HDTV에서의 일반 방송 화면처리 예

이는 HDTV로 일반 방송을 시청할 때 화면을 4 : 3의 비율로 나누어 한 화면에서 동시에 4개 방송이 나타날 수 있도록 하는 다중-스크린(poly-screen) 방식으로서, 주요 방송을 시청하면서 다른 방송이나 또는 감시 카메라 등의 화면을 작은 구역에서 동시에 시청할 수 있다.

2) 주사선 수

HDTV의 주사선 수는 기존 텔레비전의 주사선 수 525개(50Hz에서는 625개)의 2배인 1,050개 이상으로 규정하고 있으며 정확히는 1,125개를 적용하고 있다. 따라서 **그림 3-186**과 같이 상하 크기가 동일한 화면의 경우 세로로 2배의 섬세한 화면을 얻을 수 있다.

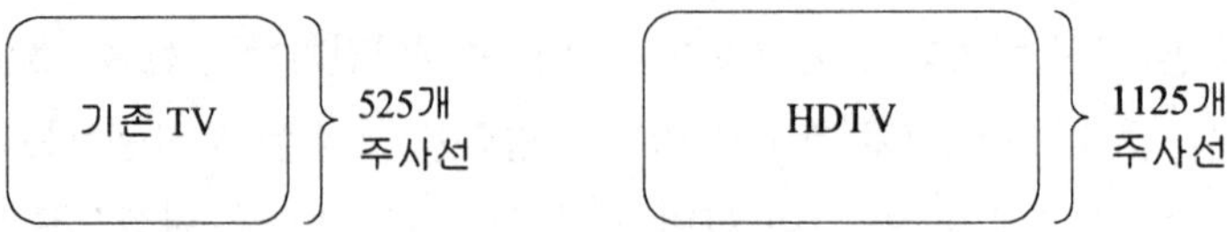

그림 3-186 • 수직 주사선 수 비교

3) 시청거리

시청거리는 기존 텔레비전의 경우 화면 높이(Height)의 7배(7H) 이상 거리에 떨어져 시청해야 화면이 자연스럽게 나타난다. 즉, 화면에 지나치게 근접해 시청하면 주사선이 보여 부자연스럽고 피곤한 느낌을 받는다. 반면 HDTV는 일반 텔레비전보다 2배 이상의 주사선을 가지고 있으므로 화면 높이의 3배(3H)거리에서 시청해도 자연스럽게 보이기 때문에, 동일한 높이의 텔레비전 화면과 HDTV 화면의 경우 HDTV쪽이 보다 더 큰 화면으로(가까이에서 시청하므로) 시청할 수 있다.

※ 실험에 의하면 시력이 약 1.0인 사람의 눈으로 판별할 수 있는 최소 크기의 각도는 0.016° 정도이고, 화면 시야각은 다음 공식으로 주어진다.

$$\theta = 2 \cdot \tan^{-1}\left(\frac{H'}{2 \cdot D}\right)$$

여기서, D는 시청거리(화면높이 H의 배수), H'는 한 개의 높이

$D = 3H$로 했을 경우 $\theta = 0.016°$인 화면의 높이는 $H \fallingdotseq 1{,}200H'$가 되며, 이 때문에 HDTV의 프레임당 주사선 수는 1,200에 가까운 1,125로 정해졌다.

4) 영상신호 대역폭

기존의 텔레비전에서는 4.3MHz의 대역폭이 필요했으나, HDTV는 화면비율이 가로로 4 : 3에서 16 : 9로 1.333배 증가하고, 세로로 주사선 수가 525개에서 1,125개로 약 2.14배 증가하며, 가로 화소크기도 더욱 작아져 화면 전체적으로 화소 수가 약 5.5배 정도 증가되기 때문에 영상신호 주파수 대역도 약 20MHz로 증가된다.

5) 영상/음향신호 처리방식

현재의 텔레비전에서는 영상과 음향신호는 모두 아날로그 방식으로 전송되고 있지만 HDTV는 디지털 신호로 처리하며 이 때문에 화질이나 음질의 처리중 손상이 거의 없다. 따라서 화질은 아날로그 방식에서 자주 나타나는 색상 간섭이나 잡음이 없으

며, 음질은 CD급으로 처리된다. 또한, 수상기의 부품 대부분을 디지털화할 수 있으므로 부품 수도 거의 획기적이라 할 수 있을 만큼 줄어든다.

이상과 같은 HDTV의 여러 가지 특징에 의해 신호전송 대역폭은 약 1.2Gbps가 되며, 이는 현재의 방송망으로는 전송이 불가능하므로 MPEG 기법으로 영상을 압축해 대역폭을 줄여 전송하고 수신측에서 다시 신호를 복원해 시청자에게 전달하는 방법을 사용한다.

(2) EDTV

EDTV(Extended Definition Television) 방식은 기존 텔레비전 규격에는 변화를 가하지 않으면서 화질을 개선한 일종의 '개량형 텔레비전'이다. 즉, 기존 텔레비전 규격에서 사용하는 화면의 가로/세로 비율과 주사선 수는 그대로 사용하면서 디지털 기술을 이용해 화질을 개선하는 방법이다. 이는 기존에 제작된 방대한 양의 텔레비전용 영상물을 그대로 수용할 수 있다는 것이 가장 큰 장점이며, 화질을 개선하는 요소들은 다음과 같다.

- 촬영용 카메라를 고성능화해 섬세한 화질로 촬영한다.
- 섬세한 화질을 얻기 위해 화면신호의 고주파 영역을 강조한다(일반 텔레비전과 컴퓨터용 모니터의 차이).
- 화면의 주사방식을 비월주사에서 순차주사로 한다(컴퓨터용 모니터에서 사용중).
- 색상이 변질되는 것을 막기 위해 화면의 밝기신호와 색상신호를 분리한다(YC 방식).

2 3D 화면

3D(3-Dimension) 화면이란 2차원 평면 영상기기를 이용해 3차원 영상을 시청하는 것을 의미하는데, 진정한 3차원은 아니고 좌우로만 입체이다. 3D 화면을 전달하는 방법에는 여러 가지가 있는데 이 중 몇 가지를 살펴본다.

(1) 3D 화면의 기본원리

사람의 눈이 3차원 입체, 즉 물체의 원근감을 느낄 수 있는 원리는 2개의 눈에 서로 다른 화상이 나타나기 때문인데 이 원리를 **그림 3-187**에 나타내었다.

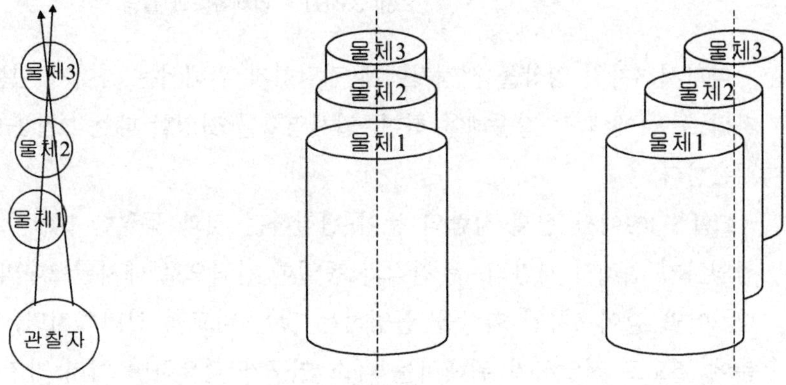

(a) 관찰 과정 (b) 좌측 영상 (c) 우측 영상

그림 3-187 ● 3차원 인식의 원리

그림 3-187(a)에서 배치가 다르게 되어 있는 동일한 크기의 물체들을 관찰하면 관찰자의 양 눈에 나타나는 모습이 서로 다른데, 그림의 화살표 방향으로 두 눈의 시야가 각각 진행되기 때문에 왼쪽 눈에 관찰되는 모습은 그림 (b)와 같이 물체들이 일렬로 나열된 것으로 보이고, 오른쪽 눈에 관찰되는 모습은 그림 (c)와 같이 물체들이 우측으로 빗겨나간 것으로 보인다. 이러한 차이를 뇌에서 순간적으로 판단해 물체 1이 가장 앞, 다음은 물체 2, 다음은 물체 3의 순서로 놓여 있다는 것을 판별한다. 일반 텔레비전이나 영화에서는 입체감을 느낄 수 없는데, 그 이유는 **그림 3-188**과 같이 두 눈에 나타나는 상이 동일하기 때문이다.

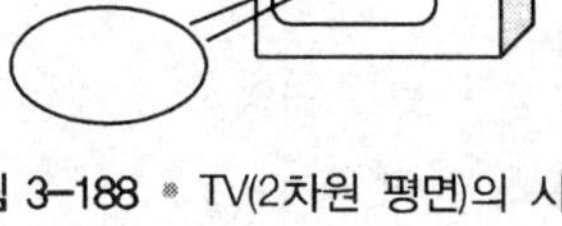

그림 3-188 ● TV(2차원 평면)의 시청

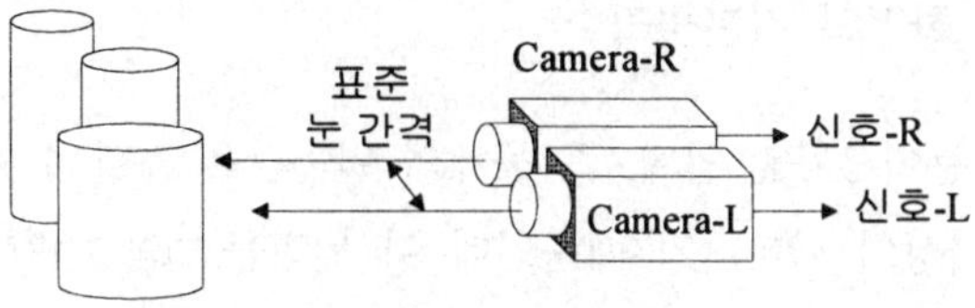

그림 3-189 • 입체화상의 촬영

따라서 3차원 영상을 시청자에게 전달하기 위해서는 차이가 있는 두 장면을 시청자의 두 눈에 각각 전송해야 하며, 입체영화를 촬영할 때는 **그림 3-189**와 같은 장치를 사용한다.

그림 3-189에서 실제 사람의 눈이 관찰하는 것과 동일한 2곳의 서로 다른 화상을 촬영하기 위해서 사람의 눈 간격과 동일한 간격으로 배치된 2대의 카메라가 필요하다. 이와 같이 3차원 화상을 촬영하는 것은 비교적 간단하지만, 이를 시청자의 두 눈에 별도로 전달하기 위해서는 다소 연구가 필요하며 여러 가지 방법이 고안되어 사용된다.

(2) 3D 화면의 구현방법

1) 색상 필터 안경

색상 필터 안경은 과거에 극장에서 상영하는 입체영화에서 사용했던 방법으로서, 2개의 화상을 색상처리(한쪽은 청색을 강조, 나머지는 적색을 강조)해 하나의 화상을 만들어 영사한다. 시청자는 **그림 3-190(a)**와 같이 한쪽은 청색 필터, 한쪽은 적색 필터가 장치된 안경을 끼고 영화를 보면 청색 필터 쪽은 영화의 적색 쪽이 검은색으로 나타나 청색 쪽의 화상이 주로 통과되고, 적색 필터 쪽은 영화의 청색 쪽이 검은색으로 나타나 적색 쪽의 화상이 주로 통과된다.

(a) 필터 안경 (b) 밀착형 근접화면

그림 3-190 • 각종 3차원 영상 전달방법

이 방법은 저렴한 가격으로 안경을 제작할 수 있는 장점이 있으나, 화면이 색상 필터를 거치기 때문에 영화의 색감이 크게 떨어지는 단점이 있다.

2) 밀착형 근접 화면

이는 시청자의 눈에 **그림 3-190(b)**와 같은 초소형 화면을 밀착시켜 두 눈에 각각 다른 화상을 전달하도록 한 것으로서 화면은 안경 모양으로 구성해 직접 눈에 밀착되므로 가급적 가볍고 작아야 하기 때문에 주로 LCD를 이용해 제작한다. 그러나 눈에 밀착되어 있으므로 초점거리가 너무 짧고, 아주 고해상의 LCD를 사용한다 하더라도 표시 화소가 눈에 띄므로 화질이 떨어져 보이고 눈과 밀착되어 있으므로 눈이 피로해 오래 착용할 수 없다. 또한 입체화상을 촬영했던 표준 카메라의 렌즈 간격과 시청자의 눈 간격이 맞지 않을 경우 어지러워 시청을 할 수 없는 경우도 발생한다. 이 방식은 안경이 비교적 고가이고 유선으로 신호를 전송받아야 하므로 게임기나 컴퓨터용으로 사용된다.

3) 셔터 안경

셔터식 안경은 하나의 화면에서 첫 프레임에는 왼쪽 눈에 대한 화상, 다음 프레임에는 오른쪽 눈에 대한 화상을 교대로 반복해 송출하고, 시청자는 전자 셔터식 안경을 착용해 해당 프레임의 화상을 해당 눈에 전달하도록 하는 방식으로서 **그림 3-191**에 그 원리를 나타내었다.

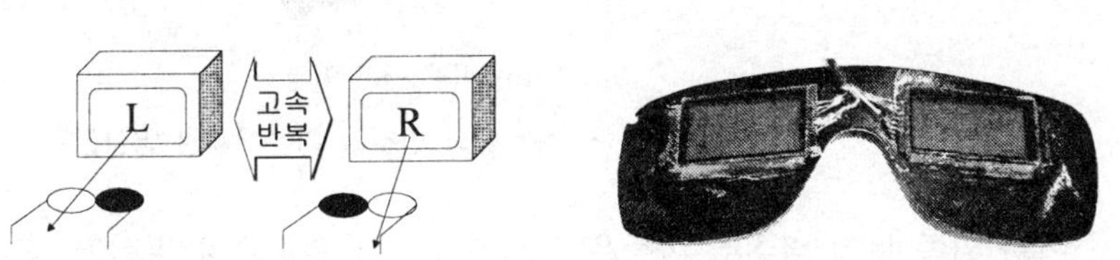

(a) 동작원리 (b) 안경의 내부구조

그림 3-191 • 셔터식 3차원 화상전달 원리

셔터 안경으로는 간단한 평면 LCD를 투과 모드로 사용해 만들 수 있으므로 가격은 저렴한 편이나 화면의 프레임 전환이 느릴 경우 플리커가 나타나 눈에 피로감을 줄 수 있다. 텔레비전이나 비디오용 프로에서 이 방법을 사용할 경우에는 인터페이스 화면의 홀수 프레임을 왼쪽용, 짝수 프레임을 오른쪽용으로 할당해 사용하기도 하나 이

때 각 프레임당 수직 해상도가 절반밖에 되지 않으며, 한 셔터당 30Hz로 on/off하므로 몹시 심한 플리커가 나타난다.

이 방식은 또한 화면을 내보내는 표시기와 안경 사이에 동기가 맞아야 하므로 유선으로 되어 근거리 시청만이 가능하다. 컴퓨터 화면 같이 프레임이 고속으로 진행하는 경우 사용하면 깜박임 없이 우수한 효과를 볼 수 있으며 게임기 등에서 사용된다.

4) 편광 필터 안경

이 방식은 편광의 원리를 이용한 것으로서 영화에서 이용하는 방법이며 **그림 3-192(a)**에 이 방식의 원리를 나타내었다.

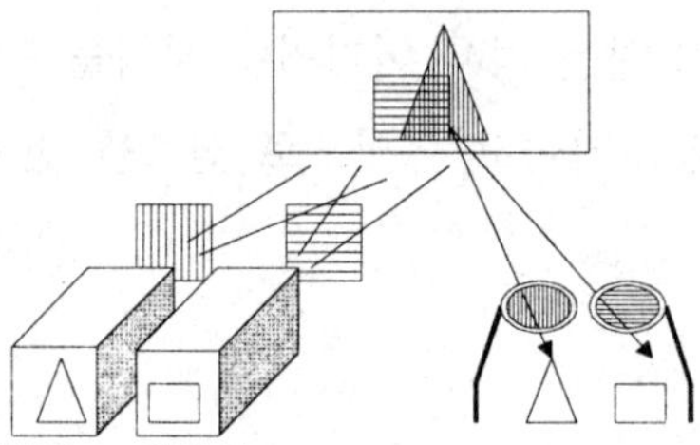

(a) 영상전달의 원리

(b) 편광 필터 안경

그림 3-192 • 편광 필터 안경에 의한 3차원 영상전달

이는 왼쪽 눈에 비춰질 화상은 영사기-L에서 수평편광 필터를 통해 스크린에 영사하고, 오른쪽 눈에 비춰질 화상은 영사기-R에서 수직편광 필터를 통해 스크린에 영사한다. 시청자는 편광각이 서로 직각인 편광안경을 착용해 영화를 감상하면 수평축으로 편광 필터가 끼워진 왼쪽 안경에는 영사기-L에서 영사된 화면만이 통과하고, 수직축으로 편광 필터가 끼워진 오른쪽 안경에는 영사기-R에서 영사된 화면만이 통과한다. **그림 3-192(b)**에는 편광 필터가 부착된 액정표시기와 겹쳤을 때의 상태를 나타낸 것으로서 안경의 오른쪽 부분은 액정 테두리가 검게 보이고 액정이 밝게 보이지만,

왼쪽 부분은 액정 테두리가 밝게 보이고 액정은 어둡게 되어 서로 반대로 나타남을 확인할 수 있다. 이 방식은 안경의 구조가 간단하고 가격도 저렴하지만 편광을 사용하므로 화상의 밝기가 어두워지는 단점이 있어 영사량을 강하게 해야 한다.

5) 스트라이프 홀로그램 방식

스트라이프 홀로그램이란 각도에 따라 다른 그림이 보이도록 제작된 투명평판으로서, 어린이들이 가지고 있는 요술책받침이나 요술자가 이 원리이다. 즉 책받침이나 자에 그림이 나타나 있지만 보는 각도를 달리하면 다른 그림이 나타나며, 이를 위해 책받침이나 자에 스트라이프 형태의 주름이 형성되어 있다. 따라서 이 원리를 입체영상 전달에 적용할 수 있는데. 화면에 스트라이프 렌즈를 부착하고 스트라이프 결에 따른 영상을 송출하면 왼쪽 눈과 오른쪽 눈의 각도차에 의해 서로 다른 영상이 전달된다.

3 화상신호 입력회로

이 절에서는 화상신호를 컴퓨터 데이터로 변환하는 회로의 원리에 대해 간단히 살펴보는데, 화상신호는 흑백 컴퍼지트 신호(TV 영상)를 기준으로 하였다. **그림 3-193**에 화상신호 입력회로의 블록도를 나타내었다.

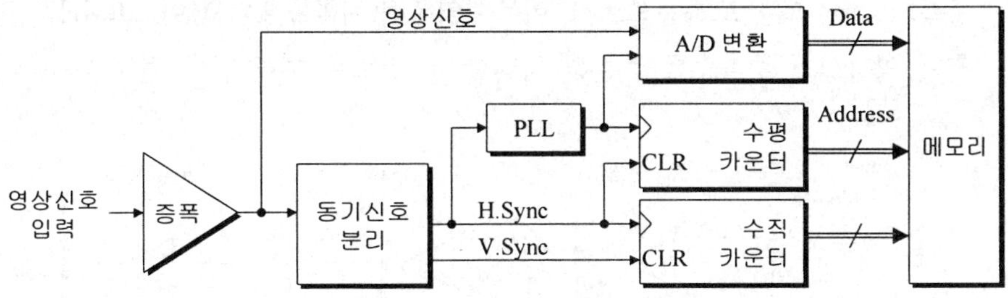

그림 3-193 • 화상신호 입력회로의 블록도

입력된 영상신호는 충분한 크기로 증폭한 후 영상신호와 동기신호로 분리한다. 영상신호는 고속 아날로그/디지털 변환회로에서 디지털 데이터로 변환되어 메모리에 저장된다. 한편 동기신호 분리회로에서는 수평동기와 수직동기신호들을 분리하고, 수평동기신호가 발생할 때 수평카운터를 지우면서 수직 카운터를 하나 증가시킨다. 즉 수평동기신호가 입력되면 수평위치가 0이 되면서 수직위치는 다음 줄로 이동한다. 수직동기신호가 입력되면 이번에는 수직위치도 0이 되어 화면의 가장 위를 나타낸다. 수평동기신호는 PLL 회로에 입력되어 한 동기신호와 다음 동기신호 사이 기간을 채배한 출력을 발생하는데, 이것이 수평해상도를 결정한다. 즉, 동기신호와 동기신호 사이가 화면의 한 줄에 해당되는데, 이를 만약 200배 채배하면 한 줄을 200개의 화소로 분해해 저장하고, 800배 채배하면 한 줄을 800개의 화소로 분해해 저장한다. 아날로그/디지털 변환기는 PLL 출력, 즉 화소분해 펄스마다 해당 화소에 대한 데이터를 변환한다.

(1) 간이 회로

그림 3-194에 간단한 증폭회로를 나타내었다. 본래 이 회로는 저자가 오실로스코프에서 텔레비전 화상이 나타나도록 하는데 사용했던 것인데, 정밀한 화상변환회로용으로 사용하기에는 약간 성능이 떨어지지만 회로가 간단하고 원리를 이해하기 쉬워 여기에 소개했다.

J_{101} RCA 커넥터를 통해 입력된 컴퍼지트 신호는 R_{101} 에 의해 임피던스 매칭되고 U_{101} 에 의해 약 4배 증폭된다. 이 신호는 동기신호 분리회로와 영상증폭회로로 공급되고 영상증폭회로 U_{102} 에서는 다시 2배 증폭한 후 U_{103} 에서 8배 증폭하면서 전압을 이동(level shift)해 오실로스코프 Z축 입력 레벨로 변환한다. 여기에 사용된 연산증폭기 LM318은 고속용으로서 이득대역폭적(利得帶域幅積)이 20MHz 정도이므로 흑백 영상신호 주파수를 충분히 처리할 수 있도록 여러 단에 걸쳐 나누어 증폭한다.

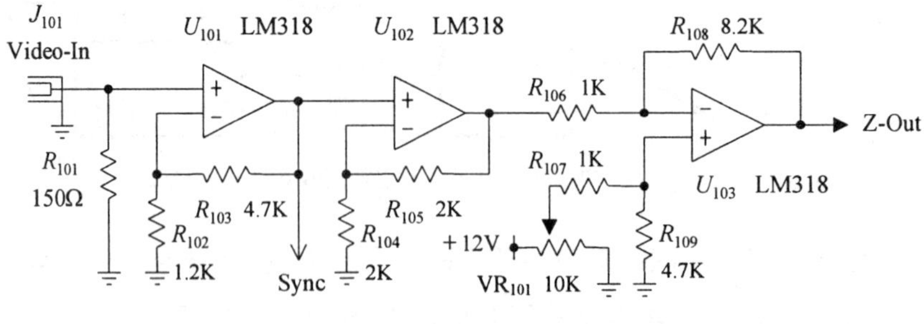

그림 3-194 • 간이형 증폭회로

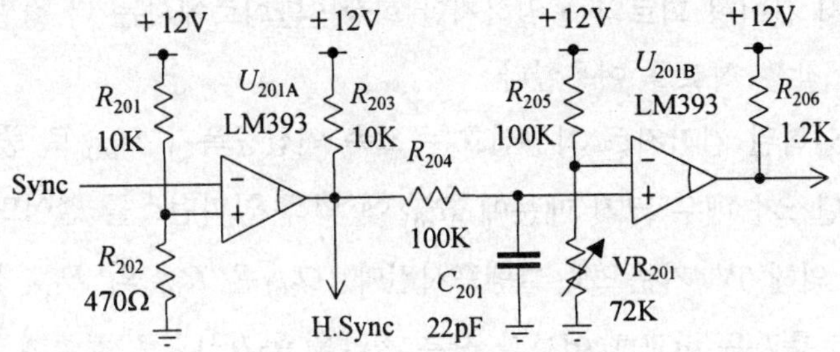

그림 3-195 • 간이형 동기신호 분리회로

그림 3-195에 간이형 동기신호 분리회로를 나타내었다. 회로에 입력된 신호는 컴퍼지트 신호가 4배정도 증폭된 것이므로 페데스털 레벨 기준으로 동기신호의 크기는 약 $2.4\,V_{pp}$ 로 되며, 이를 R_{201} 과 R_{202} 에 의한 약 0.6V 와 비교해 이보다 작으면 동기신호로서 검출한다. U_{201A} 에 의해 검출되는 신호는 컴퍼지트 동기신호이므로 여기서 수직동기신호를 분리하기 위해 R_{204} 와 C_{201} 로 적분하고 이 전압이 일정전압 이상이 되면 수직동기신호로서 출력한다. 이의 원리는 앞서 흑백 컴퍼지트 모니터의 동기신호 분리회로와 동일하므로 이를 참조하라.

(2) 개별소자 회로

1) 영상/동기신호 분리회로

컴퍼지트신호는 영상신호와 동기신호가 섞여있으므로 이를 분해해야 하는데 기본

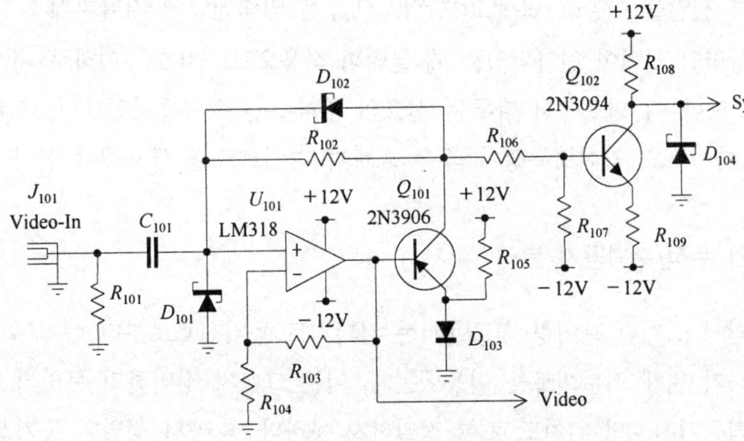

그림 3-196 • 영상/동기신호 분리회로

원리는 앞서 간이형 회로와 동일하지만 화상변환회로에서는 더 정밀하고 실용적인 **그림 3-196**과 같은 회로를 이용한다.

J_{101}에 입력된 컴퍼지트 화상신호는 고속 연산증폭기 U_{101}로 증폭하는데, 증폭기 입력 임피던스가 매우 크기 때문에 R_{101}에 의해 임피던스를 떨어뜨린 후 U_{101}과 주변 회로에 의해 0V 기준으로 클램프시킨다. Q_{101}은 R_{105}와 D_{103}에 의한 0.6V와 연산증폭기의 출력을 비교해 이보다 작은 전압을 동기신호로 검출해 그 출력을 Q_{102}로 전달하면서 동시에 클램프 펄스로서 D_{102}로 신호를 보내 연산증폭기 (+)단자를 0V로 만든다. 따라서 입력신호는 매 동기신호마다 0V로 재설정되어 **그림 3-197(a)**와 같이 0V를 기준으로 정렬된다.

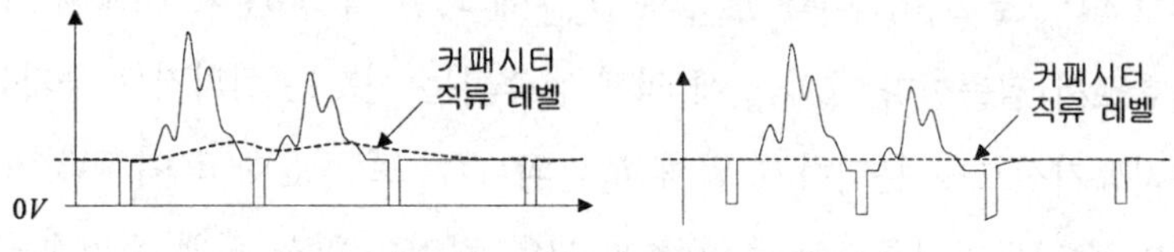

(a) 클램프 처리를 했을 때 (b) 클램프 처리를 하지 않았을 때

그림 3-197 • 기준 전압의 유지

만약 클램프를 하지 않고 직접 신호를 처리하면 컴퍼지트 신호는 파형의 상하가 비대칭이므로 커패시터 C_{101}을 거친 신호의 평균점이 **그림 3-197(a)**와 같이 계속적으로 변화하기 때문에 그림 (b)와 같이 평균점이 무너져 화면 전체가 약간 어두워지거나 밝아지는 문제가 발생한다. Q_{102}는 분리된 동기신호를 디지털 회로에 접속할 수 있도록 전압을 이동(level shift)한다. D_{101}은 입력전압이 지나치게 (−)로 내려가는 비정상적인 입력이 인가되었을 때 클리퍼 작용으로 −0.6V 이하로 내려가지 않도록 한다. 또한 이 회로에서 다루는 신호의 주파수는 수평동기신호인 15.75kHz 이상이므로 다이오드 역회복특성이 좋은 쇼트키 다이오드를 사용해야 한다.

2) 수직/수평동기 분리

앞서 소개한 간이형 회로에서는 컴퍼지트 동기신호로부터 수직/수평동기신호를 분리하기 위해 적분회로를 이용했는데, 이는 그다지 정밀하지 못하기 때문에 검출되는 수직동기신호의 위치도 또한 정밀하지 못하다. 따라서 정밀한 동기신호 분리를 위해 **그림 3-198**과 같은 회로를 사용한다.

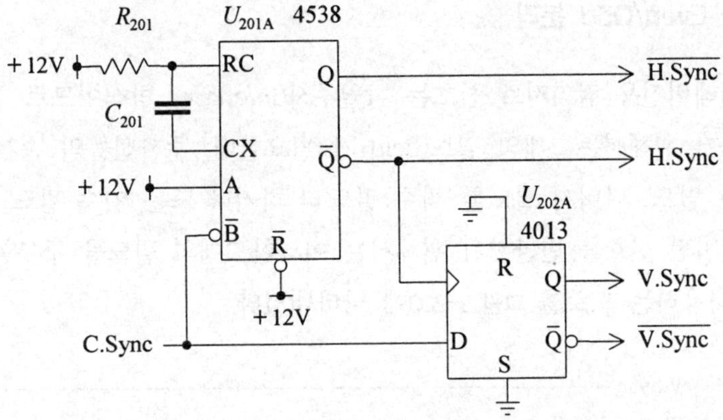

그림 3-198 • 수직/수평 동기신호 분리회로

회로에서 U_{201A} 는 단안정 멀티바이브레이터(mono-stable multivibrator)로서 입력 신호에 대한 단발 펄스를 발생한다. 이는 C.Sync 신호의 하강 엣지에서 동작하도록 결선되어 있으며, 하강 엣지를 검출하면 H.Sync 출력이 발생되고 이 출력은 다시 U_{202A} D형 플립플롭을 여기시킨다. 이 회로의 동작과정을 **그림 3-199**에 나타내었다.

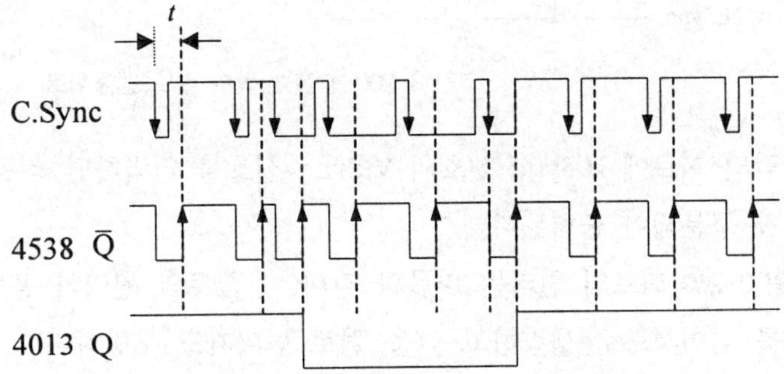

그림 3-199 • 수직/수평동기신호 분리의 원리

그림에서 4538의 출력은 C.Sync신호 중 H.Sync신호 때마다 R_{201}, C_{201} 로 형성되는 t 간격의 펄스를 출력하고, 이를 D형 플립플롭에 인가하면 점선 부분이 샘플링 되므로 V.Sync가 분리된다. 사실 실제 C.Sync의 펄스 간격은 다음의 Even/Odd 분리부분에서 설명하듯이 등화 펄스에 의해 2배로 구성되지만 결과는 동일하다.

3) Even/Odd 분리

텔레비전용 컴퍼지트 신호는 비월주사(interlace) 방식이므로 한 화면(frame)을 구성하기 위해서는 2개의 필드(field)가 필요한데, 주사선들의 순서에 따라 한 필드를 '홀수 필드', 나머지 필드를 '짝수 필드'라 하거나 또는 '기수 필드', '우수 필드'라 한다. 텔레비전 신호를 변환하기 위해서는 이러한 2개의 필드를 구분할 필요가 있으며 이때 사용하는 회로를 **그림 3-200**에 나타내었다.

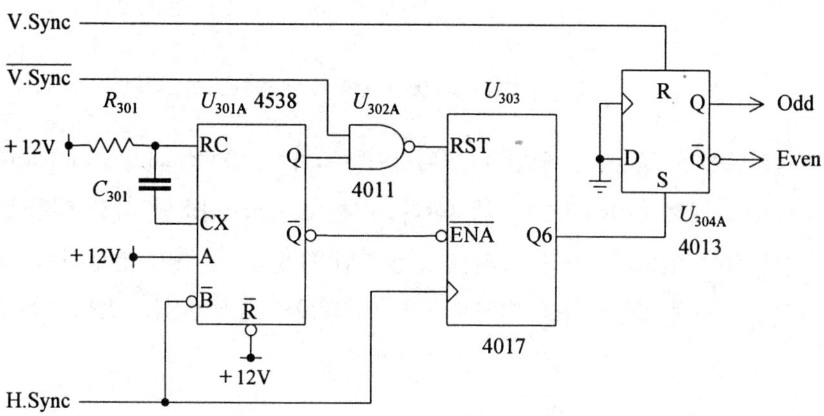

그림 3-200 • 홀수/짝수 필드 검출회로

그림의 회로에 H.Sync 신호와 V.Sync 신호를 입력하면 최종 출력에는 홀수/짝수 필드가 구분되어 출력된다.

그림 3-200 회로의 원리는 다음과 같다(이 회로의 원리와 용어 등은 이 책의 설명 범위를 넘어서므로 생략하고 다음 절로 넘어가도 무방하다).

비월주사 형식 컴퍼지트 신호의 필드 경계부분은 홀수 필드냐 짝수 필드냐에 따라 약간의 차이가 있다. 각 필드에서의 파형을 **그림 3-201**에 나타내었다.

그림 3-201(a)에는 홀수에서 짝수로 넘어가는 V.Sync를, 그림 (b)는 짝수에서 홀수로 넘어가는 V.Sync를 나타낸 것으로서 V.Sync의 시작점과 끝점들이 등화 펄스(equalizing pulse)에 의해 약간씩 차이가 난다(등화 펄스에 대해서는 텔레비전 전문서적을 참고). 위 회로에서는 이들 중 V.Sync의 마지막 지점에서 발생하는 차이인 3H와 2.5H를 검출한다.

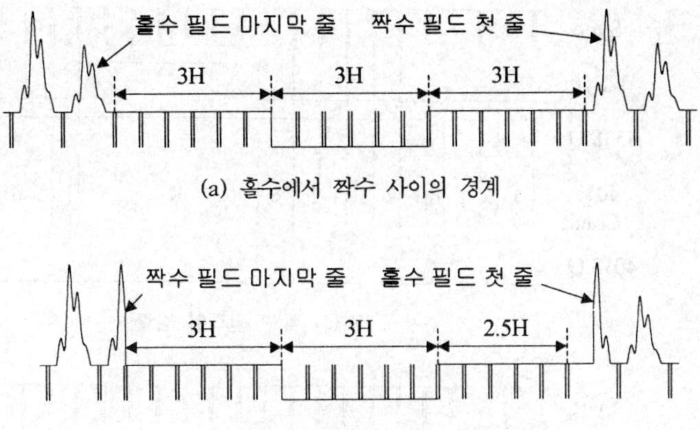

(a) 홀수에서 짝수 사이의 경계

(b) 짝수에서 홀수 사이의 경계

그림 3-201 • 필드의 경계

U_{301A} 단안정 멀티바이브레이터의 시정수는 약 0.75H 정도로 설정되어 있으며, 이에 따라 **그림 3-202**와 같이 4538의 retriggerable 성질을 이용해 등화 펄스를 검출할 수 있다.

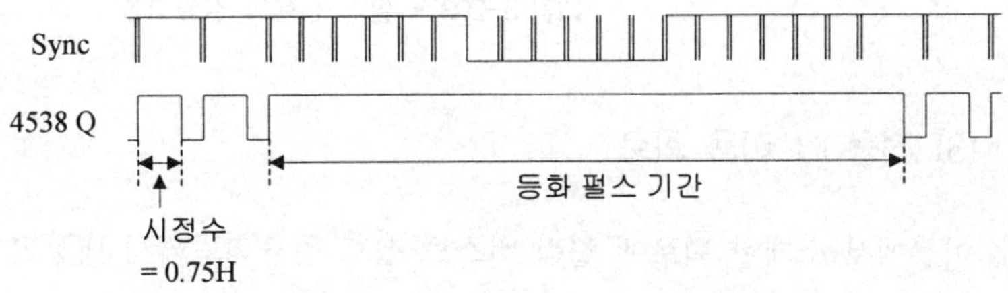

그림 3-202 • 등화 펄스 기간의 검출

U_{302} NAND 게이트에서는 이러한 등화 펄스 기간 이외의 기간일 때, 그리고 등화 펄스 중이라도 V.Sync 신호가 있는 동안일 때에는 U_{303} 카운터를 0으로 지우며, 따라서 U_{303}은 V.Sync 직후 발생하는 펄스부터 카운트한다. 이 카운트 수가 6이면 U_{304} RS 플립플롭을 여기시켜 짝수 필드가 시작됨을 나타낸다. 이와 같이 홀수/짝수 필드를 검출하는 타이밍 중 **그림 3-203(a)**에는 짝수 필드가 검출되는 과정, 그림 (b)는 홀수 필드가 검출되는 과정을 나타내었다.

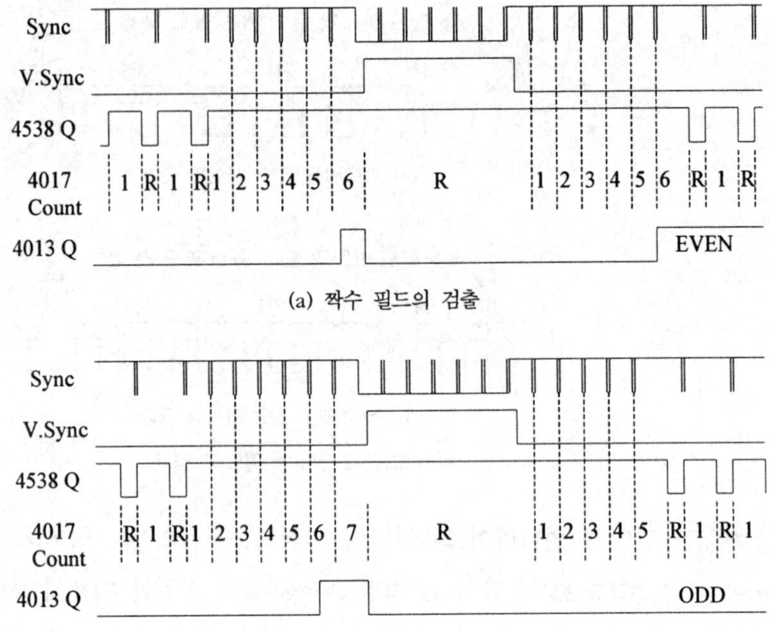

그림 3-203 • 필드 신호의 검출과정

(3) 전용 IC 이용 회로

이상에서 소개한 회로에 컬러 버스트 신호 검출회로까지 내장한 IC가 여러 종류 있으며, **그림 3-204**에 National Semiconductor의 LM1881을 사용한 컴퍼지트 신호분리회로를 나타내었다.

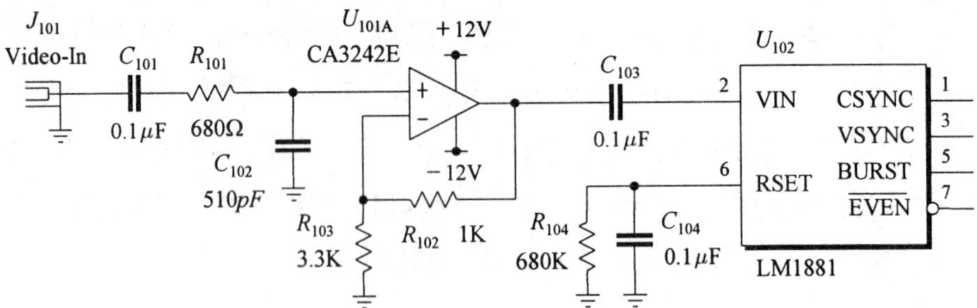

그림 3-204 • IC를 이용한 컴퍼지트 신호분리회로

그림 3-204에 나타낸 바와 같이 매우 간단한 회로로 컴퍼지트 동기신호(C.Sync)와 V.Sync, 컬러 버스트 그리고 짝수 프레임 검출신호들이 출력된다. 만약 H.Sync가 필요하다면 C.Sync와 V.Sync를 XOR시켜 생성할 수 있다. U_{101} 은 고속용 연산증폭기로서 U_{102} 가 취급할 수 있을 만큼 비디오 신호를 크게 증폭한다.

□ 찾아보기 □

저자 약력

• 이 현 창

- 단국대학교대학원 전자공학과 공학박사(회로 및 시스템 전공)
- 국립 천안공업대학 정보통신과 전임강사, 조교수, 부교수
- 국립 공주대학교 공과대학 정보통신공학부 부교수, 교수(현)

〈저서〉

- 실용전자측정(상학당, 2010)
- 유비쿼터스 회로(상학당, 2007)
- CGI로 C-언어 정복(상학당, 2007)
- 유비쿼터스 컴퓨팅을 위한 센서 & 인터페이스(성안당, 2005)
- 전자회로(삼보, 2004)
- 컴퓨터 개론 및 응용(삼보, 2003)
- 마이크로프로세서 구조 및 실습(남두도서, 2002)
- 멀티미디어 기반회로(삼보, 2001),

• 이 종 언

- 단국대학교대학원 전자공학과 공학박사(회로 및 시스템 전공)
- 국립 천안공업대학 전기과 전임강사, 조교수, 부교수, 교수
- 국립 공주대학교 공과대학 전기전자공학부 교수(현)
- 국립 천안공업대학 학장(1999～2003년)
- 국립 공주대학교 테크노전략대학원 원장(2009～2010년)
- 한국전력기술인협회 충남지회장(2004～현재)
- 국립 공주대학교 부총장(현)

〈저서〉

- CGI로 C-언어 정복(상학당, 2007)
- 전자회로(삼보, 2004)

멀티미디어 회로

2011년 9월 30일 1판 1쇄 발행

저 자 이 현 창 · 이 종 언

발행인 남 승 우

발행처 도서출판 상尙 학學 당堂

서울시 동작구 사당로9가길 6(사당동 220-43)

TEL : 02) 595-1692~4

FAX : 02) 595-1394

E-mail : namdoo6@unitel.co.kr

신고 : 2-155호 (1968. 11. 29)

정가 26,000원

ISBN 978-89-6587-012-8 93560

〈디자인〉 편집 엄해숙 / 표지 나아기획